U0227605

厄瓜多尔辛克雷水电站规划设计丛书

第三卷

关键工程地质问题研究与实践

李清波　齐三红　主编

黄河水利出版社

·郑州·

内 容 提 要

本书为厄瓜多尔辛克雷水电站规划设计丛书地质篇,是对前期地质勘察成果、施工期及运营期以来所取得的地质成果资料进行系统的总结。全书共9章,包括概述、区域地质与地震、首部枢纽工程地质条件及评价、输水隧洞工程地质条件及评价、调蓄水库工程地质条件及评价、压力管道工程地质条件及评价、地下厂房工程地质条件及评价、天然建筑材料、结论。本书着重论述了辛克雷水电站各主要建筑物的工程地质条件、分析评价存在的工程地质问题,并针对有关工程地质问题所采取的工程处理措施和处理效果进行详细阐述,同时结合工程实际介绍了近年来出现的新技术、新方法。

本书主要供从事一线工作的水利水电工程地质专业技术人员和有关院校相关专业的师生参考,也可供水利水电行业设计人员阅读。

图书在版编目(CIP)数据

关键工程地质问题研究与实践/李清波,齐三红主编.—郑州:黄河水利出版社,2019.12
(厄瓜多尔辛克雷水电站规划设计丛书.第三卷)
ISBN 978-7-5509-2468-0

Ⅰ.①关… Ⅱ.①李… ②齐… Ⅲ.①水力发电站-工程地质-研究-厄瓜多尔 Ⅳ.①TV757.76

中国版本图书馆 CIP 数据核字(2019)第 176189 号

组稿编辑:简 群 电话:0371-66026749 E-mail:931945687@qq.com
田丽萍 66025553 912810592@qq.com

出 版 社:黄河水利出版社 网址:www.yrcp.com
地址:河南省郑州市顺河路黄委会综合楼14层 邮政编码:450003
发行单位:黄河水利出版社
发行部电话:0371-66026940、66020550、66028024、66022620(传真)
E-mail:hhslcbs@126.com
承印单位:河南瑞之光印刷股份有限公司
开本:787 mm×1 092 mm 1/16
印张:29
字数:670 千字 印数:1—1 000
版次:2019 年 12 月第 1 版 印次:2019 年 12 月第 1 次印刷

定价:286.00 元

总序一

科卡科多·辛克雷(Coca Codo Sinclair,简称 CCS)水电站工程位于亚马孙河二级支流科卡河(Coca River)上,距离厄瓜多尔首都基多 130 km,总装机容量 1 500 MW,是目前世界上总装机容量最大的冲击式水轮机组电站。电站年均发电量 87 亿 kW·h,能够满足厄瓜多尔全国 1/3 以上的电力需求,结束该国进口电力的历史。CCS 水电站是厄瓜多尔战略性能源工程,工程于 2010 年 7 月开工,2016 年 4 月首批 4 台机组并网发电,同年 11 月 8 台机组全部投产发电。2016 年 11 月 18 日,习近平总书记和厄瓜多尔总统科雷亚共同按下启动电钮,CCS 水电站正式竣工发电,这标志着我国"走出去"战略取得又一重大突破。

CCS 水电站由中国进出口银行贷款,厄瓜多尔国有公司开发,墨西哥公司监理(咨询),黄河勘测规划设计研究院有限公司(简称"黄河设计院")负责勘测设计,中国水电集团国际工程有限公司与中国水利水电第十四工程局有限公司组成的联营体以 EPC 模式承建。作为中国水电企业在国际中高端水电市场上承接的最大水电站,中方设计和施工人员利用中国水电开发建设的经验,充分发挥 EPC 模式的优势,密切合作和配合,圆满完成了合同规定的各项任务。

水利工程的科研工作来源于工程需要,服务于工程建设。水利工程实践中遇到的重大科技难题的研究与解决,不仅是实现水治理体系和治理能力现代化的重要环节,而且为新老水问题的解决提供了新的途径,丰富了保障水安全战略大局的手段,从而直接促进了新时代水利科技水平的提高。CCS 水电站位于环太平洋火山地震带上,由于泥沙含量大、地震烈度高、覆盖层深、输水距离长、水头高等复杂自然条件和工程特征,加之为达到工程功能要求必须修建软基上的 40 m 高的混凝土泄水建筑物、设计流量高达 220 m³/s 的特大型沉沙池、长 24.83 km 的大直径输水隧洞、600 m 级压力竖井、总容量达 1 500 MW 的冲击式水轮机组地下厂房等规模和难度居世界前列的单体工程,设计施工中遇到的许多技术问题没有适用的标准、规范可资依循,有的甚至超出了工程实践的极限,需要进行相当程度的科研攻关才能解决。设计是 EPC 项目全过程管理的龙头,作为 CCS 水电站建设技术承担单位的黄河设计院,秉承"团结奉献、求实开拓、迎接挑战、争创一流"的企业精神,坚持"诚信服务至上,客户利益至尊"的价值观,在对招标设计的基础方案充分理解和吸收的基础上,复核优化设计方案,调整设计思路,强化创新驱动,成功解决了高地震烈度、深覆盖层、长距离引水、高泥沙含量、高水头特大型冲击式水轮机组等一系列技术难题,为 CCS 水电站的成功建设和运行奠定了坚实的技术基础。

CCS 水电站的相关科研工作为设计提供了坚实的试验和理论支撑,优良的设计为工程的成功建设提供了可靠的技术保障,CCS 水电站的建设经验丰富了水利科技成果。黄河设计院的同志们认真总结 CCS 水电站的设计经验,编写出版了这套技术丛书。希望这套丛书的出版,进一步促进我国水利水电建设事业的发展,推动中国水利水电设计经验的国际化传播。

是以为序!

原水利部副部长、中国大坝工程学会理事长

2019 年 12 月

2

总序二

南美洲水能资源丰富,开发历史较长,开发、建设、管理、运行维护体系比较完备,而且与发达国家一样对合同严格管理、对环境保护极端重视、对欧美标准体系高度认同,一直被认为是水电行业的中高端市场。黄河勘测规划设计研究院有限公司从 2000 年起在非洲、大洋洲、东南亚等地相继承接了水利工程,开始从国内走向世界,积累了丰富的国际工程经验。2007 年黄河设计院提出黄河市场、国内市场、国际市场"三驾马车竞驰"的发展战略,2009 年中标科卡科多·辛克雷(Coca Codo Sinclair,简称 CCS)水电站工程,标志着"三驾马车竞驰"的战略格局初步形成。

CCS 水电站是厄瓜多尔战略性能源工程,总装机容量 1 500 MW,设计年均发电量 87 亿 kW·h,能够满足厄瓜多尔全国 1/3 以上的电力需求,结束该国进口电力的历史。CCS 水电站规模宏大,多项建设指标位居世界前列。如:(1)单个工程装机规模在国家电网中占比最大;(2)冲击式水轮机组总装机容量世界最大;(3)可调节连续水力冲洗式沉沙池规模世界最大;(4)大断面水工高压竖井深度居世界前列;(5)大断面隧洞的南美洲最长等。成功设计这座水电站不但要克服冲击式水轮机对泥沙含量控制要求高、大流量引水发电除沙难、尾水位变幅大高尾水发电难、高内水压低地应力隧洞围岩稳定差等难题,还要克服语言、文化、标准体系、设计习惯等差异。在这方面设计单位、EPC 总包单位、咨询单位、业主等之间经历了碰撞、交流、理解、融合的过程。这个过程是必要的,也是痛苦的。就拿设计图纸来说,在 CCS 水电站,每个单位工程需要分专业分步提交设计准则、计算书、设计图纸给监理单位审批,前序文件批准后才能开展后续工作,顺序不能颠倒,也不能同步进行。负责本工程监理的是一家墨西哥咨询公司,他们水电工程经验主要是在 20 世纪后期以前积累的,对最近发展并成功应用于中国工程的一些新的技术不了解也不认可,在审批时提出了许多苛刻的验证条件,这对在国内习惯在初步设计或可行性研究报告审查通过后自行编写计算书、只向建设方提供施工图的设计团队来讲,造成很大的困扰,一度不能完全保证施工图的及时获得批准。为满足工程需要,黄河设计院克服各种困难,很快就在适应国际惯例、融合国际技术体系的同时,积极把国内处于世界领先水平的理论、技术、工艺、材料运用到 CCS 水电站项目设计中,坚持以中国规范为基础,积极推广中国标准。经过多次验证后,业主和监理对中国发展起来的技术逐渐认可并接受。

高水头冲击式水轮机组对过机泥沙控制要求是非常严格的,CCS 水电站的泥沙处理设计,不但保证了工程的顺利运行,而且可以为黄河等多沙河流的相关工程提供借鉴;作为多国公司参建的水电工程,CCS 水电站的成功设计,不但为 CCS 水电站工程的建设提供了可靠的技术保障,而且进一步树立了中国水电设计和建造技术的世界品牌形象。黄河设计院的同志们在工程完工 3 周年之际,认真总结、梳理 CCS 水电站设计的经验和教训,以及运行以来的一些反思,组织出版了这套技术丛书,有很大的参考价值。

中国工程院院士 马洪琪

2019 年 11 月

总前言

厄瓜多尔科卡科多·辛克雷(Coca Codo Sinclair,简称 CCS)水电站位于亚马孙河二级支流 Coca 河上,为径流引水式,装有 8 台冲击式水轮机组,总装机容量 1 500 MW,设计多年平均发电量 87 亿 kW·h,总投资约 23 亿美元,是目前世界上总装机容量最大的冲击式水轮机组电站。

厄瓜多尔位于环太平洋火山地震带上,域内火山众多,地震烈度较高。Coca 河流域地形以山地为主,分布有高山气候、热带草原气候及热带雨林气候,年均降雨量由上游地区的 1 331 mm 向下游坝址处逐渐递增到 6 270 mm,河流水量丰沛。工程区河道总体坡降较陡,从首部枢纽到厂房不到 30 km 直线距离,落差达 650 m,水能资源丰富,开发价值很高。为开发 Coca 河水能资源而建设的 CCS 水电站,存在冲击式水轮机过机泥沙控制要求高、大流量引水发电除沙难、尾水位变幅大保证洪水期发电难、高内水压低地应力隧洞围岩稳定差等技术难题。2008 年 10 月以来,立足于黄河勘测规划设计研究院有限公司 60 年来在小浪底水利枢纽等国内工程勘察设计中的经验积累,设计团队积极吸收欧美国家的先进技术,利用经验类比、数值分析、模型试验、仿真集成、专家研判决策等多种方法和手段,圆满解决了各个关键技术难题,成功设计了特大规模沉沙池、超深覆盖层上的大型混凝土泄水建筑物、24.83 km 长的深埋长隧洞、最大净水头 618 m 的压力管道、纵横交错的大跨度地下厂房洞室群、高水头大容量冲击式水轮机组等关键工程。这些为 2014 年 5 月 27 日首部枢纽工程成功截流、2015 年 4 月 7 日总长 24.83 km 的输水隧洞全线贯通、2016 年 4 月 13 日首批四台机组发电等节点目标的实现提供了坚实的设计保证。

2016 年 11 月 18 日,中国国家主席习近平在基多同厄瓜多尔总统科雷亚共同见证了 CCS 水电站竣工发电仪式,标志着厄瓜多尔"第一工程"的胜利建成。截至 2018 年 11 月,CCS 水电站累计发电 152 亿 kW·h,为厄瓜多尔实现能源自给、结束进口电力的历史做出了决定性的贡献。

CCS 水电站是中国水电积极落实"一带一路"发展战略的重要成果,它不但见证了中国水电"走出去"过程中为克服语言、法律、技术标准、文化等方面的差异而付出的艰苦努力,也见证了黄河勘测规划设计研究院有限公司"融进去"取得的丰硕成果,更让世界见证了中国水电人战胜自然条件和工程实践的极限挑战而做出的一个个创新与突破。

成功的设计为 CCS 水电站的顺利施工和运行做出了决定性的贡献。为了给从事水利水电工程建设与管理的同行提供技术参考,我们组织参与 CCS 水电站工程规划设计人员从工程规划、工程地质、工程设计等各个方面,认真总结 CCS 水电站工程的设计经验,编写了这套厄瓜多尔辛克雷水电站规划设计丛书,以期 CCS 水电站建设的成功经验得到更好的推广和应用,促进水利水电事业的发展。黄河勘测规划设计研究院有限公司对该丛书的出版给予了大力支持,第十三届全国人大环境与资源保护委员会委员、水利部原副部长矫勇,中国工程院院士、华能澜沧江水电股份有限公司高级顾问马洪琪亲自为本丛书作序,在此表示衷心的感谢!

CCS 水电站从 2009 年 10 月开始概念设计,到 2016 年 11 月竣工发电,黄河勘测规划设计研究院有限公司投入了大量的技术资源,保障项目的顺利进行,先后参与此项目勘察设计的人员超过 300 人,国内外多位造诣深厚的专家学者为项目提供了指导和咨询,他们为 CCS 水电站的顺利建成做出了不可磨灭的贡献。在此,谨向参与 CCS 水电站勘察设计的所有人员和关心支持过 CCS 水电站建设的专家学者表示诚挚的感谢!

由于时间仓促、水平有限,书中不足之处在所难免,敬请广大读者批评指正!

张金良

2019 年 12 月

厄瓜多尔辛克雷水电站规划设计丛书
编 委 会

主　任：张金良

副主任：景来红　　谢遵党

委　员：尹德文　　杨顺群　　邢建营　　魏　萍

　　　　李治明　　齐三红　　汪雪英　　乔中军

　　　　吴建军　　李　亚　　张厚军

总主编：谢遵党

前　言

厄瓜多尔科卡科多·辛克雷（Coca Codo Sinclair，简称
CCS）水电站位于厄瓜多尔共和国 Napo 省和 Sucumbios 省，总
装机容量 1 500 MW，是该国战略性能源工程，是目前世界上
规模最大的冲击式水轮机组水电站，也是中国公司在海外独
立承担设计、建造的规模最大的水电工程之一。

CCS 水电站的基本设计及详细设计是在意大利 ELC 公
司完成的概念设计基础上进行的，2009 年 10 月 5 日，中国水
利水电建设集团公司与 CCS 水电站业主在厄瓜多尔总统府
正式签署 EPC 总承包合同。2009 年 12 月 1 日，黄河勘测规
划设计研究院有限公司与中国水利水电建设集团公司正式签
订该项目的勘测设计与技术服务分包合同，在意大利 ELC 公
司完成的概念设计基础上进行基本设计及详细设计，合同规
定设计标准必须采用美国标准，设计成果必须采用西班牙语，
业主的咨询方为墨西哥 Asociación 公司，按照业主与咨询要
求，设计必须先报送设计准则，在设计准则获得咨询批准后才
能报送计算书，在计算书批准后才能报送设计图纸。合同工
期紧迫，且规定了巨额逾期罚款。整个工程于 2010 年 7 月开
工建设，于 2016 年 11 月竣工。

CCS 水电站主要由首部枢纽、输水隧洞、调节水库、发电
引水系统、地下厂房等建筑物组成。首部枢纽建筑物主要包
括泄洪闸、排沙闸、发电取水口和沉沙池等；输水隧洞总长
24.83 km，采用两台开挖直径为 9.11 m 的岩石隧道全断面掘
进机（Tunnel Boring Machine，简称 TBM）掘进施工；调节水库
主要包括面板堆石坝、溢洪道、输水隧洞出口闸、发电引水系
统进水口与放空洞等；发电引水系统设有两条引水隧洞，内径
5.8 m，地下厂房安装有 8 台 187.5 MW 冲击式水力发电机组，
额定发电水头 618 m。

其中 CCS 输水隧洞设计引水流量为 222 m^3/s，设计内径

8.2 m,隧洞总长 24.83 km,最大埋深 722 m,是目前南美已建的最长的大埋深输水隧洞。CCS 输水隧洞穿越的地层主要为花岗闪长岩侵入体(g^d);侏罗系—白垩系 Misahualli 地层($J-K^m$),岩性主要为安山岩、玄武岩、流纹岩、凝灰岩、熔结凝灰岩和角砾岩等;白垩系下统 Hollin 地层(K^h),岩性主要为页岩、砂岩互层,其中围岩类型主要以 Ⅱ、Ⅲ 类为主,Ⅱ 类围岩约占 10.26%、Ⅲ 类围岩约占 84.29%、Ⅳ 类围岩约占 5.26%、Ⅴ 类围岩约占 0.19%,工程地质问题主要有断层破碎带塌方、涌水等。隧洞采取全衬砌结构形式,进口底板高程 1 266.90 m,出口底板高程 1 224.00 m,纵坡为 0.173%,隧洞出口设事故闸门,闸室段后设消力池,采用两台双护盾 TBM 同时掘进,辅以钻爆法施工。

由于国际工程的特殊性及隧洞沿线地质条件复杂性,为确保隧洞工程质量可靠、技术合理、工期合规和降低投资,我们针对 CCS 大断面深埋长隧洞设计中存在的关键技术问题进行了研究。输水隧洞洞径大、距离长、埋深大,其合理的布置和设计对电站的造价、运行条件影响巨大。通过工程布置和施工方案的优化论证,将输水隧洞优化为全线明流输水,大大简化了工程布置,改善了运行条件;采用"B、D"两种通用型管片形式衬砌,大大简化了施工,提高了 TBM 施工效率;采用国内外不同的标准(中标、美标、欧标)对管片衬砌结构进行计算分析,对管片强度、配筋、灌浆孔、定位孔、螺栓连接孔、燕尾槽等进行了合理布置和设计,保证了管片制作、脱模、安装时的施工质量,为复杂地质条件下长隧洞的设计、施工提供了可借鉴的经验。

(1)方案布置:针对概念设计阶段意大利 ELC 公司设计方案存在明满流过渡且流态转换频繁、转换点位置不固定、通气竖井施工难度大、需放空调蓄水库才能对隧洞出口段检修等缺点,提出了明流洞方案,取消了涡流竖井、坝内虹吸管以及两个通气竖井,简化了工程布置及施工、节约了大量投资。

(2)管片选型:隧洞设计内径 8.2 m,衬砌管片厚度只有 0.3 m,设计环宽 1.8 m。设计采用了通用型管片,管片类型少,不同地质条件下及转弯、纠偏时不需频繁更换管片类型。为节省投资,CCS 输水隧洞 TBM 管片根据地质条件可分为 A、B、C、D 四种类型,分别适用于 Ⅱ、Ⅲ、Ⅳ、Ⅴ 类围岩,但该分类方案管片种类较多,并不利于 TBM 掘进施工时管片的运输和效率发挥,通过与各参建单位共同研究后决定,将 A、B 型管片合并,即 Ⅱ、Ⅲ 类围岩均采用 B 型管片,Ⅳ、Ⅴ 类围岩采用 D 型管片,"B、D"两种通用型管片形式大大简化了施工,提高了 TBM 掘进速度,其中 TBM2 创造了单月进尺 1 000.8 m,同规模洞径 TBM 掘进速度世界第三的纪录。

(3)管片的细部设计:管片的细部设计很重要,CCS 输水隧洞管片强度、配筋、灌浆孔、定位孔、螺栓连接孔、燕尾槽等设置合理,进一步保证管片制作、脱模、安装时的施工质量。

(4)管片结构设计:CCS 水电站 EPC 合同要求使用美国标准体系进行工程设计,因美国、欧洲、中国规范的理念不完全相同,为保证输水隧洞的工程安全和经济合理,在 TBM 管片衬砌结构设计过程中,分别采用上述三种标准体系进行研究。通过比较分析,中国规范和欧洲规范基本一致,美国规范与欧洲规范、中国规范的荷载组合在形式上是相似的,修正的 ACI318 法(Modified ACI318)对水工结构进行设计时则需要引入水力作用系数,而中国规范和欧洲规范是没有的。美国规范采用的水力作用系数 1.3,其实是考虑了水利工程的荷载不确定性而增加的安全系数,对于 CCS 输水隧洞而言,影响隧洞安全的荷载主要为外水压力,设计通过排水措施后有效降低外水压力,保证工程的安全,因此即使不采用考虑美国规范中的 1.3 水力作用系数,按照欧洲规范、中国规范计算的结果也是安全可靠的,经设计、咨询和业主充分沟通论证后一致认可采用欧洲规范计算的配筋成果。

(5)施工支洞改检修支洞:利用 2A 施工支洞回填封堵,留设检修通道,改建成检修支洞,避免了增设检修闸门,不仅降低了施工难度和工程投资,经济易行且缩短了工期,而且该检修支洞还可兼作明流输水隧洞的通气洞。检修支洞既可以在运行期挡水,又可以在检修期放空输水隧洞主洞的情况下对输水隧洞主洞进行检修。该方法尤其适用于长距离、大直径、深埋输水隧洞(明流洞)的施工支洞回填改建检修支洞。

编 者

2019 年 9 月

《关键工程地质问题研究与实践》
编写人员及编写分工

主　编:李清波　齐三红
副主编:苗　栋　姚　阳
统　稿:苗　栋

章名	编写人员
第1章　概　述	李清波　齐三红
第2章　区域地质与地震	郭卫新
第3章　首部枢纽工程地质条件及评价	姚　阳　苗　栋　张党立
第4章　输水隧洞工程地质条件及评价	苗　栋　杨继华
第5章　调蓄水库工程地质条件及评价	魏　斌　齐三红
第6章　压力管道工程地质条件及评价	魏　斌　杨风威
第7章　地下厂房工程地质条件及评价	娄国川　杨风威
第8章　天然建筑材料	姚　阳　李今朝
第9章　结　论	齐三红　李清波

目 录

第 1 章

概　述

1.1　工程概况

科卡科多·辛克雷(Coca Codo Sinclair,简称 CCS)水电站位于厄瓜多尔共和国北部 Napo 省和 Sucumbios 省的交界处,距首都基多公路里程约 130 km,其中电站厂房位于 Codo Sinclair。工程任务主要为发电,电站总装机容量 1 500 MW,安装 8 台冲击式水轮机组,是世界上规模最大的冲击式水轮机组电站之一。电站年发电量 88 亿 kW·h,满足厄瓜多尔全国 1/3 人口的电力需求,建成后扭转了该国进口电力的历史。CCS 水电站工程号称"厄瓜多尔的三峡",为厄瓜多尔国家最大的发电项目,也是中资企业迄今承接的最大国际 EPC 总承包工程。2016 年 11 月 18 日,在国家主席习近平和厄瓜多尔总统的共同见证下,CCS 水电站最后 4 台机组并网运行,正式竣工发电,工程全部建成投入使用。

CCS 水电站位于 Coca 河流域,属亚马孙河水系,是 Napo 河的一条分支;发源于安第斯山脉 Antisana 火山东麓(5 704 m)。首部枢纽以上为 Salado 河口和 Quijos 河,流向由西南向东北,两河交汇处以下称 Coca 河。至 Machacuyacu 河口以上,Coca 河全长约为 160 km,流域面积为 4 004 km^2,流域内天然落差在 5 200 m 左右。Salado 河流域面积 923 km^2,Quijos 河流域面积 2 677 km^2。

流域内地形以山地为主,分布着众多火山,终年被冰川和积雪覆盖。Reventador 火山(3 562 m)位于流域北部分水岭,紧邻 Coca 河干流,火山口距 Coca 河仅 7 km 左右。

流域内地形西高东低,河谷下切较深,河道蜿蜒曲折,山谷相间,水流湍急。上游高海拔地区,以稀树草原为主;中游为茂密的原始森林,间杂少量的高覆盖度草地;下游(海拔 1 000 m 以下)基本为浓密的森林。

CCS 水电站主要建筑物包括首部枢纽、输水隧洞、调蓄水库、压力管道和地下厂房等,见图 1-1。

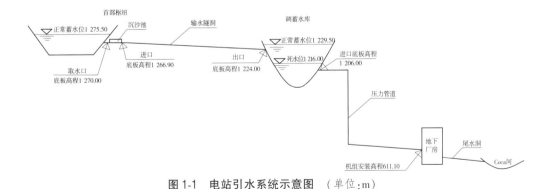

图 1-1　电站引水系统示意图　(单位:m)

1.2　工程勘察设计及审批历程

厄瓜多尔电气化局在20世纪80年代对Coca河流域水电开发进行了研究,确定CCS水电站为该流域最有吸引力的水电项目,并委托意大利等咨询公司于1988年5月完成CCS水电站A阶段设计报告(电站装机容量432 MW),1992年6月完成B阶段设计报告(电站装机容量增加至890 MW),2008年8月完成电站装机容量1 500 MW技术可行性研究报告,2009年6月完成概念设计报告(电站装机容量1 500 MW)。

2009年10月5日,中国水利水电建设集团公司(简称中水电)与CCS水电站业主在厄瓜多尔总统府正式签署EPC总承包合同,合同内容包括项目的设计,设备和材料供应,土建工程建设,机组设备安装、调试和启动运行。2009年12月1日,黄河勘测规划设计有限公司(简称我公司)与中国水利水电建设集团公司正式签订该项目的勘测设计与技术服务分包合同。作为与意大利GEODATA公司设计联营体的责任方,我公司负责协调意大利GEODATA公司共同履行合同义务,并按照主合同中规定的设计范围和深度进行设计和提供相关服务。

2009年9月至2010年7月,黄河勘测规划设计有限公司和意大利GEODATA公司在以往工作的基础上,完成了概念设计复核的地质勘察工作,编写了《厄瓜多尔CCS水电站概念设计复核报告》;2010年7月23~25日,中水电在郑州召开了概念设计复核阶段中方审查会;2010年8月25~31日,在厄瓜多尔基多召开了《厄瓜多尔CCS水电站工程概念设计复核报告》审查会;2010年11月14日,收到厄瓜多尔CCS工程业主(包括意大利咨询)的最终批复意见。

2010年7月28日,CCS水电站工程正式开工;2016年4月13日,首批4台机组并网发电;2016年11月18日,第二批4台机组竣工发电,标志着CCS水电站8台机组全面投运,工程由基建期进入运行期。

1.3　工程总布置及主要建筑物

工程主要建筑物包括首部枢纽、输水隧洞、调蓄水库、压力管道和地下厂房等。电站平面布置见图1-2。

首部枢纽位于Salado河和Quijos河交汇处下游约1 km的Coca河上,原始地貌及施工照片如图1-3、图1-4所示。它主要包括溢洪道、取水口及沉沙池、混凝土面板堆石坝等工程。溢洪道位于Coca河左岸垭口,布置有8孔泄洪闸和3孔冲沙闸;取水口及沉沙池位于Coca河,为8池布置;混凝土面板堆石坝位于Coca河主河槽上,轴线长156.12 m,坝顶高程1 289.80 m,坝顶宽度8.0 m,最大坝高26.8 m。

输水隧洞位于首部枢纽与调蓄水库之间,包括输水隧洞和1#、2#施工支洞。输水隧洞

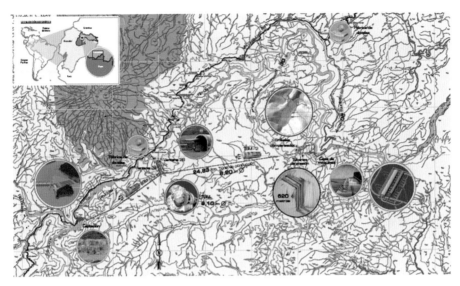

图1-2 电站平面布置

图1-3 首部枢纽原始地貌

由隧洞进口段、洞身段和出口闸室及消力池组成;洞身段全长24.8km,成洞直径8.20m,设计引水流量222 m³/s。其中,桩号0+310.00—9+878.18段由TBM1从2A支洞进洞向上游掘进施工;桩号11+032.00—24+745.00段由TBM2从输水隧洞出口进洞掘进施工;桩号0+000.00—0+310.00段从1#施工支洞钻爆施工,9+878.18—11+032.00段从2B施工支洞钻爆施工。TBM掘进段采用预制钢筋混凝土管片衬砌,厚度0.3m,管片为6+1通用型管片,根据隧洞施工地质条件不同,管片结构形式分为B、D两种,Ⅰ类、Ⅱ类、Ⅲ类围岩采用B型管片衬砌,Ⅳ类、Ⅴ类围岩采用D型管片衬砌;钻爆段采用全断面钢筋混凝土衬砌,衬砌厚度0.5~1.5m。

1#施工支洞进口位于输水隧洞进口下游Coca河右岸,末端与输水隧洞交叉点桩号为

图1-4　首部枢纽施工照片

0+189.95,长度为311.61 m。1#施工支洞分两期施工,一期开挖上部,断面尺寸为9.51 m×
6.31 m;二期由原来设计的 TBM 开挖改为钻爆法开挖。

2A#施工支洞进口位于 Coca 河右岸,末端与输水隧洞交叉点桩号为9+878.18,长度
为1 644.54 m。其中,桩号0+000.00—0+410.00 段采用钻爆施工,断面形式为近似马蹄
形,断面尺寸为6.89 m×10.36 m,采用喷锚支护;桩号0+410.00—0+1 644.54 段采用 TBM
掘进施工,圆形断面,成洞直径8.20 m,全断面预制钢筋混凝土管片衬砌。

2B#施工支洞进口位于2#施工支洞下游 Coca 河右岸支沟内,末端与输水隧洞交叉点
桩号为11+005.61,长度为1 370.24 m,断面形式为城门洞形,断面尺寸为6.50 m×6.50 m,
采用喷锚支护。

调蓄水库(施工照片见图1-5)包括面板堆石坝、溢洪道、放空洞、库岸开挖支护和库
尾挡渣坝等工程。面板堆石坝位于 Coca 河右岸支流 Granadillas 支沟上,轴线长141.0 m,
坝顶高程1 233.50 m,坝顶宽度10.0 m,最大坝高58.0 m。

图1-5　调蓄水库 CFRD 施工照片

溢洪道位于大坝左岸垭口处,由进口段、控制段、泄槽段、消力池和出口段组成,总长
68.83 m,控制段宽34.0 m。

压力管道工程:本工程共布置2条压力管道,均由上平段、上弯段、竖井段、下弯段、下平段和岔支管段组成。进水塔施工照片如图1-6所示。

1#压力管道全长1 850.7 m,其中上段长739 m,竖井段长535.5 m,下段长576.2 m;压力管道钢筋混凝土衬砌段内径均为5.8 m,钢管衬砌段长度326.145 m。岔支管段总长310.85 m,其中主支管长93.00 m,1#岔管长72.82 m,2#岔管长57.96 m,3#岔管长41.06 m,4#岔管长46.01 m;岔支管段均为钢衬。

2#压力管道全长2 032.6 m,其中上段长796.6 m,竖井段长531 m,下段长705 m;压力管道钢筋混凝土衬砌段内径均为5.8 m,钢管衬砌段长度406.145 m。岔支管段总长310.09 m,其中主支管长93.00 m,5#岔管长72.82 m,6#岔管长57.96 m,7#岔管长40.30 m,8#岔管长46.01 m;岔支管段均为钢衬。

图1-6 压力管道进水塔施工照片

地下厂房包括主厂房(见图1-7)、主变洞、母线洞、进厂交通洞、尾水洞(见图1-8)、高压电缆洞、排水洞、疏散通风洞、出线场、控制楼、尾水渠、尾水闸、高位水池、索道下站点、直升机停机坪,以及厂房1#、2#、3#施工支洞等。

图1-7 主厂房施工照片

厂房位于Sinclair以西500 m,厂房顶拱高程646.80 m,机组安装高程611.10 m。主厂房由主机间及安装间组成。厂房自左至右依次布置:1#~4#机组段、主安装间5#~8#机组段及副安装间,副安装间后期改为副厂房。厂房开挖尺寸为212.0 m×26.0 m×46.8 m

图 1-8　尾水洞施工照片

（长×宽×高），全断面锚喷支护。厂房岩壁吊车梁顶面高程为 636.50 m，长度为 212 m，宽度为 1.6 m，高度为 2.1 m。

主变洞位于主厂房下游侧与厂房平行布置，距主厂房下游边墙 24 m。主变洞采用城门洞型。主变洞开挖尺寸为 192.0 m×19.0 m×33.8 m（长×宽×高），全断面锚喷支护。

母线洞的布置为一机一洞，8 条母线洞位于厂房与主变洞之间，垂直于厂房纵轴线布置，地面高程 623.00 m，洞长 24.0 m。母线洞断面形式采用城门洞形，1# 和 8# 母线洞开挖尺寸为 8.00 m×7.40 m（宽×高），2#～7# 母线洞开挖尺寸为 8.00 m×6.90 m（宽×高），均采用全断面锚喷支护。

进厂交通洞布置在主变洞下游，采用城门洞形，典型断面开挖尺寸为 7.70 m×7.50 m（宽×高），洞长约 487.90 m。为了施工排水方便，采用变坡布置，坡度 $i = 0.048\ 55$ 及 $i = 0.014\ 43$，出口高程 625.00 m。

尾水洞由尾水支洞、尾水主洞组成。尾水洞布置采用 8 机 1 洞方案，水流由 8 条尾水支洞汇入 1 条尾水主洞后进入下游河道。尾水支洞断面形式采用矩形，净高 5.7 m，长约 62 m。尾水主洞采用马蹄形断面，洞径 11 m，长约 493.0 m，纵坡 $i = 0.001\ 3$，全断面钢筋混凝土衬砌。

随着工程施工建设的不断深入，施工地质工作也不断深化，本书是对前期地质勘察成果、施工期及运营期以来所取得的地质成果资料所进行的总结和评价。

第 2 章

区域地质与地震

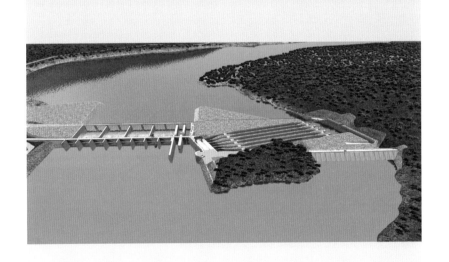

2.1　区域地质概况

2.1.1　区域地形地貌

CCS 水电站工程区位于科迪勒拉山系的东部斜坡,整体处于安第斯山脉至亚马孙平原的过渡区段内,地貌以中高山为主,地形起伏较大,地势总体呈西高东低。高海拔区主要以萨尔瓦多火山为代表,局部地区的海拔高于 3 500 m,是 Coca 河和 Napo 河的发源地。

工程区内河流、沟谷发育,沟内多常年流水,岸坡地表大部分覆盖着热带雨林,植被非常茂盛。

Coca 河为区内最低侵蚀基准面,岸坡高陡,河道下切侵蚀严重,河谷多以"U"形为主,河床海拔最低为 600 m,与两岸坡顶的高差多大于 2 000 m。区内河道弯曲,谷底宽度一般为 80~200 m,最宽 650 m 左右。两岸坡度多为 45°~70°,河流比降为 15‰左右。流向由 NE 向转为近 SN 向。谷底及两岸坡脚河流冲积漫滩与阶地较发育,由于谷底相对开阔,河床上心滩发育。

受左岸 Reventador 火山影响,河流两岸岩性组成有所不同,左岸表层沉积了较厚的松散火山沉积物,受雨水冲刷侵蚀作用影响,岸坡相对较破碎、坡度较缓;右岸火山沉积物多分布在前缘坡脚,岸坡后缘由坚硬的岩石组成,岸坡坡度相对较陡,沟谷临河前缘瀑布发育。

2.1.2　地层岩性

区域上地层主要为一单斜地层,岩层总体倾向 NE,倾角大多为 5°~10°,西部地区为中生界变质岩及侵入体,东部地区则主要为侏罗系 Misahualli 火山岩及火山沉积岩,上覆白垩系沉积岩及第四系松散堆积物。

2.2　区域地质构造

本区属安第斯山脉科迪勒拉山系,受强烈的地质构造运动影响,地形起伏较大,原因主要有以下三个方面:构造运动造成地台上升;第四纪以来频繁的火山活动;河流形成过程中强烈的侵蚀切割作用。区域地质构造运动主要位于工程区西部与东南部,在区域上大体可分为以下几个地质构造单元,详见区域构造分区图(见图 2-1)和区域地质构造纲要图(见图 2-2)。

(1)挤压带区:该区纵贯南北,范围较大,东部以安第斯山脉的挤压带为界,东到 Dynamo 的构造区,主要包括古生界和 Real 山脉下寒武系的地层,由于远离工程建筑区,不会对其产生直接影响。

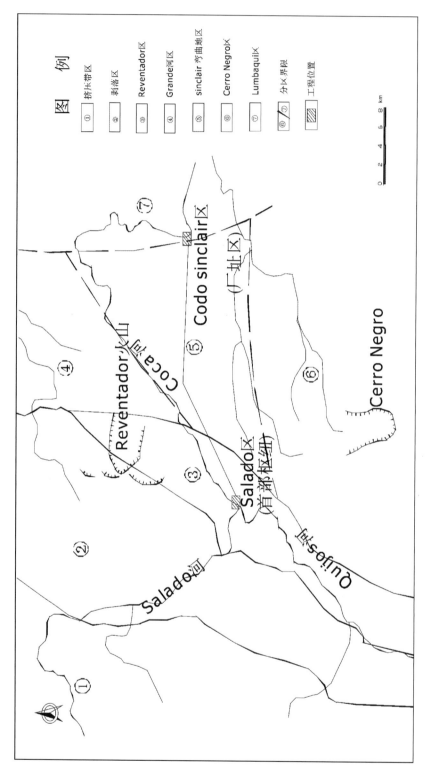

图 2-1 区域构造分区图

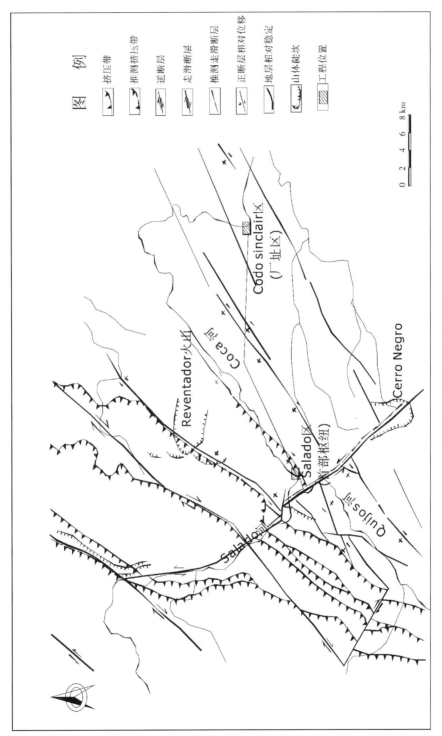

图 2-2　区域地质构造纲要图

（2）剥落区：本区域在安第斯山挤压带西部沿 NNE 方向和 SSW 方向延伸，东部以 Reventador 挤压带为界。区内地质构造运动相对较强烈，规模较大的挤压带及断层发育其间，受其影响，Reventador 火山附近断层相对较发育。该区距离工程建筑区较远，影响较小。

（3）Reventador 区：呈条带状沿着 NE 方向延伸，西部以 Reventador 挤压带为边界，东到 Quijos 河右岸山顶。区内断层、挤压破碎带等构造中等发育，断层主要走向为 N45°E 和 S45°E。区内有平移断层发育，多为右旋扭动趋势，转角较小。首部枢纽位于该区域范围内，断层及挤压带附近岩体可能较破碎。

（4）Grande 河区：本区位于 Coca 河西北部和 Reventador 挤压带东部之间的近似三角形地块。Reventador 构造带在区内汇聚于火山北部，呈狭长带状展布，NE—SW 走向。区内大规模区域断层、构造带不发育，地质构造活动轻微，大部分区域为倾向 NE 的单斜地层，在 Reventador 东北部有第三系侵入体出现，走向 N45°E，这些侵入体被小规模近 SN 向的构造带分割。该区距工程建筑区较远，影响小。

（5）Sinclair 弯曲地区：北部以 Coca 河为界，为 Coca 河流大转弯形成的一个三角形区域，东部为被挤压弯曲的 Sinclair 地区。区内构造运动相对较强烈，NE 向垂直断裂较发育，地层总体为倾向 NE 的单斜地层，变形破坏较小，局部受断层影响，产状变化较大。发电厂房区位于该区与 Lumbaqui 区的交界部位，构造活动对其影响可能较大。

（6）Cerro Negro 区：位于工程区南部以 Cerro Negro 山为中心的广大区域，该区地质构造运动不活跃，断层分布较少，地层没有明显的变形破坏现象。

（7）Lumbaqui 区：本区位于 Napo 省最东部的 Gaza 地区，范围从 Sinclair 褶皱东部到西部。区内地质构造相对较简单，以稍微偏东的单斜地层为主，岩体相对稳定，构造主要为断层和分离的小褶皱。东部地区表面观测到几个明显的垂直断裂，总体走向为 SE120°。

2.3　火　山

工程区内分布着一个活跃的火山喷发口，即 Reventador 火山（见图 2-3）。火山口位于 Coca 河流域左岸，海拔为 3 500 m 左右。Salado 河谷、Coca 河谷和 Bad 河谷是火山爆发的主要排泄堆积区。该火山历史上喷发多次，有记载的最近一次喷发发生在 1976 年 1~4 月。

Reventador 火山活动存在的最大危险是坡面松散的火山堆积物形成的泥石流可能影响 Bad 河、Coca 河以及下游的圣拉菲尔瀑布，进而可能会给 CCS 水电站工程带来一定的影响。

根据 INECEL 公司于 1986 年提交的一份关于 Reventador 火山地质条件的调查报告，认为原始火山锥后坡存在滑坡，不仅仅是一个火山喷发口。

前期还利用收集的数据建立了一个火山模型，模拟了 19 000 年前形成的火山锥，以研究未来 Reventador 火山喷发可能对工程产生的危害，模拟试验结果主要如下：

图 2-3　Reventador 火山

（1）Reventador 火山锥周围熔岩流的长度一般为 3~6 km，最长的熔岩流距火山口约 7 km，停止在距离 Coca 河 2~2.5 km 的地方。根据这些数据和最新的趋势，认为熔岩流达到工程区的可能性很小。

（2）根据前期地质调查及分析研究显示，Reventador 火山最近喷发的熔岩碎片、碎屑和火山灰主要分布在火山口的西部地区，与工程区方向刚好相反。通过对 Reventador 火山喷发的模拟也得到了证实。因此，工程区受碎屑影响的危险较小，甚至可以忽略不计。

（3）通过假设 1976 年火山喷发的情形，对火山碎屑流进行数值模拟，结果显示火山锥外没有形成碎屑流。因此，认为火山碎屑流对工程的危害不大。

工程区内发生泥石流大多是暴雨导致的，少量是由地震引发的（1987 年 3 月大地震就曾引发工程区内发生多处滑坡和泥石流）。Reventador 火山锥坡面覆盖的较松散的火山喷发物在饱水状态下可能发生泥石流。模拟显示，在火山碎屑堆积区，泥石流可能将在未来反复发生，即使发生地点较远，也仍将对工程安全产生潜在威胁。

综上所述，认为 Reventador 火山可能发生的喷发现象会对工程局部产生一定影响，火山的整体风险较小。但是，在暴雨或地震等外界因素影响下，坡面覆盖的火山松散堆积物可能产生泥石流，局部甚至可能发生滑坡，这些地质灾害可能对工程具有一定程度的危险性。因此，应密切关注火山活动情况，将其可能造成的影响降至最小。

2.4　地震及地震动参数

在开展工程研究以前，工程区内未进行过地震研究。但 1987 年 3 月 5 日发生的 6.9 级大地震震中位于 Reventador 火山一带，距离工程区较近，对工程前期的勘测工作造成了较大影响。因此，在可行性研究 A 阶段后期开展了地震活动和区域构造之间的相互关系的研究,进而进行了初步地震风险分析。

为评价工程区的地震危险性,不仅收集了大量的现场资料,还安装了一个微型地震观测台网。为进行工程的抗震设计,紧接着又对区内两个构造地震模式,即工程区(近场)地震和区域(远场)地震,分别进行了详细的研究。

工程区(近场)地震主要是由工程区的背斜构造和一系列倾斜断层活动引发的,基于这一模型,并分析微型地震台网观测数据,对区内近场地震做出以下预测:活动频率较低,强度适中,多位于安第斯山脉的东部。

区域(远场)地震主要是由于地震区的压缩作用和安第斯山脉构造活动而引发的。在分析远场地震观测数据的基础上,初步确定该地区的刚性变形造成的压缩面总体方向为 NE 偏 E,呈右旋变化趋势,构造线行迹的主导方向为 N30°E。

基于对地震危险性远场的分析研究,获得了以下设计数值,详见表 2-1、表 2-2。

表 2-1 工程区的基本抗震设计参数

项目	参数值
A_{max}	260 cm/s^2
V_{max}	32 cm/s
d_{max}	24 cm
PR	450 anos

表 2-2 工程区可能发生的最大地震参数

项目	参数值
A_{max}	404 cm/s^2
V_{max}	52 cm/s
d_{max}	40 cm

在可行性研究 B 阶段,工程区安装了微震遥测网络,配备了自动数据采集仪器,不仅大大提高了当地地震活动对工程影响程度的了解,还可以验证或修改前期得出的参数值。经过 6 个月的观察分析,地震活动表现为与地表结构联系较密切,初步分析认为:工程区地震活动大多都是在地层表面,科迪勒拉山系东部活动相对较活跃,与 1987 年 3 月 5 日的大地震震中一致。

根据地震危险性分析结果,区内地震基本动峰值加速度为 260 cm/s^2(0.26g),相应的地震烈度为Ⅷ度。区内可能发生的地震最大动峰值加速度为 404 cm/s^2。

厄瓜多尔位于环太平洋地震带,根据合同要求,设计地震 DBE 为 0.3g,最大可信地震 MCE 为 0.4g。

厄瓜多尔在当地时间 2016 年 4 月 16 日发生了 7.8 级强烈地震,CCS 水电站在此次强震中经受住了考验,监测数据表明,各建筑物结构稳定。地震第二天,电站紧急恢复发电并增加机组发电,为抗灾提供电力保障,并在震后救灾中发挥了积极作用。

第 3 章

首部枢纽工程地质条件及评价

　　首部枢纽位于 Salado 河和 Quijos 河交汇处下游约 1 km 的 Coca 河上,主要包括溢洪道、取水口及沉沙池、混凝土面板堆石坝等工程。溢洪道位于 Coca 河左岸垭口,布置有 8 孔泄洪闸和 3 孔冲沙闸;取水口及沉沙池位于 Coca 河,为 8 池布置;混凝土面板堆石坝位于 Coca 河主河槽上,轴线长 156.12 m,坝顶高程 1 289.80 m,坝顶宽 8.0 m,最大坝高 26.8 m。首部枢纽竣工后形象面貌及建筑物平面布置见图 3-1、图 3-2。

图 3-1　首部枢纽竣工后形象面貌

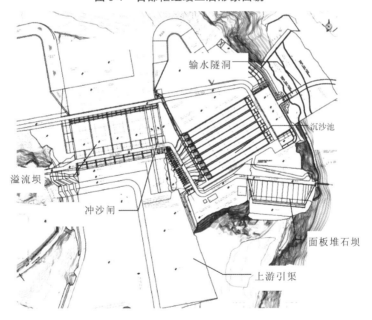

图 3-2　首部枢纽建筑物平面布置

3.1 库区工程地质条件及评价

3.1.1 库区基本地质条件

3.1.1.1 地形地貌

CCS 水电站首部枢纽位于 Salado 河与 Quijos 河汇流下游约 1 km 处，正常蓄水位 1 275.5 m，水库回水长约 2.4 km，整个库区地势西高东低。区内冲沟发育，地形起伏大，地貌单元分类属于强切割构造、剥蚀中山区。库区由 Quijos 河谷与 Salado 河谷组成，在两河交汇一带以相对宽广的"U"形谷为主，谷底宽 300～700 m，发育有多处河心滩、河漫滩，两河阶地不发育，多呈残存状，河道纵比降 2.7‰～4.7‰。河谷岸坡陡峻，山坡坡度大于 45°，岸坡上植被茂密。Coca 河谷(1 260 m)是区内最低侵蚀基准面，最高处在 Coca 河右岸山脊(1 800～2 089 m)，相对高差达 500～800 m。

3.1.1.2 地层岩性

库区出露的地层岩性有侏罗系 Misahualli 组火山岩，白垩系 Hollin 组砂页岩、花岗岩侵入岩体以及各种成因的第四系堆积物。

1.侏罗系—白垩系 Misahualli 地层($J\text{-}K^m$)

该地层在整个库区普遍分布，主要分布在 1 275 m 高程以上。其岩性组成比较复杂，库区 Misahualli 岩层主要岩性为灰褐色、灰绿色安山岩、玄武岩或火山凝灰岩，斑状结构，块状构造，斑晶 1～3 mm，岩石致密坚硬，由于植被茂密，露头较少，出露厚度为 300～600 m。

2.白垩系下统 Hollin 地层(K^h)

该岩组以灰色厚层状石英砂岩夹页岩为主，砂岩单层厚度 0.5～3.0 m，页岩呈极薄层状(3～5 mm)，砂岩层与页岩层间夹有黑色沥青质，岩层产状平缓，走向 N—ES 或 S—EN，倾角 2°～15°，该层厚 90～100 m，与 Misahualli 地层呈整合接触，出露于库尾及右岸较高位置，形成悬崖峭壁，该岩组成岩环境为大陆架沉积。由于表层第四系覆盖，基岩露头少。

3.侵入岩(g^d)

库区范围内有两处较大的花岗岩侵入岩体，分别是枢纽部位的侵入岩体和 Salado 河口左岸侵入岩体。岩性均为花岗岩，似斑状结构、块状构造，由于岩相的变化，局部为花岗闪长岩，侵入体边缘有重结晶作用，存在百余米的变质岩带。从产出状态分析，两者可能具有共同的岩基。岩体中发育有构造裂隙。出露面积约 0.25 km²。

4.第四系地层(Q)

(1)第四系崩积物(Q^c)：广泛分布于库区两岸山坡，组成为碎块石、壤土，块石多为棱角状，往往与坡积物混杂在一起，厚度一般为 10～30 m，局部沟谷部位可能较厚。

(2)第四系冲积物(Q^{al})：主要分布于现代河床及漫滩，组成为砂卵砾石层、砂壤土、粉土，砂卵砾石分布广泛，砂壤土仅存在于局部边滩，卵砾石磨圆度较好，分选较差，砾石成分复杂，主要岩性有安山岩、砂岩、凝灰岩、玄武岩、闪长岩、流纹岩、花岗岩、石英、泥灰岩和页岩等。该层厚度 10~30 m。

（3）第四系冲洪积物（Q^b、Q^{al+pl}）：Q^b 为洪积泥流，分布于河谷两岸（相当于高漫滩），高于河水位 2~5 m，组成以壤土为主，较松散，其中含有少量的碎石（5%~10%），该层厚度 2~7 m。Q^{al+pl} 冲洪积物组成以次棱角状碎石、块石为主，夹杂有壤土、砂壤土，厚度不超过 20 m，面积相对较小，主要分布于河谷右岸冲沟沟口，形成小洪积扇。

（4）第四系冲洪积物（Q^t）：较古老的冲洪积堆积（Q_4 以前），一般形成高于河水位 20 m 的台地，表层往往被冲积土层所掩盖。组成为冲洪积砂卵砾石层，砾石成分与新近系堆积砂砾石成分基本一致，厚度为 10~40 m。

（5）第四系残坡积层（Q^r）：该层岩性为灰褐色壤土、粉质黏土，较疏松，层间夹有碎块石，局部含水量大，可形成沼泽，其厚度为 1~3 m，主要分布于左坝肩花岗侵入岩体之上。

（6）第四系湖积层（Q^h）：该层岩性为灰褐色粉质黏土，较密实，半胶结—胶结，水平层理发育，层间夹薄层粉砂层（厚 2~5 cm），该层在区内出露厚度为 3~8 m，局部呈残存状。

3.1.1.3　地质构造

库区处于 Reventador 构造带内，该构造单元边界为区域性断裂带、Reventador 断裂带（走向 30°）与 Coca 河断裂带（走向约 35°）。带内次级断裂较多，多为挤压性的逆断层。在 Slado 河上游发育一规模较大的平移断裂带，走向 340°~350°，该断裂在库区尾与 Quijos 河相交，延伸长度大于 40 km，地貌上有所显示，是沿断裂发育较大规模的崩塌体。

库区范围内地质构造比较简单，整体表现为略倾向东南的一单斜地层。断层走向多为 20°~40°，其他方向的断层少、规模小。在 Quijos 河左岸观测到一条断层，走向为 115°，倾向 NE，倾角 76°，断层宽度 2~3 m，可见断层角砾，延伸长度不明。节理裂隙总体中等发育，局部发育裂隙密集带。

3.1.1.4　水文地质条件

本区地下水按赋存介质可分为松散岩类孔隙水和基岩裂隙水。

库区内第四系松散堆积物分布广泛，河床及漫滩为新近河流冲洪积堆积，泥质含量少，砂砾石透水性较好，含水层厚度可达 10~20 m，地下水水量丰富，该类地下水与河水水力联系密切，地下水动态变化与河流保持一致；由于区内降水量大、森林覆盖率高，山坡上的残坡积、崩坡积物中也存在一定孔隙潜水，一般就近向沟谷排泄，以下降泉、溪流形式汇入地表河水，在山坡脚处由于排泄不畅，在阶地面常形成沼泽，垂直河向宽度可达 100 余 m，沼泽的深度一般为 1.0~2.0 m。

野外调查发现，组成水库的岸坡、库盆的基岩中发育多组构造裂隙，且有一定的连通性，为地下水赋存、运移提供了空间，因而裂隙水分布也相当广泛，靠近地表岩体风化卸荷裂隙相对发育，其富水性一般比深部要好；深部基岩裂隙趋于闭合，水循环不畅，富水性变差。基岩裂隙水的补给来源主要是大气降水、地表水及相邻含水层的越流补给。从地层岩性来看，Hollin 砂岩为中等透水岩层，页岩为不透水岩层；Misahualli 岩组为微透水岩层，火山沉积岩、侵入岩为不透水岩层，裂隙水一般就近排向地表。

在库坝区取水样 4 组（河水 3 组、泉水 1 组）进行了水质分析，成果表明，地表水及地下水水化学类型主要为 HCO_3^-—Ca^{2+} 型，pH 值为 6.53~7.86，对照环境水腐蚀判定标准，环境水对混凝土不存在分解类、分解结晶复合类、结晶类硫酸盐型腐蚀性,但环境水对混凝土存在分解类溶出型中等—弱腐蚀性。

3.1.1.5 物理地质现象

库区内植被比较发育,物理地质现象发育较小,主要表现为崩塌及泥石流。崩塌主要发育在陡峻山体处,此外,临河冲积物等覆盖层陡坎的前缘易发生滑塌现象,规模较小。库区两岸发育冲沟,比降大,在强降雨作用下表层松散碎屑堆积物经过搬运堆积于沟口便形成小洪积扇。

3.1.2 库区工程地质问题及处理措施

3.1.2.1 库岸稳定

库区岸坡按物质组成可以分为基岩岸坡和第四系松散堆积岸坡两大类。

基岩岸坡占库岸比例较小,以花岗岩或安山岩为主,常形成60°~70°陡坡,岩石致密坚硬,整体稳定较好,未发现基岩滑坡,仅局部岸坡前缘存在可能崩塌的岩块,对水库影响不大。水库蓄水后,岸坡稳定。

由于水库正常蓄水位为1 275.50 m,Coca河右岸的冲洪积松散堆积岸坡处于水位变动范围内,水位变幅一般小于10 m,库岸可能再造的规模有限;正常蓄水位,库区中部的塌滑体(位于Salado、Quijos两河的分水岭),在此处水位抬高约2 m,对原始应力状态改变小,再次整体滑动的可能性不大。目前,水电站正常运行,水库正常蓄水,该处岸坡稳定(见图3-3)。

图3-3 库区右岸近坝库段全景

坝上游左岸约800 m河流转弯处,边坡较陡,上部为国家公路,离河道较近,公路下方基础为冲洪积砂砾石层,砂砾石层较密实,植被发育,现状稳定,不影响正常蓄水。水电站正常运行后,水位较自然河水位高,砂砾石层可能会受水流冲蚀,长期发展可能会造成边坡失稳,对公路安全有潜在危胁。库区其余松散堆积岸坡可能会发生局部滑塌,但延伸有限,对整体库岸稳定影响较小。采取格宾石笼对近坝库段岸坡进行了防护,防护效果良好,岸坡稳定(见图3-4)。

3.1.2.2 库区渗漏

Coca河谷是水库影响范围内的最低侵蚀面,周围不存在更低的排泄基准面,故不存在向邻谷渗漏的问题。库区的构造地质特征是处于Reventador断裂带、Coca断裂带、Salado断裂带所围限的地块内,整个库盆的构造封闭性较好,断裂构造多为挤压性质,断裂带充填物为泥夹角砾岩,属于弱透水性,由于水头差不大,库水沿断裂带渗漏到Coca河下游的可能性小;库区主要节理、裂隙的方向为NE向,延伸长度10~30 m,但两岸山体雄

图 3-4　库区近坝库段左岸护坡

厚,沿这些构造裂隙组合向下游渗漏量很小,对水库运行不会产生影响。

3.1.2.3　水库淤积

水库淤积的来源主要有 Salado 河、Quijos 河及其支沟,一般状态下河水含沙量很低,仅在暴雨或洪水期两河可挟带泥沙流入库区造成一定的淤积;淤积的另外一个重要来源是近坝库岸冲沟及第四系松散堆积体,分布位置较高的库岸崩坡积物、残坡积物在暴雨作用下向下运移,形成固体径流,会造成一些规模很小的淤积。

3.1.2.4　淹没与浸没

水库正常蓄水位 1 275.50 m 以下没有农田、草场、房屋、道路,仅有少量林地存在淹没损失。淹没问题主要是淹没石油、天然气管线,管线沿 Coca 河谷左岸漫滩通过(1 274 m)。石油和天然气管线在施工前已经改线至左岸高处。

水库蓄水后,近坝段松散层中地下水位会抬升,因地表土层较薄,其下砂砾层透水性好,不可能产生次生盐渍化,基本不存在浸没问题。Salado 石油泵站基础在 1 300 m,位于正常蓄水位以上,且砂砾石透水性好,不会对建筑物地基造成影响。

3.1.2.5　水库诱发地震

库区范围内西部边界为 Reventador 断裂带,该断裂带与附近火山活动有联系,可以推断该断裂活动性较强,此外 Salado 断裂也比较活跃,两者相交于库尾或外围,分析认为断裂构造的透水性较差,距库区较远,不与库水直接接触。Salado 河与 Quijos 河交汇处河床覆盖层深厚,Salado 顺河断裂被深厚的河床覆盖层所掩盖,河床覆盖层厚度 100~200 m,覆盖层下部较密实,透水性较差,同时水库正常蓄水位较自然河水位抬升幅度相对较小,库水积聚应力有限。因此,综合分析认为水库蓄水诱发水库地震可能性小。

3.2　溢流坝工程地质条件及评价

首部泄洪排沙建筑物布置在坝址区左侧垭口处,坝顶高程 1 289.50 m,坝顶长度约 271.75 m。从左到右依次布置为左岸挡水坝段、8 孔开敞式溢流堰泄洪坝段、右侧 3 孔冲沙闸。引水闸紧贴冲沙闸右侧布置,与溢流坝轴线呈 70°交角。8 孔溢流堰和 3 孔冲沙闸承担整个首部枢纽的泄洪排沙任务。水库最高水位 1 288.30 m,最大泄流量 16 444 m^3/s。溢流坝施工全景见图 3-5~图 3-7。

图 3-5 溢流坝施工全景(上游)

图 3-6 溢流坝施工全景(下游)

根据溢流坝的建筑物布置,对左岸挡水坝段、溢流坝段及冲沙闸分别评价。

3.2.1 左岸挡水坝段和溢流坝段

左侧挡水坝段为重力式结构,坝顶高程 1 289.50 m,坝顶宽度 8.00 m,上游坡度 1:0.2,下游坡度 1:0.6。溢流坝段主要由溢流堰、下游消力池、海漫及防冲槽组成。溢流坝的建基面高程 1 250.5 m,坝高 39 m,基础位于砂卵砾石层上。基础以下的覆盖层主要为砂卵砾石、砂层及粉质黏土,厚度 2~130 m。闸基砂砾石层采用塑性混凝土垂直防渗墙,防渗墙最大深度 30 m,上部深入闸体 0.50 m,并留 0.20~0.30 m 的压缩空间,墙身厚度 0.8 m。8 孔开敞式溢流堰采用 WES 实用堰,堰顶高程 1 275.50 m,单孔净宽度 20.0 m,闸墩厚度 2.0 m,溢流堰顺水流向底板长度 52.61 m。溢流坝下游采用底流消能形式,消力池长度 64.41 m,消力池底板高程 1 255.50 m,与上游 8 孔溢流堰对应,共 8 孔,单孔净宽度 20.00 m,长度 22.0 m,闸底板高程 1 259.50 m。出口闸下游接钢筋混凝土海漫,长度 60.0 m,在

图 3-7　溢流坝竣工后形象面貌

其末端设深 7.8 m、底宽 6 m 的抛石防冲槽保护,防冲槽顶面高程1 259.50 m。

3.2.1.1　基本地质条件

1.地层岩性

根据勘察资料及实际开挖揭示的地质情况,溢流坝区域地层从上至下可分为 6 大层(见图 3-8、图 3-9):

(1)河流冲积砂卵石层(a),含有较多大于 20 mm 的漂砾,估计含量 20%~30%,夹有少量块石,砂砾石级配良好,该层厚度 10~20 m,堆积相对松散。

(2)含火山碎屑物质的砂砾石(b),局部微胶结,少量棱角状块石,厚度约 10 m。

(3)湖积层(c),进一步划分为 3 个亚层:c_1 为极细砂、粉砂夹有砾石、微塑性黏性土,该层厚 3~6 m;c_2 为微胶结的粉质黏土,含有机质,夹有砾石、细砂,该层厚 5~15 m;c_3 为极细砂、粉土,夹少量砾石,该层厚 12 m。

(4)含火山碎屑物质的砂砾石(d),局部微胶结,卵砾石磨圆度较好,分选较差,局部胶结较好,砾石成分复杂,主要由安山岩、砂岩、凝灰岩、玄武岩、闪长岩、流纹岩、花岗岩、石英、泥灰岩、页岩等组成,该层厚 10~60 m。

(5)河流冲积砂卵石层(e),含有较多大于 20 mm 的漂砾,估计含量 20%~30%,砂砾石级配良好,多为次圆状,夹有少量块石,该层堆积密实,厚约 15 m。

(6)湖积层(f),又可分为两个亚层:f_1 为砂壤土、细砂、零星的砾石,厚约 3 m;f_2 为细砂、壤土,偶夹砾石、朽木,该层厚 10 m。

溢流坝坝基主要坐落在 c 层粉细砂、粉土及粉细砂和 d 层砂砾石上。

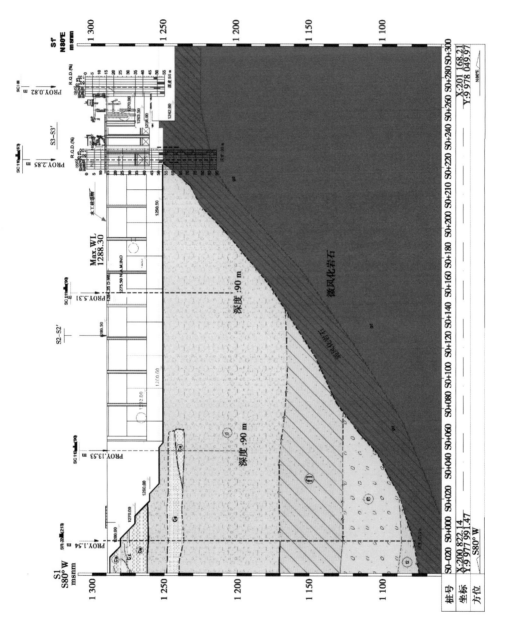

图 3-8　溢流坝轴线地质剖面图

图 3-9　溢流坝左坝肩地层岩性

2.水文地质条件

本区地下水按赋存介质划分主要为松散岩类孔隙水,区内河床及漫滩为新近河流冲洪积堆积,泥质含量少,砂砾石透水性较好,含水层厚度可达 10~20 m,主要为孔隙潜水,地下水水量丰富,该类地下水与河水水力联系密切。由于工程施工采取井点降水,工程区地下水位低于河水位,主要接受河水的补给,下部局部的黏土层为隔水层,该层地下水具有一定的承压性,在坝基勘探钻进过程,穿透黏土层后孔口大量涌水。

3.土体物理力学参数建议值

根据现场原位及室内试验,并参考相关工程经验,得出主要地基土物理力学参数建议值,见表 3-1。

表 3-1　主要地基土物理力学参数建议值

岩层	编号	内摩擦角 $\varphi(°)$	黏聚力 (kPa)	天然密度 (kg/m³)	饱和密度 (kg/m³)	泊松比	弹性模量 (MPa)	渗透系数 (cm/s)	允许水力坡降 $J_{允许}$
冲积砂砾石	a+b	35~40	12	2~2.1	2.1~2.2	0.26	47~53	10^{-3}~10^{-2}	0.2~0.25
粉砂、极细砂	c_1、c_3	26	12	1.8	2.0	0.28	21~26	10^{-3}	0.1~0.2
粉质黏土、淤泥	c_2	22	35	1.7	1.8	0.35	15~18	10^{-5}~10^{-4}	0.4~0.5
湖积相砂砾石	d	40	12	2~2.1	2.1~2.2	0.26	47~53	10^{-3}~10^{-2}	0.15~0.25

3.2.1.2　工程地质条件评价

存在的主要工程地质问题为坝基渗漏、坝基渗透变形和坝基沉降变形等。

1.坝基渗漏问题

从覆盖层各岩组的渗透系数来看,砂卵砾石的渗透系数为 10^{-3}~10^{-2} cm/s,砂层的渗透系数为 10^{-3} cm/s,属于中等透水。覆盖层砂卵砾石层的厚度较大,坝基渗漏问题较严重。根据溢流坝水工建筑物布置情况,选择典型剖面计算分析覆盖层坝基的渗漏量。

1）计算原理

溢流坝坝基主要由砂卵砾石组成，可以看成单层结构的透水坝基，采用卡明斯公式近似计算单宽渗流量 q：

$$q = KHT/(L + T)$$

式中：K 为渗透系数，m/d；H 为坝上下游的水位差，m；L 为坝底宽度，m；T 为透水层厚度，m。

2）渗流量计算模型

坝基典型剖面渗流量的简化计算模型如图 3-10 所示。

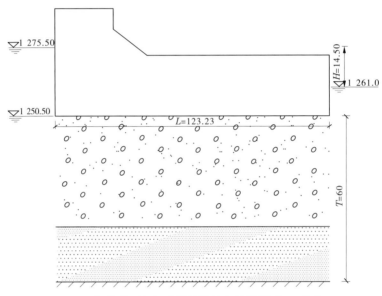

图 3-10　坝基典型剖面渗漏量的简化计算模型　（单位:m）

3）计算参数取值及计算结果分析

结合覆盖层砂砾石和砂层的渗透系数测试成果，坝基覆盖层的渗透系数 K 根据等效系数法确定；坝基覆盖层的厚度不等，等效厚度 T 取均值计算。坝基覆盖层渗流量计算参数取值及计算结果见表 3-2。

表 3-2　坝基覆盖层渗流量计算参数取值及计算结果

参数	$K(\mathrm{m/d})$	$H(\mathrm{m})$	$L(\mathrm{m})$	$T(\mathrm{m})$	$q(\mathrm{m^3/d})$
取值	3.256	14.5	123.3	60	32.73

从溢流坝坝基覆盖层渗流量的计算结果来看，单宽渗流量为 32.73 m³/d，坝基覆盖层的渗流量较大，采用流域面积与实测平均流量（1979～1986 年系列）相关关系分析，求得首部枢纽坝址 1979～1986 年平均流量为 265 m³/s（$2.29×10^7$ m³/d），单宽渗漏量约占年平均流量的 $1.4×10^{-6}$。因此，尽管溢流坝坝基渗漏量较大，但与上游来水量相比极小，渗漏量不会影响 CCS 水电站运行，因此渗漏问题并不突出。

2.坝基渗透变形

覆盖层砂卵砾石和砂层的颗粒级配曲线分别见图 3-11、图 3-12,通过分析及计算获得覆盖层各岩组的颗粒级配特征统计见表 3-3。

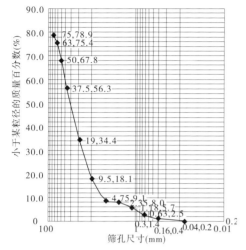

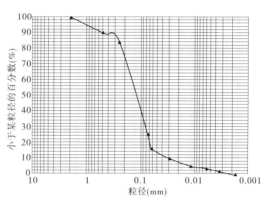

图 3-11　覆盖层砂卵砾石的颗粒级配曲线　　　　图 3-12　覆盖层砂层的颗粒级配曲线

表 3-3　覆盖层各岩组的颗粒级配特征统计

岩组	有效粒径 d_{10}(mm)	中值粒径 d_{30}(mm)	限制粒径 d_{60}(mm)	不均匀系数 C_u	曲率系数 C_c	细粒含量 P_c(%)
砂卵砾石	5.2	17	43	8.269	1.292	<1
砂	0.044	0.085	0.142	3.227	1.161	23

由表 3-3 可以看出,覆盖层各岩组的颗粒粒度特征值有差异,砂卵砾石不均匀,级配良好;砂层较均匀,级配不良。

(1)根据颗粒级配曲线,砂卵砾石岩组对应于瀑布式类型曲线,判断该岩组渗透变形类型为潜蚀型,即管涌型;砂层为直线类型曲线,渗透变形类型以流土为主。

(2)根据《水利水电工程地质勘察规范》(GB 50487—2008),采用不均匀系数 C_u 及细粒含量 P_c 提出的方法判别和评价渗透变形形式,结合表 3-3 中的有关数据按规范中的标准对其渗透变形形式做出判别:

砂层不均匀系数 C_u = 3.227<5,可判为流土。

砂卵砾石层不均匀系数 C_u = 8.269>5,则根据细粒含量 P_c(%)<1<25,可判断其破坏形式为管涌。

对由砂卵砾石层和砂层组成的双层结构地层,其不均匀系数均小于 10,而 D_{10}/d_{10} = 5.2/0.044 = 118.2>10,因此可能存在接触冲刷现象。

根据以上分析,覆盖层砂卵砾石渗透变形形式为管涌型,砂层渗透变形形式为流土型,层间可能存在接触流失。覆盖层各岩组颗粒粗细差别大,而且粗细相间分布,建坝后在高水头作用下,存在渗透变形问题。

因此,结合坝基覆盖层渗漏问题和渗透变形问题,首部枢纽溢流坝基础防渗采用塑性混凝土防渗墙进行处理,防渗墙起止桩号为S0-011.00—S+237.25,墙体防渗帷幕轴线长度为251.21 m,墙体厚度为800 mm。主坝段设计墙顶高程为1 251.00 m,墙底高程为1 220.50 m,最大墙体深度为30.5 m。

防渗墙主要布置在溢流坝基础以下,为避免左坝肩绕渗,防渗墙体左岸挡水坝段往左侧延伸11 m,即深入左坝肩近70 m左右;右侧延伸到冲沙闸岩石基础,连接冲沙闸和引水闸基础帷幕灌浆形成封闭防渗系统。

通过三维弹塑性有限元应力应变计算,在各工况下,防渗墙的整体受力状态良好,均没有出现剪切破坏和拉伸破坏。

为检验防渗墙实施效果及后续运行安全管理,在溢流坝坝基布置多个监测点进行渗压监测。

监测成果表明,溢流坝段基础防渗墙前的渗压计水位在高程1 265.6~1 275.4 m;防渗墙后的渗压计水位在高程1 261.4~1 265.2 m,基本与下游水位一致。首部枢纽溢流坝基础防渗2014年5月首部截流后,溢流坝已运行超过5年,防渗效果良好,防渗墙有效降低了坝下游地基渗流水头,有效地解决了地基土的渗透变形问题。

3.坝基沉降变形

坝基坐落在砂卵砾石、砂层及粉质黏土之上,砂砾石的厚度不均,基础以下东侧砂卵砾石层厚2 m,下为花岗闪长岩侵入体;西侧覆盖层逐渐变厚,深达130余m。粉质黏土和粉土层具有中等压缩性,因而会产生一定的不均匀沉降,同时覆盖层厚度相差很大,基础可能会产生不均匀沉降变形。

为消除地基不均匀沉降变形,对地基处理措施分区域处理。

1)溢流坝左坝肩基础处理

溢流坝左坝肩在1 278.00 m高程左右为a+b地层(冲积砂砾卵石层),该层从左到右呈喇叭口状逐渐加厚,左侧厚度约5 m,其下为c_1砂层和c_2粉质黏土层,易产生不均匀沉降,溢流坝左坝肩开挖照片详见图3-13。溢流坝左坝肩基础原设计处理方案为振冲碎石桩处理,桩径1.0 m,间排距1.6 m,桩底高程1 259.0~1 265.0 m。现场施工过程发现a+b地层(冲积砂砾卵石层)坚硬,胶结良好,且有较多尺寸大于50 cm的孤石,振冲碎石桩难以施工。经分析,将左坝肩基础处理方案调整为:上部开挖换填+下部振冲碎石桩处理。左坝肩基础处理详见图3-13~图3-15。

2)溢流坝下游消力池基础处理

溢流坝下游消力池地基条件复杂,地基主要为d层砂砾石和c_2层粉质黏土,易产生不均匀沉降。溢流坝下游消力池及出口闸左侧半重力式高挡墙基础坐落在c_2层粉质黏土上,地基采用了振冲碎石桩处理,桩径1.0 m,间排距1.6 m,桩长12.0 m。消力池底板和出口闸c_2层粉质黏土地基采用整体换填处理,换填厚度2.0~4.0 m。溢流坝下游消力池基础处理典型剖面图见图3-16。

2014年5月首部截流后,溢流坝挡水已运行超过5年,从监测成果来看,溢流堰基础累积最大沉降量出现在S0+95.00的下游齿槽(D0+026.00)内,累积最大沉降量为42.2

图 3-13　溢流坝左坝肩开挖照片

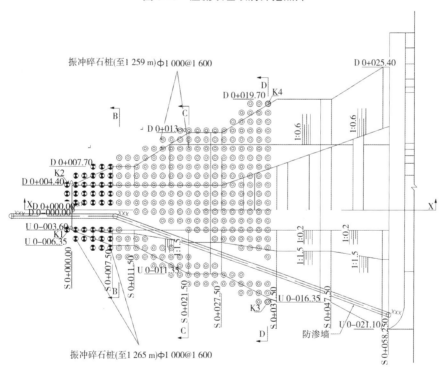

图 3-14　左坝肩基础处理平面图

mm,从累积沉降曲线来看,溢流堰基础沉降已经稳定,实际沉降量远小于规范允许最大沉降量(150 mm),验证了溢流坝的沉降设计满足规范要求。

3.2.2　冲沙闸

冲沙闸段主要由上游引渠段、冲沙闸闸室段、下游双"U"形消力池、海漫及防冲槽组

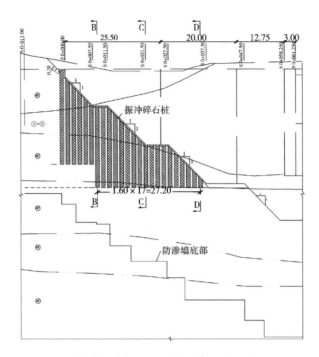

图 3-15　左坝肩基础处理典型剖面图

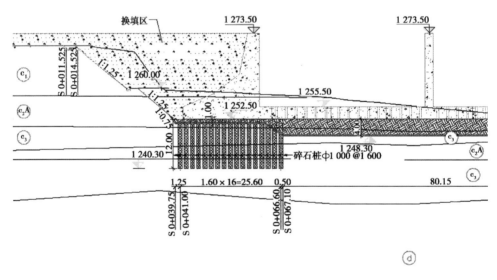

图 3-16　溢流坝下游消力池基础处理典型剖面图　（单位:m）

成。冲沙闸上游引渠段长 72 m,溢流坝与冲沙闸之间布设导水墙,导墙顶部高程 1 277.5 m,顶宽 5.75 m。溢流堰右侧为 3 孔带胸墙的冲沙闸,底板高程均为 1 260.00 m,其中 1 孔弧门,孔口尺寸 8.00 m×8.00 m,2 孔平板门,孔口尺寸 4.50 m×4.50 m。闸室顺水流向长度 52.61 m,宽度 15.5 m。平门冲沙闸为双"U"形结构,闸室顺水流向长度 52.61 m,宽度 19 m。闸室底板厚度 6.5 m,闸顶高程 1 289.50 m,闸室总高度 36 m。冲沙闸下游采用底流消能形式,消力池长度 64.41 m,有 2 个池室,弧门冲沙闸和 2 孔平门冲沙闸分别对应 1

个池室,中间采用中隔墙分隔,单池宽度 11.50 m,池底高程为 1 253.50 m,池深 6.0 m。出口闸下游接钢筋混凝土海漫,长度 120.0 m,在其末端设深 7.8 m、底宽 6 m 的抛石防冲槽保护,上游坡度 1∶2,下游坡度 1∶3,防冲槽顶面高程 1 259.50 m。冲沙闸施工照片见图 3-17,冲沙闸平面布置见图 3-18。

图 3-17　冲沙闸施工照片

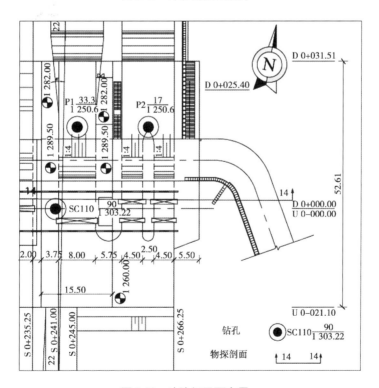

图 3-18　冲沙闸平面布置

3.2.2.1 基本地质条件

1.地层岩性

冲沙闸主要地层岩性由第四系的冲积物(Q^{al})、湖积物(Q^l)及花岗闪长岩侵入体(g^d)组成,由上而下分述如下:

(1)第四系冲积物砂砾石层(a+b):在上部地层及冲沙闸建基面左侧广泛分布,建基面以下厚度0~30 m不等,卵砾石磨圆度较好,分选较差,局部胶结较好,砾石成分复杂,主要岩性由安山岩、砂岩、凝灰岩、玄武岩、闪长岩、流纹岩、花岗岩、石英、泥灰岩、页岩等组成。

(2)第四系湖积粉质黏土层(c_2):分布于上部地层及冲沙闸建基面左侧下部,岩性为灰褐色粉质黏土,可塑—硬塑,半胶结,钻孔P1揭示建基面5 m以下厚度约5 m,局部含少量的钙质结核。

(3)第四系冲积物细砂层(c_3):分布于上部地层及冲沙闸建基面左侧下部,钻孔P1揭示建基面15 m以下厚度约5 m,以细砂为主,密实,局部夹少量砾石。

(4)花岗闪长岩侵入体(g^d):分布于冲沙闸建基面右侧及左侧下部,左侧存在基岩陡坎,倾角约60°,表层岩体强风化,强风化层厚度15~25 m。岩体呈碎裂结构—次块状结构,斑状构造。冲沙闸部分建基面花岗闪长岩(g^d)与砂砾石(d)界线见图3-19。

图3-19 冲沙闸部分建基面花岗闪长岩(g^d)与砂砾石(d)界线

根据冲沙闸区域钻孔及实际开挖揭示的地质情况,覆盖层厚度变化主要特征如下:

(1)建基面上游和右侧基岩出露,下游和左侧覆盖层较厚,地基不均匀,左侧覆盖层厚度远大于右侧覆盖层厚度,下游覆盖层厚度远大于上游覆盖层厚度。

(2)基岩面存在陡坎:钻孔SC110与钻孔P1上下相隔18 m,基岩面相差约23 m,钻孔P1与钻孔P2左右相隔15.6 m,但基岩面相差24 m以上。

2.地质构造

区域内未见大型断层,发育有小规模断层和破碎带,沉沙池边坡开挖揭露的断层以NE向为主,倾向SE,倾角65°~75°。通过对冲沙闸上游岩体结构面进行统计分析,裂隙发育,以陡倾角为主,主要发育3组优势裂隙:①105°∠78°:延伸长度1~3 m,张开度1~2 mm,泥质或者钙质充填;②209°∠79°:延伸长度2~4 m,张开度1~3 mm,泥质或者钙质充填;③141°∠79°:延伸长度3~5 m,张开度1~3 mm,泥质或者钙质充填。冲沙闸裂隙发育等密度图见图3-20。

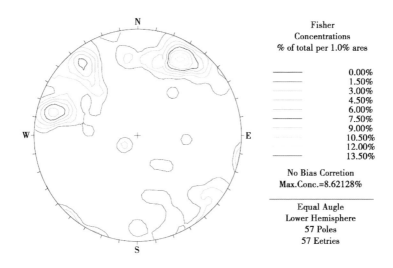

图 3-20 冲沙闸裂隙发育等密度图

3. 水文地质条件

本区地下水按赋存介质划分主要为松散岩类孔隙水,区内河床及漫滩为新近河流冲洪积堆积,泥质含量少,砂砾石透水性较好,含水层厚度可达 10～20 m,主要为孔隙潜水,地下水水量丰富,该类地下水与河水水力联系密切。由于工程施工采取井点降水,工程区地下水位低于河水位,主要接受河水补给,下部局部的黏土层为隔水层,地下水具有一定的承压性,在钻孔 P1 钻进过程,穿透黏土层后孔口大量涌水。

4. 岩(土)体物理力学参数建议值

根据现场原位及室内试验,并参考相关工程经验,得出冲沙闸岩(土)体物理力学参数建议值见表 3-4。

表 3-4 冲沙闸岩(土)体物理力学参数建议值

岩性	自然容重 (kN/m³)	饱和容重 (kN/m³)	单轴抗压强度 (MPa)	内摩擦角 (°)	黏聚力 (kPa)	变形模量 E_0	泊松比 μ
砂砾石 d (胶结较好)	21	22		40	30	45～55 MPa	0.26
粉质黏土 c_2	17	18		22	35	18～21 MPa	0.3
细砂 c_3	18	20		26	12	26～29 MPa	0.28
强风化花岗闪长岩 g^d	26	27	5～10	45	50	65～75 MPa	0.25
弱风化—新鲜花岗闪长岩 g^d	28.1	28.2	80～120	55	1 000～1 500	15～20 GPa	0.21～0.24

3.2.2.2　工程地质条件评价

冲沙闸基础位于砂卵砾石层和强风化花岗闪长岩上,基础以下的覆盖层主要为砂卵砾石,局部夹黏土层和砂层,厚度0~30 m。存在的主要工程地质问题为覆盖层渗漏、闸基渗透变形和沉降变形等。

1.覆盖层渗漏

根据冲沙闸基础实际施工开挖揭露情况,冲沙闸位于岩土分界区域,基础地层主要为砂卵砾石和强风化花岗闪长岩,基础左侧下部砂卵砾石层的厚度较大,覆盖层砂卵砾石的渗透系数为10^{-3}~10^{-2} cm/s,属于中等—强透水。原设计冲沙闸基础防渗帷幕灌浆无法实施,修改为塑性防渗墙向右侧继续延伸一定长度。在溢流坝8号坝段中部折90°角后向上游延伸,沿引渠导墙基础布设防渗墙,根据实测基岩出露线,将转折后的防渗线轴线向上游到U0-048.60,再折90°角向右沿引渠底板布设帷幕灌浆,与引水闸基础帷幕灌浆衔接。

2.闸基渗透变形

冲沙闸地基砂卵砾石渗透变形形式为管涌型,覆盖层各岩组颗粒粗细差别大,而且粗细相间分布,建坝后在高水头作用下,存在渗透变形问题,特别是管涌破坏。闸基采用上述塑性防渗墙与防渗帷幕灌浆进行处理。

为检验防渗墙和防渗帷幕灌浆实施效果及后续安全运行管理,在冲沙闸闸基部位布置渗压计监测。

工程运行后,冲沙闸段基础防渗墙前的渗压计水位在高程1 262.6~1 265.4 m;防渗墙后的渗压计水位在高程1 261.4~1 262.2 m,基本与下游水位一致。首部枢纽溢流坝基础防渗于2014年5月首部截流后,截至目前已运行超过5年,防渗效果良好,防渗墙有效降低了坝下游地基渗流水头,有效地解决了地基土的渗透变形问题。

3.沉降变形

根据冲沙闸基础实际开挖揭露情况,冲沙闸位于岩土分界区域,基础地层主要为砂卵砾石和强风化花岗闪长岩,存在闸基不均匀沉降问题。

按天然覆盖层地基计算,弧门冲沙闸下游侧最大沉降量为192.01 mm,上游覆盖层很薄,沉降很小。根据规范《美国工程兵团手册》(EM 1110—1—1904)表2-3规定,上下游沉降差应小于$L/500$。计算沉降差大于$L/500 = 52.61/500×1\,000 = 105$(mm),不满足设计要求。需要采取工程措施对地基进行加固,提高天然基础变形模量,减小上下游沉降差值。

根据冲沙闸基础地层分布特点,经多方案比选,最终确定采用素混凝土桩复合地基基础处理方案。利用素混凝土灌注桩对砂砾石范围地基进行加固,加固后的地基按复合地基考虑。桩体布设密度由加固后复合地基的沉降变形控制。采用素混凝土桩桩径0.8 m,桩中心距2.5 m,桩底入岩石面以下1~2 m。在桩顶与建筑物基础面间布设1.0 m厚砂砾石层,并进行夯实处理,作为基础传力层,形成复合地基共同受力,复合地基变形模量不小于150 MPa。冲沙闸基础处理平面、典型剖面示意图见图3-21、图3-22。

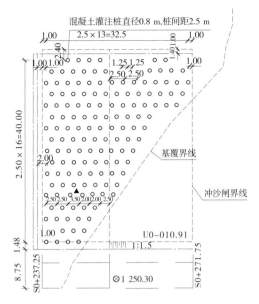

图 3-21 冲沙闸基础水流方向处理平面示意图 (单位:m)

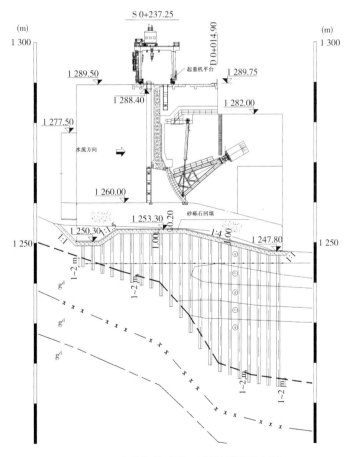

图 3-22 冲沙闸基础处理典型剖面示意图

现场监测冲沙闸闸基累积最大沉降量仅 3.25 mm,冲沙闸消力池累积最大沉降量仅 1.9 mm,远小于规范允许最大沉降量,沉降监测结果也进一步验证了冲沙闸的沉降满足规范要求。

3.3 面板坝工程地质条件及评价

混凝土面板砂砾石坝(见图3-23)坝顶高程1 289.80 m,河床部分趾板底部高程为1 263.00 m,最大坝高26.80 m。坝顶宽度8.00 m,坝顶长度156.12 m,坝体上下游坝坡均为1:1.5。坝顶防浪墙顶高程1 291.20 m,坝体自上游至下游依次分为石渣盖重和粉土铺盖、混凝土面板、垫层区和周边缝下特殊垫层区、过渡层、上游主堆石区、下游次堆石区和块石护坡。

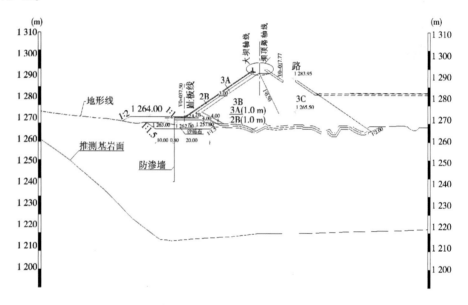

图3-23 混凝土面板砂砾石坝横剖面图 (单位:m)

3.3.1 基本工程地质条件

3.3.1.1 地形地貌

坝址区地形地貌大致可分为山原地貌与河谷地貌(见图3-24)。河谷两岸山脊高程1 800~2 000 m,河谷底高程1 260~1 270 m,相对高差500~800 m,地貌分类属于构造—剥蚀—侵蚀中山。右岸山体较左岸浑厚,左岸山坡坡度有所变化,下缓上陡,坡度平均为30°~40°,右岸为陡峻的基岩山坡,坡度为50°~60°。

Salado首部枢纽突出的地貌特征是河谷中间凸现一锥形花岗岩侵入体,形成了坝处的"V"形峡谷,首部面板堆石坝典型横剖面图见图3-25。河谷底高程1 264~1 274 m,地形起伏不大,河谷左岸堆积了较厚的第四系松散堆积物,发育有Ⅰ、Ⅱ两级阶地,阶地呈条带状分布于左岸上下游,断续长约1 000 m。枢纽下游右岸也有Ⅱ阶地出露(海拔30 m),

图 3-24　首部面板坝坝址处原始地形地貌

上部被冲洪积、崩积物所覆盖,断续延伸长约 1.2 km;枢纽区内上下游漫滩、心滩发育,形成了宽广的河谷。

面板坝处河谷两岸山体陡峻,呈"V"形谷,左右两岸均为花岗岩侵入体,左岸为孤立花岗岩侵入体,面积约 0.05 km²,山顶高程约 1 350 m,右岸山体浑厚。坝轴线处左岸山坡整体坡度 53°,右岸山坡整体坡度 45°,河谷宽度约 150 m。

3.3.1.2　地层岩性

首部面板坝区地层岩性主要有花岗岩(g^d)和第四系松散层。

(1)花岗岩,似斑状结构、块状构造,由于岩相的变化,局部为花岗闪长岩,裂隙较为发育。裂隙面风化后呈褐(黄、红)色,局部充填泥质。

(2)第四系松散层。

第四系松散层按成因主要分为以下几层,典型地质剖面图如图 3-25 所示。

①a+b 层:河流冲洪积砂卵石层,含火山碎屑,大于 20 mm 的砾石较多,含量 20%~30%,夹有少量棱角状块石,砂砾石级配良好,局部微胶结,该层厚度 10~20 m,堆积相对松散。

②c 层:该层属于湖积层,进一步划分为 3 个亚层:c_1为极细砂、粉砂夹有砾石、微塑性黏性土,该层厚 3~6 m;c_2为微胶结的粉质黏土,含有机质,夹有砾石、细砂,该层厚 5~15 m;c_3为极细砂、粉土,夹少量砾石,该层厚 12 m。

③d 层:湖积含火山碎屑物质的砂砾石,局部微胶结,夹少量棱角状块石,该层厚2~3 m。

④e 层:河流冲积砂卵石层,含有较多大于 20 mm 的漂砾,含量 20%~30%,砂砾石级配良好,多为次圆状,夹少量块石,该层堆积密实。

3.3.1.3　地质构造

1.断层

面板坝开挖后形象面貌如图 3-26 所示,开挖揭露规模相对较大的断层有 4 条,左、右岸各 2 条。现分述如下:

(1)F_{752}断层:正断层,断层产状 125°∠85°,位于左岸 P1 点和 P2 点之间,宽度一般小

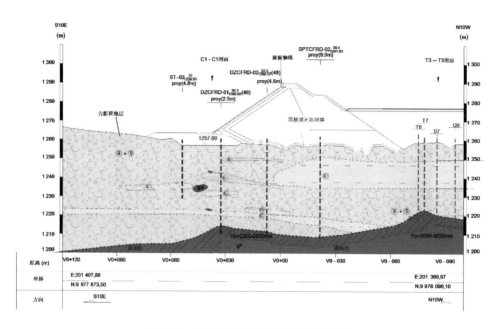

图 3-25 首部面板堆石坝典型横剖面图

图 3-26 开挖后首部面板坝左、右岸全景

于 0.5 m,断层面呈轻微粗糙状,断层带内可见糜棱岩,泥质及铁质充填。

（2）F_{754} 断层:正断层,断层产状 110°∠80°,位于左岸 P2 点附近,断层带宽约 0.5 m,影响带宽约 2.3 m,断层面呈轻微粗糙状,断层带内可见糜棱岩,泥质及铁质充填。

（3）F_{759} 断层:正断层,断层产状 130°～135°∠80°～82°,位于右岸 P4 点附近,断层带宽度一般小于 0.6 m,断层影响带最宽达 3.5 m,断层面呈轻微粗糙状,断层带内可见糜棱岩,泥质及铁质充填。

（4）F_{709} 断层:正断层,断层产状 125°∠73°,位于右岸坝轴线下游,断层带宽度一般 0.35～0.5 m,断层影响带宽度一般 1.0～3.0 m,断层带内可见糜棱岩,泥质及铁质充填。

2.节理

左岸主要发育三组节理:

（1）J_1：产状 129°～170°∠69°～81°，该组节理多为断层 F_{752} 和断层 F_{754} 的次生节理，节理面张开度可达 5 mm，砂质和泥质充填，延伸长度一般大于 10 m，西南侧开挖区该组节理延伸长度多小于 10 m，一般发育 1～2 条/m，局部较密，达 4～5 条/m。

（2）J_2：产状 319°～339°∠66°～87°，张开度一般为 1～5 mm，局部张开达 10 mm，砂质、泥质和铁质充填，节理面多呈轻微粗糙状，延伸长度较长，一般大于 20 m，一般发育 1～2 条/m，靠近断层附近较密集，达 4～5 条/m。

（3）J_3：产状 17°～35°∠64°～79°，张开度一般小于 3 mm，局部达 2 cm，延伸长度一般小于 5 m，节理面多呈粗糙状，一般发育 2～3 条/m。

右岸主要发育三组节理：

（1）J_1：产状 114°～157°∠53°～85°，较发育，延伸长度一般小于 10 m，张开度小于 5 mm，砂质或泥质充填，一般发育 2～3 条/m。

（2）J_2：产状 327°～343°∠60°～84°，延伸长度一般小于 7 m，张开度一般小于 3 mm，局部张开 5 mm，节理面多呈粗糙状，砂质或泥质充填，一般发育 1～2 条/m。

（3）J_3：产状 30°～50°∠68°～87°，延伸长度一般 10～20 m，张开度一般 1～5 mm，节理面多呈粗糙状，砂质或泥质充填，一般发育 2～3 条/m。

3.3.1.4　岩（土）体物理力学性质

面板坝区各地层的物理力学参数建议值见表 3-5、表 3-6。

表 3-5　花岗岩物理力学参数建议值

岩性	比重（kN/m³）	饱和容重（kN/m³）	抗压强度（MPa）	内摩擦角（°）	黏聚力（kPa）	变形模量 E_0	泊松比 μ	渗透系数（cm/s）
强风化花岗岩	26	27	5～10	45	300	65～75 MPa	0.25	—
弱风化花岗岩	28.1	28.2	80～120	55	1 000～1 500	15～20 GPa	0.21～0.24	10^{-5}～10^{-4}
微风化花岗岩	28.1	28.2	100～150	55	1 200～1 500			

表 3-6　覆盖层物理力学参数建议值

地层	代号	天然密度（g/cm³）	饱和密度（g/cm³）	内摩擦角（°）	黏聚力（kPa）	渗透系数（cm/s）	孔隙比
冲洪积砂砾石	a+b	2.0～2.1	2.1～2.2	40	12	10^{-3}～10^{-2}	0.5
砂、粉细砂	c_1、c_3	1.8	2.0	26	12	10^{-3}	0.6
粉质黏土	c_2	1.7	1.8	22	35	10^{-5}～10^{-4}	0.65
砂砾石	d	2.0～2.1	2.1～2.2	40	12	10^{-3}～10^{-2}	0.5

3.3.2 主要工程地质问题及处理措施

3.3.2.1 河床深厚覆盖层不均匀沉降、地震液化问题及主要处理措施

根据勘察资料,坝址处河床覆盖层厚度为 40~80 m,河床部位 1 258 m 高程以下覆盖层厚度 78 m,主要岩性有冲积砂砾石层(a+b、e)、湖积层(c_1、c_2、c_3),其中 c_1 为极细砂、粉砂夹有砾石、微塑性黏性土,该层厚 3~6 m;c_2 为微胶结的粉质黏土,含有机质,夹有砾石、细砂,该层厚 1.5~3.5 m;c_3 为极细砂、粉土,夹少量砾石,该层厚 3~7 m。湖积层分布不均,厚度不稳定,左岸相对较发育。由于下部地层分布有砂层,地层分布不均,会产生不均匀沉降及地震液化等问题。

为了处理不均匀沉降和地震液化等工程地质问题,采用重型振动碾碾压。此外,在坝前增加盖重区。

分析结果表明,采用坝前盖重方案,地震后潜在失效的安全系数为 1.58,大于要求值 1.1,发生塑性变形的安全系数为 1.45,也大于要求值 1.1。

3.3.2.2 趾板工程地质条件及主要处理措施

趾板处两岸为强风化状花岗岩,河床部位 1 258 m 以下覆盖层厚度 78 m,分布有冲积砂砾石层、粉细砂、微塑性黏土、粉质黏土等,夹有大粒径孤石,地层分布不均一。

面板坝区主要发育 4 条断层,其中 F_{752} 断层产状 135°∠82°,宽 0.6~3.5 m,位于右岸趾板,规模相对较大,岩体较破碎。两岸主要发育三组节理,节理面多蚀变,多泥质、砂质或岩屑充填。

左右两岸风化程度差别较大,左岸花岗岩强风化带厚度 2 m 左右,弱风化带厚度 10~14 m,右岸强风化带厚度 10~14 m,弱风化带厚度 20~22 m。强风化带波速(v_p)727~1 400 m/s,弱风化带波速(v_p)2 200~2 600 m/s,微风化—新鲜岩体波速(v_p)3 000~3 620 m/s。

两岸趾板基础为强风化花岗闪长岩,河床部分为密实状砂砾石层。右岸趾板由于发育 F_{752} 断层,岩体条件较差,采取了锚杆加固、加强固结灌浆和加深帷幕灌浆等处理措施。

两岸趾板防渗帷幕深入基岩内,河床部位以砂砾石层为主,左岸夹有粉细砂及粉质黏土层,以中等透水为主,防渗帷幕深入河床下砂砾石层,至高程 1 228 m。

3.3.2.3 岸坡稳定性评价

两岸基岩为花岗岩,强风化状,右岸山体上部覆盖第四系崩积物。

左岸主要发育三组节理:①141°∠74°;②201°∠76°;③32°∠75°。节理倾角较陡,整体对边坡稳定有利,但局部可形成不稳定块体,施工过程中,针对不稳定块体进行了加强支护。由于坝体填筑至 1 288 m,左岸平台为 1 289.5 m,边坡高度小,目前边坡稳定性好。

右岸开挖坡比 1:0.3,边坡较陡,右岸主要发育 F_{752} 断层及两组节理:①128°∠76°;②63°∠79°。节理及断层倾向坡内,对边坡稳定有利,施工开挖过程中未见有基岩边坡滑动现象。

右岸坝轴线上游崩积物较发育,厚 2~7 m,堆积体上部植被发育,属于潜在不稳定堆积体。面板堆石坝的盖重设计,盖重高程 1 275 m,向上游至上游围堰处,堆积于不稳定堆积体坡脚,并在堆积体上设置了截水沟,近坝部位增加了锚杆、挂网及混凝土喷护,这些措

施对松散堆积体边坡稳定有利。施工过程中未发现边坡滑动现象,现状稳定性较好。

3.4　沉沙池工程地质条件及评价

3.4.1　沉沙池工程概况

沉沙池主要建筑物有引水闸和沉沙池池身段。

引水闸布置在溢流坝冲沙闸右侧,与溢流坝轴线呈70°交角,由发电取水闸和生态取水闸两部分组成。取水闸为带胸墙的平板闸,闸底板高程1 270 m,总宽度84.8 m,共16孔,四孔一联,共四联,两闸对应下游一条沉沙池池槽,单闸孔过流尺寸3.10 m×3.30 m(宽×高),顺水流方向每孔设一道拦污栅、一道检修门及一道工作门。生态取水闸宽11.15 m,1孔,闸孔过流尺寸1.5 m×2.0 m(宽×高),顺水流方向设一道检修门及一道工作门。闸顶上游布置移动门机,下游布置交通桥,交通桥总宽7.85 m。

沉沙池紧接引水闸布置,共布置8条池室,总长260.7 m,主要包括上游过渡段、工作段、下游出口闸、静水池、侧向溢流堰及排沙廊道系统,底板高程1 258.2~1 260.6 m。上游过渡段连接取水口和沉沙池工作段,长度45 m;工作段长度153 m,单池过流断面净宽度13 m,其中上部竖直部分深8.63 m,下部梯形部分深3.67 m,沉沙池底部排沙采用Sedicon排沙系统,泥沙通过下部排沙系统管道汇集到排沙廊道,经排沙廊道排沙至下游海漫;下游出口闸总长23.2 m,闸孔尺寸8.0 m×3.6 m(宽×高),出口闸后连接静水池,静水池总长39.5 m,静水池后连接输水隧洞,静水池左侧设置侧向溢流堰弃水入下游河道。沉沙池工程区全貌见图3-27。

图3-27　沉沙池工程区全貌

3.4.2　基本工程地质条件

3.4.2.1　地形地貌

该区地貌属于构造-剥蚀-侵蚀中山地貌,河谷两岸山脊高程1 800~2 000 m,河谷底高程 1 260~1 270 m,相对高差 500~800 m,河谷底宽,呈"U"形。左岸山坡坡度有所变化,下缓上陡,平均 30°~40°;右岸山体较左岸浑厚,为陡峻的基岩山坡,坡度 50°~60°,基岩露头较多,覆盖层薄。

Coca 河谷中间凸现一锥形花岗岩侵入体(面积约 0.05 km²),将河谷分成两个"V"形峡谷,沉沙池布置于右侧河谷和侵入体上。地表冲洪积物覆盖,坡脚出露基岩,植被发育。

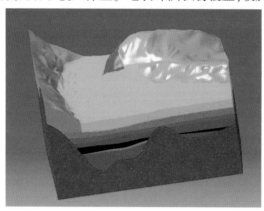

图 3-28 沉沙池基础三维地质模型

3.4.2.2 地层岩性

根据前期资料、钻孔分析和现场实际开挖揭露,沉沙池基础左侧坐落于花岗闪长岩侵入体上,强风化—弱风化,节理裂隙较发育;右侧则位于河床,覆盖层深厚,厚度变化大,且物质颗粒组成的粒组分布范围广,包括巨粒、粗粒和细粒所有粒径的粒组,建立三维地质模型,如图 3-28 所示。

左侧基岩基础的地层岩性主要为花岗闪长岩侵入体(g^d),岩体为似斑状结构、块状构造,由于岩相的变化,局部为花岗闪长岩,侵入体边缘有重结晶作用,存在百余米的变质岩带。

右侧软基主要为河床深厚覆盖层,属第四系地层,根据成因主要有崩积物(Q^c)、冲洪积物(Q^{al+pl})和残坡积层(Q^r)。崩积物(Q^c)主要分布于沉沙池右岸山坡上;冲洪积物(Q^{al+pl})主要分布于河谷底部;残坡积层(Q^r)厚 2~5 m,主要覆盖于花岗闪长岩侵入体上,岩性为灰褐色壤土、粉质黏土,较疏松,层间夹有碎块石。从河床覆盖层岩组划分,河床覆盖层主要由 a+b、c_1、c_2、d、f_1 和 f_2 等六层构成,其厚度及特性如下:

a+b:冲洪积砂砾石层,位于河床最上层,厚约 12 m。细颗粒含量 P_5 小于 30%,砾石岩性以花岗闪长岩为主,弱风化状态,饱和抗压强度大于 80 MPa,级配良好,中密—密实,构成沉沙池基础面。

c_1:砂层,位于表层冲洪积砂砾石层下,厚约 10 m,$d<0.1$ mm 颗粒含量多大于 10%,砂层黏聚力为 2 kPa 左右,内摩擦角建议值为 20°~25°,压缩模量约 18 MPa。

c_2:粉土层,含粉质黏土,在砂层中呈透镜状夹层分布,厚度 4~6 m,$d<0.1$ mm 的颗粒含量大于 90%,具有承载力低、强度增长缓慢、渗透性小、触变性和流动性大的特点,稍密,可塑—硬塑状,压缩模量集中在 10~15 MPa,属高压缩性土。

d 层:冲洪积砂砾石层,性状与 a+b 层类似,厚约 20 m。

f_1层:砂层,性状与c_1层类似,厚约 5 m。

f_2层:粉土层,性状与c_2层类似,厚约 30 m。

d 层、f_1层和f_2层由于埋深大,位于岩组 a+b、c_1下,形成时代更早,经历过长时间上覆盖层的重压,密实度更高,物理力学性质更好。

3.4.2.3 地质构造

从区域地质资料分析,沉沙池工程区处于 Reventador 构造带内,该构造单元边界为区域性断裂带,包括 Reventador 断裂带(走向 30°)与 Coca 河断裂带(走向约 35°)。带内次级断裂较多,多为挤压性的逆断层。

沉沙池区地质构造比较简单,根据输水隧洞进口边坡和沉沙池边坡开挖揭示情况,主要发育 F_{601}、F_{705}和 F_{724}三条断层,其性状如表 3-7 所示。

表 3-7 沉沙池开挖揭露断层一览

断层编号	倾向/倾角	宽度(cm)	充填
F_{601}	130°/60°	15~20	黏土、氧化物
F_{705}	100°/30°	<50	岩屑、碎石
F_{724}	122°/67°	<40	岩屑、黏土

岩体节理裂隙较发育,局部发育裂隙密集带,在沉沙池边坡和输水隧洞进口边坡开挖后对该区域节理裂隙进行了统计,主要发育以下 3 组节理:

(1)J_1:产状 94°~128°∠68°~89°,延伸大于 10 m,轻微粗糙,张开度 1~5 mm,岩屑充填,2~4 条/m。

(2)J_2:产状 201°~218°∠67°~84°,延伸长度 5~10 m,平直粗糙,张开度 2~4 mm,黏土氧化物充填,2~3 条/m。

(3)J_3:产状 21°∠8°~16°,延伸长度 5~10 m,粗糙,局部张开,1~2 条/m。

绘制沉沙池区域节理裂隙等密度图,如图 3-29 所示。

3.4.2.4 水文地质条件

本区地下水按赋存介质可分为松散岩类孔隙水和基岩裂隙水。松散岩类孔隙水主要分布于河床、心滩、漫滩中,由于砂砾石层透水性好,且与河水水力联系密切,因而水量丰富,该类孔隙潜水埋藏浅(1~2 m),含水层厚度可达 10~20 m,该类水地下水动态变化与河流保持一致。基岩裂隙水分布于两岸山体内,基岩裂隙水的补给来源主要是大气降水,向沟谷及深部含水层排泄。

3.4.2.5 **物理地质现象**

该区主要物理地质现象包括岩体风化、卸荷等。由于开挖作用影响,岩体卸荷作用较为明显,竖向裂隙较多,上部张开,主要分布在强风化—弱风化带中。区内右岸地势陡峻,表层覆盖第四系覆盖层,有可能发生小范围滑坡和崩塌,影响不大。

3.4.3 主要工程地质问题及处理措施

沉沙池开挖至建基面后形象面貌如图 3-30 所示,红线为基覆界线,即红线左侧为花

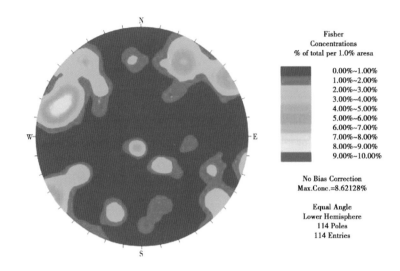

图 3-29　沉沙池区域节理裂隙等密度图

岗闪长岩基础,右侧为河床软基。地质纵剖面图如图 3-31 所示。岩石与砂砾石土层交接部位坡度较陡,为 51°~87°。其中,软基主要有冲洪积砂卵砾石(a+b)、黏土(c_2)、粉细砂(c_1)、砂砾石(d)、砂质黏土(f_2),各土层厚度分别为 10.00 m、13.00 m、6.00~18.00 mm、9.00~12.00 m、8.00~16.00 m 不等。砂卵砾石细颗粒含量 P_5 均小于 30%,岩性以花岗闪长岩为主,为坚硬不软化岩石,其不均匀系数 C_u 平均为 15.10,级配良好。该覆盖层作为基础不会形成对工程的控制性危害。砂层、粉土层粒径 $d<0.1$ mm,颗粒含量多大于 10%,为高压缩性土,该地层不宜直接作为建筑地基基础,需进行挖除或加固处理。黏土层中黏土颗粒粒径 $d<0.1$ mm 的含量大于 90%,具有承载力低、强度增长缓慢、渗透性小、触变性和流动性大的特点。沉沙池的主要工程地质问题为砂土液化和不均匀沉降变形问题。

图 3-30　沉沙池基础

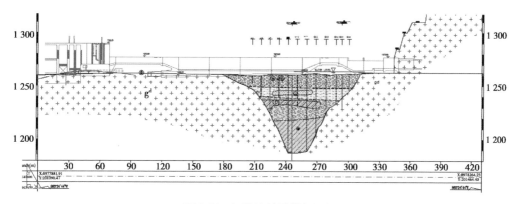

图 3-31　沉沙池地质纵剖面图

3.4.3.1　主要工程地质问题

1.砂土液化

根据前期地震危险性分析结果,区内可能发生的地震最大动峰值加速度为 0.4g,河床覆盖层具备产生震动液化的外在地震条件。

1）规范判别法

根据《建筑抗震设计规范》(GB 50011—2010)中 4.3.3,浅埋天然地基的建筑,当上覆非液化土层厚度和地下水位深度符合下列条件之一时,可不考虑液化影响:

$$d_{\mathrm{u}} > d_0 + d_{\mathrm{b}} - 2$$
$$d_{\mathrm{w}} > d_0 + d_{\mathrm{b}} - 3$$
$$d_{\mathrm{u}} + d_{\mathrm{w}} > 1.5d_0 + 2d_{\mathrm{b}} - 4.5$$

式中:d_{w} 为地下水位深度,m,宜按设计基准期内年平均最高水位采用,也可按近期内年最高水位采用;d_{u} 为上覆盖非液化土层厚度,m,计算时宜将淤泥和淤泥质土层扣除;d_{b} 为基础埋置深度,m,不超过 2 m 时应采用 2 m;d_0 为液化土特征深度,m,可按表 3-8 采用。

表 3-8　液化土特征深度　　　　　　　　（单位:m）

饱和土类别	7 度	8 度	9 度
粉土	6	7	8
砂土	7	8	9

砂土层的最大液化深度一般认为在地下 15 m 深度范围内。由于最大动峰值加速度为 0.4g,最大液化深度按 20 m 考虑。c_2 层的最浅埋深为 11 m,故 a+b 层、c_1 层和 c_2 层均有可能发生地震液化。

根据试验成果,砂卵砾石 a+b 层中大于 5 mm 的颗粒含量都大于 70%,属不液化层。砂层和粉土岩组小于 0.005 mm 的黏粒含量为 1.98%~6.48%,平均为 4.23%,故按黏粒含量初判,沉沙池基础下可能液化的地层主要是砂层 c_1、粉砂层 c_2,沉沙池基础砂层液化判别根据《建筑抗震设计规范》(GB 50011—2010)中 4.3.3 计算成果,如表 3-9 所示。

表 3-9 沉沙池液化计算成果（不考虑结构重量）

剖面号	基础非液化层 d_{u1} (m)	基础以下非液化层 d_{u2} (m)	基础埋置深度 d_b (m)	液化土特征深度 d_0 (m)	上覆非液化厚度 $d_u = d_{u1} + d_{u2}$ (m)	$d_0 + d_b - 2$ (m)	地下水位深度 d_w (m)	$d_0 + d_b - 3$ (m)	$d_u + d_w$ (m)	$1.5d_0 + 2d_b - 4.5$ (m)	液化	处理深度 (m)	液化层上部荷载 (MPa)
P7	0	0	18.20	9	0	25.20	1.75	24.20	1.75	45.40	液	25.20	0
P8	0	0	17.59	9	0	24.59	1.74	23.59	1.74	44.18	液	24.59	0
P9	0	9.00	16.99	9	9.00	23.99	11.39	22.99	20.39	42.98	液	14.99	10.80
P10	0	10.00	17.29	9	10.00	24.29	11.87	23.29	21.87	43.58	液	14.29	12.00
P11	0	16.14	7.00	9	16.14	14.00	10.15	13.00	26.29	23.00	非	0	19.37
P12	0	17.70	11.30	9	17.70	18.30	11.72	17.30	29.42	31.60	液	0.60	21.24

根据计算结果,除 P11 剖面附近不存在液化可能外,其他剖面均存在液化,须进一步对其进行复判。

根据《水电工程水工建筑物抗震设计规范》(NB 35047—2015),采用标准贯入锤击数复判法判断砂土的液化情况,当工程正常运用时,标准贯入点在当时地面以下 d_s 处的标准贯入锤击数小于液化判别标准贯入锤击数临界值时,应判为液化土;反之,则为不液化土。

对沉沙池区域覆盖层钻孔并进行标准贯入试验,按照规范对各项指标加以修正,对比标准值,判断 c_1 层和 c_2 层的液化性,如表 3-10 所示。

表 3-10 根据标准贯入锤击数法判断土层的液化

名称	N'	d_s(m)	d'_s(m)	d_w(m)	d'_w(m)	N	N_0	N_{cr}	液化可能性	液化级别
砂	22	9	5	0	0	12.93	16	22.40	可能	轻微
	30	19.9	15.9	0	0	24.17	16	38.40		轻微
粉砂	15.5	11	7	0	0	10.20	16	17.42	可能	轻微
	19	19.9	15.9	0	0	15.31	16	26.13		轻微

注:其中,N 指工程正常运用时,标准贯入点在当时地面以下 d_s(m)深度处的标准贯入锤击数;N_{cr} 指液化判别标准贯入锤击数临界值;N' 指实测标准贯入锤击数;d_s 指工程正常运用时,标准贯入点在当时地面以下的深度(m);d_w 指工程正常运用时,地下水位在当时地面以下的深度(m),当地面淹没于水面以下时,d_w 取 0;d'_s 指标准贯入时,标准贯入点在当时地面以下的深度(m);d'_w 指标准贯入时,地下水位在当时地面以下的深度(m),当地面淹没于水面以下时,d'_w 取 0。

因此,河床覆盖层砂和粉砂有液化的可能,液化等级轻微。但实际上沉沙池基础为筏型基础,沉沙池完建后深埋地面以下约 20 m,沉沙池基础液化评价应考虑沉沙池结构产生的上覆重量(结构重量折算为非液化上覆土层厚度)。考虑结构重量后计算如表 3-11 所示。根据计算结果,仅 P7、P8 剖面位置存在液化可能,其他部位不液化,且液化为表层液化。

2)SEED 判别法评价

SEED 判别法评价场地液化源于 H. B. SEED 和 IDRISS,该法主要是通过确定场地土的循环阻力比 CRR 和循环应力比 CSR 计算液化安全系数,该方法已被众多学者改进,用于计算场地抗液化安全系数 F_s。

其计算公式如下:

$$F_S = \frac{CRR}{CSR} = \frac{CRR_{7.5} \cdot MSF \cdot K_\sigma \cdot K_\alpha}{CSR}$$

式中:$CRR_{7.5}$ 为对应震级 7.5 级的循环阻力比;MSF 为震级比例因子;K_σ 为上覆修正系数;K_α 为坡面地表修正系数。

上覆修正系数 K_σ 采用下式进行计算:

$$K_\sigma = \min \left[1.0, \left(\frac{\sigma'_{v0}}{P_a} \right)^{f-1} \right]$$

表 3-11 沉沙池液化计算成果（考虑结构重量）

剖面号	基础以上非液化层 d_{u1} （m）	基础以下非液化层 d_{u2} （m）	基础埋置深度 d_b（m）	液化土特征深度 d_0（m）	上覆非液化层厚度 $d_u=d_{u1}+d_{u2}$ （m）	d_0+d_b-2 （m）	地下水位深度 d_w（m）	d_0+d_b-3 （m）	d_0+d_w	$1.5d_0+2d_b-4.5$ （m）	是否液化	处理深度 （m）	液化层上部有效荷载 （MPa）
P7	16.63	0	18.20	9	16.63	25.20	1.75	24.20	18.38	45.40	液	8.57	19.95
P8	16.18	0	17.59	9	16.18	24.59	1.74	23.59	17.92	44.18	液	8.41	19.41
P9	15.43	9.00	16.99	9	24.43	23.99	11.39	22.99	35.82	42.98	非	0	29.31
P10	14.83	10.00	17.29	9	24.83	24.29	11.87	23.29	36.70	43.58	非	0	29.79
P11	4.06	16.14	7.00	9	20.20	14.00	10.15	13.00	30.35	23.00	非	0	24.24
P12	4.79	17.70	11.30	9	22.49	18.30	11.72	17.30	34.21	31.60	非	0	26.99

50

式中,f 的取值如下(其中 D_r 为土体的相对密度):

$$ f = \begin{cases} 0.6 & D_r > 80\% \\ 0.8 & D_r < 60\% \\ 0.14 - 0.2\dfrac{D_r}{20} & 60\% \leqslant D_r \leqslant 80\% \end{cases} $$

为对沉沙池基础液化进行进一步的评价,2013 年联合墨西哥 EPT 公司,通过建立三维沉沙池基础模型,应用三维有限元对基础液化进行了评价。按照 SEED 法,将抗震分析中各单元高斯点的内力取出,对粉细砂层进行地震液化评价,液化安全系数计算如图 3-32 所示。

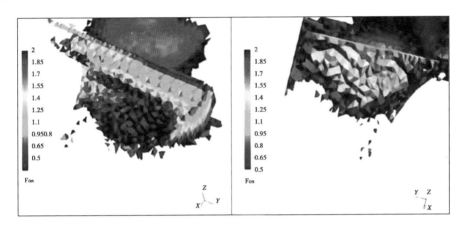

图 3-32　粉细砂层单元抗地震液化安全系数分布

由图 3-32 可知,在地震作用下,抗液化安全系数小于 1 的只分布在基础顶面,在下部有一定埋深时,安全系数均较大。

2. 沉降变形

由沉沙池的基础组成来看,40% 位于强风化—弱风化花岗闪长岩上,其余则是河床深厚覆盖层,两者之间的压缩模量和变形模量相差较大,在沉沙池结构的影响下,覆盖层处的沉降量将必然比基岩部分的沉降大得多。同时,从钻孔资料可知,覆盖层部分厚度不一,左右两侧靠近基岩出露部分覆盖层相对较浅,大多为 10~20 m,而河床中部覆盖层深厚,最深的则近 80 m,且覆盖层性质各有差异,岩相变化大,厚度相差很大,可能会产生较大的不均匀沉降问题,应采取一定的工程措施进行处理。

根据上述计算分析,基岩对沉沙池底板沉降变形影响很小,沉沙池的沉降量主要是由不良地质层引起的;沉沙池及其附近区域最大沉降量为 1.17 m,位于沉沙池左右两侧,此处覆盖层较厚,同时地面附加应力较大,其中左侧距离沉沙池较近,沉沙池底板受其影响较大;由于基础的不均匀,沉降变形将产生近 50 cm 的沉降差,结构分缝的变形最大 31.3 cm。沉沙池基础需要进行加固处理。

3.4.3.2　处理措施及效果

针对沉沙池区域可能存在的不均匀沉降、覆盖层大变形和砂土液化的问题,采用混凝土灌注桩既可消除地基液化对沉沙池的影响,也可避免较大的地基沉降,可大大缩短工期。因此,沉沙池基础最终考虑采用混凝土灌注桩复合基础,利用桩与桩间土共同承担沉沙池结构的竖向荷载和水平荷载。

沉沙池基础灌注桩处理分两个区域设置(见图 3-33),Ⅰ区桩径 1.5 m,Ⅱ区桩径 1.8 m,桩均布置在沉沙池隔墙下部。桩基都为嵌岩桩,在桩顶部分进行扩头处理,分别扩为 3.5 m 和 3.8 m;桩顶和结构之间布置 0.5 m 回填砂卵石垫层;在桩顶以下 15 m 范围内,根据桩基结构计算成果布置桩筋,基础处理三维模拟图如图 3-34 所示,处理现场如图 3-35 所示。

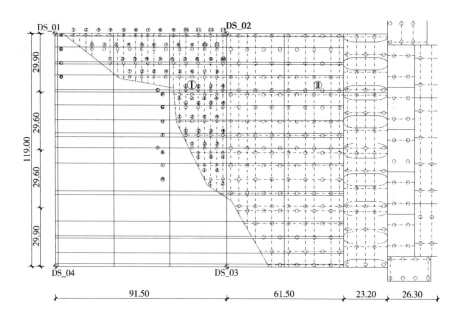

图 3-33　沉沙池地基基础处理平面图　(单位:m)

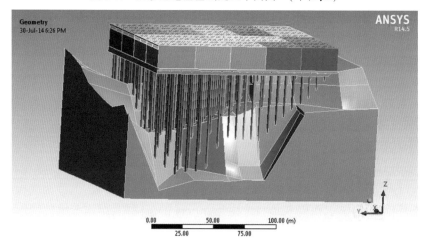

图 3-34　沉沙池地基基础处理三维模拟图

图 3-35　沉沙池地基基础处理现场

从监测结果可知,沉沙池工作段相对基准值累积沉降量在 1.9～41.8 mm。小于计算允许沉降值 6.38 cm。沉沙池基础稳定,基础沉降在允许范围内,因此混凝土灌注复合基础对沉沙池地基的处理有较好的效果,有效解决了沉沙池地基基础的砂土液化、沉降变形问题,同时保证了结构在地震工况下的稳定性。

3.5　小　结

3.5.1　首部库区

(1)基岩岸坡占库岸比例较少,以花岗岩或安山岩为主,常形成 60°～70°的陡坡,整体稳定较好,未发现基岩滑坡,仅局部岸坡前缘存在可能崩塌的岩块,对水库影响不大。目前,水库已经正常蓄水,岸坡稳定。水库运行过程中,分布在水位波动范围内岸坡主要为松散堆积物岸坡,在库水作用下可能会造成滑动或小规模坍塌等库岸再造式失稳,但总体库岸基本稳定。

(2)Coca 河谷是水库影响范围内的最低侵蚀面,周围不存在更低的排泄基准面,故不存在向邻谷渗漏的问题。库区主要节理、裂隙的方向为 NE 向,延伸长度 10～30 m,但两岸山体雄厚,沿这些构造裂隙组合向下游渗漏量很小,对水库运行不会产生影响。

(3)水库淤积的来源主要有 Salado 河、Quijos 河及其支沟的冲洪积物和近坝库岸第四系松散堆积体,在暴雨或洪水期向下运移流入库区造成一定的淤积,但规模很小。水库正常蓄水位以下没有农田、草场、房屋、道路,仅有少量林地,林地表土层较薄,其下砂砾层透水性好,不可能产生次生盐渍化,基本不存在淹没和浸没问题。

（4）库区范围内西部边界为 Reventador 断裂带，距库区较远，不与库水直接接触。同时，水库正常蓄水位较自然河水位抬升幅度相对较小、库水积聚应力有限，综合分析判定水库蓄水诱发水库地震可能性不大。

3.5.2 首部枢纽区

（1）溢流坝坝基主要坐落在 c 层粉细砂、粉土及粉细砂和 d 层砂砾石上。首部枢组溢流坝基础防渗采用塑性混凝土防渗墙进行处理，渗透变形和渗漏量满足工程要求。

溢流坝下游消力池地基条件复杂，溢流坝下游消力池及出口闸左侧半重力式高挡墙基础采用了振冲碎石桩处理。消力池底板和出口闸采用整体换填处理，换填厚度 2.0～4.0 m，处理后沉降变形满足工程要求。

溢流坝左坝肩基础处理方案采用上部开挖换填+下部振冲碎石桩相结合的处理方案。2014 年 5 月首部截流后，溢流坝挡水已有 4 年多时间，从监测成果来看，溢流堰基础累积最大沉降量出现在 S0+95.00 的下游齿槽内（D0+026.00），累积最大沉降量为 42.2 mm，从累积沉降曲线来看，溢流堰基础沉降已经稳定，溢流坝的沉降设计满足规范要求。

冲沙闸基础位于砂卵砾石层和强风化花岗闪长岩上，基础以下的覆盖层主要为砂卵砾石，局部夹黏土层和砂层，厚度 0～30 m。存在的主要工程地质问题为覆盖层渗漏、闸基渗透变形和沉降变形等。塑性防渗墙与防渗帷幕灌浆有效地解决了渗透变形及渗漏问题，目前从渗压监测资料来看，防渗效果良好。根据冲沙闸基础地层分布特点，采用素混凝土桩复合地基基础处理方案来解决基础沉降变形问题，冲沙闸采用以上基础处理后，按素混凝土桩复合地基计算，满足要求。现场监测冲沙闸累积最大沉降量仅 3.25 mm，远小于规范允许最大沉降量，沉降监测结果也进一步验证了冲沙闸的沉降满足规范要求。

（2）首部面板坝处河床覆盖层深厚，下覆地层岩性主要有冲积砂砾石层、粉细砂、粉质黏土等，夹有大粒径孤石，地层分布不均一。经计算，坝前增加盖重区可满足沉降及处理地震液化的要求。监测资料表明，坝基沉降在设计允许值范围内，坝基稳定。

（3）沉沙池基础左侧坐落于花岗闪长岩侵入体上，强风化—弱风化，节理裂隙较发育；右侧则位于河床，覆盖层深厚，厚度变化大，且物质颗粒组成的粒组分布范围广。针对覆盖层基础的地震液化和不均匀沉降问题，采用混凝土灌注桩对基础进行处理。从监测结果来看，沉沙池各部位沉降较小，满足设计要求。

第 **4** 章

输水隧洞工程地质条件及评价

4.1 输水隧洞概况

输水隧洞长约 24.8 km,进口始于首部枢纽沉沙池末端,底板高程 1 266.9 m;出口位于调蓄水库,底板高程 1 224 m;全程自流,为无压洞。输水隧洞采用 2 台双护盾 TBM 与钻爆法联合施工,其中 TBM1 施工段桩号 K0＋310—K9＋878.18,TBM2 施工段桩号 K11＋032—K24＋745,TBM 开挖洞径为 9.11 m,预制钢筋混凝土管片衬砌,成洞洞径 8.20 m。隧洞进口段 K0＋000—K0＋310、中间连接段 K9＋878.18—K11＋032、出口段 K24＋745—K24＋807 及各施工支洞采用钻爆法施工,现浇钢筋混凝土衬砌。CCS 水电站输水隧洞具有洞线长、穿越地层岩性多、地质构造复杂、埋深大、地下水发育等特点,其施工布置示意图如图 4-1 所示。

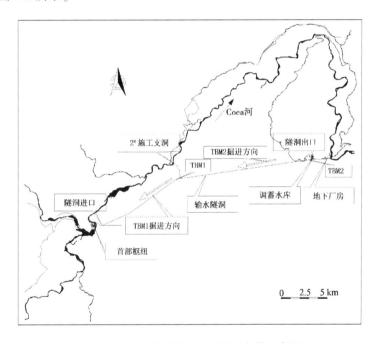

图 4-1 CCS 水电站输水隧洞施工布置示意图

4.2 输水隧洞线路区基本工程地质条件

4.2.1 地形地貌

输水隧洞位于 Reventador 火山东南部,地形起伏较大,地势总体西高东低。工程区内河流、沟谷发育,沟内多常年流水,植被发育。输水隧洞起点位于 Quijos 河与 Salado 河交汇处下游约 1.5 km Coca 河右岸,与首部枢纽沉沙池末端相连,进口边坡海拔 1 262～1 335 m,边坡坡度约 43°。输水隧洞穿越区内主要河流有 Malva Grande 河、Malva Chico 河、Gallardo 河、Marlene 河、Magdalena 河等,沟谷较陡峻。隧洞出口与调蓄水库相连,边坡海拔约 1 260 m,位于 Q.Grandillas 河谷中游,出口边坡较平缓。隧洞总体埋深较大,一般洞段为 300～600 m,个别洞段大于 700 m。

4.2.2　地层岩性

受构造的影响,区内主要为一单斜地层,岩层大多倾向 NE,倾角以 5°～10°为主,区内地层由新到老主要分为以下几层:

(1)第四系地层(Q):不同成因形成的松散地层,崩积、坡积、湖积和冲洪积等,主要分布于沿线地表。

(2)第四系火山堆积(Q^d):火山喷出的岩浆、不同年代崩落的碎片,主要见于隧洞中部地表及 Reventador 火山附近。

(3)白垩系上统 Tena 地层(K^t):岩性主要为砂岩和黏土岩,主要分布于输水隧洞下游靠近出口上部。

(4)白垩系中统 Napo 地层(K^n):浅海环境形成,岩性主要为页岩、砂岩、石灰岩和泥灰岩等,中 Napo 地层厚约 150 m,下 Napo 地层厚 50～60 m,主要出露于隧洞沿线下游靠近出口边坡。

(5)白垩系下统 Hollin 地层(K^h):岩性主要为页岩、砂岩互层,常浸渍沥青。

(6)侏罗系—白垩系 Misahualli 地层($J-K^m$):岩性主要为安山岩、粗安岩、玄武岩、流纹岩、火山角砾岩和火山凝灰岩等,常有不规则侵入体。工程区内广泛出露,厚 200～650 m,是隧洞沿线经过的主要地层。

(7)花岗侵入岩(g^d):影响所有地层,岩性以花岗闪长岩为主,集中出露于隧洞进口,洞身段零星可见。

根据隧洞开挖揭露情况,隧洞沿线穿过的地层岩性主要划分如下:

K0+000—K0+780 段:花岗闪长岩侵入体,整体块状结构,由于风化作用,表层呈砂土状,厚几十厘米到数米不等,如图 4-2 所示。

图 4-2　花岗闪长岩岩体出露

K0+780—K22+551 段:该洞段为侏罗系—白垩系 Misahualli 地层,主要岩性包括安山岩、玄武岩、流纹岩、凝灰岩、熔结凝灰岩和角砾岩等,岩石致密坚硬,呈次块状—块状结构,岩体较完整,如图 4-3 所示。

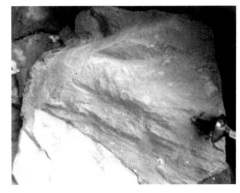

图 4-3　Misahualli 地层火成岩

K22+551—K24+807 段:主要为白垩系下统 Hollin 地层,中厚层砂岩为主,夹薄层页岩,常浸渍沥青,岩石较坚硬,层状结构,如图 4-4 所示。

图 4-4　Hollin 地层砂页岩

隧洞穿越两处地层接触带,K0+780—K0+789 段为花岗闪长岩侵入体与 Misahualli 地层的接触带,平直接触,接触面倾角约 60°,倾向下游侧,接触较好,施工中涌水量约 400 L/s;K22+155— K22+551 段为白垩系下统 Hollin 地层向侏罗系—白垩系 Misahualli 地层过渡段,接触带两边地层节理裂隙不发育,接触带岩体相对完整,挤压破碎现象不明显,施工中地下水渗流量为 25~50 L/min,如图 4-5 所示。

4.2.3　地质构造

隧洞位于安第斯山脉和亚马孙平原结合带,在结合带部位形成 Coca 大峡谷,受构造运动影响,地质构造较为复杂,主要有 Reventador 构造带和 Sinclair 构造带。Reventador 构造带呈狭长形,NE—SW 走向,汇聚于 Reventador 火山北部。Sinclair 构造带呈三角形,北部以 Coca 河为界,东部以 Codo Sinclair 为界,受东北向和南北向垂直断裂的影响。输水隧洞沿线断层多沿沟谷及侵入体界限附近发育,输水隧洞沿线断层统计如表 4-1 所示,其等密度图如图 4-6 所示。

图 4-5 Hollin 地层与 Misahualli 地层接触带

表 4-1 输水隧洞沿线断层统计

洞段	断层编号	出露位置	产状	宽度（cm）	填充物
进口边坡	F_{705}	进口边坡	100°∠30°	<50	岩屑、碎石
	F_{724}	进口边坡	122°∠67°	<40	岩屑、黏土
输水隧洞主洞	f_{436}	K0+050—K0+100	105°~150° ∠ 75°~80°	< 200	黏土
	f_{437}	K0+092	131°∠60°	20~30	黏土
	f_{438}	K0+110	120°∠72°	15~20	黏土+氧化物
	f_{439}	K0+140	140°∠70°	30~40	黏土+氧化物
	f_{440}	K0+270	340°∠80°	2~15	黏土+氧化物
	f_{441}	K0+302	100°∠80°	10~30	黏土+氧化物
	f_{500}	K2+178—K2+194	290°~310° ∠ 60°~70°	800	黏土、糜棱岩等物质
	f_{507}	K9+986	250°∠85°	<20	岩屑+黏土
	f_{508}	K10+105—K10+130	355°~10° ∠ 77°~80°	<5	岩屑+黏土
	f_{509}	K10+130—K10+170	340°~350° ∠ 64°~70°	<10	岩屑+黏土
	f_{510}	K10+406—K10+445	2°~6° ∠ 75°~80°	<15	岩屑+黏土
	f_{511}	K10+408—K10+430	345°∠50°	<5	岩屑+黏土
	f_{512}	K16+130.57—K16+122.50	5°~20° ∠ 70°~80°	800	黏土、糜棱岩等物质
1#施工支洞	f_{401}	K0+008	190°∠20°	< 5	黏土+氧化物
	f_{402}	K0+013	120°∠65°	< 5	黏土+氧化物
	f_{403}	K0+018	105°∠56°	< 5	黏土+氧化物
	f_{404}	K0+021	130°∠45°	< 5	黏土+氧化物
	f_{405}	K0+022—K0+048	33°∠63°	<15	岩屑+黏土+氧化物
	f_{406}	K0+023—K0+048	24°∠53°	<10	岩屑+黏土+氧化物
	f_{407}	K0+035	320°∠64°	<3	黏土+氧化物
	f_{408}	K0+045	140°∠25°	<60	岩屑+黏土+氧化物

续表 4-1

洞段	断层编号	出露位置	产状	宽度（cm）	填充物
1#施工支洞	f_{409}	K0+072	120°∠45°	<5	黏土+氧化物
	f_{410}	K0+086	85°∠67°	<5	黏土+氧化物
	f_{411}	K0+092	145°∠40°	<4	黏土+氧化物
	f_{412}	K0+123	150°∠55°	<4	黏土+氧化物
	f_{413}	K0+125	160°∠45°	<6	黏土+氧化物
	f_{414}	K0+150	110°∠70°	<30	岩屑+黏土
	f_{415}	K0+192	330°∠65°	<8	黏土+氧化物
	f_{416}	K0+192—K0+202	160°∠40°	<5	黏土+氧化物
	f_{417}	K0+202—K0+206	90°∠80°	<5	黏土+氧化物
	f_{418}	K0+198—K0+204	100°∠60°	<5	黏土+氧化物
	f_{419}	K0+202—K0+206	344°∠85°	<8	黏土+氧化物
	f_{420}	K0+204	310°∠60°	<70	岩屑+黏土
	f_{421}	K0+210	110°∠85°	<10	黏土+氧化物
	f_{422}	K0+216	105°∠75°	<15	黏土+氧化物
	f_{423}	K0+228	325°∠70°	<15	黏土+氧化物
	f_{424}	K0+231	110°∠60°	<15	黏土+氧化物
	f_{425}	K0+243	145°∠65°	<20	岩屑+黏土
	f_{426}	K0+248	162°∠78°	<30	岩屑+黏土
	f_{427}	K0+258	350°∠75°	<20	岩屑+黏土
	f_{428}	K0+260	305°∠80°	<20	岩屑+黏土
	f_{429}	K0+258—K0+270	310°∠40°	<15	黏土+氧化物
	f_{430}	K0+279	115°∠70°	<60	岩屑
	f_{431}	K0+295	140°∠70°	<40	岩屑
2#施工支洞	f_{801}	K0+369—K0+375	262°∠70°	<8	黏土
	f_{802}	K0+364—K0+376	320°∠60°	<6	黏土
	f_{803}	K0+376	330°∠80°	<5	黏土
	f_{804}	K0+372—K0+378	310°∠80°	<10	黏土
	f_{805}	K0+374—K0+379	120°∠85°	<5	黏土
	f_{806}	K0+377	350°∠40°	<7	黏土
	f_{807}	K0+378	340°∠82°	<4	黏土
	f_{808}	K0+400	310°∠80°	<5	黏土
	f_{809}	K0+448	343°∠45°	<30	黏土
	f_{810}	K0+010	0°∠80°	<10	黏土

从隧洞区域发育断层特征可以看出，隧洞区断层走向主要为 NE—SW 向，倾角较陡，受其影响，隧洞区节理走向主要也为 NE—SW 向。

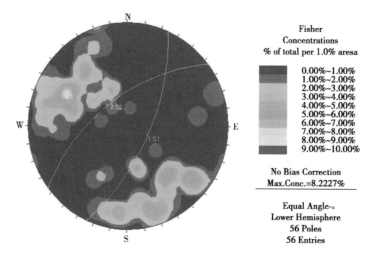

图 4-6　输水隧洞断层等密度图

4.2.4　水文地质条件

隧洞沿线地层中的地下水主要为基岩裂隙水,对输水隧洞有影响的主要是 Hollin 地层和 Misahualli 地层的含水岩层及构造裂隙水。由于区内降水量大,且地表森林连续覆盖、土壤具有高存储水性、构造作用产生的广泛碎裂岩体、较多的构造带(如断层等)有利于地下水的补给,含水层蕴含丰富的地下水,其补给来源主要是大气降水、地表水及相邻含水层等的越流补给,向沟谷及深部含水层排泄。

地下水位始终高于隧洞高程,水压力与隧洞埋深有关,一般高于隧洞几十米,局部单点涌水量可达 750 L/s。

隧洞进出口边坡地下水主要为第四系孔隙水和基岩裂隙水,受大气降水、地表水补给,向邻近沟谷排泄。工程区环境水水质分析成果表明,70%的水含碳酸氢钙,30%的水含碳酸氢钠、钙离子或镁离子。

4.2.5　物理地质现象

输水隧洞位于 Reventador 火山东南部,以 Reventador 火山口为中心,周边分布有大量的火山泥流、火山碎片和熔岩流等,形成火山锥,由于多次火山活动及喷发,在火山锥附近易形成滑坡。

工程区内火山、地震活动频繁,河道侵蚀严重。在沟谷、河流入口处及平缓的山坡上,一些火山岩屑崩裂物、冲洪积物、崩坡积物易形成堆积。

区内岩层近水平,但由于构造活动强烈,节理较发育,局部地表岩体较破碎,陡峻岸坡前缘可能发生小规模崩塌、崩落等。

隧洞工程区内局部形成滑坡、崩塌和泥石流等地质灾害,但一般规模较小,对输水隧洞无影响。

4.2.6　岩体物理力学参数

根据基本设计阶段及施工阶段现场、室内岩石及岩体力学试验,得出了输水隧洞不同地层、不同岩性的物理力学性质,见表 4-2 和表 4-3。

表 4-2　输水隧洞岩体物理力学参数

岩性		干密度 (g/cm³)	天然密度 (g/cm³)	岩石饱和抗压强度 (MPa)	抗拉强度 (MPa)	软化系数	抗剪断强度		弹性模量 (GPa)	变形模量 (GPa)	泊松比 μ
							φ (°)	c(MPa)			
花岗闪长岩	Ⅲ类	2.81	2.82	100~150	10~15	0.93	58	1.8	25	20	0.21
	Ⅳ类	2.81	2.82	100~150	10~15	0.91	50	1.1	10	7	0.24
安山岩	Ⅱ类	2.70	2.71	85~135	8.5~13	0.93	50	1.7	22	17	0.21
	Ⅲ类	2.70	2.71	85~135	8.5~13	0.90	45	0.9	14	12	0.24
砂页岩	Ⅲ类	2.25	2.28	46~65	5~7	0.70	35	0.7	9	7	0.25
	Ⅳ类	2.25	2.27	20~25	3~4	0.60	28	0.35	7	5	0.26
断层带							22	0.1	<1	<1	0.35

表 4-3　输水隧洞岩体力学参数

岩性		单位弹性抗力系数 k_0 (kg/cm³)	坚固系数	侧压力系数 K_0	RMR	GSI	霍克布朗参数	
							m_i	s_i
花岗闪长岩	Ⅲ类围岩	400~500	8	1.1~1.2	40~60	45~65	25~30	0.02
	Ⅳ类围岩	200~300	4		20~40	30	25~30	0.000 4
安山岩	Ⅱ类围岩	400~500	8~10	构造部位及影响带 1.2~1.3	60~80	大于 65	20~30	0.06
	Ⅲ类围岩	200~250	6~8		40~60	45~65	20~30	0.02
砂页岩	Ⅲ类围岩	200~250	5~6		40~60	45~65	25	0.015
	Ⅳ类围岩	100~150	4~5		20~40	25~45	20	0.000 4
断层带		小于 100	小于 5	1.3	小于 20	小于 25	10	0

4.2.7　工程地质问题

4.2.7.1　断层破碎带

输水隧洞区内地质构造复杂,发育有断层破碎带及节理密集带,破碎带围岩稳定性差,TBM 掘进时,在刀盘的扰动下易发生失稳塌方,当塌方量较大时,会造成掘进速度缓慢、衬砌管片破坏、设备损坏等不良后果,严重时会造成"卡机"事故。

4.2.7.2 涌水

隧洞区降水量大,地下水补给来源丰富,地层富含地下水,易发生涌水、突水。涌水、突水对 TBM 隧洞施工的影响主要体现在以下几个方面:

(1)TBM 配有大量的电子和电气设备,当掘进过程中突然遭遇涌水时,地下水直接冲淋或浸泡设备,会损坏设备器件,降低设备使用寿命,增加设备故障率,影响正常的掘进施工,甚至会威胁设备和人员的安全,制约 TBM 掘进速度。

(2)当 TBM 顺坡掘进时,如果遇到大量的涌水无法及时排出,则 TBM 有被淹没的危险。

(3)洞底大量积水,淹没有轨运输轨道,材料与人员运输困难,影响 TBM 掘进。

(4)长时间人工大流量排水会显著增加施工成本。

(5)掌子面发生大量涌水时,TBM 掘进过程中,大量岩渣来不及被刀盘铲斗铲起就被冲到主机内部,直接影响钢拱架安装或管片安装,不得不进行缓慢的人工清渣,降低 TBM 的掘进速度。

4.3 隧洞工程地质条件及评价

4.3.1 进口段工程地质条件及评价

4.3.1.1 基本工程地质条件

隧洞进口位于 Quijos 河和 Salado 河交汇处下游 1.2 km,与首部枢纽沉沙池末端相连,从静水池取水。进口边坡高程为 1 262~1 335 m。边坡附近发育数条小冲沟,植被发育。天然边坡坡度 31°~43°,岸坡天然条件下处于稳定状态,如图 4-7 所示。

进口边坡表面为第四系冲洪积物覆盖,厚度 0.5~3 m,下部为花岗闪长侵入岩(g^d),全强风化厚度 3~5 m,弱风化厚度 7~9 m。隧洞进口边坡分 5 级开挖支护,如图 4-8 所示。

图 4-7 输水隧洞进口原始地形地貌

图 4-8 第四系冲洪积物覆盖和花岗闪长侵入岩

　　受构造影响,隧洞进口边坡主要发育两条断层,F_{705}:100°∠30°,宽度小于 50 cm,充填岩屑、碎石;F_{724}:122°∠67°,宽度小于 40 cm,充填岩屑、碎石。工程区节理裂隙发育,经现场统计,主要发育 4 组:①117°~143°∠61°~77°,延伸长度 15 m,张开度 5 mm,平直粗糙,充填砂、黏土和氧化物;②138°~158°∠41°~51°,延伸长度 10 m,部分可达 12 m,粗糙,张开度 5 mm,黏土和氧化物充填;③308°~345°∠21°~38°,延伸长度 10 m,张开度 3 mm,粗糙,黏土和氧化物充填;④53°~62°∠48°~57°,延伸长度 10 m,张开度 3 mm,粗糙,黏土和氧化物充填。节理等密度图见图 4-9。区内节理发育多受断层等构造影响,①组为优势节理,与 F_{724} 断层发育方向近似。边坡岩体总体为Ⅳ类,边坡开挖与支护如图 4-10 所示。

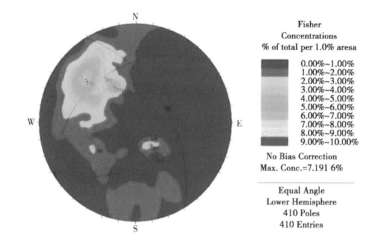

图 4-9　隧洞进口边坡节理等密度图

图 4-10　输水隧洞进口边坡开挖与支护

　　隧洞进口边坡地下水主要为第四系孔隙水和基岩裂隙水,主要受大气降水、地表水补给,向 Coca 河及邻近沟谷排泄。

4.3.1.2　稳定性评价

　　通过隧洞进口边坡地质条件分析,该区域发育裂隙倾向与开挖边坡的倾向相反,对边坡稳定有利,边坡整体稳定性好,建议开挖坡比 1∶0.3～1∶0.5,每隔 10～15 m 设置一级马道。

最终施工时自下至上,共分 6 级马道,高程分别为 1 277.00 m、1 285.00 m、1 300.00 m、1 310.00 m、1 320.00 m、1 335.00 m,均采用系统锚杆和排水管,挂网喷混凝土联合支护方式,喷混凝土厚度都为 15 cm,排水管长度为 1.0 m,间距为 3.0 m×3.0 m。1 277.00 m 以下为直立开挖,锚杆直径 25 mm,间距 1.5 m×1.5 m,长度 4 m;1 277.00～1 285.00 m 高程范围,开挖坡比为 1∶0.3,锚杆直径 25 mm,间距 1.5 m×1.5 m,长度 4 m;1 285.00～1 310.00 m 高程范围,开挖坡比为 1∶0.5,锚杆直径 25 mm,间距 2.5 m×2.5 m,长度 4.5 m;1 310 m 以上高程范围,开挖坡比为 1∶0.3,锚杆直径 25 mm,间距 2.0 m×2.0 m,长度 4.5 m。

为监测边坡稳定性情况,在边坡上布设了 12 套多点位移计、12 套锚杆应力计、8 套测斜管、8 套渗压计、35 个水平位移监测点、3 套锚索测力计等,监测布置如图 4-11 所示。从监测成果可知:输水隧洞进口边坡多点位移计最大月变量为 0.2 mm,累积位移在 -0.2～29.0 mm;边坡支护锚杆应力月变量在 -0.4～3.2 kN,累积最大锚杆应力为 87.0 kN;边坡表面变形监测点左右岸方向累积变形量在 -6.7～7.3 mm,上下游方向累积变形量在 0.8～9.2 mm;锚索预应力月变量在 -9.8～-3.7 kN,目前累积最大损失率为 9.7%;渗压计 P4-63、P4-65、P4-67、P4-69 安装高程为 1 285 m,其显示水位在 1 284.8～1 288 m 波动,渗压计 P4-64、P4-66、P4-68、P4-70 安装高程为 1 260 m,其显示水位在 1 259～1 268 m 波动,均未发现异常变化,并已达到稳定值,表明边坡稳定性好。

图 4-11　输水隧洞进口边坡监测仪器布置

4.3.2　洞身段工程地质条件及评价

4.3.2.1　RMR 隧洞围岩分类方法简介

1973 年,南非科学和工业研究委员会(CSIR)的比尼维斯基(Bieniawski)根据矿山开采掘进的经验提出了地质力学分类 RMR 体系(或称 CSIR 体系),在 1974 年、1975 年、1976 年、1979 年和 1989 年分别修正了原方案。RMR 体系在多达 351 个工程中得到应用,但对软、碎岩体适用性相对较差。目前广泛应用的是 RMR89,它主要根据六个方面的参数确定,即岩石的单轴抗压强度、RQD、不连续面性状、不连续面间距、不连续面方向和地下水条件,评分方法见表 4-4～表 4-7。各因素的单项分数后累加起来即得到岩体质量评分,根据评分划分围岩等级。

表 4-4　RMR 岩体质量分类

分类参数			数值范围					
1	完整岩石强度(MPa)	点荷载强度指标	>10	4~10	2~4	1~2	对强度较低的岩石宜用单轴抗压强度	
		单轴抗压强度	>250	100~250	50~100	25~50	5~25	1~5	<1
		评分值	15	12	7	4	2	1	0
2	岩芯质量指标 RQD(%)		90~100	75~90	50~75	25~50	<25	
	评分值		20	17	13	8	3	
3	节理间距(cm)		>200	60~200	20~60	6~20	<6	
	评分值		20	15	10	8	5	
4	节理条件		节理面很粗糙,节理不连续,节理宽度为0,节理面岩石坚硬	节理面稍粗糙,宽度小于1mm,节理面岩石坚硬	节理面稍粗糙,宽度小于1mm,节理面岩石软弱	节理面光滑,含厚度小于5mm的软弱夹层,张开度1~5mm,节理面连续	含厚度大于5mm的软弱夹层,张开度大于5mm,节理面连续	
	评分值		30	25	20	10	0	
5	地下水条件	每10m长的隧道涌水量(L/min)	无	<10	10~25	25~125	>125	
		节理水压力/最大主应力	0	<0.1	0.1~0.2	0.2~0.5	>0.5	

表 4-5　按节理方向修正评分值

节理走向或倾向		非常有利	有利	一般	不利	非常不利
评分值	隧道	0	-2	-5	-10	-12
	地基	0	-2	-7	-10	-25
	边坡	0	-5	-25	-50	-60

表 4-6　节理走向和倾角对隧道开挖的影响

走向与隧道垂直				走向与隧道平行		与走向无关
沿倾向掘进		反倾向掘进		倾角 20°~45°	倾角 45°~90°	倾角 0°~20°
倾角 45°~90°	倾角 20°~45°	倾角 45°~90°	倾角 0°~45°			
非常有利	有利	一般	不利	一般	非常不利	不利

表 4-7　按 *RMR* 值划分的岩石质量等级

岩体分级	Ⅰ	Ⅱ	Ⅲ	Ⅳ	Ⅴ
岩石质量描述	很好	好	中等	差	极差
总分(*RMR*)	100~81	80~61	60~41	40~21	≤20

　　根据合同相关条款,本工程采用 RMR 方法进行施工阶段的地下洞室围岩分类,以确定支护类型。根据 RMR 方法将工程区隧洞围岩(岩体质量)分为五类。

　　Ⅰ类岩体:整体状—块状(厚层状)结构,主要为未风化岩体,裂隙发育间距大于 2 m,节理面很粗糙,不连续,闭合。围岩整体稳定性较好,不会产生塑性变形。岩体完整性好,力学强度高。

　　Ⅱ类岩体:块状—次块状(厚层状)结构,主要为微风化岩体,裂隙发育间距 0.5~1 m,充填较多。围岩整体稳定性较好,不会产生塑性变形,局部可能产生掉块。岩体完整性较好,力学强度较高。

　　Ⅲ类岩体:次块状—中厚层状结构,主要为微风化—弱风化岩体。裂隙发育间距 0.3~0.5 m,充填多,局部张开。围岩整体稳定性较差,局部会产生塑性变形,并可能产生塌方或变形破坏。岩体完整性较差,力学强度较低。

　　Ⅳ类岩体:碎裂—层状碎裂结构,主要为弱风化—强风化岩体,裂隙密集带及断层影响带。裂隙发育间距 0.1~0.3 m,充填有软弱物,多张开。围岩稳定性差,规模较大的各种变形和破坏都可能发生。岩体破碎,力学强度低。

　　Ⅴ类岩体:碎裂—散体结构,为强风化及松动岩体,断层带,第四系覆盖层段。围岩稳定性差,各种规模大的变形和破坏都可能发生。岩体极破碎,力学强度极低。

4.3.2.2　隧洞围岩分段工程地质评价

　　输水隧洞洞线长,埋深不一,构造发育,工程地质条件复杂,沿线主要为一单斜地层,岩层大多倾向 NE,倾角以 5°~10°为主,从隧洞进口到出口穿越的地层依次主要为花岗侵入岩(g^d),侏罗系—白垩系 Misahualli 地层($J\text{-}K^m$)的火成岩,白垩系下统 Hollin 地层(K^h)页岩、砂岩等,现从隧洞进口到隧洞出口根据开挖揭露地质情况依次对其进行分段描述及评价,其分段评价详见表 4-8~表 4-12。

表 4-8 钻爆法施工段一（K0+000—K0+310）分段工程地质评价

起止桩号	隧洞长度 (m)	隧洞埋深 (m)	隧洞围岩工程地质条件评价
K0+000—K0+060.5	60.5	19~72	该洞段洞向 114°，隧洞围岩主要为深黄褐色花岗闪长岩。岩体强风化—弱风化，未见明显断层。该段节理发育，主要发育 5 组节理：①59°~84°∠50°~53°，间距 50~70 cm，延伸长度 10 m，起伏粗糙，张开度 5 mm，黏土和氧化物充填；②138°∠47°，间距 30~60 cm，延伸长度 10~12 m，起伏粗糙，张开度 5 mm，泥质和岩屑充填；③163°~171°∠64°~74°，间距 80~100 cm，延伸长度 10 m，起伏粗糙，张开度 3~5 mm，泥质充填；④208°~242°∠19°~33°，延伸长度 8 m，起伏粗糙，张开度 5 mm，泥质和岩屑充填；⑤302°~332°∠40°~69°，间距 20 cm，延伸长度 10 m，起伏粗糙，张开度 5 mm，泥质和岩屑充填，水平弱风化深度 20~25 m。隧洞地表边坡岩体风化卸荷，水平强风化深度约 15 m，进口段岩石受风化卸荷荷载的影响，局部岩石较破碎，易产生滑塌，岩体以碎裂状结构为主，隧洞围岩类别为 IV 类
K0+060.5—K0+100	39.5	56~110	该洞段洞向 114°，隧洞围岩主要为深灰褐色花岗闪长岩。岩体弱风化，发育两条断层。①位于隧洞桩号 K0+050，105°~150°∠75°~80°，断层宽度约 200 cm，充填物为黏土；②位于隧洞桩号 K0+092，131°∠60°，断层宽度 20~30 cm，充填物为黏土。受两条断层影响，该段节理发育 4 组节理，主要发育 4 组节理：①13°~29°∠58°~74°，间距 50~70 cm，同距 30~60 cm，起伏粗糙，张开度 3~5 m，泥质和氧化物充填；②32°~47°∠51°~64°，同距 78°，起伏粗糙，张开度 3 mm，泥质充填；③130°~137°∠59°~78°，间距 60~80 cm，延伸长度 5 m，起伏粗糙，张开度 3~5 mm，氧化物充填；④233°~247°∠35°~47°，延伸长度 5~7 m，起伏较坚硬，张开度 2 mm，氧化物充填。该段岩体总体呈次块状结构，岩石较坚硬，稳定性中等，局部断层与节理互相切割，易产生不稳定块体，对拱顶拱肩稳定不利，干燥无水，该段围岩类别为 III 类

续表 4-8

起止桩号	隧洞长度（m）	隧洞埋深（m）	隧洞围岩工程地质条件评价
K0+100—K0+190	90	110~130	该洞段洞向114°，隧洞周岩主要为灰褐色花岗闪长岩。岩体微风化。发育有两条断层；f438：位于隧洞桩号K0+110，120°∠72°，断层宽度15~20 cm，充填物为黏土及氧化物；f439：位于隧洞桩号K0+140，140°∠70°，断层宽度30~40 cm，充填物为黏土及氧化物。受两条断层影响，该段节理发育，主要发育4组节理：①340°~2°∠45°~66°，延伸长度10 m，起伏粗糙，张开度大于5 mm，黏土和氧化物充填；②20°~68°∠9°~27°，间距40~60 cm，起伏粗糙，延伸长度3~5 m，砂和硫化物充填；③203°~221°∠58°~86°，间距30~50 cm，起伏粗糙，延伸长度3~5 m，砂化物充填；④133°~147°∠66°~77°，间距30~50 cm，起伏粗糙，张开度约1 mm，砂和岩屑充填，延伸长度7 m，起伏粗糙，张开度3 mm，硫化物充填。该段围岩总体呈次块状结构，岩质较坚硬，围岩干燥无水，稳定性中等。断层与节理相互切割，易产生不稳定块体，对顶拱稳定不利，该段围岩类别总体判别为Ⅲ类。
K0+190—K0+310	120	130~167	该洞段洞向114°，隧洞周岩主要为灰褐色花岗闪长岩。岩体微风化。发育有两条断层；f440：位于隧洞桩号K0+270，340°∠80°，断层宽度2~15 cm，充填物为黏土及氧化物；f441：位于隧洞桩号K0+302，100°∠80°，断层宽度10~30 cm，充填物为黏土及氧化物。受两条断层影响，该段主要发育4组节理：①216°~242°∠66°~88°，间距60~100 cm，延伸长度6~8 m，起伏粗糙，张开度3 mm，钙质充填；②110°~124°∠68°~79°，间距50~80 cm，延伸长度大于5 m，起伏粗糙，张开度1 mm，泥膜充填；③280°~291°∠76°~88°，间距100~120 cm，延伸长度3 m，起伏粗糙，张开度5 mm，以闭合为主，局部钙质充填；④313°~328°∠76°~84°，延伸长度3 m，起伏粗糙，张开度3 mm，起伏坚硬，氧化物和砂质充填，但沿断层发育区域岩体破碎，断层围岩体较破碎，该段岩体总体呈次块状结构，岩质坚硬，稳定性好，尤其受f441影响，在边墙处产生临空面，边墙易发生掉块及塌落现象，干燥无水，该段围岩类别总体判别为Ⅲ类。

表 4-9　TBM 掘进段一（K0+310—K9+878）分段工程地质评价

起止桩号	隧洞长度（m）	隧洞埋深（m）	隧洞围岩工程地质条件评价
K0+310—K0+780	470	167~430	K0+540.47—K1+100.95 为转弯段，转弯半径 500 m，洞向由 114° 逐渐过渡至 63°。隧洞岩性主要为灰色花岗闪长岩。岩体微风化—新鲜，陡倾角，岩石致密坚硬，块状构造，未发现节理密集带，主要发育 NE—SW 向节理，倾向 NW，从 K0+720 m 开始倾向 SE，平均 1~2 条/m，延伸长度最大约 10 m，平直光滑，多闭合无充填，干燥无水；TBM 掘进时推力 12 000~18 000 kN，刀盘转速 4.3~5.1 r/min，贯入度 3.65~5.9 mm/r，每环推进时间 40~46 min；渣料以鳞片状为主，少量块状，最大块径小于 30 cm，颗粒均匀，显示岩体完整性较好且均一。本段围岩以Ⅲ类岩以为主，其中 K0+456.83—K0+487.46 段节理裂隙发育长度小于 5 m，围岩类别为Ⅱ类
K0+780—K1+249.68	469.68	430~542	K0+540.47—K1+100.95 为转弯段，转弯半径 500 m，洞向由 114° 逐渐过渡至 63°。其中，K0+780—K0+789 段为花岗闪长岩侵入体与 Misahualli 地层的接触带，接触面倾角约 60°，倾向下游侧，接触较好，对围岩稳定性影响较小，K0+789—K0+833.61 段局部出露灰色花岗闪长岩，K0+833.61—K1+000 段大部分为安山岩、角砾岩，仅在左侧边墙偶尔出露花岗闪长岩；K0+864—K0+870 段出现涌水，涌水量约 400 L/s，其余洞段总体为滴水—线状滴水，约 20 L/min。 该段岩性由灰色花岗闪长岩过渡为浅红色安山岩、角砾岩，岩体微风化—新鲜，角砾岩、岩体微风化—新鲜，岩石致密坚硬，块状构造，未发现断层，主要发育两组节理：①NE—SW 向节理延伸长度均大于 10 m，倾向 NE，倾角 60°~75°；②NW—SE 向节理，倾向 SE，倾角 60°~75°，两组节理延伸长度均大于 10 m，平均 2~3 条/m，起伏粗糙，张开度 2~5 mm，钙质和方解石充填。 本段掘进时 TBM 推力 11 000~16 000 kN，刀盘转速 4.0~5.6 r/min，贯入度 6.4~10.1 mm/r，每环掘进时间 50~60 min；渣料以鳞片状为主，少量块状，最大块径小于 30 cm，颗粒均匀，岩体完整性较好，围岩类别为Ⅲ类

续表 4-9

起止桩号	隧洞长度（m）	隧洞埋深（m）	隧洞围岩工程地质条件评价
K1+249.68—K1+274.91	25.23	479~500	本段隧洞洞向 63°，为安山质角砾岩与安山熔岩的小型接触带，接触面近东西向，有挤压痕迹，本段岩性有浅红色安山熔岩、灰色安山质角砾岩，岩石微风化—新鲜，岩石致密坚硬，未发现断层，主要发育两组节理：①走向 NW—SE，倾向 NE，倾角未知；②走向粗 NE—SW，倾向 NW，倾角未知。两组节理延伸长度均大于 10 m，平均 4~7 条/m，起伏粗糙，张开度 3~5 mm，长石和方解石充填，洞内多处滴水、渗水。TBM 掘进时推力 7 000~8 000 kN，刀盘转速 3.3~3.8 r/min，贯入度 12~15.4 mm/r，每环掘进时间 35~40 min，渣量大小不一，粒径大小为主，出渣时多时少，出渣不均匀，显示岩体破碎。围岩类别为Ⅳ类
K1+274.91—K2+017.3	742.39	500~663	本段洞向 63°，岩性较复杂，主要包括灰色安山岩、安山角砾岩、凝灰岩等，此段 TBM 根据围岩条件采用双护盾模式或单护盾模式掘进。围岩接触关系不明确，根据渣料及检修期间掌子面观察可知 K1+274.91—K1+433 段以安山质角砾岩为主，偶含安山质角砾岩；K1+433—K1+830 段主要为安山熔岩，其中 K1+780—K1+830 段局部出露浅红色安山熔岩和凝灰岩；K1+830—K1+906 段主要为安山熔岩，右侧为凝灰岩。岩体微风化—新鲜，岩石致密坚硬，未发现断层，主要发育两组节理：①NW—SE 向节理，倾向 NE；②NE—SW 向节理，倾向 NW，两组节理延伸长度均大于 10 m，起伏粗糙，张开度 3~5 mm，长石和方解石充填，洞内潮湿，局部滴水、渗水，总渗透量小于 3 L/s。本段 TBM 掘进时推力 13 000~17 000 kN，刀盘转速 2.77~3.51 r/min，贯入度 11.2~14.7 mm/r，每环掘进时间 40~53 min，渣料以不规则块状为主，出渣较小，粒径均匀，岩体较破碎，本段围岩为Ⅲ类

续表 4-9

起止桩号	隧洞长度 （m）	隧洞埋深 （m）	隧洞围岩工程地质条件评价
K2+017.3—K2+214.8	197.5	663~711	本段洞向 63°，岩性主要为安山熔岩和火山凝灰岩，岩体微风化，岩石较坚硬；发育断层 f$_{500}$，为逆断层，碎裂状结构，含断层泥，走向 NE20°~40°，倾角 60°~70°，宽约 8 m，断层带内物质主要为糜棱岩，断层与隧洞轴向小角度相交，对隧洞影响较大，沿隧洞轴线 K2+178—K2+194 段为断层带，K2+017.3—K2+214.8 段为断层影响带。受断层破碎，受断层影响主要发育三组节理：①302°~332°∠56°~89°，间距 10~30 cm，延伸长度 10 m，起伏粗糙，张开度 3 mm，砂质和泥质充填；②109°~156°∠54°~72°，间距 20~30 cm，延伸长度 5 m，起伏粗糙，张开度 2 mm，泥膜充填；③30°~39°∠71°~79°，间距 30 cm，延伸长度 3 m，起伏粗糙，以闭合质充填，局部质泥质充填。围岩类别为 IV 类
K2+214.8—K3+694.72	1 479.92	533~725	本段洞向 63°，岩性主要为安山质凝灰岩，岩石致密坚硬，岩体微风化—新鲜，块状构造，未发现断层，主要发育两组节理 J$_1$：走向 WNW—SES，倾向 NE；J$_2$：走向 NNE—SSW，倾向 NW。两组节理延伸长度均大于 10 m，平均 2~4 条/m，平直光滑，闭合无充填，局部张开，钙质充填，其中 K3+287.52—K3+291.12 段 NE—SW 向节理的发育，岩体较破碎。K2+214.8—K3+694.72 段 TBM1 掘进推力 16 000~17 500 kN，刀盘转速 3.5~4.2 r/min，贯入度 7.2~9.0mm/r，每环掘进时间 37~45 min。其中，K3+287.52—K3+291.12 段 TBM 掘进推力 9 500~9 800 kN，刀盘转速 2.8~3.2 r/min，贯入度 14.5~19.3 mm/r，每环掘进时间 33~40 min。渣料以鳞片状为主，少量块状，最大块径小于 30 cm，颗粒均匀，岩体完整性较好。围岩以 III 类为主

续表 4-9

起止桩号	隧洞长度（m）	隧洞埋深（m）	隧洞围岩工程地质条件评价
K3+694.72—K3+995.62	300.90	557~592	本段地表冲沟发育，沟内可见流水。K3+782—K3+849 段为转弯段，洞向由 63°转至 55°。岩性主要为黑色凝灰安山岩、灰绿色安山岩，岩石致密坚硬，无明显成组节理，节理裂隙发育，节理产状杂乱，岩体微风化一新鲜，碎裂状结构，岩体破碎。K3+694.72—K3+995.62 段 TBM1 掘进推力 8 400~14 900 kN，刀盘转速 3.0~3.4 r/min，贯入度 10.3~15.8 mm/r，每环掘进时间 34~41 min。渣料以块状块状为主，大小不一，最大块块径约约 30 cm。围岩以IV类为主
K3+995.62—K5+950.87	1 955.25	411~592	本段地表发育冲沟，沟内可见流水。岩性主要为黑灰色安山岩、安山岩、岩石质凝灰岩，岩石致密坚硬，岩体微风化一新鲜，块状结构，节理裂隙稍发育，节理走向 WNW—ESE，倾向 NE，延伸长度大于 10 m，闭合充填，局部张开、钙质充填，节理走向 WNW—ESE，岩体较破碎。K3+995.62—K5+950.87 段 TBM1 掘进推力 15 400~17 700 kN，刀盘转速 5.0~6.0 r/min，贯入度 8.8~9.1 mm/r，每环掘进时间 42~47 min。渣料以鳞片状为主，粒径均匀，最大块块径不超过 20 cm。岩体以II～III类为主
K5+950.87—K6+076.7	125.83	536	本段地表发育一冲沟，沟内可见流水。洞向 55°。岩性主要为黑灰色安山岩，岩石较坚硬，岩体微风化一新鲜，碎裂状结构，节理裂隙发育，节理产状无规律，无明显成组节理，节理延伸长度最长超过 10 m，起伏粗糙，张开度 2~5 mm，泥膜充填。K5+950.87—K6+076.7 段 TBM1 掘进推力 7 600~11 500 kN，刀盘转速 2.2~3.6 r/min，贯入度 16.5~20.6 mm/r，每环掘进时间 35~48 min。渣料以块状为主，大小不一，最大块块径约约 30 cm。K5+950.87—K6+076.7 段围岩类别为IV类

续表 4-9

起止桩号	隧洞长度（m）	隧洞埋深（m）	隧洞周岩工程地质条件评价
K6+076.7～K6+350.58	273.88	536	本段洞向 55°，岩性主要为安山质凝灰岩，岩石较硬，微风化，未见明显断层特征，节理裂隙发育，节理特征为走向 WNW—ESE，倾向 NE，延伸长度大于 10 m，张开度 5 mm，钙质和岩屑充填，岩体破碎，线状滴水。K6+076.7—K6+350.58 段 TBM1 采用双护盾掘进模式掘进，掘进时推力 9 700～16 000 kN，刀盘转速 3.3～4.5 r/min，贯入度 13.6～15.5 mm/r，每环掘进时间 34～50 min。渣料以块状为主，大小不一，最大块径约 20 cm。岩体以 Ⅳ 类为主。
K6+350.58～K6+408.27	57.69	525	本段隧洞地表发育一冲沟，沟内可见流水。洞向 55°。岩性主要为黑灰色安山岩，岩石较坚硬，岩体微风化，发育块状结构，破裂状结构，产状不明，发育断层，受断层影响，节理裂隙发育，节理产状多变，无明显成组节理，节理面黏土充填，岩体破碎，线状滴水—涌水，局部涌水量约 60 L/s。K6+350.58—K6+376.79 段、K6+376.79—K6+397.47 段、K6+397.47—K6+408.27 段 TBM1 为双护盾掘进模式掘进，掘进推力 9 700～9 800 kN，刀盘转速 1.9～2.2 r/min，贯入度 22～29 mm/r，每环掘进时间 36～44 min。K6+376.79—K6+397.47 段 TBM1 为单护盾掘进模式，掘进推力 12 000～16 000 kN，刀盘转速 1.6～2.6 r/min，贯入度 19～22 mm/r，每环掘进时间 40～60 min。渣料以块状为主，大小不一，最大块径约 30 cm。相应地，K6+350.58—K6+382.29 段围岩类别为 Ⅳ 类；K6+382.29—K6+385.79 段围岩类别为 V 类；K6+385.79—K6+408.27 段围岩类别为 Ⅳ 类
K6+408.27～K7+202.85	794.58	512～672	本段隧洞洞向 55°，岩性主要为安山岩，偶见凝灰岩、玄武岩，岩石致密坚硬，岩体微风化，次块状—块状一块状结构，偶见断层特征，节理倾向 NE，节理裂隙较发育，节理较完整，湿润—滴水。K6+408.27—K7+202.85 段为双护盾掘进模式掘进，掘进推力 9 300～17 000 kN，刀盘转速 5.5～5.9 r/min，贯入度 8.1～9.9 mm/r，每环掘进时间 45～55 min。岩渣呈片状，并夹杂有适量大小不一的石块，最大块径不超过 30 cm

续表 4-9

起止桩号	隧洞长度（m）	隧洞埋深（m）	隧洞围岩工程地质条件评价
K7+202.85—K7+220.85	18	672	本段隧洞洞向 55°。岩性主要为黑灰色安山岩，岩石较硬，岩体微风化，碎裂状结构，发育断层，产状不明，沿洞轴线方向 K7+206.45—K7+208.25 段为断层物质为糜棱岩。受断层影响，节理裂隙发育，节理产状杂乱无规律，岩体破碎，涌水量约 60 L/s。K7+202.85—K7+220.85 段 TBM1 为双护盾掘进模式掘进，掘进推力 6 800～7 300 kN，刀盘转速 2.2～2.5 r/min，贯入度 20～23 mm/r，每环掘进时间 36～47 min。渣料以块状状状为主，大小不一，岩石断面主要为节理裂隙面，最大块径约 30 cm。K7+202.85—K7+206.45 段围岩类别为Ⅳ类；K7+206.45—K7+208.25 段围岩类别为 V 类；K7+208.25—K7+220.85 段围岩类别为Ⅳ类。
K7+220.85—K8+381.21	1 160.36	576～676	本段隧洞洞向 55°。岩性主要为暗红色安山岩，偶尔出露凝灰岩，岩石致密坚硬，微风化，次块状一块状结构，未见明显断层特征，节理裂隙较发育，节理倾向 NE，延伸长度大于 10 m，张开度 1～3 mm，钙质充填，岩体较完整，湿润一滴水，渗水量小于 10 L/min。K7+220.85—K8+381.21 段 TBM1 为双护盾掘进模式掘进，掘进推力 15 000～17 000 kN，刀盘转速 4.2～5.0 r/min，贯入度 7.5～10 mm/r，每环掘进时间 45～50 min。岩渣呈鳞片状，并夹杂有适量大小不一的石块，最大块径不超过 30 cm。
K8+381.21—K9+258.64	877.43	556	本段隧洞洞向 55°。岩性主要为灰白色安山岩，偶夹灰岩，岩体次块状一块状结构，微风化，岩石致密坚硬，脉发育，微风化，岩体次块状一块状结构，节理裂隙稍发育，主要节理倾向 NE，延伸长度 6～8 m，张开度 2～5 mm，岩屑充填，干燥一湿润。K8+381.21—K9+258.64 段为双护盾掘进模式掘进，掘进推力 18 000～20 000 kN，刀盘转速 5.5～6.0 r/min，贯入度 6～7 mm/r，每环掘进时间 65～70 min。渣料均匀，渣料以鳞片状为主，少有块状，岩石断面新鲜，最大块径不超过 15 cm。

续表 4-9

起止桩号	隧洞长度（m）	隧洞埋深（m）	隧洞围岩工程地质条件评价
K9+258.64—K9+312.56	53.92	578	本段隧洞洞向 55°。岩性主要为灰绿色、暗红色安山岩，岩石较硬，岩体微风化，碎裂状结构，未见明显断层特征，节理裂隙密集发育，属节理密集带，主要倾向 NE，延伸长度大于 10 m，张开度 5 mm，钙质和岩屑充填，岩体破碎，线状滴水。K9+258.64—K9+312.56 段 TBM 为双护盾模式掘进，掘进推力 8 500～10 000 kN，刀盘转速 3.6 r/min，贯入度 11.85～17.10 mm/r，每环掘进时间约 40 min。渣料以块状为主，大小不一，岩石断面主要为节理裂隙面，最大块径约 30 cm。K9+258.64—K9+269.32 段围岩类别为Ⅳ类；K9+269.32—K9+312.56 段围岩类别为Ⅲ类
K9+312.56—K9+878.18	565.62	578	本段隧洞洞向 55°。岩性主要为灰绿色、暗红色安山岩，岩石致密坚硬，微风化，块状一块状结构，未见断层，节理裂隙稍发育，主要倾向 NE，延伸长度 4～6 m，闭合无充填，局部张开，岩体较完整，干燥一湿润。K9+312.56—K9+878.18 段 TBM 为双护盾模式掘进，掘进推力 18 000～19 000 kN，刀盘转速 5～5.4 r/min，贯入度 8.4～9.3 mm/r，每环掘进时间 45～55 min。渣料以鳞片状为主，少有块状，渣料均匀，岩石断面新鲜，最大块径不超过 15 cm

表 4-10　钻爆法施工段二（K9+878.18—K11+032）分段工程地质评价

起止桩号	隧洞长度（m）	隧洞埋深（m）	隧洞围岩工程地质条件评价
K9+878.18—K10+330	451.82	110~130	K9+878.18—K9+945.87段为转弯段，转弯半径200 m，洞向由63°过渡为75°。隧洞围岩主要为青灰色安山岩，岩体新鲜，岩质致密坚硬，块状结构，规模较小 f_{509} 和 f_{508}、f_{507}，断层带围岩较破碎，断层与洞轴线小夹角相交，故沿洞洞线方向延伸较长，对隧洞稳定有一定的影响。该段节理局部较发育，主要发育2组节理：①344°∠9°∠63°∠83°，延伸长大于7~8 m，起伏粗糙，张伏长度1~5 mm，钙质和岩屑充填；②275°∠307°∠75°∠85°，延伸长大于10 m，起伏粗糙，质和岩屑充填，张开度0~3 mm，岩屑充填。该段围岩表面总体干燥，局部潮湿。围岩以Ⅱ～Ⅲ类为主
K10+330—K10+355	25	535	本段洞向为75°。隧洞围岩主要为青灰色安山岩，岩体新鲜，岩质致密坚硬，次块状结构，发育断层 f_{510}，走向NE20°~40°，倾向SE，宽度20 cm，断层带内物质主要为黏土、碎石，断层与节理相交，易形成不稳定楔形体，对隧洞稳定不利。该段节理局部较发育，主要发育4组节理：①156°~173°∠68°~78°，延伸长度10 m，起伏粗糙，张开度5~15 mm，黏土充填；②358°∠12°∠65°~75°，间距30~40 cm，延伸长度10~12m，起伏粗糙，张开度5 mm，泥质充填；③43°~59°∠71°~95°，间距80~100 cm，延伸长度7 m，起伏粗糙，张开度5~10 mm，泥质充填；④224°~237°∠46°~60°，延伸长度7 m，起伏粗糙，张开度5~10 mm，泥质充填。围岩表面总体干燥无水，围岩质量较差，为Ⅳ类围岩
K10+355—K11+032	677	535	K10+976.68—K11+005.61段为弯段，转弯半径200 m，洞向由75°过渡到83°。隧洞岩性主要为青灰色安山岩，岩体新鲜，岩质致密坚硬，块状结构，稳定性好。发育两条断层，f_{510}：出露位置K10+406 m，345°∠50°，宽度小于15 cm，充填物为岩屑及黏土；f_{511}：出露位置K10+408 m，345°∠50°，宽度小于5 cm，充填物为岩屑及黏土。断层总体规模较小，对隧洞围岩稳定性影响较小。该段节理局部较发育，主要发育2组节理：①359°∠21°∠69°∠84°，延伸长度约8 m，部分可达20 m，起伏光滑，张开度1~5 mm，钙质和岩屑充填，受断层发育影响；②300°~315°∠75°~85°，间距40~50 cm，延伸长度约5 m，平直光滑，闭合无充填。该段围岩表面总体干燥，在K10+422—K10+440段、K10+510—K10+555段和K10+650—K10+660段洞壁滴水，围岩以Ⅲ～Ⅲ类为主

表 4-11　TBM 掘进段二（K11+032—K24+745）分段工程地质评价

起止桩号	隧洞长度（m）	隧洞埋深（m）	隧洞围岩工程地质条件评价
K11+032—K15+107.42	4 075.42	449~562	本段隧洞洞向 83°。岩性主要为青灰色、灰褐色安山岩，其中 K11+032—K12+077 段、K12+264—K12+360 段有流纹岩带出露，K12+077—K12+264 段出露花岗闪长岩侵入段，岩体微风化，岩石致密坚硬，次块状一块体，接触紧密，对隧洞围岩稳定影响较小。本段岩石致密坚硬，岩体微风化，次块状一块体，状结构，未见明显断层特征，节理裂隙不发育，主要可见节理倾向 NE，延伸长度小于 3 m，1~2 条/m，张开度 1~3 mm，钙质充填，岩体较完整，干燥一湿润。 K11+032—K15+107.42 段 TBM2 为岩护盾掘进模式掘进，掘进推力 12 000~15 000 kN，刀盘转带 5 r/min，贯入度 6~12 mm/r，每环掘进时间 25~40 min。岩渣呈片状，并夹杂有适量大小不一的石块，最大块径不超过 30 cm。总体为Ⅲ类围岩
K15+107.42—K15+332.64	125.22	464~477	本段隧洞洞向 83°。岩性主要为青灰色、灰褐色安山岩，岩石致密坚硬，岩体微风化，岩体风化，部分延伸较长，可次块状一破碎状结构，节理裂隙发育，3~4 条/m，张开度 3~5 mm，岩屑充填，岩体较破碎，K15+107.42—K15+332.64 段局部渗水严重，涌水量可达 270 L/s，其余洞段湿润一线状滴水。 K15+107.42—K15+332.64 段 TBM2 为双护盾掘进模式掘进，掘进推进 14 000 kN，刀盘转速 5 r/min，掘进速度 60 mm/min，每环掘进时间 30~40 min。岩渣以块状为主，平均块径 10~20 m。 该段岩体质量较差，总体为Ⅲ～Ⅳ类围岩。其中 K15+107.42—K15+181.47 段为Ⅳ类围岩；K15+181.47—K15+292 段为Ⅲ类围岩；K15+292—K15+332.64 段为Ⅳ类围岩

续表 4-11

起止桩号	隧洞长度（m）	隧洞埋深（m）	隧洞围岩工程地质条件评价
K15+332.64—K16+061	728.36	429~464	本段隧洞洞向83°。岩性主要为青灰色、红褐色安山岩，灰褐色安山岩，岩石致密坚硬，岩体微风化，次块状—块状结构，节理裂隙不发育，延伸长度多小于3 m，1~2条/m，张开度1~3 mm，钙质充填，岩体较完整，干燥—湿润。K15+332.64—K16+061段TBM2为双护盾掘进模式掘进，掘进推力15 000 kN，刀盘转速5 r/min，掘进速度60 mm/min，每环掘进时间25~35 min。岩渣呈片状，并夹杂有适量大小不一的石块，最大块径不超过20 cm。该段岩体质量较好，总体岩质量为Ⅲ类围岩
K16+061—K16+130.57	69	430	本段隧洞洞向83°，岩性主要为青灰色、灰褐色安山岩，岩体微风化，岩石较坚硬，发育断层 f_{512}，逆断层，走向NE80°，倾角约78°，破碎带沿洞轴线宽度40~60 m，断层带内物质主要为糜棱岩、含断层泥、碎裂—散体状结构，影响隧洞与断层影响范围较广，沿隧洞轴线K16+061—K16+130.57段为断层影响带，影响隧洞向节理裂隙发育，岩体破碎，受断层影响主要发育3组节理：①15°~30°∠70°~78°，延伸长度10 m，节理面粗糙—轻微粗糙，张开度3 mm，砂质和泥质充填；②148°~155°∠54°~72°，节理面粗糙—轻微粗糙，张开度3 mm，砂屑、岩屑，泥质和钙质充填，多组结构面相互切割，岩体破碎，局部轻微粗糙，张开度3 mm，砂质和泥质充填；③340°~350°∠50°~60°，节理面粗糙—轻微粗糙，张开度3 mm，岩屑，泥质和钙质充填，洞壁轻微湿润，拱顶局部滴水。K16+061—围岩松动有小规模坍塌，地下水不发育，洞体微湿润，拱顶局部滴水。K16+061—K16+086.5 段围岩为Ⅳ类；K16+086.5—K16+093.2 段围岩为Ⅲ类；K16+093.2—K16+122.5 段围岩为Ⅳ类；K16+122.5—K16+130.57 段围岩为Ⅴ类

续表 4-11

起止桩号	隧洞长度（m）	隧洞埋深（m）	隧洞围岩工程地质条件评价
K16+130—K22+155	6 025	200~418	本段隧洞洞向 83°，岩性主要为青灰色、红褐色、灰绿色安山岩，其中 K16+944—K17+134 段出露花岗闪长岩侵入体，K19+401—K19+892 段和 K20+171—K20+641 段出露肉红色流纹岩脉，K19+892—K20+171 段、K21+068—K21+433 段和 K21+907—K22+155 段局部出露安山质角砾岩，不同岩性间接触相好，接触带围岩相对完整，未发现挤压破碎带，对隧洞围岩稳定性影响较小。本段岩石致密坚硬，节理延伸长度多小于 10 m，平均 1~3 条/m，张开度 1~3 mm，节理面轻微粗糙，钙质充填，岩体较完整，围岩干燥—湿润，局部线状滴水 K16+130—K22+155 段 TBM2 为双护盾模式掘进，掘进推力 10 000~13 000 kN，刀盘转速 5.5 r/min，掘进速度 60 mm/min，每环掘进时间 30 min。岩渣以细粒径为主，少量块状，颗粒较均匀，部分鳞片状。 该段岩体质量较好，总体为Ⅲ类围岩，局部节理裂隙较发育地段为Ⅳ类。其中，K16+130—K17+134 段围岩为Ⅲ类；K17+134—K17+329 段围岩为Ⅳ类；K17+329—K22+155 段围岩为Ⅲ类
K22+155—K22+551	396	200	本段隧洞洞向为 83°。地层岩性由侏罗系—白垩系下统 Hollin 地层过渡，Misahualli 地层向白垩系 Misahualli 地层和灰绿色安山岩，块状结构，延状构造。岩石致密坚硬，岩体微风化，Hollin 地层岩性主要为白色砂岩夹薄层页岩，巨厚层状，Hollin 地层与 Misahualli 地层接触带岩体相对完整，未发现挤压破碎带情况，在 K22+155 m 处接触带延伸到地层离顶拱 1.5 m 的位置，未见明显断层特征，接触带两侧地层节理裂隙不发育，延伸长度小于 7 m，1~3 条/m，裂隙面轻微粗糙，张开度 1~3 mm，岩体较完整，地下水流量为 25~50 L/min。 K22+155—K22+551 段 TBM2 为双护盾掘进模式掘进，掘进推力 15 000~18 000 kN，贯入度 50 mm/min，每环掘进时间 45~50 min。岩渣以细粒为主，部分鳞片状，少量块状，颗粒较均匀。该段围岩为Ⅲ类围岩

续表 4-11

起止桩号	隧洞长度（m）	隧洞埋深（m）	隧洞围岩工程地质条件评价
K22+551—K24+745	2 194	44.5~282	K24+613.38—K24+746.00段为转弯段，转弯半径500 m，洞向由83°过渡至68°。地层岩性主要为白垩系下统Hollin地层白色砂岩夹薄层页岩，岩体弱风化—微风化，层状结构，节理裂隙不发育，节理延伸长度小于7 m，1~3条/m，裂隙面微粗糙，张开度1~3 mm，钙质充填，岩体较完整。地下水渗流量为25~50 L/min。 K22+551—K24+745段TBM2为双护盾掘进模式掘进，岩渣多呈粉状，并夹杂有少量石块，粒径较小，最大块径不超过10 cm。 本段岩体总体为Ⅲ类，局部为Ⅳ类。其中，K22+551—K22+560段围岩为Ⅳ类；K22+560—K24+745段围岩为Ⅲ类

表 4-12 钻爆法施工段三（K24+745—K24+807）分段工程地质评价

起止桩号	隧洞长度（m）	隧洞埋深（m）	隧洞围岩工程地质条件评价
K24+745—K24+807	62	44.5	该洞段洞向为68°。隧洞岩性主要为灰白色砂岩与灰黑色页岩互层，薄层状。岩体强风化—弱风化，岩体以层状结构为主。该段节理较发育，主要发育2组节理：①24°∠54°∠61°~82°，间距30~60 cm，延伸长度3~4 m，起伏粗糙，局部无充填；②209°~222°∠72°~84°，间距40~50 cm，延伸长度最长达10 m，起伏粗糙，附合无充填。 本段围岩干燥无水，受风化卸荷影响，局部岩体较破碎，易产生掉块垮落，隧洞围岩为Ⅲ类

4.3.2.3　隧洞综合工程地质条件评价

1.支护原则

本工程采用"左右通用"的四边形管片,全环分成 7 块,由 1 块封顶块、2 块邻接块和 4 块标准块组成。衬砌环平均环宽 1.8 m,厚度为 0.30 m。隧洞转弯段的转弯半径为 500 m,管片设计的最小转弯半径为 396 m。衬砌圆环构造图和管片拼装效果图分别如图 4-12、图 4-13 所示。

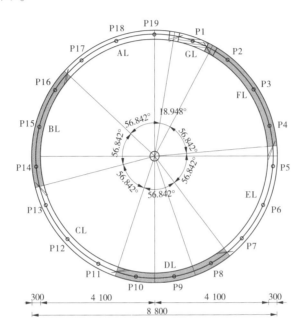

图 4-12　衬砌圆环构造图　(单位:mm)

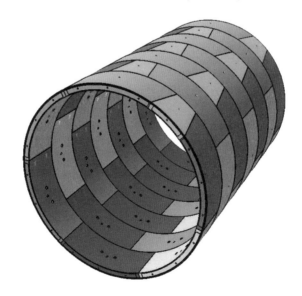

图 4-13　管片拼装效果图

根据水工设计计算成果,不同围岩对应不同的管片安装类型,不同类型管片的对应围岩类型和主要技术参数见表4-13。

表4-13　洞身管片衬砌结构计算成果

衬砌类型	A	B	C	D
围岩类型	Ⅱ类	Ⅲ类	Ⅳ类	Ⅴ类
隧洞内径(m)	8.2	8.2	8.2	8.2
衬砌厚度(m)	0.3	0.3	0.3	0.3
管片混凝土强度等级	C40	C50	C60	C60
钢筋等级	GRADE60	GRADE60	GRADE60	GRADE75
净钢筋保护层厚度(mm)	45	45	45	45
每环内侧环向钢筋	835 mm² 4ϕ10+5ϕ12	980 mm² 9ϕ12	1 195 mm² 4ϕ12+5ϕ14	2 133 mm² 9ϕ18
每环外侧环向钢筋	835 mm² 4ϕ10+5ϕ12	980 mm² 9ϕ12	1 195 mm² 4ϕ12+5ϕ14	2 133 mm² 9ϕ18

2.综合工程地质条件评价

输水隧洞总长24.807 km,根据岩体素描细则、TBM掘进段围岩类型划分和Bieniawski的RMR分类方法,对围岩进行分类,分类情况见4.3.2.2部分的描述,各段分类统计见图4-14~图4-17。

钻爆段一(K0+000—K0+310)段总长310 m,隧洞围岩为花岗闪长岩侵入体,以块状—次块状结构为主,岩体质量较好,进口段由于风化卸荷等影响,岩体较破碎,完整性较差。其中,Ⅲ类围岩249.5 m,约占80.48%;Ⅳ类围岩60.5 m,约占19.52%。

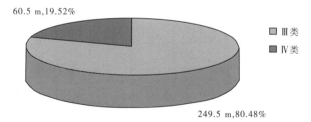

图4-14　K0+000—K0+310段围岩分类统计(钻爆段一)

TBM掘进段一(K0+310—K9+878)段总长9 568 m,隧洞围岩K0+310—K0+780段为花岗闪长岩侵入体,岩体质量较好,以块状—次块状结构为主;K0+780—K1+249.68段为花岗闪长岩侵入体与Misahualli火山沉积岩的接触带,接触较好,节理裂隙较发育,局部涌水量较大;K1+249.68—K9+878段为Misahualli地层,岩性主要为安山岩、凝灰岩,局部出露玄武岩、流纹岩等,岩石致密坚硬,节理裂隙不发育,岩体完整性好。其中,Ⅱ类围岩2 034.16 m,约占21.26%,使用B型管片衬砌支护;Ⅲ类围岩6 646.89 m,约占69.47%,使用B型管片衬砌支护;Ⅳ类围岩847.72 m,约占8.86%,使用C型管片衬砌支护;Ⅴ类围岩39.23 m,约占0.41%,使用D型管片衬砌支护。

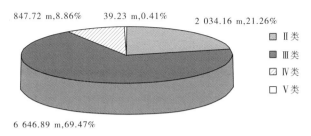

图 4-15　K0+310—K9+878 段围岩分类统计（TBM 掘进段一）

钻爆段二 K9+878—K11+032 m 段总长 1 154 m，隧洞围岩为 Misahualli 地层，岩性主要为安山岩、凝灰岩，局部出露玄武岩、流纹岩等，岩石致密坚硬，节理裂隙不发育，呈块状—次块状，岩体完整性好。其中，Ⅱ类围岩 514.37 m，约占 44.57%；Ⅲ类围岩 614.63 m，约占 53.26%；Ⅳ类围岩 25 m，约占 2.17%。

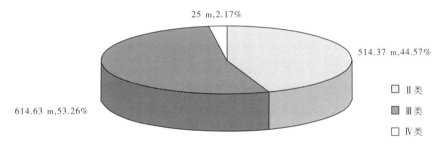

图 4-16　K9+878—K11+032 段围岩分类统计（钻爆段二）

TBM 掘进段二（K24+745—K11+032 m）总长 13 713 m，K24+779.39—K22+551 段为 Hollin 地层的砂页岩，K22+551—K22+155 段为 Hollin 地层的砂页岩向 Misahualli 地层的安山岩过渡段，K22+155—K11+032 段为 Misahualli 地层，以安山岩为主。岩体质量总体较好，以块状、层状结构为主。其中，Ⅲ类围岩 13 332 m，约占 97.2%，使用 B 型管片衬砌支护；Ⅳ类围岩 373 m，约占 2.7%，使用 C 型管片衬砌支护；Ⅴ类围岩 8 m，约占 0.1%，使用 D 型管片衬砌支护。

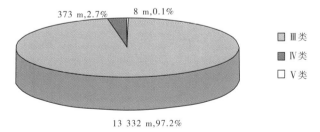

图 4-17　K24+745—K11+032 段围岩分类统计（TBM 掘进段二）

钻爆段三（K24+745—K24+807）段总长 62 m，该段为 Hollin 地层的砂页岩，岩体质量总体较好，以层状结构为主，全部为Ⅲ类围岩。

对全洞段分类并统计，统计成果如图 4-18 所示。由图 4-18 可以看出，Ⅱ类围岩 2 548.53 m，约占 10.27%；Ⅲ类围岩 20 905.02 m，约占 84.27%；Ⅳ类围岩 1 306.22 m，约占

5.27%；V类围岩 47.23 m，约占 0.19%。

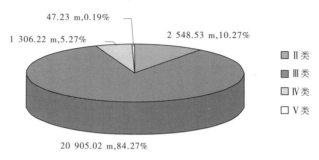

图 4-18　输水隧洞全洞段围岩分类统计

4.3.3　出口段工程地质条件及评价

输水隧洞出口位于 Granadillas 河沟左岸，低中山地貌，Granadillas 河沟呈"V"形，两岸中小规模各级支沟众多，河谷深切，植被发育。输水隧洞出口与调蓄水库库尾相连，边坡高程 1 221～1 283 m。

1 259 m 高程以上表层大部分为第四系残坡积物覆盖，1 259 m 高程以下大部分基岩出露，岩性主要为白垩系 Hollin 地层的页岩和砂岩互层（见图 4-19），常浸渍沥青，岩层总体倾向 NE，倾角 3°～10°。边坡天然坡度 25°～35°，自然状态下处于稳定状态，局部受风化卸荷及结构面互相切割等影响，易形成不稳定块体，发生滑塌或崩落，但对整体稳定影响较小。输水隧洞出口边坡开挖形象见图 4-20。

图 4-19　输水隧洞出口段地层岩性

出口边坡分 8 级开挖，根据前期资料和开挖揭露情况，边坡区无较大构造，未见明显断层发育，岩体层理发育，层厚 0.2～1 m。由于受区域内 Sinclair 构造带的影响，节理裂隙发育，但延伸长度较短，主要发育四组节理：①220°～237°∠72°～86°，延伸长度 3 m，张开度 5 mm，平直粗糙，充填黏土、岩屑等；②172°～184°∠61°～73°，延伸长度可达 6 m，张开度 5 mm，粗糙，充填黏土、氧化物等；③147°～156°∠63°～76°，延伸长度 5 m，粗糙，张开度 5 mm，粗糙，充填砂、黏土；④47°～54°∠77°～86°，延伸长度 5 m，粗糙，张开度 5 mm，

图 4-20　输水隧洞出口边坡开挖形象

粗糙,充填砂、黏土。

输水隧洞出口边坡结构面统计等密度图见图 4-21,图中 EST1 为砂岩层理,产状为 322°∠13°;EST2 为页岩层理,产状为 40°∠20°。

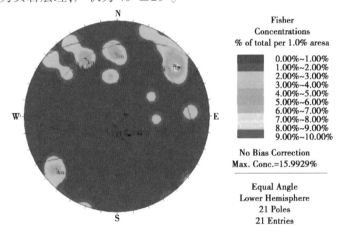

图 4-21　输水隧洞出口边坡结构面统计等密度图

区内降水量丰富,河内、河谷内常年流水。孔隙水主要赋存于 Granadillas 河及其支沟的两岸第四系松散堆积体内,主要接受大气降水入渗补给,以泉水、渗流形式向低洼处排泄,随季节、降水量变化较大;基岩裂隙水赋存于各地层的节理裂隙中,受岩性和构造的控制。基岩裂隙水根据埋深进一步可分为浅层基岩裂隙潜水和深层裂隙承压水,浅层基岩裂隙潜水主要接受降水和地表水补给,深层裂隙承压水主要与区域断层和区域性岩性组合特征有关。输水隧洞出口边坡地下水基本处于无水压状态,地下水位稳定在高程 1 243 m 左右。

开挖揭露显示,隧洞出口区全强风化层厚度 3~5 m,弱风化层厚度 7~9 m。对开挖揭露岩体进行分类,高程 1 221~1 245 m 边坡,包括洞脸区域,均开挖至微风化岩体,层状结构,岩体为Ⅲ类;高程 1 245~1 259 m 段,岩体为强风化,节理裂隙发育,铁质浸染,岩体为Ⅳ类;高程 1 259~1 283 m 段为残坡积土或全风化岩体,散体状结构,岩体为Ⅴ类。

4.4 施工支洞工程地质条件及评价

输水隧洞沿线共布置 3 条施工支洞,总长度 3 359.19 m,各施工支洞概况如表 4-14 所示。

表 4-14 输水隧洞施工支洞概况

支洞编号		长度(m)	进口高程(m)	交叉桩号	交叉高程(m)	纵坡
1#支洞		311.65	1 269.5	189.95	1 266.18	−1.065%
2#支洞	2A 支洞	1 644.54	1 241.4	9 878.18	1 249.84	−0.513%
	2B 支洞	1 403	1 261.5	11 005.61	1 247.84	1%

4.4.1 1#施工支洞

1#施工支洞交于主洞桩号 K0+189.95,设计洞长 311.65 m,进口高程 1 269.5 m,与主洞连接处高程为 1 266.18 m,走向约 114°,与主洞相交时走向一致,纵向坡比−1.065%,采用钻爆法施工,马蹄形断面,分台阶开挖,如图 4-22 所示。1#施工支洞为 TBM1 出口,TBM1 完成 K9+878—K0+310 段掘进后,从 1#施工支洞滑出洞外,并在 1#施工支洞洞口广场进行拆卸。

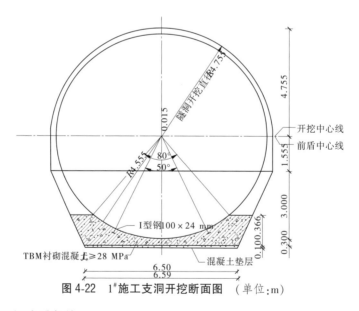

图 4-22 1#施工支洞开挖断面图 (单位:m)

4.4.1.1 基本工程地质条件

1#施工支洞位于 Coca 河右岸,Quijos 河和 Salado 河交汇处下游 1.5 km,距首部枢纽面板堆石坝约 350 m。高中山地貌,冲沟发育,隧洞进口高程为 1 269.5 m,边坡坡度 20°~45°,自然稳定,沿线地表被第四系冲洪积物、残积物覆盖,植被发育。隧洞洞身主要位于 Salado 侵入体内,岩性为灰色花岗闪长岩。地下水以基岩裂隙水为主,主要受大气降水和第四系潜水补给,以泉水形式排泄地表或向沟谷潜水径流。

4.4.1.2　工程地质评价

根据开挖揭露,对 1# 施工支洞的工程地质条件分段评价如下。

1.进口边坡

隧洞进口位于 Quijos 河和 Salado 河的交汇下游 1.5 km,Coca 河的右岸,进口边坡高程为 1 270~1 297 m。发育数条小冲沟,植被发育。自然边坡坡度 20°~45°,岸坡自然稳定,如图 4-23 所示。

图 4-23　1# 施工支洞进口地形地貌

进口边坡被第四系崩坡积物、残积物覆盖,厚度 0.5~3 m。其中,表层 0.3~0.6 m 为黑色耕植土,成分以粉粒为主,含黏粒,土质均匀,结构疏松—稍密,潮湿,具大孔隙;0.7~3 m 为灰黄色残积土,以粉土为主,土质均匀,稍密—中密。下部为花岗闪长侵入岩（g^d）,全强风化厚度 3~5 m,弱风化厚度 7~9 m。未见断层展布。隧洞进口边坡分 2 级开挖支护,见图 4-24。

图 4-24　1# 施工支洞洞脸边坡开挖与支护

2.洞身段分段工程地质评价

对洞身段分段工程地质评价如表 4-15 所示。

表 4-15　1# 施工支洞分段工程地质评价

起止桩号	隧洞长度（m）	隧洞埋深（m）	隧洞围岩工程地质条件评价
K0+000—K0+006	6	4~10	洞向114°。隧洞周围岩主要为深黄褐色花岗闪长岩。岩体全风化—强风化，岩体结构基本破坏，结构面无法辨认，未见明显断层发育，铁锰质浸染，干燥无水。沿岸坡岩体风化卸荷，水平强风化深度约15 m，水平弱风化深度20~25 m。岩石以碎裂—镶嵌结构为主，进口段岩石受风化卸荷的影响，岩石破碎，自稳能力差，隧洞围岩类别为V类
K0+006—K0+129.25	123.25	10~76	洞向114°。隧洞周围岩主要为灰褐色花岗闪长岩。岩体强—弱风化，主要发育13条小断层，受断层影响，节理裂隙较发育，主要发育3组节理：①43°~59°∠41°~64°，间距10~30 cm，延伸长度11 m，节理面轻微粗糙，张开度5 mm，黏土和氧化物充填；②114°~145°∠29°~47°，间距20~30 cm，延伸长度大于10 m，起伏粗糙，张开度3 mm，泥质充填；③222°~230°∠74°~83°，间距20~40 cm，延伸长度5 m，起伏粗糙，张开度3 mm，氧化物充填；④233°~247°∠35°~47°，延伸长度5 m，起伏粗糙，张开度3 mm，氧化物充填。该段岩体呈碎裂结构，岩体破碎，岩质软，稳定性差，断层与节理互相切割，易产生不稳定块体，对隧洞稳定不利，洞壁潮湿—湿润，本段围岩类别为IV类
K0+129.25—K0+311.65	182.4	76~139	K0+156.93—K0+311.65 为转弯段，洞向由114°逐渐转至127°。岩体弱风化—微风化，该段主要发育18条小断层，受断层影响，主要发育4组节理：①42°~64°∠64°~82°，间距30~50 cm，延伸长度10~15 m，起伏粗糙，张开度5 mm，黏土和氧化物充填；②135°~158°∠59°~73°，延伸长度10 m，起伏粗糙，张开度3 mm，氧化物充填；③229°~250°∠79°~87°，延伸长度6~8 m，起伏粗糙，张开度3~5 mm，氧化物充填；④335°~351°∠73°~88°，延伸长度6 m，起伏粗糙，张开度3 mm，氧化物充填。该段岩体总体呈块状结构，岩质较坚硬，稳定性中等，沿断层发育处岩体破碎，断层与节理互相切割，易产生不稳定块体，对顶拱稳定不利，4组结构面与隧洞走向夹角较小，对隧洞稳定不利，涌水，涌水量约40 L/s，其余洞段干燥—滴水，局部为IV类，K0+305 m处涌水，涌水量不大于5 L/min。围岩类别以III类为主，局部为IV类

4.4.1.3　1#施工支洞工程地质条件评价

综合以上对 1#施工支洞的地质条件评价,1#施工支洞长 311.65 m,围岩为花岗闪长岩,抗风化能力较差,由于构造影响,断层发育,节理裂隙发育,岩体较破碎,围岩稳定性较差。围岩分类结果统计见图 4-25。其中,Ⅲ类围岩洞段累计长 160.2 m,占全长的51.4%;Ⅳ类围岩洞段累计长 145.45 m,占全长的 46.67%;Ⅴ类围岩洞段累计长 6 m,占全长的1.93%。

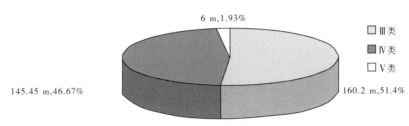

图 4-25　1#施工支洞围岩分类结果统计

4.4.2　2A 施工支洞

2A 施工支洞交于主洞桩号 K9+878.18,设计洞长 1 644.54 m,进口高程 1 241.4 m,与主洞连接处高程为 1 249.84 m,走向约 162°,与主洞相交时走向一致,纵向坡比−0.513%。此施工支洞为 TBM1 进口,TBM1 由此进入完成 2A 施工支洞 K0+410—K1+644.54 段后从桩号 K9+878 处进入输水隧洞,完成输水隧洞 K9+878—K0+310 段掘进。

2A 施工支洞 K0+000—K0+410 段采用钻爆法施工,马蹄形断面,分台阶开挖,如图 4-26所示;K0+410—K1+644.54 段采用 TBM1 掘进施工,管片衬砌,如图 4-27 所示。

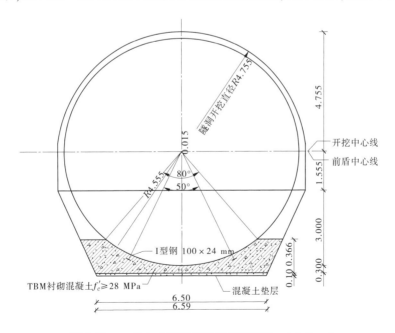

图 4-26　2A 施工支洞钻爆段开挖断面图　(单位:m)

图 4-27 2A 施工支洞 TBM1 开挖段断面图

4.4.2.1 隧洞基本工程地质条件

2A 施工支洞位于 Coca 河右岸,距离首部枢纽约 14 km,毗邻 45 号公路,通过 2# 施工道路和 75 t 桥相连,交通便利。洞口区处于山前坡麓与河谷地貌过渡带,地形起伏较大。Coca 河右岸为 II 级阶地,阶面宽 150~200 m,阶面起伏不大,高程 1 237~1 245 m,组成为含砾砂层,成分为火山碎屑、火山灰夹碎块石、大孤石,呈疏松、稍密状。下伏为侏罗系—白垩系 Misahualli 地层,岩性主要有安山岩、玄武岩、凝灰岩和流纹岩等。边坡坡度 20°~45°,自然稳定,植被发育。未见区域性地质构造,发育数条小断层,节理裂隙不发育。地下水主要以基岩裂隙水为主,主要受大气降水和第四系潜水补给,以泉水形式排泄地表或向沟谷潜水径流,如图 4-28 所示。

图 4-28 2A 施工支洞段地形地貌

4.4.2.2 隧洞工程地质条件评价

根据开挖揭露情况,对 2A 施工支洞的工程地质条件分段评价如下。

1.进口边坡

隧洞进口位于首部枢纽下游 14 km 处,Coca 河的右岸,进口边坡高程为 1 230~1 275 m。发育数条小冲沟,植被发育。沿洞轴线方向山坡坡度 40°,岸坡自然稳定,如图 4-29 所示。

图 4-29 2A 施工支洞洞口原始地形

2A 施工支洞口上方为Ⅲ级残留阶地,阶面宽 20~30 m,阶面高程 1 260~1 265 m,隧洞底板以上属第四系松散冲洪积层。地表为残坡积灰黄色、夹灰绿色粉质黏土,软塑状,厚 5~6 m,其下为冲积含砾砂层夹有火山碎屑、大块石,块石粒径可达 0.5~2 m,疏松—稍密状。

边坡分 2 级开挖,开挖坡比 1:1.5,每 10 m 布置一 3 m 宽马道,考虑当地气候,边坡顶部布设排水沟,如图 4-30 所示。

图 4-30 2A 施工支洞洞脸边坡开挖与支护

2.洞身段分段工程地质评价

洞身段分段工程地质评价如表 4-16 所示。

表4-16 2A施工支洞分段工程地质评价

起止桩号	隧洞长度（m）	隧洞埋深（m）	隧洞围岩工程地质条件评价
K0+000—K0+364	364	15~120	该洞段洞向162°，隧洞围岩主要为火山喷发堆积层，主要成分为灰黑色粉质黏土，夹火山碎屑及大块石，块石粒径可达0.5~2 m，软塑状，局部微胶结，疏松一稍密状。未见明显断层发育，洞壁湿润，局部线性流水，地下水渗流量不大于40~60 L/min。自稳能力差，隧洞围岩类别为V类
K0+364—K0+390	26	120~129	该洞段洞向为162.07°，隧洞围岩主要为黑褐色安山熔岩。岩体全一强风化，主要发育7条小断层，受断层影响，本段隧洞裂隙较发育，主要发育2组节理：①291°~307°∠72°~88°，间距10~30 cm，延伸长度大于10 m，节理面轻微粗糙，张开度5 mm，砂质和泥质充填，铁锰质浸染；②323°~330°∠73°~89°，间距20~30 cm，泥质充填，张开度3~5 mm，起伏粗糙，延伸长度大于10 m，起伏粗糙，稳定性差，岩质较软，稳定性差，岩体总体呈碎裂结构，岩体破碎，结构面走向大角度相交，倾角较陡，对隧洞稳定性有利，但断层与节理互相切割，易产生不稳定块体，发生掉块或跨落现象，洞壁潮湿一湿润。本段围岩类别为IV类
K0+390—K0+410	20	129	该洞段洞向为162°，隧洞岩性主要为灰褐色安山熔岩。岩体弱一微风化，发育小规模断层f_808，断层出露位置为K0+400 m，产状为310°∠80°，断层宽度小于5 cm，充填物为黏土。该段节理裂隙较发育，主要发育3组节理：①291°~307°∠72°~88°，间距30~50 cm，绿泥石充填，张开度3 mm；②323°~330°∠73°~89°，间距40~50 cm，延伸长度8 m，平直，轻微粗糙，绿泥石充填3 mm；③78°~113°∠64°~88°，间距40~60 cm，延伸长度4~8 m，起伏粗糙，张开度3~5 mm，绿泥石充填。该段岩体总体呈次块状结构，岩体较完整，岩石坚硬，岩体总体呈块体结构，易产生不稳定块体，多组节理互相切割，稳定性较好，洞壁潮湿一湿润，围岩类别为III类

续表 4-16

起止桩号	隧洞长度 (m)	隧洞埋深 (m)	隧洞围岩工程地质条件评价
K0+410—K0+600	190	129~293	本段隧洞洞向 162°，岩性主要为灰褐色安山岩，其中 K0+575—K0+580 段夹肉红色流纹岩，岩石致密坚硬，岩体微风化—新鲜，块状构造，节理裂隙稍较发育，主要发育 WNW—ESE 向节理，倾向 NW，延伸长度大于 10 m，平均 2~4 条/m，平直光滑，闭合无充填，局部张开，钙质充填，对隧洞走向近垂直，对隧洞稳定有利，大部分洞段干燥无水，K0+575—K0+588 段线状滴水，涌水量约 12 L/min。 K0+410—K0+600 段 TBM1 掘进推力 16 000~17 500 kN，贯入度 4.8 r/min，刀盘转速 4.8 r/min，贯入度 7.29 mm/r，每环掘进时间 40~55 min；渣料以鳞片状为主，少量块状，最大块径不超过 30 cm，颗粒均较为均匀。 该段岩体总体质量较好，以Ⅲ类围岩为主，局部为Ⅱ类围岩。其中 K0+410—K0+550 段围岩为Ⅲ类；K0+550—K0+575 段围岩为Ⅱ类；K0+575—K0+588 段围岩稳定为Ⅱ类；K0+588—K0+600 段围岩为Ⅲ类。
K0+600—K0+860	260	221~485	本段隧洞洞向 162°，岩性主要为肉红色流纹岩，夹灰褐色安山岩，岩石致密坚硬，岩体微风化—新鲜，块状构造，节理裂隙不发育，主要发育 WNW—ESE 向节理，倾向 SW，延伸长度 4~6 m，平均 2~4 条/m，平直光滑，闭合无充填，局部张开，钙质充填，洞壁潮湿—滴水，渗水，渗水量不大于 10 L/min。 K0+600—K0+860 段 TBM1 掘进推力 20 000 kN，刀盘转速 5 r/min，贯入度 8 mm/r，每环掘进时间 40 min；渣料以片状为主，少量块状，最大块径不超过 30 cm，颗粒均匀。其中，K0+600—K0+615 段围岩为Ⅲ类围岩；K0+615—K0+860 段围岩为Ⅱ类。 该段岩体以Ⅱ类围岩为主，局部为Ⅲ类围岩。
K0+860—K1+644.54	784.54	221~485	K1+005.39—K1+644.54 段为转弯段，洞向由 162°转至 55°，转弯半径 500 m。本段岩性主要为灰褐色安山岩，偶尔夹肉红色流纹岩，岩石致密坚硬，岩体微风化—新鲜，块状构造，节理裂隙不发育，主要发育 NW—SE 向节理，延伸长度 4~10 m，平均 1~3 条/m，平直光滑，闭合无充填，局部张开，钙质充填，洞壁潮湿—滴水，局部渗水，渗水量不大于 10 L/min。 K0+860—K1+644.54 段 TBM1 掘进推力 15 000~20 000 kN，刀盘转速 4.7~5.2 r/min，贯入度 7.2~11 mm/r，每环掘进时间 40~45 min；渣料以片状为主，少量块状，最大块径不超过 30 cm，颗粒均匀。该段岩体以Ⅱ类围岩为主，局部为Ⅲ类围岩

4.4.2.3 2A 施工支洞工程地质条件评价

综合以上对 2A 施工支洞的地质条件评价,2A 施工支洞长 1 644.54 m,洞口段为火山喷发堆积物,主要为灰黑色粉质黏土,夹火山碎屑、大块石,块石粒径可达 0.5~2 m,软塑状,微胶结,疏松—稍密状,自稳能力差;洞身段主要为 Misahualli 地层,岩性主要有安山岩、凝灰岩,局部夹火山角砾岩,偶见流纹岩脉,岩石致密坚硬,呈块状—次块状结构,节理裂隙不发育,岩体较完整。围岩分类统计见图 4-31。由图 4-31 可以看出,Ⅱ类围岩洞段累计长 893.54 m,占全长的 54.33%;Ⅲ类围岩洞段累计长 361 m,占全长的 21.95%;Ⅳ类围岩洞段累计长 26 m,占全长的1.58%;Ⅴ类围岩洞段累计长 364 m,占全长的22.13%。

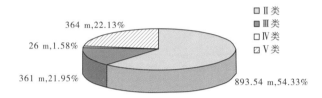

图 4-31 2A 施工支洞围岩分类统计

4.4.2.4 火山灰地层工程地质问题及成洞施工技术

2A 施工支洞位于 Coca 河右岸,距离首部枢纽约 14 km,洞口区处于山前坡麓与河谷地貌过渡带,地形起伏较大。Coca 河右岸为Ⅱ级阶地,阶面宽 150~200 m,阶面起伏不大,高程 1 237~1 245 m,组成为含砾砂层,成分为火山碎屑、火山灰夹碎块石、大孤石,冲洪积层含砾砂层属于疏松、稍密状。

桩号 K0+000—K0+410 为含砾砂层,成分为火山碎屑、火山灰夹碎块石、大孤石,呈疏松、稍密状;SV-03 和 SV-01 钻孔揭露岩芯如图 4-32、图 4-33 所示。

图 4-32 SV-03 钻孔 15~20 m 岩芯   图 4-33 SV-01 钻孔 80~85 m 岩芯

洞口附近未见大的断层出露,在右岸陡缓地形交界处为一垂向断层,走向 N70°E,沿右岸下游支沟发育走向为 N50°W 的另一条断层,支沟以下发育一近 SN 向顺河断层。由于距洞口有一定距离,对洞口没有大的影响。

根据地震危险性初步分析,区内地震动峰值加速度(a_{max})为 0.3g,建议抗震设防烈度为Ⅷ度。

地下水以松散岩类孔隙水为主,地下水流向一般是由山坡侧向排向地表冲沟谷地,由于火山泥流堆积物组成物质复杂性,且受地表降水影响大,洞口地段地下潜水位变化较大,不存在稳定的潜水位。

通过对钻孔资料、DPT 试验成果及室内试验资料进行综合对比分析,结合工程经验提出火山灰地层不同围岩类别的物理力学性质建议值,见表 4-17。

表 4-17　火山灰地层不同围岩类别的物理力学性质建议值

围岩类别	RMR	GSI	UCS	mi	黏聚力 μ	弹性模量(GPa)
IV	21~40	40	65	30	0.25	5.188
V	≤20	25	35	30	0.30	1.048

2A 施工支洞作为 TBM 的预备洞和始发洞,设计时顶部预留 0.3 m 的变形量。同时,该隧洞通过围岩地质条件复杂,为火山碎屑、火山灰夹碎块、大孤石、冲洪积层含砾砂层等,也增加了隧洞支护设计的难度。为估计地下围岩天然应力作用,采用 $\sigma_h = 1.2\sigma_v$,并按照开挖断面建立模型计算,采用支护方式:火山灰地层段支护考虑采用 I 16 钢拱架,排距 0.5 m;超前小导管 ϕ42 mm,长 3 m,间距 0.3 m,排距 2 m;管式锚杆 ϕ42 mm,长 3 m 或 4.5 m,排距 0.5 m;喷射混凝土 0.25 m,钢筋网 ϕ6@150×150,拱脚采用边长 0.25 m 的预制混凝土立方块。2A 施工支洞钻爆段支护结构见图 4-34。

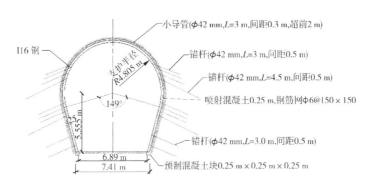

图 4-34　2A 施工支洞钻爆段支护结构

2A 施工支洞前 410 m 通过火山灰地层的钻爆段施工始于 2011 年 11 月 10 日,于 2012 年 7 月 29 日全部开挖支护完成,历时 9 个月。整个隧洞累计最大收敛值为 14.86 mm,累计最大相对值为 0.25%,收敛变化正常,TBM 安全顺利滑行通过,安全顺利完成 TBM1 掘进作业面施工。

在隧洞开挖后选取 17 个点布设 25 套钢板应力计,设计编号 S3-01~S3-25(后有 4 支仪器失效)。监测成果如图 4-35 所示。

由监测成果可知,2A 施工支洞钢拱架应力趋势平缓,当前累计应力为 2.8~216.9 MPa;最大应力为压应力,出现在桩号 KA0+20 右侧拱座处,为 216.9 MPa。根据设计计算结果,钢拱架承载力约为 400 MPa,2# 施工支洞 A 洞钢拱架应力趋势基本稳定,未发现异常应力。后经设计论证,改为永久检修支洞,截至目前运行良好。

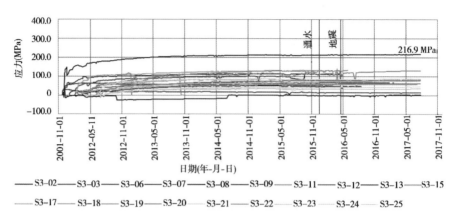

图 4-35 2A 施工支洞监测成果

4.4.3 2B 施工支洞

2B 施工支洞交于主洞桩号 K11+005.61,设计洞长 1 403 m,进口高程 1 261.5 m,与主洞连接处高程为 1 247.84 m,走向约 141°,与主洞相交时走向一致,纵向坡比 1%,采用钻爆法施工,城门洞形,全断面开挖,如图 4-36 所示。此施工支洞为 TBM2 出口,TBM2 完成输水隧洞 K24+745—K11+032 段掘进后,在拆机洞室内拆卸,并从该支洞运出洞外。后为加快施工速度,缩短施工工期,在 K1+109 处增设 2B-1 施工支洞,设计洞长 267.5 m,与主洞 K10+585 相交,进口高程 1 250.46 m,与主洞相交处高程为 1 248.57 m,纵向坡比 0.71%,走向约 38°,开挖断面同 2B 施工支洞。

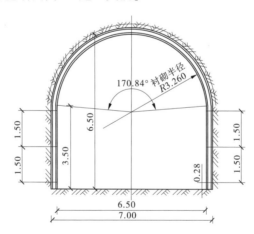

图 4-36 2B 施工支洞开挖断面图 (单位:m)

2B 施工支洞 K1+291.78—K1+331.78 段,为 TBM2 拆机洞室,分四层开挖,其开挖断面图如图 4-37 所示。

4.4.3.1 隧洞基本工程地质条件

2B 施工支洞位于 Coca 河右岸,距离首部枢纽约 14 km,毗邻 45 号公路,通过 2# 施工道路和 75 t 桥相连,交通便利。洞口距离 2A 洞口(ES99°方向)约 130 m,处于山前坡麓

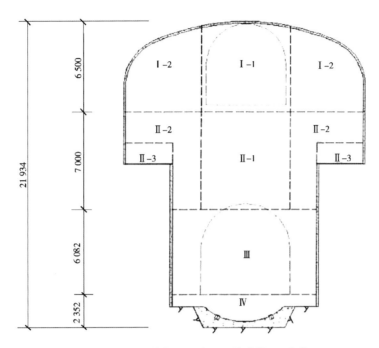

图 4-37　拆机洞室开挖断面及分层开挖步骤　（单位：mm）

与河谷地貌过渡带,地形起伏较大。Coca 河右岸为 Ⅱ 级阶地,阶面宽 150~200 m,阶面起伏不大,高程 1 237~1 245 m。靠近洞口分布微胶结的碎石土,偶夹砾石,为冲洪积Ⅲ级阶地残留物,一般呈稍湿—潮湿状,夹有碎石、孤石,块石粒径 0.3~1.5 m。下伏为侏罗系—白垩系 Misahualli 地层,主要岩性有安山岩、玄武岩、凝灰岩和流纹岩等。洞口边坡坡度约 40°,自然稳定,植被发育。未见区域性地质构造,发育数条小断层,节理裂隙稍发育。地下水主要以基岩裂隙水为主,主要受大气降水和第四系潜水补给,以泉水形式排泄地表或向沟谷潜水径流。

4.4.3.2　隧洞围岩分段工程地质评价

根据开挖揭露情况,对 2B 施工支洞的围岩分段评价如下。

1.进口边坡

2B 施工支洞洞口上方山体陡峻,坡度 40°~50°。洞口段围岩为第四系松散的火山崩塌堆积层,组成物质以火山崩塌碎屑为主,靠近洞口出现微胶结的碎石土,偶夹砾石,夹有碎石、孤石,块石粒径 0.3~1.5 m,为冲洪积Ⅲ级阶地残留物,一般呈稍湿—潮湿状、疏松—稍密状,岩体稳定性差。开挖过程中有地下水流出,流量 0.1~0.2 L/s。

2.洞身段分段工程地质评价

2B 施工支洞洞身段分段工程地质评价详见表 4-18。

表 4-18　2B 施工支洞洞身分段工程地质评价

起止桩号	隧洞长度（m）	隧洞埋深（m）	隧洞围岩工程地质条件评价
K0+000—K0+125	125	0~67	K0+024.02—K0+102.11 段为转弯段，转弯半径为70 m，洞向由25°转至141°。隧洞围岩主要组成物质以火山崩塌碎屑为主，偶夹砾石、孤石，夹有碎石，块石粒径0.3~1.5 m，一般呈稍湿—潮湿状，疏松—稍密状，围岩稳定性差。地下水渗流量为20~30 L/min。隧洞围岩类别为V类
K0+125—K0+185	60	67~90	本洞段洞向为141.1°，隧洞节理裂隙较发育，主要发育3组节理：①279°~298°∠47°~62°，间距10~30 cm，节理面粗糙，张开度5 mm，砂质和泥质充填，铁锰质浸染；②183°~197°∠66°~83°，间距20~30 cm，延伸长度大于6~8 m，起伏粗糙，张开度3~5 mm，黏土充填；③356°~10°∠38°~49°，间距30~50 cm，延伸长度约5 m，节理面粗糙，张开度3 mm，泥质充填。该段岩体总体呈碎裂结构，岩体破碎，岩质较软，稳定性差，俯角大，岩体较破碎，对隧洞稳定性不利，岩断层与节理互相切割，易产生不稳定块体，发生掉块或塌落现象。洞壁潮湿—湿润，渗水量小于5 L/min。K0+125—K0+150段围岩类别为V类，K0+150—K0+185段围岩类别为IV类
K0+185—K0+318	133	129~187	本洞段洞向为141°，隧洞围岩主要为黑褐色安山熔岩，岩体弱—微风化，节理裂隙较发育，主要发育3组节理：①299°~321°∠71°~83°，间距10~30 cm，延伸长度约8 m，节理面粗糙，张开度5 mm，砂质和泥质充填，铁锰质浸染；②336°~355°∠56°~72°，间距20~30 cm，延伸长度约5 m，方解石充填；③28°~45°∠49°~63°，间距40~60 cm，延伸长度约5 m，轻微粗糙，张开度3~5 mm，方解石充填。该段岩体总体呈次块状结构，岩体较完整，岩质坚硬，岩体较完整，稳定性较好，结构面与隧洞走向大角度相交，俯角较大，但节理互相切割，结构面与隧洞走向发生大角度相交，对隧洞稳定性有利，结构面与隧洞走向发生，易产生不稳定块体，发生掉块或塌落现象，洞壁潮湿—湿润。本段围岩类别为III类

续表 4-18

起止桩号	隧洞长度（m）	隧洞埋深（m）	隧洞围岩工程地质条件评价
K0+318—K0+444	126	187~278	本洞段洞向为141.1°,隧洞岩性主要为灰色安山岩,岩体微风化—新鲜,岩体致密坚硬,主要发育3组节理:①324°~337°∠65°~75°,间距30~40 cm,延伸长度约5 m,节理面轻微粗糙,张开度3 mm,岩屑充填;②295°~305°∠70°~79°,间距40~60 cm,延伸长度约5 m,起伏粗糙,张开度3~5 mm,方解石充填;③343°~359°∠53°~62°,延伸长度约5 m,轻微粗糙,张开度3~5 mm,方解石充填。该段岩体总体呈次块状结构,岩体较完整,岩质坚硬,稳定性较好,结构面与隧洞走向大角度相交,倾角较陡,对隧洞稳定性有利,洞壁干燥。本段围岩类别为Ⅱ类
K0+444—K0+450	6	280	本洞段洞向为141°,隧洞围岩主要为黑褐色安山熔岩。岩体全—强风化,发育断层 f_{809},出露桩号 K0+448,产状343°∠45°,断层宽度小于30 cm,充填物为黏土,本段为断层带及断层影响带。受断层影响,本段节理裂隙较发育,主要发育1组优势节理:341°~359°∠45°~89°,间距10~20 cm,延伸长度大于10 m,节理面轻微粗糙,总体呈碎状结构,岩体破碎,张开度5 mm,黏土充填,铁锰质浸染。该段岩体位于断层层影响带内,岩体破碎,岩质较软,稳定性差,沿断层发育区域破碎,易产生不稳定块体,发生掉块或跨落现象,洞壁潮湿—湿润。围岩类别为Ⅳ类
K0+450—K1+403	953	540	K1+366.61—K1+403.61段洞向由141°逐渐过渡至83°,转弯半径为70 m。隧洞岩性主要为灰色安山岩,岩体微风化—新鲜,岩体致密坚硬,主要发育3组节理:①353°~26°∠48°~69°,延伸长度约5 m,节理面微微粗糙,闭合无充填,局部张开,岩屑充填;②301°~322°∠64°~74°,间距40~60 cm,延伸长度约5 m,平直光滑,张开度1 mm,绿泥石和方解石充填;③33°~48°∠63°~76°,延伸长度约5 m,次块状结构,岩体较完整,岩质坚硬,稳定性较好,干燥,总体岩性为Ⅱ类,局部节理裂隙稍发育洞段为Ⅲ类

续表 4-18

起止桩号	隧洞长度 （m）	隧洞埋深 （m）	隧洞围岩工程地质条件评价
TBM 拆机洞室	40	540	对 K1+291.78—K1+331.78 段扩挖，形成 TBM 拆机洞室，洞室走向 141°，埋深 540 m，该段岩性为灰色安山岩，岩石致密坚硬，岩体完整性好，洞壁干燥无水，洞室稳定性好，洞室围岩为 II 类围岩。 洞室围岩主要发育 3 组节理：①350°～10°∠65°～78°，延伸长度大于 10 m，节理面轻微粗糙，闭合无充填，局部张开，岩屑充填；②329°～337°∠63°～69°，间距 40～60 cm，延伸长度 7～10 m，平直光滑，闭合无充填；③247°～275°∠26°～45°，延伸长度约 7 m，平直光滑，张开度 1 mm，绿泥石和方解石充填
2B-1 支洞	267.5	550	2B-1 施工支洞岩性主要为灰色安山岩，新鲜，岩石致密坚硬，岩体完整性好，在 K0+010 处发育小断层 f$_{810}$，产状 0°∠80°，断层宽度小于 10 cm，充填物为黏土，断层发育处渗水，渗水量约 5 L/min，其余洞段干燥无水。 2B-1 施工支洞发育 2 组节理：①356°～21°∠53°～70°，延伸长度 5 m，节理面轻微粗糙，闭合无充填，局部张开，岩屑充填；②318°～345°∠54°～73°，间距 40～60 cm，延伸长度 3～6 m，平直光滑，闭合无充填。本段围岩为 II 类

4.4.3.3　2B 施工支洞围岩分类

综合以上对 2B 施工支洞的地质条件评价,2B 施工支洞长 1 403 m,围岩为安山岩,抗风化能力强,洞口由火山喷发堆积层及全强风化安山岩组成段自稳能力差,为 Ⅴ 类围岩;洞身段岩体坚硬致密,呈块状结构,节理裂隙不发育,岩体完整性好,稳定性好,以 Ⅱ ~ Ⅲ 类岩体为主。围岩分类统计见图 4-38,可以看出,Ⅱ 类围岩洞段累计长 1 048 m,占全长的 74.7%;Ⅲ 类围岩洞段累计长 164 m,占全长的 11.69%;Ⅳ 类围岩洞段累计长 41 m,占全长的 2.92%;Ⅴ 类围岩洞段累计长 150 m,占全长的 10.69%。

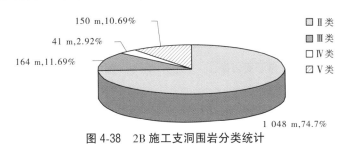

图 4-38　2B 施工支洞围岩分类统计

4.5　输水隧洞工程地质问题及处理措施

CCS 工程输水隧洞长 24.8 km,TBM 独头掘进最长达 13.713 km,最大埋深约 722 m,从隧洞施工过程来看,对施工产生较大影响的主要包括断层破碎带塌方和涌水,尤其是 f_{500} 和 f_{512} 断层对 TBM 造成卡机事故,影响工期半年以上,下面对其地质情况及处理措施分别阐述。

4.5.1　TBM1 卡机段地质条件及处理措施

4.5.1.1　TBM1 卡机段处理经过

2014 年 1 月 24 日对 TBM 例行地质巡视,划分围岩类别与安装管片类型。掌子面桩号为 K2+199.8,出露的岩性主要为侏罗系—白垩系 Misahualli 地层(J-K^m)青灰色、深灰色安山岩,夹凝灰岩及少量角砾岩,岩体呈碎裂—镶嵌结构,节理密集发育,岩体完整性系数 K_v 为 0.1~0.3,节理面平直光滑,岩体微风化,地下水不发育。根据以上分析,本段围岩总体为 Ⅳ 类围岩,如图 4-39 所示。

此时并未发现异常情况,在 1 月 24 日检修班完成检修工作,启动 TBM 准备继续掘进时,发现刀盘可以旋转,但在主推油缸的推动下,TBM 机身无法前进,但伸缩盾可以打开,经过分析推测前盾被卡。打开伸缩盾之后,在伸缩盾右侧底部可见黏土等细颗粒物质,岩体破碎,微风化,推测为断层发育,如图 4-40 所示。

图 4-39　K2+199.8 掌子面岩体　　　　　图 4-40　伸缩盾右侧底部岩体

随后采取了一系列措施,加大推力至 100 000 kN、灌注膨润土等,均未能脱困。2 月 2 日使用超前钻分别在 TBM1 顶部和右侧(12 点至 2 点钟方向)进行超前钻孔,深度 30 m,钻进参数比较稳定。由此推测,掌子面前方 30 m 处围岩同掌子面围岩类似。然后开始从伸缩盾位置清渣,清渣洞约 6 m 长,断面近似于矩形断面,断面尺寸为 1.75 m×1.6 m,如图 4-41 所示。洞壁干燥无水,节理裂隙发育,节理面平直光滑,扰动后易坍塌,岩体破碎。

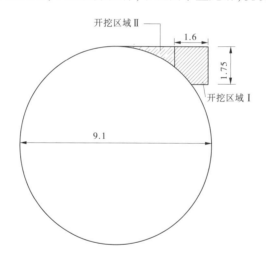

图 4-41　TBM1 卡机初期右侧清渣导洞处理方案　(单位:m)

2 月 8 日,清渣过程中盾体左侧岩体突泥涌水,并夹有块石涌出,导致伸缩盾、尾盾等设备被掩埋。块石岩性主要为安山岩及少量角砾岩,棱角状,块径大小不一,多为 2~10 cm,初期水质浑浊,涌水量可达 2 200 L/s,约 10 h 后,涌水变清,经过 3~5 d,涌水量逐渐稳定到 400~500 L/s,如图 4-42 所示。

TBM1 二次塌方后,经研究采用导洞处理涌水塌方方案:对尾盾后第 1~9 环管片进行加固,以防塌方区对已安装好的管片造成影响;安装收敛变形监测设备,其中一组安装在盾尾盾体上,监测盾体是否产生变形;其余两组分别安装在盾尾后第 3 环、第 11 环管片上,监测管片变形情况;在掘进方向右侧盾尾后第 10 环管片上设排水洞 M2,从第 10 环管

图 4-42　TBM1 突泥涌水

片向刀盘方向开挖,开挖断面 2.0 m×2.5 m,在开挖过程中边开挖边打超前孔,超前孔深度 3~6 m,试探涌水点,在涌水点附近停止开挖,并采用地质钻机钻孔排水,钻孔初拟 2 个,其一垂直顶拱,钻孔深度 20 m,其二与输水隧洞轴线呈 60°,钻孔深度 20 m。在钻孔时若遇涌水点,则停止钻孔;若不遇涌水点,现场则更换位置重新钻孔或者确定其他方案;在掘进方向左侧盾尾后第 10 环管片处开挖清渣洞 M1,从第 10 环管片向刀盘方向开挖,开挖断面 1.8 m×2 m,如图 4-43 所示。

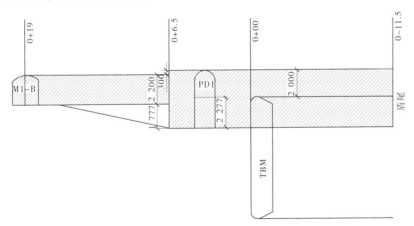

(注:M1-B 为出渣洞新增支洞,阴影区域为扩挖断面开挖部分)
图 4-43　TBM1 卡机塌方段处理剖面图　(尺寸单位:mm)

　　根据 2014 年 3 月 24 日出渣洞及排水洞开挖揭露地质及初步推断情况,决定在出渣洞 0+44.76 部位向上游方向增加新的支洞,主要目的是进一步探明输水隧洞前方地质情况,并增加排水通道,以便于更好地处理输水隧洞 K2+194.983—K2+212.407 段方段。

　　2014 年 4 月 5 日在出渣洞开挖至 0+62 桩号位置时,靠近刀盘侧岩面出现大量渗水,暂停出渣洞开挖,出渣洞新增支洞开挖立即转弯与输水隧洞相交,相交桩号为刀盘前19 m处,然后向下游方向开挖。

上导洞开挖方案如下:

(1)0+6.5—0+19段:开挖断面按图4-43施工,开挖按三区开挖,先开挖Ⅰ区,再开挖Ⅱ区、Ⅲ区。其中,Ⅰ区超前Ⅱ区、Ⅲ区2~3排炮。支护形式:超前锚杆(φ25钢筋,L=3 m)+I 20钢支撑+挂网喷混凝土,如图4-44所示。

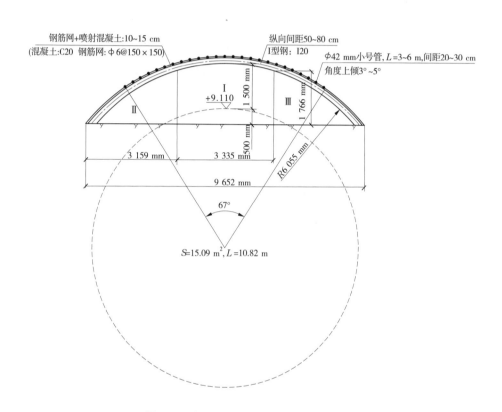

图4-44 上导洞0+6.5—0+19段断面图

(2)0+00—0+6.5段:开挖断面按图4-45施工,该段先开挖Ⅰ区,开挖排炮进尺1.2 m,钢支撑间距0.6 m。支护形式:先超前小导管(φ42 mm钢管,L=3 m)。I20钢支撑,挂网喷混凝土,如图4-45所示。

4.5.1.2 TBM1卡机段地质条件

在TBM卡机之后,地质人员多次深入现场,对地质情况不断更新求证,相应地不断对处理方案进行调整,从2014年2月11日至2014年10月21日,对断层破碎带进行开挖、加固,终于使TBM1成功脱困,再次顺利启动。卡机段方案最终处理示意图如图4-46所示,各支洞开挖情况见表4-19。

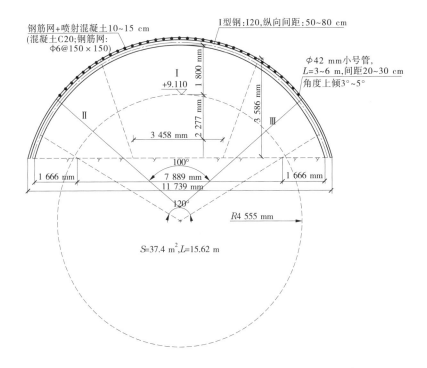

图 4-45　上导洞 0+6.5—0+00 段断面图

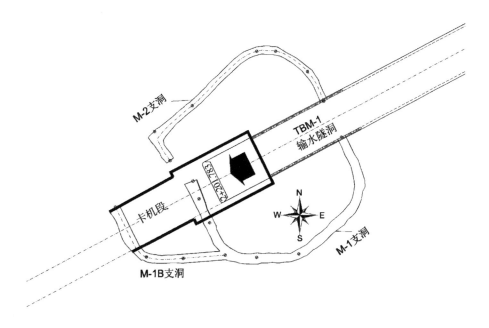

图 4-46　TBM1 二次塌方后处理方案平面图

表 4-19 TBM1 卡机段支洞开挖情况

支洞	起始桩号	终止桩号	长度(m)	说明
M-1	K2+230.32	K2+198.56	61.8	位于 TBM-1 左侧,清渣洞
M-2	K2+230.32	K2+195.85	52.5	位于 TBM-1 右侧,排水洞
M1-B	K2+197.75	K2+182.78	28.75	清渣,从 M1 支洞 0+45.4 处继续向上游掘进清渣
上导洞	K2+172.5	K2+213.29	40.79	清渣,加固断层破碎带,形成保护拱

在 M-1、M-2、M1-B 和上导洞开挖过程中,对揭露的地质内容进行分析,确定该不良地质体的特性。该段岩性为侏罗系—白垩系 Misahualli 地层(J-K^{m})灰色安山岩,M-1 洞 0+000—0+052 段岩体较完整,节理裂隙稍发育,未见断层发育,无水,岩体综合判断以 Ⅲ 类为主;0+052—0+061.8 段岩体破碎,节理裂隙发育,断层发育,洞段多处可见断层泥、糜棱岩及碎裂岩,局部洞段掉块严重,局部洞段滴水,围岩以 Ⅳ~Ⅴ 类为主。M-2 支洞岩体破碎,节理裂隙发育,断层发育,洞段多处可见断层泥、糜棱岩及碎裂岩,局部洞段掉块严重,局部洞段滴水,围岩以 Ⅴ 类为主,局部为 Ⅳ 类。上导洞 K2+179—K2+213 段岩体破碎,岩体呈碎裂散体状结构,节理裂隙发育,断层发育,洞段多处可见断层泥、糜棱岩及碎裂岩,局部洞段掉块严重,局部洞段滴水,围岩为 Ⅴ 类。由此推测断层 f_{500} 为逆断层,走向 NE20°~40°,倾角 60°~70°,宽 8 m,走向与洞轴线夹角较小,为 20°~40°,延伸较长,岩体破碎,断层沿洞轴线长约 16 m,影响带沿隧洞轴线长约 170 m,断层带内主要为糜棱岩,含断层泥,岩石蚀变严重,碎裂状结构,岩体较破碎,局部洞段塌方严重,涌水严重,K2+017.3~K2+178 段、K2+194~K2+214.8 段为断层影响带,影响带内节理裂隙发育,岩体破碎,围岩以 Ⅳ~Ⅴ 类为主。断层影响带与洞轴线相对位置示意图如图 4-47 所示。各支洞围岩如图 4-48 及图 4-49 所示。

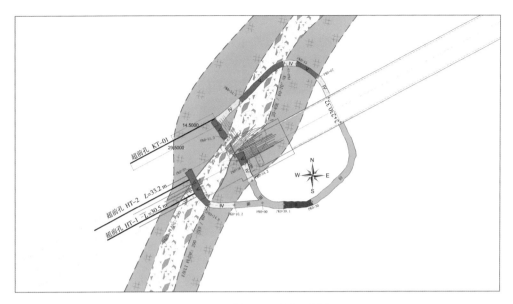

图 4-47 断层 f_{500} 平面示意图

图 4-48 M-1 支洞围岩

图 4-49 M-2 支洞围岩

本段受断层影响主要发育三组节理:①302°～332°∠56°～89°,间距 10～30 cm,延伸长度 10 m,起伏粗糙,张开度 3 mm,砂质和泥质充填;②109°～156°∠54°～72°,间距 20～30 cm,延伸长度 5 m,起伏粗糙,张开度 2 mm,泥膜充填;③30°～39°∠71°～79°,间距 30 cm,延伸长度 3 m,起伏粗糙,以闭合为主,局部泥质充填,本段节理统计等密度图如图 4-50 所示。

4.5.1.3 结论

从排水洞、清渣洞和上导洞开挖揭示的地质情况综合分析:K2+017—K2+214 段岩性为侏罗系—白垩系 Misahualli 地层(J-K^{m})深灰色安山熔岩和火山凝灰岩,岩体微风化,岩石较坚硬;K2+178—K2+194 段为断层发育断层 f_{500},逆断层,走向 NE20°～40°,倾角 60°～70°,宽 8 m,走向与洞轴线夹角较小,为 20°～40°,延伸较长,岩体破碎,断层沿洞轴线长约 16 m,影响带沿隧洞轴线长约 170 m,断层带内主要为糜棱岩,含断层泥,岩石蚀变严重,碎裂状结构,岩体较破碎,局部洞段塌方严重,涌水严重,K2+017.3—K2+178 段、K2+194—K2+214.8 段为断层影响带,影响带内节理裂隙发育,岩体破碎,围岩以Ⅳ～Ⅴ类为主。

f_{500} 是造成 TBM1 卡机的主要原因,随后由于卡机段清渣洞爆破开挖影响,扰动周边围

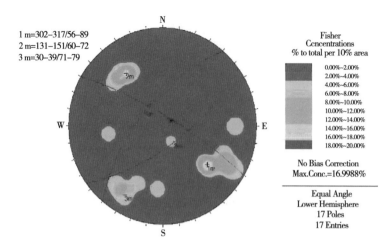

1 m=302-317/56-89
2 m=131-151/60-72
3 m=30-39/71-79

Fisher
Ccncentrations
% to total per 10% area

0.00%-2.00%
2.00%-4.00%
4.00%-6.00%
6.00%-8.00%
8.00%-10.00%
10.00%-12.00%
12.00%-14.00%
14.00%-16.00%
16.00%-18.00%
18.00%-20.00%

No Bias Correction
Max.Conc.=16.9988%

Equal Angle
Lower Hemisphere
17 Poles
17 Entries

图 4-50　TBM1 卡机段节理裂隙等密度图

岩,隔水层遭到破坏,形成突泥涌水,这使得地质条件更加复杂,加大了施工处理的难度。

4.5.2　TBM2 卡机段地质条件及处理措施

4.5.2.1　TBM2 卡机事件经过

2013 年 12 月 9 日凌晨,TBM2 掘进至桩号 K16+130—K16+125.56 时,掌子面围岩塌方严重,掘进一环的出渣量相当于正常情况下两环的渣量。与此同时,TBM 刀盘水泵出现故障,停机维修,2013 年 12 月 10 日夜间,水泵修好,尝试启动刀盘,结果无法启动。决定对掌子面前方围岩进行化学灌浆加固,灌浆完毕后,于 2013 年 12 月 12 日晚间再次启动刀盘,还是无法启动,采用脱困扭矩后,刀盘仍然无法转动。2013 年 12 月 12 日至 2014 年 1 月 5 日,施工单位在刀盘前继续采取了化学灌浆,2014 年 1 月 5 日、6 日 TBM2 试掘进仍然失败。

根据 TBM2 开挖揭露地质情况,在桩号 K16+130—K16+125.56 段出露的岩性主要为侏罗系—白垩系 Misahualli 地层(J-K^m)青灰色、深灰色安山岩,岩体破碎,以碎裂结构为主,局部成散体状,蚀变严重。岩体微风化,地下水不发育。受 TBM 掘进扰动的影响,在 K16+130—K16+127 段发生围岩塌方,初步估计塌方量为 100~150 m³,塌方岩体最大粒径 60~80 cm。伸缩护盾处和刀盘前散落的岩体见图 4-51、图 4-52。

图 4-51　伸缩护盾处岩体　　　　　图 4-52　刀盘前散落的岩体

4.5.2.2 TBM2 卡机段处理方案

2014 年 1 月 6~14 日施工单位在刀盘前采取了水泥灌浆,2014 年 1 月 14~19 日对管片进行加固。2014 年 1 月 19 日以后开始实施先旁洞后导洞揭顶施工方案:切割 4793 环两侧的管片露出岩面;左右沿洞轴线 K16+141.82 开挖旁洞,并朝刀盘方向延伸。

随后在两侧旁洞内沿主洞轴线各布置一个钻孔并取芯,钻孔长度贯穿整个断层破碎带,以确定断层的长度。钻探采用回转清水钻进绳索取芯,尽可能"多回次,少进尺",提高岩芯的采取率和获取率,并进行现场岩芯编录,对岩石的颜色、矿物成分、结构和构造、风化程度、坚硬程度,节理、裂隙发育情况,裂隙面特征及充填胶结情况进行描述统计。通过对岩芯的各种统计,获得岩芯采取率、岩芯获得率和岩石质量指标(RQD)等定量指标,评价岩体的质量。钻孔取芯长度贯穿整个断层破碎带且至少要有 10 m 的 $RQD \geqslant 60\%$ 的良好岩石。

左、右旁洞分别朝中间径向开挖,形成导洞圆弧拱;向前方开挖导洞直至穿过断层破碎带,进入较好围岩的洞段。TBM2 旁洞导洞施工方案平面图见图 4-53(a)。

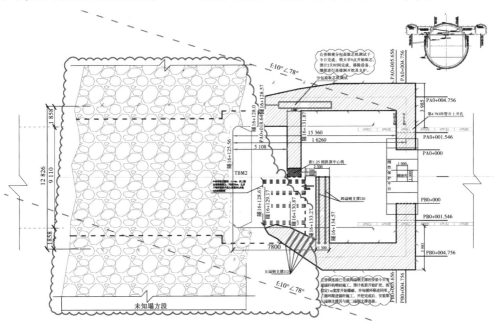

(a)TBM2 通过 K16+127 断层实施方案形象进度平面图(至 2014 年 2 月 9 日 10 点)

(b) 右侧连接洞分包商取芯调试

(c) 左侧连接洞打锚杆固定拱架

图 4-53 TBM2 旁洞导洞施工方案

导洞自 2014 年 2 月 3 日开挖，左旁洞起始开挖桩号 K16+134.57，右导洞起始开挖桩号 K16+131.87，至 2014 年 3 月 15 日，左、右旁洞开挖到桩号 K16+119.7。导洞开挖平面示意图见图 4-54。导洞采用管棚+I 型钢+锚杆+挂网喷混凝土支护。

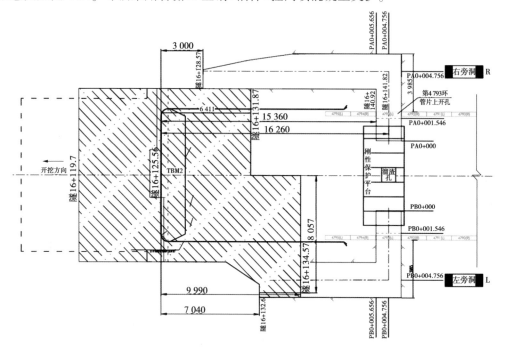

图 4-54 导洞开挖平面示意图平面图

4.5.2.3 卡机段开挖揭露地质情况

根据旁洞内钻孔资料，确定导洞的处理长度为 48 m。到 2014 年 5 月 24 日，K16+141.82—K16+128.67 段旁洞和 K16+134.5—K16+086.5 段导洞开挖完成，在旁导洞开挖揭顶并形成的保护拱下，TBM 启动并再次正常掘进。旁洞及导洞完成情况如表 4-20 所示。

表 4-20 旁洞及导洞完成情况

支洞	起始桩号	终止桩号	支洞长度(m)
左旁洞 PA	K16+141.82	K16+131.2	24.5
右旁洞 PB	K16+141.82	K16+135.6	27.6
导洞	K16+134.5	K16+086.5	48

根据旁洞导洞揭露，该段围岩岩性为侏罗系—白垩系 Misahualli 地层（J-K^m）深灰色安山岩，岩体较破碎，碎裂—散体状结构，发育 f_{512} 断层，洞段多处可见断层泥、糜棱岩及碎裂岩，岩石蚀变严重，以绿泥石化、绿帘石化为主，断层产状 5°～20° ∠70°～80°，局部洞段塌方严重，局部洞段滴水。

受断层影响，节理裂隙发育，结构面互相切割，发育 3 组节理：①359°～13° ∠73°～85°，延伸长度 5 m，节理面轻微粗糙，张开度 5～10 mm，部分张开度可达 25 cm，黏土充填，该组节理与断层展布方向一致,由构造运动生成,7~8 条/m;②344°~5°∠45°~59°,间距 40~60 cm,延伸长度 3~5 m,粗糙,张开度 3~6 mm,平均 4~5 条/m;③205°~231°∠18°~36°,延伸长度小于 3 m,节理面轻微粗糙,张开度 5 mm,平均 2~3 条/m。该段节理统计等密度图如图 4-55 所示。

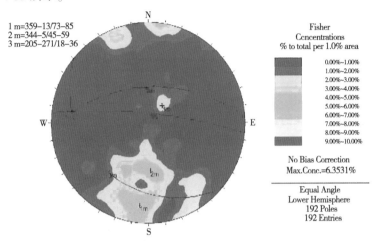

图 4-55　K16+130—K16+086 段节理统计等密度图

本段围岩 K16+093.2—K16+122.5 段 RMR 综合评分为 26~34,围岩为Ⅳ类;K16+122.5—K16+130 段 RMR 综合评分为 19~20,围岩为Ⅴ类,如图 4-56 所示。

图 4-56　K16+130—K16+093 段开挖围岩

4.5.2.4　结论

(1)K16+130—K16+093 段岩性为侏罗系—白垩系 Misahualli 地层(J-K^m)深灰色安山岩,岩体较破碎,碎裂—散体状结构,f_{512}断层发育,洞段多处可见断层泥、糜棱岩及碎裂岩,岩石蚀变严重,以绿泥石化、绿帘石化为主,断层产状 5°~20°∠70°~80°,局部洞段塌方严重,局部洞段滴水,围岩以Ⅳ~Ⅴ类为主。

(2)TBM2 刀盘附近约 8 m(K16+130.57—K16+122.50)岩体极破碎,f_{512}断层发育,洞段多处可见断层泥、糜棱岩及碎裂岩,碎裂—散体结构,岩石蚀变严重,主要为Ⅴ类围岩,围岩稳定性差,塌方体掩埋堵塞刀盘是造成 TBM2 卡机的主要原因。

（3）综合地质分析：f_{512}断层破碎带走向与洞轴线夹角较小，为 $10° \sim 30°$，延伸较长，岩体破碎，破碎带沿洞轴线宽度为 $40 \sim 60$ m，断层影响带沿隧洞轴线长约 69 m。

4.5.3 涌水

CCS 水电站合同中规定，在隧道掌子面后方 15 m 范围内，当涌水量超过 70 L/s 时，开挖掘进受到影响，被认为是极端不利地质条件，需进行评估相对应的工期延误及损失。

在输水隧洞开挖掘进过程中，通过地质巡视发现，共 3 处涌水量超过 70 L/s。

4.5.3.1　K0+864.9—K0+869.93

本段隧洞埋深 450 m，为花岗闪长岩侵入体与 Misahualli 地层的接触带，K0+789—K0+833.61 段局部出露灰色花岗闪长岩，K0+833.61—K1+000 段为安山质、角砾岩，仅在左侧边墙偶尔出露花岗闪长岩，花岗闪长岩侵入体以 NNW—SSE 方向侵入，倾向 SW，平直接触，接触面倾角约 60°，倾向下游侧，接触较好，接触带宽 20 ~ 30 cm，对围岩稳定性影响较小，接触带区域涌水，如图 4-57 所示。使用旋桨式流速仪在 K0+882—K0+887 段对该段涌水量测量，测量结果见表 4-21。

图 4-57　K0+864.9—K0+869.93 段涌水

表 4-21　K0+864.9—K0+869.93 段涌水测量记录

时间（年-月-日 T 时：分）	测量位置	水流速度（m/s）	水深（m）	计算流量（L/s）
2015-02-17 T11：30	K0+882	0.308	0.48	384
2015-02-17 T23：00	K0+882	0.329	0.47	398
2015-02-18 T02：00	K0+887	0.303	0.50	401
2015-02-18 T14：00	K0+887	0.193	0.32	132

根据流量测量结果，K0+864.9—K0+869.93 段涌水量约 400 L/s，随着时间的推移，流量逐渐减小，但由于涌水量突增，隧洞自流排水能力较差，需要使用额外水泵抽水，影响 TBM 正常掘进。

4.5.3.2　K2+017.3—K2+199（断层 f_{500}）

本段洞向 63°，埋深厚度 663 ~ 711 m。岩性主要为安山岩和火山凝灰岩，发育断层 f_{500}，逆断层，走向 NE20°~40°，倾角 60°~70°，宽 8 m，断层带内主要为糜棱岩，含断层泥，碎裂状结构，断层与隧洞轴向小角度相交，影响范围较广，沿隧洞轴线 K2+178—K2+194 段为断层发育区域，K2+017.3—K2+214.8 段为断层影响带，影响带内节理裂隙发育，岩体破碎。涌水点最初位于 K2+199 处，初期水质浑浊，涌水量可达 2 200 L/s，约 10 h 后，涌水变清，经过 3~5 d，涌水量逐渐稳定到 400~500 L/s。随着隧洞开挖，出现多个涌水点，各个点的涌水量也相应发生变化，总体来看，K2+017.3—K2+199 段涌水量保持相对稳定,说明水源补给应该为同一水源。

从 2014 年 2 月 8 日隧洞突水以来,直到 2014 年 11 月 20 日对 f_{500} 影响区域处理完成,使用旋桨式流速仪对该段涌水量进行监测,其测量结果如表 4-22 所示。

表 4-22　K2+017.3—K2+199 段涌水测量记录

监测时间(年-月-日)	监测位置	计算流量(L/s)
2014-02-10～2014-08-08	K2+300	393
2014-09-29～2014-10-26	K2+291	262
2014-11-02～2014-11-20	K2+291	417

从监测结果可以看出,每日涌水量基本恒定,随时间衰减不明显,推测可能由于断层影响,与地表水贯通,补给充足,如图 4-58 所示。

由于 f_{500} 影响,TBM1 在 K2+201 处遭遇卡机事故,K2+017.3—K2+199 段涌水使得洞内突泥涌水,对 TBM 设备造成损害,地质条件恶化,洞内排水困难,加大断层处理难度。为减少涌水对施工的影响,在掘进方向右侧盾尾后第 10 环管片上设排水洞 M2,从第 10 环管片向刀盘方向开挖,开

图 4-58　K2+017.3—K2+199 段涌水

挖断面 2.0 m×2.5 m,在开挖过程中边开挖边打超前孔,超前孔深度 3～6 m,进行引排水。

4.5.3.3　K15+292—K15+332.64

本段隧洞埋深约 470 m,洞向 83°。岩性主要为青灰色、灰褐色安山岩,岩石致密坚硬,岩体微风化,裂隙块状—破裂状结构,可能发育断层,节理裂隙较发育,3～4 条/m,延伸长度小于 3 m,部分延伸较长,可达 10 m,张开度 3～5 mm,泥质、岩屑充填,岩体较破碎;渗水严重,使用旋桨式流速仪在 K15+316.31—K15+328.9 段、K15+328.9—K15+360.9 段对该段涌水量测量,测量结果见表 4-23。

表 4-23　K15+292—K15+332.64 段涌水测量记录

日期(年-月-日)	测量位置	水流速度(m/s)	过水断面宽度(m)	水深(m)	计算流量(L/s)
2015-07-14	K15+371.7	0.208	4.59	0.67	424
2015-07-17	K15+316.31	0.243	4.15	0.55	370
2015-07-17	K15+336.1	0.150	4.25	0.58	247
2015-07-17	K15+332.5	0.307	4.20	0.58	486
2015-07-17	K15+328.9	0.204	4.20	0.57	320

根据流量测量结果,K15+292—K15+332.64 段涌水量约 370 L/s,随着时间的推移,流

量有减小趋势,但减小速率较慢。由于涌水量突增,隧洞自流排水能力差,需要使用额外水泵抽水,影响 TBM 正常掘进,如图 4-59 所示。

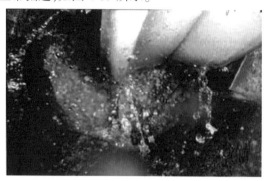

图 4-59　K15+292—K15+332.64 段涌水

4.5.3.4　K23+080—K22+800

TBM2 掘进至桩号 K23+080 处时,遇到了流砂地层。本段的地层岩性为白垩纪下统 Hollin 地层(K^h)砂岩、页岩互层,砂岩、页岩的比例约为 9∶1,砂岩、页岩的强度为 20~40 MPa,岩石遇水易崩解;受构造影响,节理发育,岩体破碎,地下水丰富,涌水量约 100 L/s。TBM 掘进时,在滚刀扰动和地下水的作用下,砂岩快速崩解,崩解后呈中—粗砂的散体状,由于掌子面涌水量较大,大部分砂粒来不及被刀盘铲斗铲起即被冲入洞中,砂粒掩埋了洞内轨道,导致有轨运输多次跳道脱轨,洞内排水亦受阻,部分设备被淹没;小部分砂粒被铲斗铲起后,卸到主机皮带机上,水的作用砂粒与皮带的摩擦力极小,导致渣粒在皮带机上打滑,皮带机无法正常出渣,如图 4-60 所示。

图 4-60　K23+080—K22+800 段涌水及岩体砂化

针对以上情况,采取了以下处理措施:

(1)调整 TBM 掘进参数,收回支撑靴、伸缩护盾处于收缩状态,采用单护盾模式掘进,减小刀盘推力、降低刀盘转速,以减少对围岩的扰动,防止掌子面和洞壁围岩塌方。

(2)对洞内的集中涌水点进行封堵。

(3)掘进时减少刀盘喷水量,降低砂岩的崩解速度。

(4)组织大量人工清理洞底砂粒,将砂粒装袋后由小火车运出洞外。

（5）严密监测洞底火车轨道情况，防止砂粒掩埋轨道。

（6）安装重型管片，并及时进行豆砾石回填灌浆。

通过以上处理措施，TBM 慢速掘进，每天掘进 2~3 环，经过 40 余 d 的掘进，通过了此不良地质段，未发生其他严重事故。

4.6　双护盾 TBM 施工综合超前地质预报

4.6.1　超前地质预报的必要性

TBM 隧洞施工具有掘进速度高、安全性高、人员劳动强度低及施工环境好等优点，已在国内外的水利、水电、铁路、公路及市政等工程的隧洞施工中得到了广泛的应用。但 TBM 施工灵活性较差，对不良地质条件适应性差，所能采取的处理措施非常有限，相同的不良地质条件，对 TBM 法施工的影响程度远大于钻爆法。特别是在没有预报、预警的情况下突遇不良地质条件，轻则造成掘进速度缓慢，重则发生隧洞地质灾害，造成人员伤亡、工期延误及施工成本增加等不良后果。国内外多项隧洞工程的 TBM 施工过程中由于无法准确把握地质条件而发生了隧洞地质灾害，不仅未能发挥 TBM 快速施工的优势，而且造成了严重的后果。如印度 Dul Hasti 水电工程引水隧洞 TBM 施工期间，断层破碎带塌方、岩爆、突水、突泥等地质灾害频繁发生，导致多次停机，最长一次停机长达 3 年，历时 12 年，平均进尺仅为 36 m/月；云南掌鸠河引水工程上公山隧洞发生了 8 次大的 TBM 卡机事件，每次停工 2~10 个月，TBM 严重受损，被迫拆除，改由钻爆法施工；新疆达坂引水隧洞 TBM 遇到了松散破碎的 V 类膨胀性泥岩后，掘进困难，隧洞塌方严重，刀盘被掩埋，TBM 多次被卡，工期延误超过了 500 d；青海引大济湟调水总干渠工程引水隧洞掘进 7 km 后，进入 F_5—F_4 断层带，围岩收敛变形、塌方，累计发生卡机 10 余次，历时 4 年仅艰难掘进 365 m，严重影响工期；陕西引石济石隧洞工程 TBM 卡机超过 60 次，工期延误 5 年以上，不得不对设备进行改造；甘肃引洮供水工程 9# 隧洞双护盾 TBM 施工中由于围岩收敛变形亦发生了卡机事件，对工期造成了一定程度的延误。因此，对地质条件的详细、准确把握是 TBM 快速、安全施工的重要保障。

TBM 施工的隧洞多为长度超过 10 km 的隧洞，穿越的地形地貌单元、工程地质单元、水文地质单元、构造单元多，地质条件复杂，在前期的地质勘察工作中，受地形地貌、勘察周期、勘察经费及勘察技术手段的影响，只能有选择性地布置勘察工作量，导致某些洞段只能进行地质条件的推测，可能存在较大的误差。实际上，施工前期的地质勘察是无法完全查明隧洞的地质条件的，导致 TBM 在施工中可能面临较多的地质风险。由于隧洞不良地质体的存在，仅依靠施工揭露再行处理的办法，带有很大的盲目性，这就要求在隧洞施工中进行超前地质预报。隧洞施工中的超前地质预报实际上是地质勘察工作的继续，通过地质调查、地质分析、钻探、物探等探测手段获得隧洞掌子面前方的地质信息，以地质学为基础，借助于物理学、数学、逻辑学、计算机科学等多学科手段，对隧洞施工可能遇到的不良地质体的工程性质、位置、产状、规模等进行探测、分析及预报,并为预防隧洞地质灾害提供信息,使工程单位提前做好施工准备,采取必要的工程措施保证施工安全或减轻地质灾害的损失。

双护盾 TBM 施工时,受护盾和已安装管片的影响,暴露的围岩非常有限,传统的地质素描无法进行,而适用于钻爆法及开敞式 TBM 施工的 TSP、TST、TGP、TRT 等物探法超前地质预报方法同样实施困难。当采用单一的超前地质预报方法时,往往会造成预报结果准确性较低,不能有效识别不良地质条件,这就要求针对双护盾 TBM 的技术特点,研究适用于双护盾 TBM 施工的综合超前地质预报方法。本书以厄瓜多尔 CCS 水电站输水隧洞双护盾 TBM 施工为例,提出以地质分析为基础,物探与钻探相结合的适合双护盾 TBM 的综合超前地质预报方法,并对预报效果进行评价。

4.6.2 预报方法选择

目前,隧洞施工常用的超前地质方法主要有地质分析法、物探法及钻探法等。地质分析法主要是通过隧洞施工中的地质素描或地质编录方法,通过对当前地质条件的描述,预测掌子面前方的围岩条件,此种方法在预报距离较短、围岩变化不频繁时,预报精度较高。物探法主要是采用地震法、声波法、电磁法、电法等技术预报掌子面的地质情况。钻探法主要是通过向掌子面前方钻孔获取围岩的地质情况。

双护盾 TBM 施工时,受护盾、刀盘及管片遮挡,无法直接进行地质素描,传统的基于地质素描的分析法无法采用。根据双护盾 TBM 的施工实践及国内、外的相关工程经验,本书采用基于隧洞沿线地质分析、施工地质观察、岩渣及掘进参数分析的地质分析方法。

各种物探方法中,对断层破碎带和节理密集带预报效果较好的是地震法。地震法需要人为制造震源,目前常用的人工震源主要是微量炸药激振及锤击激振,但双护盾 TBM 施工时,受护盾及管片的影响,隧洞边墙上无法布置钻孔及激振点,导致在开敞式 TBM 及钻爆法常用的 TSP、TGP、TST 等方法无法使用。TRT 技术虽然采用锤击震源,但由于它需要在岩壁上布置较多的激振点接收点,而双护盾 TBM 施工的隧洞基本无裸露的岩壁,因此 TRT 技术也不适用。通过对国内外地震法超前地质预报技术的比较,选择了适合双护盾 TBM 施工隧洞的 ISIS 超前地质预报技术。

采用物探法探测地下水时,使用较多的是地质雷达法及瞬变电磁法,这两种方法采用的都是电磁法原理,但 TBM 配备了大量的电子、电气设备,电磁环境复杂,对瞬变电磁法和地质雷达干扰严重,会导致预报结果失真,因此瞬变电磁法和地质雷达法无法在 TBM 隧洞中使用。通过对不同探测地下水的物探技术的综合比较,选择了不受电磁干扰的以电法为原理的 BEAM 超前地质预报技术。

超前钻探可分为人工手持风钻钻探及超前钻机钻探两种,由于隧洞内 TBM 设备占据了绝大部分空间,人工钻探实施起来十分困难,因此一般采用 TBM 配备的超前钻机,在需要时进行钻探。

4.6.2.1 隧洞沿线地质分析

在 CCS 水电站输水隧洞双护盾 TBM 施工过程中,利用隧洞工程地质平面图、工程地质剖面图,可分析隧洞不同岩性、地质构造及各种不良地质条件的分布范围。

经过分析,确定了输水隧洞共穿越了 3 个地层单元,其中隧洞进口段桩号 K0+000—K0+694 为花岗岩侵入体(g^d),桩号 K0+694—K22+546 为侏罗系—白垩纪 Misahualli 地层(J-K^m)的安山岩、凝灰岩,桩号 K22+546—K24+800 为白垩系下统 Hollin 地层(K^h)的砂岩、页岩,其中 Misahualli 地层(J-K^m)安山岩、凝灰岩占隧洞总长度的 80% 以上。隧洞沿线共发育有断层 30 余条,宽度从数米到数 10 米不等。隧洞所在地区年平均降水量为 6 000 mm,地下水补给来源丰富,隧洞区的地下水类型主要为基岩裂隙水,节理密集带和断层破碎带洞段地下水丰富,隧洞全部位于地下水位以下。根据以上地质分析,大致确定了隧洞沿线不良地质体的位置,当 TBM 掘进至不良地质体附近时,采取物探、超前钻探的方法对不良地质体的位置、规模、性质进行进一步的确认,以调整 TBM 的掘进参数、隧洞的支护形式,从而指导 TBM 的施工。

4.6.2.2　施工地质观察

CCS 水电站输水隧洞采用双护盾式 TBM 施工,护盾、刀盘及管片支护几乎将围岩全部遮挡,施工过程中围岩基本不可见。但 TBM 护盾上配有观察窗口,刀盘上配有人孔,可以在 TBM 停机维护时通过护盾观察窗口、刀盘滚刀间隙、伸缩护盾间隙、刀盘人孔对掌子面和洞壁局部围岩进行观察,见图 4-61。通过地质观察,可以了解围岩的岩性、完整性、节理裂隙发育情况、地下水条件等。当围岩强度较高、岩体较完整时,掌子面会呈现平整状态,并能明显看到滚刀切割岩石所形成的同心圆轨迹,当岩体节理裂隙发育时,掌子面呈现出凹凸不同状态,局部可能出现塌方,可以明显看到节理的发育程度,并可根据条带状不良地质体的产状和在隧洞的出露位置,经过计算求得条带状的不良地质体在隧洞掌子面前方消失的距离。

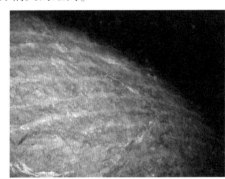

图 4-61　掌子面围岩

通过施工地质观察,不仅可以对当前围岩进行初步分类,对围岩稳定性进行初步评价并提出支护建议,还可以根据围岩出现的一些前兆标志,对掌子面前方的不良地质体如断层带、节理密集带、软弱围岩及富水地层等进行初步的预测,预测的范围以不超 15 m 为宜。施工地质观察在地层稳定、围岩变化较小的条件下预测精度较高,但在地层频繁多变的条件下误判、漏判的可能性较大。

4.6.2.3　岩渣及掘进参数分析

CCS 水电站输水隧洞 TBM 掘进的岩渣通过连续皮带机运输到洞外,可在洞内对皮带机上岩渣或在洞外堆渣场对岩渣进行描述。岩渣可以在一定程度上反映出围岩的地质条件,当围岩为完整硬岩时,岩渣主要呈片状、粉状,很少出现块状;当围岩节理裂隙密集发育时,岩渣主要呈块状;当岩渣出现大量的泥状物质、碎裂岩和角砾岩时,可以判断为断层带;当出渣量忽大忽小且与掘进量不匹配时,可以判断掌子面有塌方现象。岩渣图像见图 4-62。根据岩渣分析可以获取围岩的岩性、风化程度、节理形态及其充填物等。可根据当前岩渣特征对掌子面前方的围岩进行短距离的推测,与施工地质描述相同,岩渣分析在地层稳定、围岩变化较小的条件下预测精度较高,但在地层频繁多变的条件下存在误判的可能性。

图 4-62　岩渣图像

掘进参数与围岩条件有直接的关系,掘进参数主要包括掘进模式(单护盾模式、双护盾模式)、刀盘推力、刀盘扭矩、刀盘转速、贯入度、掘进速度等。根据双护盾 TBM 的掘进技术特点,在硬岩中掘进时,采用双护盾式模式,在承载力较低、易塌方的软岩中掘进时,采用单护盾模式;在同等刀盘推力条件下,在完整硬岩中的贯入度低、扭矩低、掘进速度低,在软弱破碎围岩中的贯入度高、扭矩高、掘进速度高。各掘进参数均可以在 TBM 控制室的显示屏上实时查看,并可存储、下载供研究分析。与施工地质观察及岩渣分析类似,通过掘进参数分析可对当前围岩做出判断,并可对掌子面前方围岩进行短距离的预测。

4.6.2.4　ISIS 地震法超前地质预报

ISIS(integrated seismic imaging system,综合地震图像系统)是 1999 年由德国国家地球科学研究中心(GFZ)波茨坦亥姆霍兹中心与基尔大学合作研发的针对 TBM 快速施工的特点开发的地震法超前地质预报系统,同时适用于钻爆法施工,后来海瑞克股份公司与 GFZ 开展合作,对 ISIS 进行了改进,改进后的 ISIS 系统称为综合地震波预报系统(integrated seismic prediction,ISP)。

ISIS 地震法超前地质预报系统采用锤击激发震源,其气动冲击锤安装在后盾开孔处,冲击能量可控,冲击锤直接冲击岩面产生地震波。地震波检波器安装在洞壁钻孔中,钻孔深度约 1.50 m,钻孔直径为 50 mm,可通过管片孔或 TBM 伸缩护盾处向洞壁岩体钻孔。ISIS 的这种震源及检波器布置方式有效解决了 TSP、TGP、TST 等预报方法无法在双护盾 TBM 施工中应用的难题。ISIS 冲击锤及检波器布置见图 4-63。

ISIS 激发的地震波包括空间波和表面波(R 波,即瑞利波),瑞利波沿洞壁向掌子面方向传播,在掌子面处转变成剪切波(S 波)继续向前传播,当遇到地质异常面时,部分剪切波发生反射,被反射的剪切波返回到掌子面,返回的部分剪切波又转变成瑞利波,并沿洞

图 4-63　ISIS 冲击锤及检波器布置

壁传播,此时可被安装在洞壁钻孔中的三向检波器所接收。采用专用软件对其进行处理分析,可得到掌子面前方的异常地质体范围及类型。ISIS 地震法超前地质预报技术原理见图 4-64。

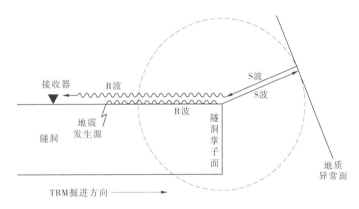

图 4-64　ISIS 地震法超前地质预报技术原理示意图

ISIS 地震法超前地质预报系统可有效探测断层、破碎带、溶洞、富水区等不良地质体。ISIS 系统具有以下优点:操作简单,只要有一定电脑基础的人员就可操作;预报时间短,从开始钻孔到预报完成只需要 1~2 h,占用 TBM 的掘进时间较少;数据处理简单,耗时短,只需 30~40 min 就能完成并生成预报结果,可以及时提供准确的地质预报结果;预报准确率高,生成的 3D 图像形象直观;探测距离长,根据围岩情况的不同,一次探测可以预报 50~100 m,最长可达 150 m;其独特的震源激发及地震波采集方式特别适合双护盾 TBM 施工隧洞。

4.6.2.5　BEAM 电法超前地质预报

BEAM 电法超前地质预报技术(bore-tunnelling electrical ahead monitoring,隧洞掘进超前监测)由德国 Geohydraulik Data 公司研发。

BEAM 技术采用激发极化原理,通过在地下岩土体中激发电场,岩土体发生电化学变化,极化电场随时间的增加而增长,并与人工电场相叠加。一般把人工电场称为一次电场,把极化电场称为二次电场,把一次电场和二次电场的叠加称为总场,总场一般经过数分钟就趋于饱和状态。此时若切断电源,一次电场会立即消失,但二次电场不会立即消失,并随时间的增加而逐渐衰减,衰减时间一般为几十秒至几分钟。通过探测岩土体中与孔隙有关的电能储存能力参数 PFE 和视电阻率的变化,即可预报隧洞掌子面前方围岩的完整性和含水性。其原理见图 4-65,电极布置见图 4-66。

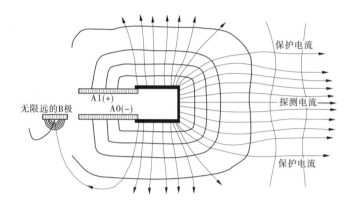

图 4-65　BEAM 电法超前地质预报技术原理示意图

针对 TBM 法隧洞施工,德国 Geohydraulik Data 公司在使用过程中对 BEAM 技术进行了改进,BEAM 技术所有的激发与接收装置都安装在 TBM 的刀盘和外侧钢环上,不受 TBM 护盾和管片的影响,适合双护盾 TBM 施工隧洞采用。BEAM 技术预报时不需要 TBM 停机,不占用掘进时间,可随着 TBM 的掘进实时探测。BEAM 技术最长可探测 30 m,适合作为短期超前地质预报技术,对围岩的完整性及含水体有良好的预报效果。

BEAM 实时可视化软件可将地质解译结果在 TBM 控制室或隧洞外其他可靠的计算机

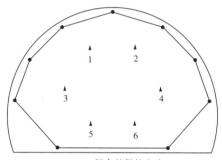

- ● A1—闭合的保护电流
- ▲ A0—特殊的探测电极

图 4-66　BEAM 电法超前地质预报技术电极布置示意图

上实时显示。因此,工程师可以在现场进行快速决策,提前准备应对措施。

4.6.2.6　超前钻探

CCS 水电站输水隧洞双护盾 TBM 配备有超前钻机,此钻机为冲击式,钻进时,钻头与钻杆由 TBM 前盾的预留孔伸出,与水平面呈一定的角度向掌子面前上方钻孔,见图 4-67。冲击式钻机钻进速度快,占用施工时间短,最长可钻进 50 m。冲击式钻机无法获取原状岩芯,无法直接获得围岩信息,但可通过钻机上配置的传感器及自动记录仪,记录钻进过程中的转速、推进力、钻进速度、扭矩及振动等数据,绘制相关曲线对围岩进行判断。一般情况下,在完整硬岩条件下,钻进速度慢、钻机振动小;在破碎围岩条件下,钻进速度快、钻机振动大且可能存在卡钻现象。一次超前钻探可采用 1 孔或多孔,当连续钻探时,两次循环最好有 5 m 以上的搭接。通过超前钻探,可对断层破碎带、节理密集带、软弱围岩及含水带等进行判断。

图 4-67　TBM 上配备的冲击式超前钻机

4.6.3　综合超前预报方法流程及应对措施

CCS 水电站输水隧洞双护盾 TBM 施工时,采用了综合超前地质预报方法,其流程见图 4-68。

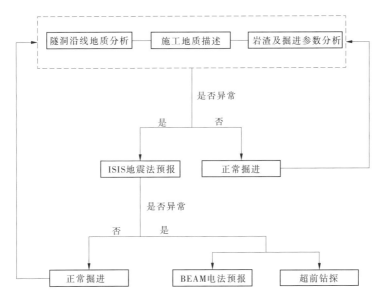

图 4-68　综合超前地质预报流程

综合超前地质预报具体实施流程如下:在 TBM 施工过程中,采用隧洞沿线地质分析、施工地质观察、岩渣及掘进参数分析的地质分析方法,对当前的围岩条件进行准确的判断,并对掌子面前方围岩进行短距离预报,如果预报无异常,则正常掘进,并同步进行地质分析;如果预报异常,则采用 ISIS 地震法进行预报,如果预报无异常,则正常掘进,并同步进行地质分析,如果预报异常且无法确定异常体性质,则采用 BEAM 电法和超前钻探对掌子面前方围岩做进一步的探测,根据探测结果采取有针对性的处理措施。综合超前预报采用的是"由粗到细"的原则。其中,地质分析不占用 TBM 的掘进时间,成本低,而 ISIS

地震法及超前钻探会占用一定的掘进时间,且预报成本较高。因此,采用不同预报方法时需根据预报精度要求、预报成本及是否占用掘进时间综合权衡后确定。

根据超前地质预报结果,在双护盾 TBM 施工过程中,针对不同的地质条件,采取如下措施:

(1)对于 Ⅱ 类、Ⅲ 类围岩,可正常掘进。

(2)对于 Ⅳ 类围岩:①调整掘进参数,降低 TBM 的推力、贯入度、刀盘转速等,以减少对围岩的扰动,避免围岩塌方或减少塌方量;②减少 TBM 停机维护的时间,连续掘进通过不良地质段;③当撑靴不能提供足够的反力时,采用单护盾模式掘进;④当围岩承载力低时,控制 TBM 的调向系统,使 TBM 刀盘保持向上的趋势,避免机头下沉;⑤安装 C 型管片(适合 Ⅳ 类围岩,配筋量 128 kg/m³,混凝土等级 C50)并及时进行豆砾石回填灌浆。

(3)对于断层破碎带和 Ⅴ 类围岩洞段,由于围岩自稳能力差,仅调整掘进参数无法避免围岩的塌方,如果塌方量过大,则可能发生卡机,此时采取如下措施:①对掌子面前方围岩进行灌浆加固,以增加围岩的整体性和稳定性,固结时要注意灌浆的压力及方向,以防止 TBM 刀盘与掌子面围岩被固结在一起,每次灌浆长度 3.5~4.0 m,待围岩固结后,TBM 掘进 3.0 m 后再进行下次灌浆,确保每次灌浆有 0.5~1.0 m 的搭接;②采用单护盾模式掘进;③如果发生涌水,采用化学灌浆封堵地下水;④安装 D 型管片(适合 Ⅴ 类围岩,配筋量 243 kg/m³,混凝土等级 C50),及时进行豆砾石回填灌浆。

(4)对于预报的涌水段,可利用超前钻向掌子面前方打排水孔超前排水,同时在主机处配置足够的排水泵。当涌水点出护盾后,采用化学注浆方式封堵地下水的渗漏通道。

4.6.4 应用效果分析

4.6.4.1 地层接触带预报

2013 年 3 月,TBM2 掘进至桩号 K22+722 附近,根据前期地质资料,本段处于 Hollin 地层(Kʰ)砂岩、页岩和 Misahualli 地层(J-Kᵐ)安山岩的接触带,由于接触带倾角较小,预计在隧洞出露长度达 150 m,同时在桩号 K22+722 掌子面前方 340 m 处地表有 Marleve 河,可能向接触带洞段补给地下水,初步估计围岩破碎,富含地下水。在本段的掘进过程中,通过施工地质观察,发现围岩破碎,且隧洞掌子面及洞壁有多处涌水点,总涌水量达到 100 L/s。本段岩渣以块状和粉状为主,掘进时在较低的推力下即可获得较高的掘进速度。综合判断已掘进段围岩以 Ⅳ 类为主。根据地质分析结果,初步预测掌子前方围岩有变差的趋势,且涌水量会进一步加大,TBM 掘进时发生突水及围岩塌方卡机的风险较大。因此,需要对掌子面前方的围岩进一步预报,获取准确的地质资料以便采取针对性的措施。

采用 ISIS 地震法分别在 2013 年 3 月 5 日、6 日、8 日进行了 3 次预报,预报结果如图 4-69~图 4-71 所示。可以看出,TBM 刀盘前方约 50 m 范围内与掌子面围岩类似,反射面密集、反射厚度大,显示围岩结构面密集发育,围岩破碎。采用 BEAM 电法预报结果显示,掌子面前方岩体电阻率降低,可能发生涌水。随后对掌子面前方进行了超前钻探,钻探结果显示,掌子面前方 45 m 范围内钻进速度高,钻进时振动较大,说明岩石强度低,岩体破碎,与掌子面围岩类似,钻孔出水量大,预测掌子面前方涌水进一步加大,这与 ISIS 地震法与 BEAM 电法的预报结果基本一致。本段地质分析法、ISIS 地震法、BEAM 电法、超前钻探 4 种预报方法的对比分析见表 4-24。

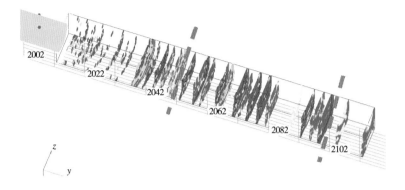

图 4-69　ISIS 地震法 2013 年 3 月 5 日预报图像

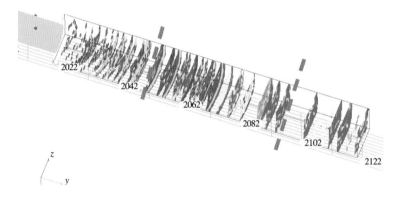

图 4-70　ISIS 地震法 2013 年 3 月 6 日预报图像

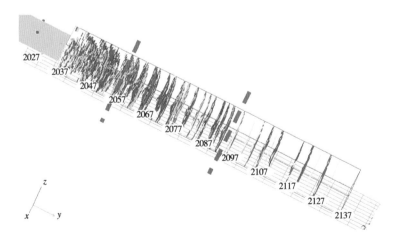

图 4-71　ISIS 地震法 2013 年 3 月 8 日预报图像

表 4-24 不同方法预报结果对比分析

桩号	地质分析法预报	ISIS 地震法预报	BEAM 电法预报	超前钻探预报
K22+720—K22+690	本段处于 Hollin 地层(Kʰ)砂岩、页岩和 Misahualli 地层(J-Kᵐ)安山岩的接触带,围岩破碎,可能发生涌水	反射面密集、反射厚度大,推测围岩结构面密集发育,围岩破碎	岩体电阻率降低,可能发生涌水	钻进速度高,钻进时振动较大,推测岩石强度低,岩体破碎
K22+670—K22+640	本段处于 Hollin 地层(Kʰ)砂岩、页岩和 Misahualli 地层(J-Kᵐ)安山岩的接触带,围岩破碎,可能发生涌水	反射面密集、反射强烈,推测围岩结构面密集发育,围岩破碎,易发生掉块和小规模塌方	岩体电阻率进一步降低,发生涌水可能性大	钻进速度高,钻进时振动较大,钻孔回水量大,推测岩石强度低,岩体破碎,富含地下水

通过对以上预报结果进行综合分析,认为掌子面前方围岩破碎程度与掌子面类似,发生大规模塌方的可能性不大,但发生涌水的可能性极大。如果发生大量涌水,会淹没部分设备,并且 TBM 掘进时大量岩渣会涌入洞内,掩埋设备并影响管片安装,因此需要制定针对涌水的应急措施。具体措施如下:在主机处配置大排量水泵,一旦出现涌水,立即启动水泵,将大部分涌水强制排到 TBM 后配套以外,配备足够的人员及工具进行人工清渣,降低涌水对掘进的影响;在本段的掘进过程中,采用地质分析方法对掌子面前方围岩进行判断,同时采用 ISIS 地震法及超前钻探对本段全程预报。

制定以上措施后,TBM 开始掘进,实际揭露的地质条件显示,桩号 K22+722—K22+605 段为 Hollin 地层(Kʰ)砂岩、页岩和 Misahualli 地层(J-Kᵐ)安山岩的接触带,接触带岩体破碎,岩石强度低,掘进过程中隧洞掌子面及顶拱有小规模塌方,但不至于造成卡机。本段的掘进过程中,掌子面和洞壁共有涌水点 10 余处,总涌水量达到 300 L/s(见表 4-25),虽对 TBM 掘进造成了一定的影响,但由于超前地质预报准确,制订的施工预案切实有效,涌水未造成严重的损失,TBM 顺利地通过了不良地质段。

表 4-25 桩号 K22+722—K22+605 段出水点统计

桩号	位置	出水量(L/S)
K22+718	顶拱	15
K22+704	顶拱	10
K22+689	左边墙	5
K22+682	顶拱	15
K22+660	右边墙	120

续表 4-25

桩号	位置	出水量（L/S）
K22+645	右边墙	50
K22+639	底板	30
K22+631	左边墙	15
K22+628	底板	20
K22+620	顶拱	20
K22+610	左边墙	10

4.6.4.2　总体评价

在 CCS 水电站输水隧洞双护盾 TBM 施工中,地质分析法于全洞段采用,ISIS 地震法、BEAM 电法及超前钻探根据需要采用,共进行了 ISIS 地震法预报 60 余次,BEAM 电法预报 300 余次,超前钻探 20 余次,成功预报出断层破碎带及节理密集带 50 余段,涌水洞段 20 余段,通过综合超前地质预报,对掌子面前方的围岩条件做到了准确的把握,根据预报结果提前准备施工预案及应对措施,顺利通过了绝大部分不良地质段,保障了双护盾 TBM 的快速、安全施工。

4.7　小　结

（1）隧洞穿越的地层主要为花岗闪长岩侵入体（g^d）,长度约 780 m;侏罗系—白垩系 Misahualli 地层（J-K^m）,主要岩性包括安山岩、玄武岩、流纹岩、凝灰岩、熔结凝灰岩和角砾岩等,长度约 22 771 m;白垩系下统 Hollin 地层（K^h）,岩性主要为页岩、砂岩互层,长度约 2 246 m。

（2）输水隧洞进、出口及施工支洞边坡采用锚杆、挂网、喷混凝土支护后,边坡稳定。

（3）输水隧洞主洞围岩以Ⅱ类、Ⅲ类为主,占隧洞总长度的 94.55%,其中Ⅱ类围岩 2 544.25 m,约占 10.26%;Ⅲ类围岩 20 910.91 m,约占 84.29%,采用管片衬砌、豆砾石回填灌浆后,围岩稳定性好;Ⅳ类围岩 1 305.42 m,约占 5.26%;Ⅴ类围岩 46.4 m,约占 0.19%,采用管片衬砌、豆砾石回填灌浆、围岩固结灌浆后,围岩基本稳定。

（4）隧洞施工中遇到的工程地质问题主要有断层破碎带塌方、涌水等,共引起 2 次卡机事件、4 次涌水事件,对 TBM 掘进造成了较大的影响,后采取开挖旁洞、增加排水泵等措施后,TBM 通过了不良地质段。

（5）CCS 水电站输水隧洞Ⅱ～Ⅴ类围岩均有一定范围的分布,选用双护盾 TBM,既具有开敞式 TBM 掘进硬岩能力,又具有单护盾 TBM 突破稳定性差围岩的能力,实践表明,双护盾 TBM 在 CCS 水电站输水隧洞的运用是成功的。

(6)TBM 法隧洞施工对不良地质条件的适应性较差,由于前期的地质勘察无法完全查明地质条件,因此超前地质预报是其施工地质的重要工作,通过超前地质预报,可发现掌子前方不良地质体的类型、规模,并对可能造成的地质灾害提出预警,从而做好施工预案及应对措施,将不良地质条件造成的时间、经济损失降到最低,保证 TBM 顺利、安全地施工。双护盾 TBM 施工时,可选择基于隧洞沿线地质分析、施工地质观察、岩渣及掘进参数分析的地质分析法,ISIS 地震法、BEAM 电法的物探方法,以及超前钻探的综合超前地质预报方法。CCS 水电站输水隧洞施工过程中采用"由粗到细"的原则,具体实施时,根据预报精度要求、预报成本及是否占用掘进时间综合权衡后确定。

第 5 章

调蓄水库工程地质条件及评价

　　CCS 水电站调蓄水库为一个小(2)型河道型水库,主要对由首部枢纽通过输水隧洞引来的水进行调节。工程主要由面板堆石坝、溢洪道、导流兼放空洞组成(见图 5-1),首部枢纽的引水通过输水隧洞进入调蓄水库,进行调蓄后进入引水发电系统。水库正常蓄水位 1 229.50 m,死水位 1 216.00 m。面板堆石坝坝顶高程 1 233.50 m,坝顶长度 141.00 m,坝顶宽度 10.00 m,最大坝高 58.00 m。上游坝坡 1∶1.4;下游坝坡 1∶1.8,下游设 4.0 m“之”字形上坝公路。溢洪道为开敞式,位于左岸,设计为 2 孔,单孔净宽 17.00 m,堰顶高程 1 229.50 m。下游泄槽纵坡 0.17,采用底流消能,消力池池深 1.80 m,池长 23.00 m。压力管道为 2 孔,进口底板高程为 1 204.0 m;放空洞为明流洞,进水口底板高程 1 198.00 m。

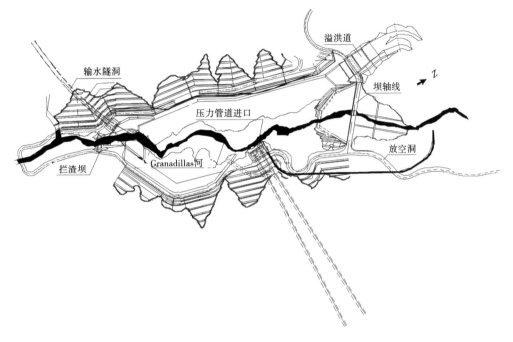

图 5-1　调蓄水库平面布置图

　　根据水电站运行要求,调蓄水库为日调节,调节库容 88 万 m^3,由于 1 216.00～1 229.50 m 的天然库容只有 50.7 万 m^3,其余部分库容需要靠开挖获得。根据功能设计,如果引水有中断,库内的蓄水应能够支持发电系统一天的需求,对坝址区及库区的防渗要求高。

5.1　调蓄水库基本地质条件

5.1.1　地形地貌

　　调蓄水库位于 Coca 河右岸的高山峡谷区,地貌以中高山为主,地形起伏较大,地势总体呈西高东低的趋势,区内岸坡高陡、河道弯曲、河谷深切。Granadillas 河两岸中小规模各级支沟众多,呈树枝状发育。库坝区河道较狭窄,河谷落差大,平均比降达 72‰,谷底多基岩出露,河谷以"V"形为主。区内降水量丰富,河内、沟谷内有常年流水。

库区两岸植被发育,山体陡峻,岸坡整体较完整,天然坡度多大于50°,坡脚地段相对较平缓,坡度为30°~45°。河谷内第四系冲洪积物不发育,坡面局部覆盖残坡积的块碎石夹土。

5.1.2 地层岩性

该地区为一单斜构造,岩层总体倾向NE,倾角3°~10°,主要地层由老到新依次为:

(1)侏罗系—白垩系Misahualli地层(J-K^m):以火山岩为主,岩石组成较复杂,主要有安山岩、辉石斑岩、凝灰岩、玄武岩和火山砂岩等。该层下伏在Hollin地层之下,总厚度约650 m,在调蓄水库库坝区地表未见出露。

(2)白垩系下统Hollin地层(K^h):岩性为页岩、砂岩互层,往往浸渍沥青,其中页岩为黑色,与砂岩交替出现,页岩层理厚一般从几毫米到几分米不等,砂岩厚度一般不超过1 m。该层厚85~100 m。Hollin地层与下部Misahualli地层不整合接触。主要出露在Granadillas河谷底及其支沟沟底。根据钻孔岩芯及探坑开挖面统计,调蓄水库揭露该地层砂岩比例50%左右(较硬岩),其他为较软岩—软岩。

(3)白垩系中统Napo地层(K^n):岩性为页岩、砂岩、石灰岩和泥灰岩。该层可见出露厚度约50 m,总厚度超过150 m。库区内主要出露于1 230 m高程以上。Napo上部岩层风化强烈,上部表层多已经全风化为黄褐色黏土、粉质黏土。

(4)第四系全新统地层(Q$_4$):不同成因形成的松散堆积物,物质主要为崩积、坡积、洪积、残积等形成的块石及碎石夹土,多分布于较平缓山坡地带及支沟沟口,1 225 m高程以上相对较发育。

5.1.3 地质构造

调蓄水库区属于Sinclair构造带,Sinclair构造带呈三角形,北部以Coca河为界,东部以Codo Sinclair为界,受NE向和SN向垂直断裂的影响。区内地质构造较简单,没有发现大规模不良地质构造。由于受区域上构造断裂的影响,库区内的构造裂隙多呈NW—SN向,节理裂隙统计见图5-2。在开挖过程中,库区内共发现有11条断层(见表5-1),其规模不大,对工程影响小。

调蓄水库出露地层主要发育两组,其平均产状如下:

(1)走向320°~330°,倾向NE或SW,倾角70°~80°。

(2)走向50°~66°,倾向SE或NW,倾角60°~70°。

以上节理裂隙多不切层,切割深度受层面控制,延伸一般小于10 m,在页岩中中等发育,砂岩中较发育。

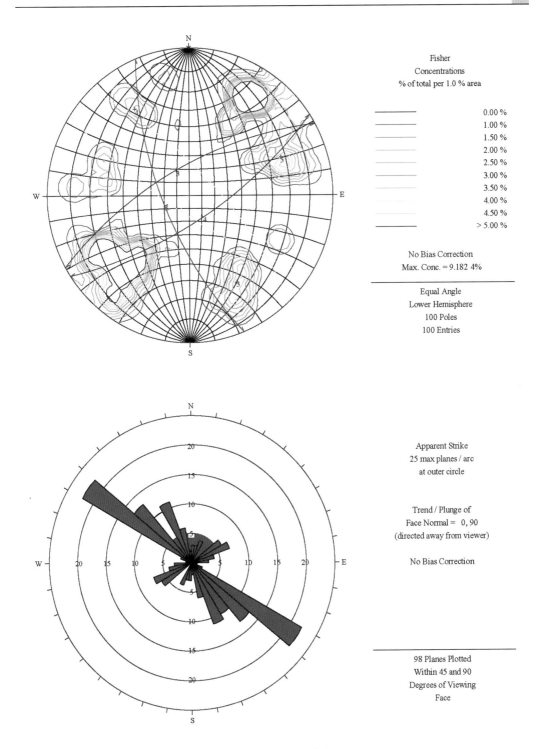

Fisher
Concentrations
% of total per 1.0 % area

	0.00 %
	1.00 %
	1.50 %
	2.00 %
	2.50 %
	3.00 %
	3.50 %
	4.00 %
	4.50 %
	> 5.00 %

No Bias Correction
Max. Conc. = 9.182 4%

Equal Angle
Lower Hemisphere
100 Poles
100 Entries

Apparent Strike
25 max planes / arc
at outer circle

Trend / Plunge of
Face Normal = 0, 90
(directed away from viewer)

No Bias Correction

98 Planes Plotted
Within 45 and 90
Degrees of Viewing
Face

图 5-2　节理裂隙统计

表 5-1　调蓄水库库区揭露断层一览表

编号	产状	出露位置	描述
f_{200}	110°∠50°	左岸Ⅲ区边坡	断层带宽 5~10 cm,充填钙质、泥质
f_{201}	35°∠60°	左岸Ⅲ区边坡	断层带宽约 50 cm,充填钙质、泥质
f_{202}	225°∠77°	左岸Ⅲ区边坡	断层带宽约 50 cm,充填钙质、泥质
f_{203}	30°∠43°	左岸Ⅱ区边坡	断层带宽 1~2 cm,充填钙质、泥质
f_{204}	216°∠30°	左岸Ⅱ区边坡	断层带宽 5~10 cm,充填钙质、泥质
f_{205}	255°∠60°	左岸Ⅱ区边坡	断层带宽 5~10 cm,充填钙质、泥质
f_{206}	220°∠72°	右岸Ⅰ区边坡	断层带宽 10~20 cm,充填钙质、泥质
f_{207}	245°∠80°	右岸Ⅰ区边坡	断层带宽 2~5 cm,充填钙质、泥质
f_{208}	110°∠50°	右岸Ⅳ区边坡	断层带宽 10~15 cm,充填钙质、泥质
f_{209}	80°∠55°	右岸Ⅳ区边坡	断层带宽 5~10 cm,充填钙质、泥质
f_{210}	220°∠84°	右岸Ⅳ区边坡	断层带宽 5~10 cm,充填钙质、泥质

5.1.4　水文地质条件

地下水依据赋存条件主要可分为以下两种类型:

(1)孔隙水。主要赋存于 Granadillas 河及其支沟的两岸第四系松散堆积体内。主要接受大气降水入渗补给,然后以泉水、渗流形式向低洼处排泄,水量随季节、降水量变化较大;库区位于热带地区,降水量大,且植被十分发育,地表松散堆积层水分涵养量大,常常由于在山体前缘渗流排泄受阻,在山前平缓地带形成沼泽湿地。

(2)基岩裂隙水。赋存于各地层的节理裂隙中,受岩性和构造的控制。基岩裂隙水根据埋深进一步可分为浅层基岩裂隙水和深层裂隙承压水。浅层基岩裂隙水主要接受降水和地表水补给,而深层裂隙承压水主要与区域断层和区域性岩性组合特征有关。

调蓄水库主要由 Napo 地层和 Hollin 地层组成,Napo 地层由微透水—弱透水的页岩和粉砂岩、弱透水—中等透水的石灰岩组成,Hollin 地层由弱透水—中等透水的砂岩和微透水—弱透水的页岩组成。

水质化学分析表明,该地区环境水类型以 HCO_3^-—Ca_2^+ 型水为主,少量为 HCO_3^-—Ca^{2+}·Na^+ 型水,pH 值为 6.53~7.86。

5.1.5　物理地质现象

工程区位于热带雨林地区,降水量大,日照强烈,植被十分发育,地表松散堆积层水分涵养量大,边坡表层覆盖层易发生小规模的表层、浅层滑坡(塌)。区内岩性以白垩系砂岩、页岩为主。该层岩石成岩历史较短,密度较小,表层易风化,在雨水作用下会产生小规模滑塌及掉块(见图 5-3、图 5-4)。

图 5-3　表层、浅层滑坡(塌)近景

图 5-4　表层、浅层滑坡(塌)远景

5.2　库区工程地质条件及评价

5.2.1　库区工程地质条件概况

5.2.1.1　地层岩性

地层岩性信息详见本章 5.1.2 部分,各阶段钻孔布置见图 5-5,钻孔揭露各地层顶面高程见表 5-2。

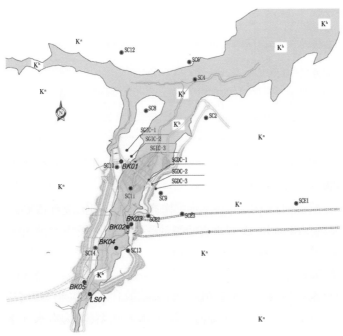

图 5-5　钻孔布置

表5-2　调蓄水库地层顶面高程

钻孔编号	孔口高程（m）	孔深（m）	覆盖层厚度（m）	Hollin 地层顶面高程（m）	Misahualli 地层顶面高程（m）
SC2（1987）	1 234.02	60	10.15	1 214.72	1 125.27
SC4	1 144.93	80.1	0		1 119.93
SC6	1 220.47	60	7.8	1 209.52	
SC8	1 242.36	118	16	1 217.36	1 127.36
SC9	1 260.66	123.5	14.8	1 230.66	1 140.66
SC10	1 254.19	114.7	14	1 231.09	1 141.99
SC11	1 196.03	56	2.2		1 144.35
SC12	1 247.5	60	8.1	1 220.1	
SC2（2008）	1 234	120	10.15	1 214.72	1 125.27
SC13	1 260	120	6	1 233.25	1 144
SC14	1 250	120	7.15	1 233.8	1 148.15
SCE2	1 238.49	420.3	6.5	1 225.49	1 140.04
BK01	1 246	120	2	1 220	1 246
BK03	1 236.9	110	0		1 236.9
BK05	1 255	80	0	1 243.4	
LS01	1 224	74	0		1 224

5.2.1.2　地质构造

调蓄水库区属于 Sinclair 构造带，Sinclair 构造带呈三角形，北部以 Coca 河为界，东部以 Codo Sinclair 为界，受 NE 向和 SN 向垂直断裂的影响。库区较小，为一单斜构造，节理裂隙多不切层，切割深度受层面控制，延伸一般小于 10 m，在页岩中中等发育，砂岩中较发育。

5.2.1.3　水文地质条件

本次研究的对象包括两个含水岩组：第四系松散含水岩组和基岩裂隙含水岩组。各含水层组具有统一的潜水自由面，在垂向上发生水力联系，均为潜水含水层。岩体内，上部 Napo 地层由微透水—弱透水的页岩和粉砂岩、弱透水—中等透水的石灰岩组成，Hollin 地层由弱透水—中等透水的砂岩和微透水—弱透水的页岩组成。为了了解各层岩土体的透水性，钻孔内进行了大量的注水和压水试验，压水试验结果统计见图 5-6。

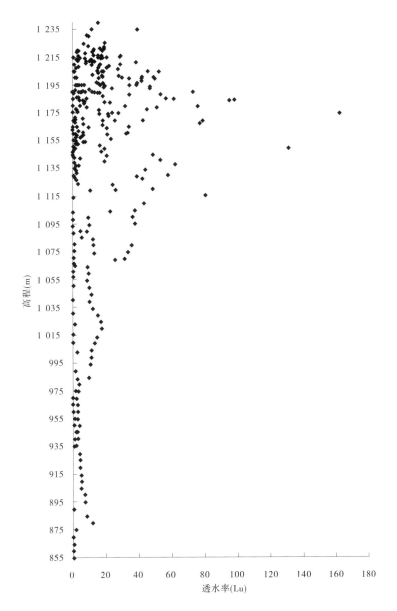

图 5-6　调蓄水库岩体压水试验结果统计

调蓄水库库盆高程为 1 177~1 233 m,分布于 Hollin 地层内,岩性为砂岩夹页岩,岩层近似水平。对该层透水率进行统计(见图 5-7、图 5-8)后可知:

(1)Hollin 地层高程 1 220 m 以上大部分透水率吕荣值为 1~20,为弱—中等透水层;1 220 m 高程以下吕荣值大部分为 0.1~20,为微—中等透水层。

(2)Hollin 地层的透水率吕荣值 0.1~10 约占 50%,10~100 约占 49%,100 以上的约占 1%。Hollin 地层为弱—中等透水层。

(3)Hollin 地层砂岩、页岩互层,岩层近似水平,砂岩及砂页岩接触带透水性相对较强,可能会产生沿层面的水平渗漏。

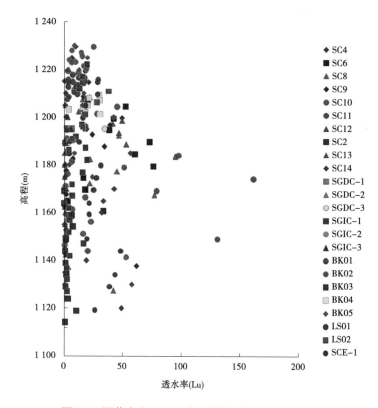

图 5-7 调蓄水库 Hollin 地层岩体压水试验结果统计

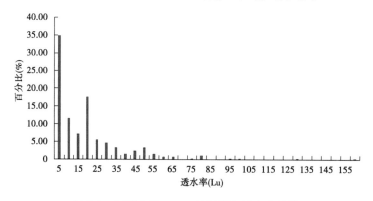

图 5-8 调蓄水库 Hollin 地层岩体透水率统计

5.2.2 水库渗漏问题

5.2.2.1 概述

根据相关要求,在调蓄水库运行的最高水位条件下,通过大坝以及库周的总泄漏量必须小于 200 L/s(17 280 m³/d),水库的防渗措施应能达到这个控制目标。而水库及坝址出露的地层主要为白垩系下统 Hollin 地层和白垩系中统 Napo 地层,一般为页岩、砂岩互层,以及少量的石灰岩和泥灰岩,岩层产状平缓,总体倾向 NE,倾角 3°~10°。其中,Hollin 地层为弱—中等透水含水层,是构成水库渗漏的主要层位。坝址右岸支沟以及下游河流交汇处存在地下水低水位区,存在库水自坝肩向坝址右岸支沟以及河流下游渗漏的可能;根据坝址趾板处的 SC11 钻孔资料,坝基顶部及下部岩层透水性较强,应为砂岩段或与下岩体接触部位,属于多层含水结构,存在沿坝基向下游河床渗漏的问题。

不难看出,调蓄水库在功能上对防渗要求较高,而库坝区渗漏问题比较突出,需对库坝区岩体透水性能以及渗漏情况进行分析研究,并在补充分析库坝区地下水渗流特征的基础上,估算水库渗漏量,合理确定工程的防渗原则,为水库渗控设计提供依据。

5.2.2.2 水库区渗漏条件分析

水库区地质构造简单,主要为一单斜构造,库区内没有大的断裂及构造带通过,因此通过构造裂隙大规模向库外渗漏的可能性较小。水库区河谷下切,两岸基岩裸露,岩性主要为白垩系中统 Napo 地层(K^n)的灰岩、砂岩、页岩及下统 Hollin 地层(K^h)砂岩页岩互层,其中 Hollin 地层为弱—中等透水,地层倾角平缓,据大量岩层产状统计,岩层整体倾向北东或南东,局部倾倒变形,产状稍有变化,倾角 4°~10°,以 4°~6°为主,为近水平岩层,库区出露高程大部分在库水位以下,将是水库渗漏的主要通道。

Granadillas 河北支及其支沟为水库区最近的沟谷,沟谷坡降均比较大,沟底高程相对较低,为两岸地下水的最低排泄基准面,沟底高程低于水库蓄水位,将会使左坝肩产生朝向北支的绕坝渗漏;水库下游 Granadillas 河南支与北支交汇处为地下水低水位区,据钻孔 SC4 揭露,地下水位为 1 138 m 左右,低于库水位约 90 m,因此存在库水自坝肩向坝址左岸支沟以及河流下游渗漏的可能;根据坝址趾板处的 SC11 钻孔资料,坝基顶部及下部岩层透水性较强,应为砂岩段或与下岩体接触部位,属于多层含水结构,存在沿坝基向下游河床渗漏的问题;水库左岸与水库上游来水方向的山体比较浑厚,地势较高,并且补给条件较好,地下水位较高,库水向左岸山体以及来水方向永久性渗漏的可能性较小;水库右岸朝向 Coca 河方向为近水平地层,Napo 地层与 Hollin 地层在高程 1 100 m 左右出露地表,地下水位为 950 m 左右,与水库存在近 280 m 的水头差,存在沿近水平地层向 Coca 河方向渗漏的可能。

5.2.2.3 数值模拟法估算调蓄水库渗漏量

本次渗漏量的数值模拟运用可视化三维地下水水量水质评价软件——Visual Modflow,建立符合库区地下水含水层系统的可视化三维渗流数值模型,预测库水的渗漏量。Visual Modflow 是三维地下水流和溶质运移模拟评价可视化专业软件系统,该系统是由加拿大滑铁卢水文地质公司(Waterloo)在原 Modflow 软件的基础上应用现代可视化技术开发研制成功的,它的基本原理就是应用向后有限差分法对渗流场进行离散求解,得到离散点上的近似值,于 1994 年 8 月首次在国际上公开发行,并很快在世界范围内的各咨询公司、教育部门及政府机构的 1 500 多个用户中成为标准的模拟环境。它把水流、流线、溶质运移模拟与计算机直观、高效的通用图视界面有机结合在一起。为了增强模型数值模拟能力,简化三维建模的复杂性,专门设置了 VMF 界面。界面被划分为三个相互独立又相互联系的模块:输入模块、运行模块和输出模块。当打开或新建一个文件时,可以快捷地在这些模块之间进行切换,建立或修改模型、运行模型、校准模型和显示结果。这个软件包由 Modflow(水流评价)、Modpath(平面和剖面流线示踪分析)和 MT3D(溶质运移评价)三大部分组成,并且具有强大的图形可视界面功能。设计新颖的菜单结构允许用户非常容易地在计算机上直接圈定模型区域和剖分计算单元,并可方便地为各剖分单元和边界条件直接赋值,做到了真正的人机对话。如果剖分不太理想需要修改,用户可选择有关菜单直接加密或删除局部网格以达到满意。同时,用户可选用运行菜单不同选项随机运行 Modflow、Modpath 和 MT3D 三大部分。这个软件系统是将数值模拟评价过程中的各个步骤连接起来,从开始建模、输入和修改各类水文地质参数与几何参数、运行模型、反演校正参数,一直到显示输出结果,使整个过程从头至尾系统化、规范化。

1.模型的建立

1)计算区域概化

本次计算区域东至 Coca 河右岸 Hollin 地层出露线,西到水库左岸山脊高程约 1 360 m 一线,南到库尾拦渣坝以南环库公路,北至 Granadillas 河北支左岸,东西长约 1 800 m,南北宽约 1 400 m,总面积约 2.6 km²,见图 5-9。

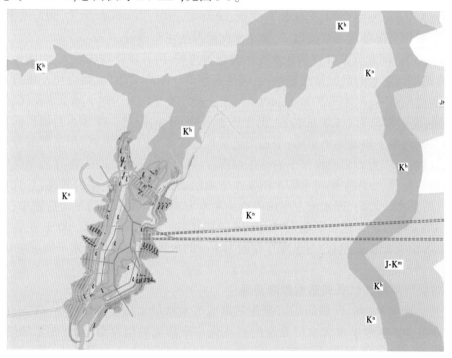

图 5-9　计算区域范围示意图

2)地层性质概化

地层是地下水数值模拟的主要对象,也是水文地质概念模型的载体。如何划分适当的地层,并对其进行合理的概化,是水文地质模拟的基础。计算区域内地层主要为第四系全新统覆盖层、白垩系 Napo 地层、白垩系 Hollin 地层、侏罗系 Misahualli 地层。其中,第四系地层底板高于库水位,对水库渗漏不产生影响,因此不予考虑,因此计算区地层主要可分为三层,从上到下依次为 Napo 地层、Hollin 地层和 Misahualli 地层。地层最高处为西部山脊处,标高为 1 360 m,最低处为 Misahualli 地层底板,标高约 600 m,见图 5-10。

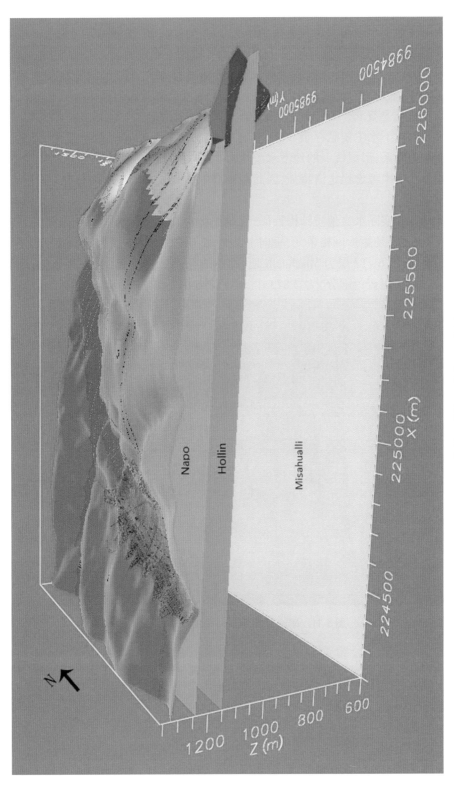

图 5-10　计算区域地层示意图

3)边界条件概化

计算区域内地下水流向大体为从西向东部 Coca 河径流,区域北边界与南边界垂直于地下水位等值线,因此可以作为零流量边界;西部区域地下水位较高,为补给边界;东部区域地势较低,且靠近 Coca 河,为排泄边界;模型顶部不考虑大气降水的补给与水体的蒸发,底部概化为隔水边界。

4)地下水流状态概化

计算区域内地下水主要赋存于 Napo 地层、Hollin 地层和 Misahualli 地层中,各地层中地下水发生水力联系,形成统一的地下水潜水自由面,表现出明显的三维渗流特征,水库渗漏的问题可以集中考虑稳定流特征,因此在模型中将地下水流态概化为三维稳定流。

5)模型剖分

根据计算区的实际水文地质结构特征,对研究区进行三维剖分。将整个研究区在平面上剖分成100×75 的矩形网格单元,垂向上共分12 层,其中第 1 层为 Napo 地层,第 2~5层为 Hollin 地层,第 6~12 层为 Misahualli 地层,总的有效计算单元(黄色部分)为 87 127个,无效计算单元(深蓝色部分)为 2 873 个,详见图 5-11~图 5-13。

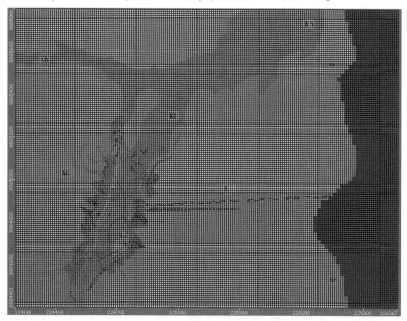

图 5-11　Napo 地层平面网格剖分示意图

6)建立初始渗流场

采用钻孔资料获得的水位值借助 Surfer 软件以线性插值的方式求出同一层单元中心点的初始水位值,然后将模拟初始时刻水位值以 grd 文件形式赋给模型,赋值以后的初始流场分布见图 5-14。

7)设立边界条件

(1)流量边界条件。

根据计算区水文地质概念模型,模型底部边界是隔水边界,北部和南部概化为零流量边界,东部和西部均概化为第二类流量边界,边界的初始水位由各含水层初始流场获得,

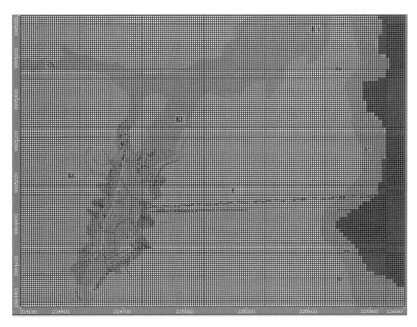

图 5-12　Hollin 地层平面网格剖分示意图

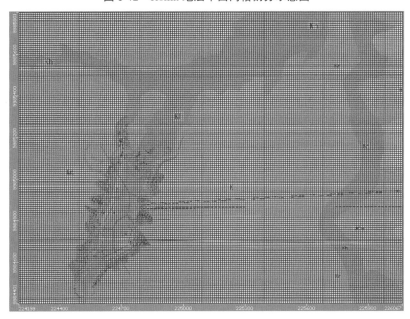

图 5-13　Misahualli 地层平面网格剖分示意图

边界流量由边界单元与相邻单元水头差、单元的长度以及导水系数求得。调用 Visual Modflow 中 General-Head 边界子程序包将边界条件输入到模型中。在南北零流量边界的输入中,由于边界导水性给零的情况下容易引起收敛的稳定性问题,因此可以给南北零流量边界的导水性赋一个极小值(约 10^{-12} m^2/d),近似地模拟零流量情况。

(2)河流边界条件。

库区水面利用 Visual Modflow 中的 River boundary 来输入模型,因为 Modflow 规定当

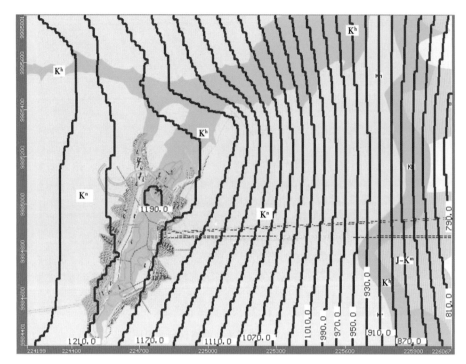

图 5-14　赋值以后的初始流场分布　（单位:m）

一个 River boundary 被设置到一个多边形或窗口中时,实质上是模拟一个没有任何蒸发的湖或湿地,在本次模拟中可以用它来模拟水库蓄水后形成的水体。河床渗透系数取区内垂向渗透系数平均值为 0.5 m/d,厚度取 6 m,根据网格单元形状确定河床的导水系数为 8.75 m²/d,River boundary 与地下水系统之间的补给或排泄关系取决于地表水体和地下水之间的水力梯度。River boundary 平面示意图见图 5-15,剖面示意图见图 5-16,数据输入窗口见图 5-17。

(3)帷幕边界条件。

水库防渗措施中,常采用的是防渗帷幕和挡水墙等层状阻水体,Visual Modflow 是利用水平流障(wall)程序包来实现这种特性的,它用来模拟阻碍地下水水平流动的垂向伸展的薄层低渗透性物体。该程序包不需要在大量的模拟单元中减小格距就可以模拟这类物体,因此提高了模拟效率。从概念上来说,这些物体大致相当于一系列的位于有限差分网格的相邻单元边界上的水平流动屏障。在设置过程中,需要给定的参数为 wall 的厚度、渗透性以及阻水面的朝向,由此可以实现水平流障的模拟,见图 5-18。

2.模型参数分区及取值

1)透水率 $q(\mathrm{Lu})$ 与渗透系数 K 的关系分析

在水库渗漏计算过程中,渗透系数 K 是一个非常重要的参数。在基岩山区,往往利用压水试验来获取岩体的透水性能。利用压水试验成果计算岩体渗透系数的公式常采用苏联的 Бáбушкин(Babushkin) 公式,即在吕荣值小于 10 并且水流为层流状态时,采用式(5-1)对岩体渗透系数进行估算:

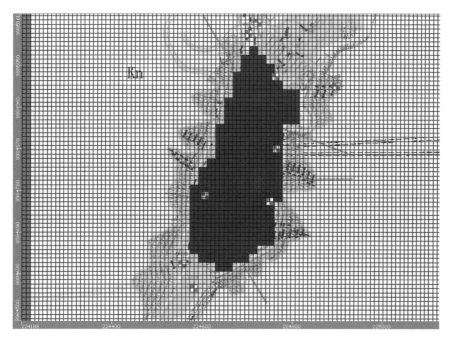

图 5-15　River boundary 平面示意图　（注：图中 Kn 应为 K^n,后同）

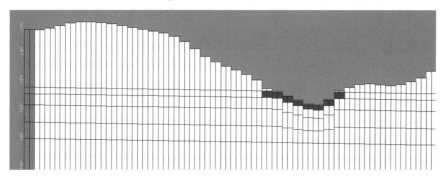

图 5-16　River boundary 剖面示意图

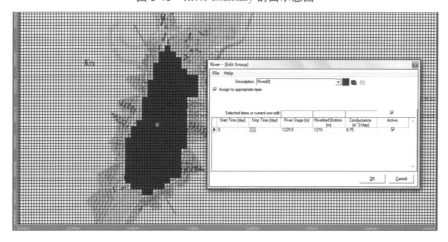

图 5-17　River boundary 数据输入窗口

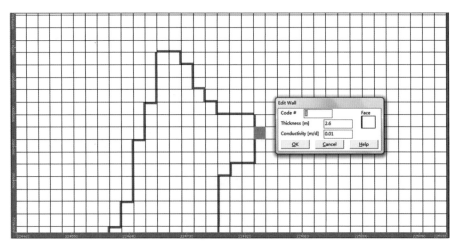

图 5-18　Wall boundary 数据输入窗口

$$K = \frac{Q}{2\pi HL}\ln\frac{L}{r_0} \tag{5-1}$$

式中：K 为渗透系数，m/d；Q 为压入流量，m^3/d；H 为试验水头，m；L 为试验段长度，m；r_0 为钻孔半径，m。

式(5-1)中，右侧的 $\frac{Q}{HL}$ 即为单位吸水率 ω，按照单位吸水率 ω 和透水率 q(Lu)的定义，在上述透水性较小和层流条件下，可得出如下关系：

$$1\ \text{Lu} = 100\omega \quad （压入流量以 L 为单位）$$

在吕荣值(Lu)<10 时，根据上述定义及其关系式，可以推求吕容值(Lu)和渗透系数 K 的关系式，即

$$K = \frac{0.007\ 2\ \text{Lu}}{\pi}\ln\frac{L}{r_0} \quad （K 的单位是 \text{m/d}） \tag{5-2}$$

当试验段长度为 5 m，钻孔半径为 0.037 5 m 时，由式(5-2)可得：

$$1\ \text{Lu} = 1.3\times10^{-5}\ \text{cm/s} = 1.12\times10^{-2}\ \text{m/d} \approx 0.01\ \text{m/d}$$

在吕荣值(Lu)>10 时，岩体中地下水流态开始呈现紊流特征，用式(5-2)估算渗透系数就可能会发生较大的误差。针对这个问题，C. Kutzner 曾经推荐过一种曲线图(见图 5-19)，该图给出了不同地方的研究成果，可以提供大致合理的近似值。该图提供的大致情况是：

当 0<吕荣值(Lu)≤10 时，$K = 10^{-7} \sim 10^{-6}$ m/s；

当 10<吕荣值(Lu)≤30 时，$K = 10^{-6} \sim 10^{-5}$ m/s 或 0.086 4～0.864 m/d；

当吕荣值(Lu)>30 时，相当于 $K > 10^{-5}$ m/s 或 $K > 0.864$ m/d。

图中只列出吕荣值(Lu)<30 时吕容值与渗透系数之间的关系，但在压水试验成果中，吕荣值(Lu)>30 情况也有发生，为了能够分析吕荣值(Lu)>30 时二者之间的关系，对四种关系曲线都求出其最接近的曲线方程，然后按照方程对其进行延长，最后分别求出吕荣值(Lu)为 50、70 和 100 时所对应的渗透系数 K 值，见表 5-3。

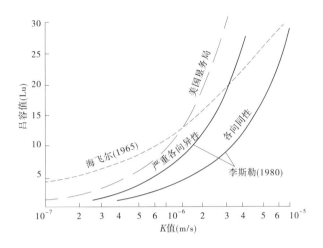

图 5-19　渗透系数 K 与吕容值(Lu)的关系曲线

表 5-3　根据 Kutzner 曲线延长得到的吕容值(Lu)与渗透系数 K 的关系

项目	10 Lu		30 Lu		50 Lu		70 Lu		100 Lu	
	K(m/d)	比值	K(m/d)	比值	K(m/d)	比值	K(m/d)	比值	K(m/d)	比值
海飞尔	0.07	0.007	0.78	0.026	3.2	0.064	10.37	0.148	37.15	0.371 5
美国垦务局	0.11	0.011	0.26	0.008 7	0.45	0.008 9	0.68	0.009 8	1.21	0.012
李斯勒严重各向异性	0.3	0.03	0.95	0.032	0.65	0.013	1.04	0.015	1.64	0.016
李斯勒各向同性	0.13	0.013	0.39	0.013	1.77	0.035	2.76	0.039	4.58	0.046
李斯勒平均	0.215	0.022	0.67	0.023	1.21	0.024	1.9	0.027	3.11	0.031

从表 5-3 中可以看出,随着吕容值的增大,渗透系数与吕容值的比值也逐渐增大。其中,海飞尔曲线的增大趋势最为明显,比值在吕容值相同时比其他曲线都要大;美国垦务局曲线渗透系数与吕容值的比值最小。李斯勒各向同性曲线和李斯勒严重各向异性曲线介于二者之间,是两种极限状态或者理想状态的曲线,与其他两种曲线对比可知,库区真实曲线应在李斯勒两种曲线之间,因此可以取李斯勒两种曲线所得比值的平均值来近似地估算渗透系数。由表 5-3 可知,在 10<吕荣值(Lu)<100 时,由李斯勒各向同性和李斯勒严重各向异性两条曲线得出的渗透系数与吕荣值的比值平均值为 0.022~0.031。

从上述分析认为,采用如下关系由吕容值来估算渗透系数 K 比较合理,具体如下:

当 0<吕荣值(Lu)≤10 时,1 Lu≈0.01 m/d(依据巴布什金公式计算);

当 10<吕荣值(Lu)≤100 时,1 Lu≈0.022~0.031 m/d(依据李斯勒各向同性曲线和李斯勒严重各向异性曲线的平均值)。

2)参数分区及取值

根据渗透系数与吕容值的关系分析,将现场压水试验吕容值转换为渗透系数,转换成果见表 5-4~表 5-6,依据转换成果表结合钻孔位置确定各含水层参数分区范围,见图 5-20~图 5-22,各分区参数取值见表 5-7。

表5-4 Hollin地层中压水试验吕容值（Lu）换算为渗透系数（K）成果

孔号	段数	范围值 (Lu)	算术平均值 (Lu)	大值平均值 (Lu)	中值 (Lu)	>100 Lu (%)	10~100 Lu (%)	3~10 Lu (%)	<3 Lu (%)	加权平均值 (Lu)	建议值 (Lu)	K值区间 (m/d)	
SC2	12	0.22~10.58	2.91	9	1.32	0	8.33	25	66.67	2.9	10	0.22	0.31
SC4	3	48.8~243	116.6	150.5	58	33.3	66.7	0	0	116.5	65	1.43	2.02
SC6	10	2.7~76	41.38	53.8	40.25	0	90	0	10	41.4	50	1.10	1.55
SC8	17	0.18~77	20.2	50.5	12.1	0	52.9	11.8	35.3	20.2	30	0.66	0.93
SC9	20	0~389	34.57	114.76	6.95	5	40	20	35	34.6	40	0.88	1.24
SC10	17	0.1~53	14.95	37.5	9.4	0	47.1	17.6	35.3	14.9	40	0.88	1.24
SC11	9	0.7~162	61.3	104.2	51.2	22.2	44.4	11.1	22.3	61.2	65	1.43	2.02
SC12	7	2.3~94.9	40.7	61.2	46.9	0	85.7	0	14.3	40.6	55	1.21	1.71
SC13	14	0.11~3.83	1.3	3.43	0.87	0	0	14.3	85.7	1.3	2	0.02	0.02
SC14	18	0.23~56.67	12.12	34	0.85	0	33.3	5.6	61.1	12.1	25	0.55	0.78
BK01	20	2.26~29	11.67	19.34	11.67	0	60	30	10	11	20	0.44	0.62
BK02	11	4.74~25.67	13.8	20.8	14.6	0	72.7	27.3	0	13.8	20	0.44	0.62
BK03	20	1.86~20.58	10.9	18.7	11.75	0	50	30	20	10.2	20	0.44	0.62
BK04	9	3.6~31	22	30	21.2	0	88.9	11.1	0	22	23	0.51	0.71
BK05	12	4.35~42.13	16.6	26.1	16	0	75	25	0	16.6	30	0.66	0.93
LS01	10	1.76~31.33	19.48	28.4	21.9	0	80	10	10	19.5	25	0.55	0.78
LS02	6	3.53~38.33	18.44	33.2	18	0	80	20	0	21.1	30	0.66	0.93
SCE1	7	19.4~48.6	31.3	43.8	26.2	0	100	0	0	31.3	40	0.88	1.24

表 5-5　Napo 地层中压水试验吕容值(Lu)换算为渗透系数(K)成果

孔号	段数	范围值 (Lu)	算术平均值 (Lu)	大值平均值 (Lu)	中值 (Lu)	>100 Lu (%)	10~100 Lu (%)	3~10 Lu (%)	<3 Lu (%)	加权平均值 (Lu)	建议值 (Lu)	K 值区间 (m/d)	K 值区间 (m/d)
SC2	6	6.23~34.27	17.6	22.6	17.4	0	66.7	33.3	0	20.9	25	0.55	0.78
SC9	2	36~39.4	37.7	37.7	37.7	0	100	0	0	38	38	0.84	1.18
SC10	3	36	36	36	36	0	100	0	0	36	36	0.79	1.12
SC12	3	36	36	36	36	0	100	0	0	36	36	0.79	1.12
BK01	4	19~65	32.5	45.5	23	0	100	0	0	32.5	40	0.88	1.24
BK03	1	13	13	13	13	0	100	0	0	13	13	0.29	0.40
BK05	4	11.88~65	31.87	50	25.3	0	100	0	0	31.9	40	0.88	1.24

表 5-6　Misahualli 地层中压水试验吕容值(Lu)换算为渗透系数(K)成果

孔号	段数	范围值 (Lu)	算术平均值 (Lu)	大值平均值 (Lu)	中值 (Lu)	>100 Lu (%)	10~100 Lu (%)	3~10 Lu (%)	<3 Lu (%)	加权平均值 (Lu)	建议值 (Lu)	K 值区间 (m/d)	K 值区间 (m/d)
SC4	11	1.2~80.5	31.5	42	35.6	0	72.7	18.2	9.1	31.5	32	0.70	0.99
SCE2	28	0~4.6	1.5	3.5	0.8	0	0	21.4	78.6	3.5	8	0.18	0.25
SCE1	25	1.5~25.7	12.33	24.35	11.3	0	68	28	4	12.2	12	0.26	0.37
SCE3	3	0.14~11.82	3	5.8	2.08	0	3.3	36.7	60	3.3	5	0.11	0.16

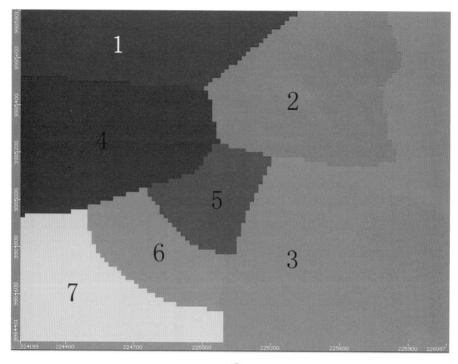

图 5-20　Napo 地层参数分区示意图

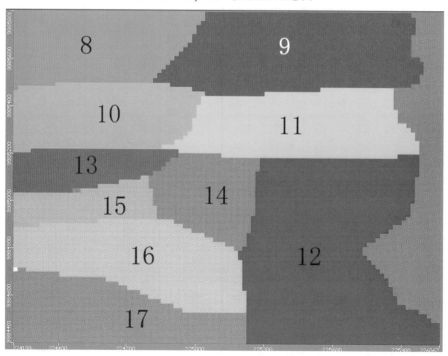

图 5-21　Hollin 地层参数分区示意图

图 5-22　Misahualli 地层参数分区示意图

表 5-7　各分区参数取值

地层	分区号	水平渗透系数(取 K 值区间的平均值,m/d)	垂向渗透系数(m/d)
Napo	1	0.95	0.3
	2	0.66	0.2
	3	0.90	0.3
	4	0.95	0.3
	5	1.00	0.4
	6	0.34	0.1
	7	1.10	0.5
Hollin	8	1.46	0.6
	9	1.72	0.7
	10	0.80	0.2
	11	0.30	0.1
	12	1.06	0.3
	13	1.10	0.3
	14	1.06	0.3
	15	1.72	0.7
	16	0.60	0.2
	17	0.80	0.2
Misahualli	18	0.20	0.05

3.参数选取准确性验证

在进行水库渗漏量数值模拟以前,需要验证模型选取参数的准确性,利用建立的可视化计算机模型,首先计算无水库天然流场状态下计算区域内地下水位的分布情况,并利用钻孔实测值进行对比,如果计算流场能够客观地反映实际地下水流动趋势,那么就可以认为模型所选取的参数是相对准确可信的,可以用来进行水库各种条件下渗漏量的数值模拟。

无水库天然流场状态数值模拟是利用可视化计算机模型在未加入水库 River boundary 和防渗帷幕 wall 的情况下进行的地下水稳定流计算,并选取一些有观测水位的钻孔进行对比,对比结果见表5-8,计算流场图见图5-23~图5-28(其中,深黄色单元为干单元 dry cell,干单元以下深蓝色与白色分界面为潜水面),Mass balance 水量均衡计算数据见图5-29、图5-30,计算成果见表5-9。

表5-8　计算水位与实测水位对比结果

钻孔号	x	y	实测水位（m）	计算水位（m）	误差（m）
SC8	224 832.04	9 985 359.6	1 180	1 177	3
SC10	224 701.85	9 985 116.6	1 193	1 190	3
SC11	224 762.14	9 985 024.4	1 185	1 185.6	−0.6
SC12	224 723.39	9 985 612.2	1 193	1 189	4
BK03	224 765	9 984 869	1 192	1 184	8
BK05	224 556	9 984 620	1 201.8	1 202.8	−1
LS01	224 581	9 984 568	1 206.95	1 201.5	5.45

注:误差中"−"值表示钻孔处的计算水位高于实测水位。

从对比结果可以看出,计算水位与实测水位误差值为−0.6~8 m,且大部分计算水位均低于实测水位,对于水库渗漏问题来说,相对比较低的计算水位可以使得模拟结果更加保守一些,符合工程安全的需要,计算流场图基本上可以反映出计算区内地下水流动状态,水均衡百分比误差0.38%,误差相对较小,因此建立的可视化计算机模型可以用来模拟水库各种条件下的渗漏量,其结果是比较可信的。

4.水库渗漏量数值模拟

1)水库无防渗帷幕时流场状态及渗漏量数值模拟

水库 River boundary 未设置防渗帷幕 wall 的情况下进行的地下水稳定流计算,主要是模拟在未加任何防渗措施的条件下水库的渗漏量情况,渗漏量计算的水位条件主要有两种:水库最高运行水位 1 229.5 m 和最低运行库水位 1 216 m。

(1)最高运行水位 1 229.5 m 渗漏量数值模拟。

将水库 River boundary 的水位高度设置为水库最高运行水位 1 229.5 m,运行可视化计算机程序,计算水库在未设置防渗帷幕以及最高运行水位 1 229.5 m 情况下的渗漏量,计算流场见图5-31~图5-36,Mass balance 水量均衡计算数据见图5-37、图5-38,计算成果见表5-10。

图 5-23　模型第 3 层（Hollin 地层）平面计算流场图　（单位：m）

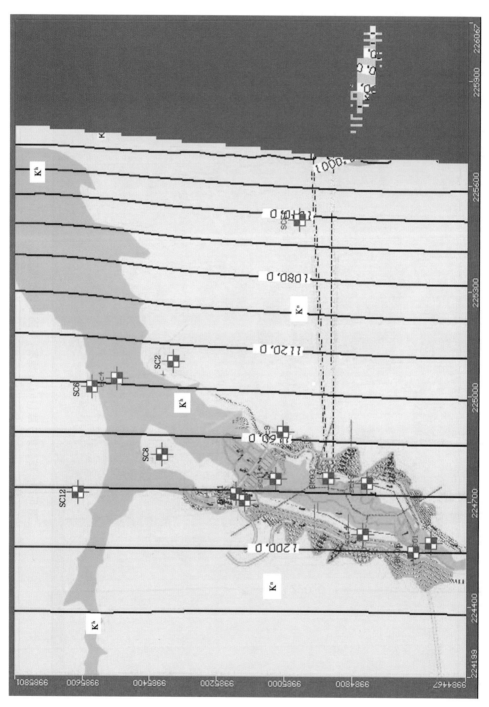

图 5-24 模型第 9 层（Misahualli 地层）平面计算流场图 （单位：m）

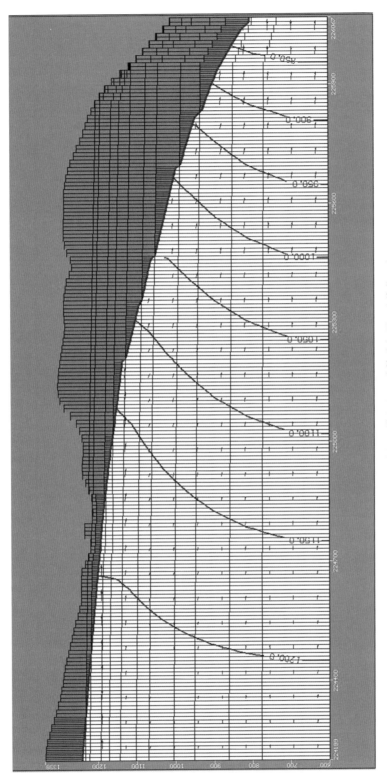

图 5-25　坝基部分横向剖面计算流场图　（单位：m）

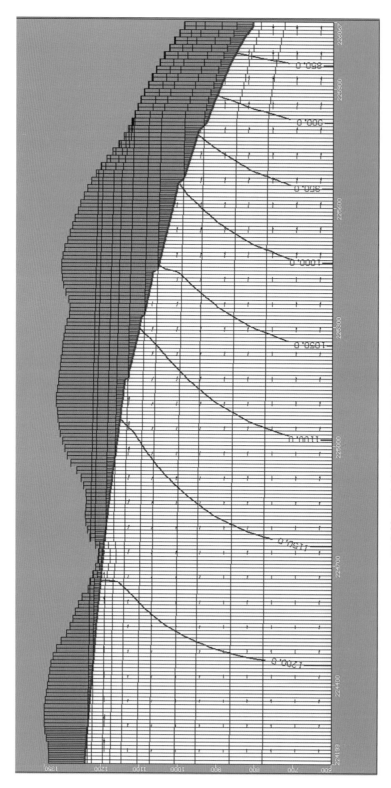

图 5-26　压力管道入口部分横向剖面计算流场图　（单位：m）

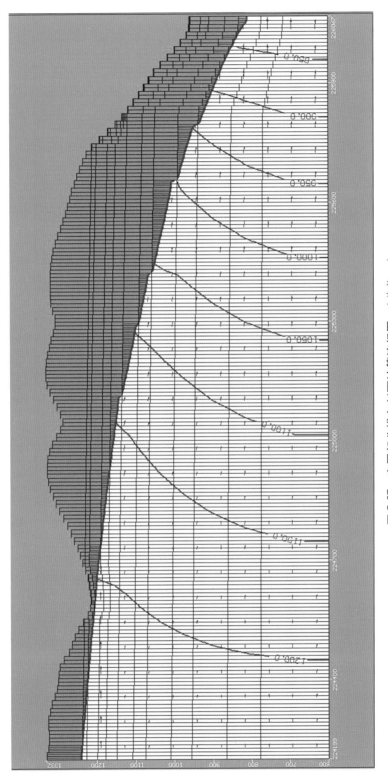

图 5-27　库尾部分横向剖面计算流场图　（单位：m）

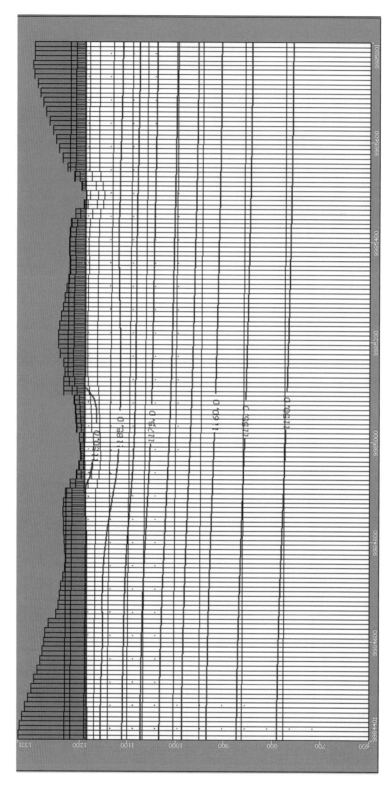

图 5-28　坝基部分纵向剖面计算流场图（单位：m）

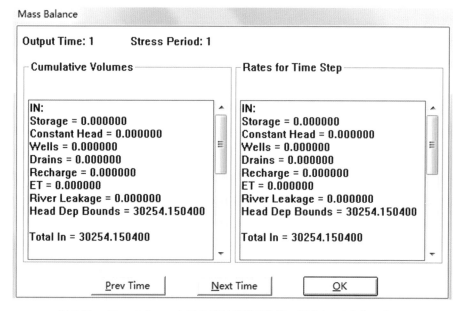

图 5-29　Mass Balance 水量均衡计算数据(第一部分)　(单位:m³/d)

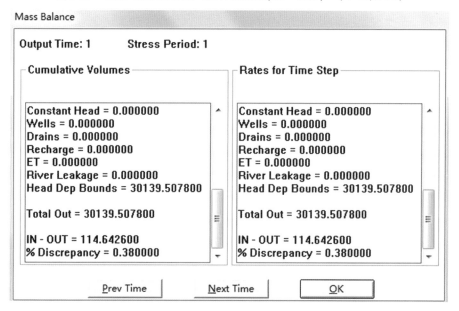

图 5-30　Mass Balance 水量均衡计算数据(第二部分)　(单位:m³/d)

表 5-9　无水库天然流场状态水均衡计算成果

计算状态	总补给量 (m³/d)	总排泄量 (m³/d)	补排差 (m³/d)	误差 (%)	收敛指标	
					水头差(m)	迭代残差
无水库天然流场	30 254.15	30 139.51	114.64	0.38	1.2	0.01

图 5-31　模型第 2 层（Hollin 地层）平面计算流场图　（单位：m）

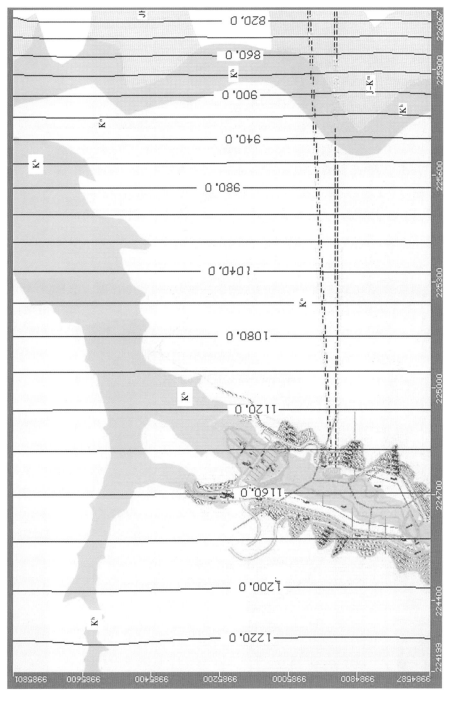

图 5-32　模型第 9 层（Misahualli 地层）平面计算流场图　（单位：m）

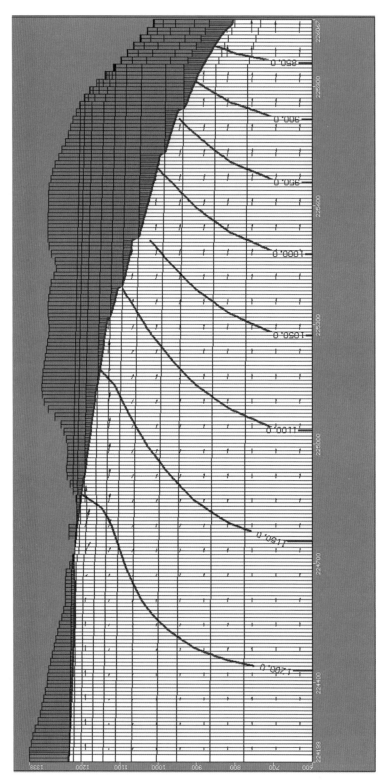

图 5-33　坝基部分横向剖面计算流场图　（单位：m）

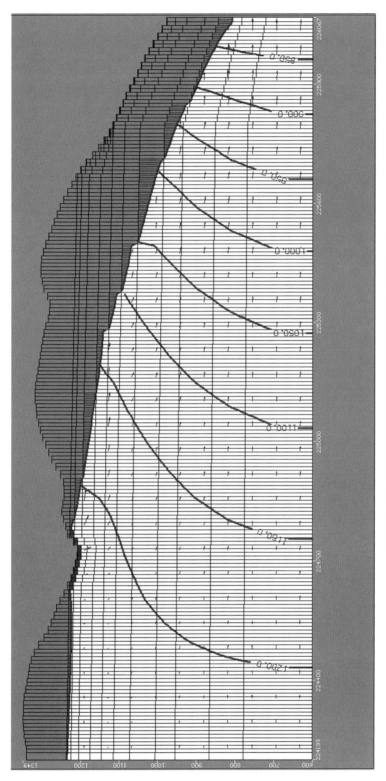

图 5-34　压力管道入口部分横向剖面计算流场图 （单位：m）

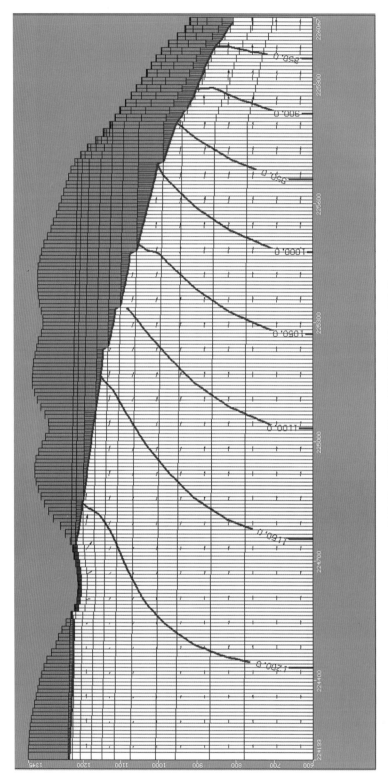

图 5-35　库尾部分横向剖面计算流场图　（单位：m）

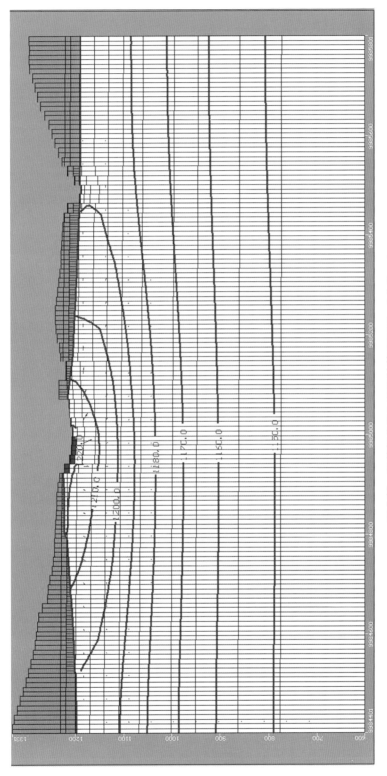

图 5-36　坝基部分纵向剖面计算流场图　（单位：m）

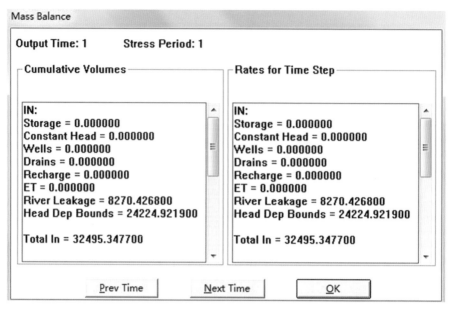

图 5-37　Mass Balance 水量均衡计算数据(第一部分)　(单位:m³/d)

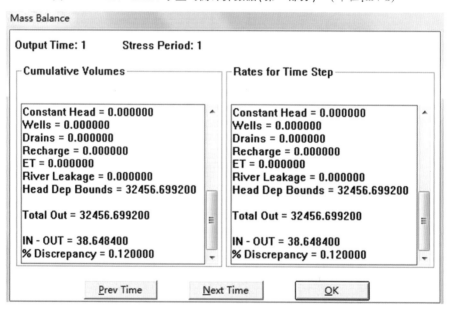

图 5-38　Mass Balance 水量均衡计算数据(第二部分)　(单位:m³/d)

表 5-10　水库无防渗帷幕时正常蓄水位 1 229.5 m 渗漏量计算成果

计算水位 （m）	总补给量		总排泄量 （m³/d）	补排差 （m³/d）	误差 （%）	收敛指标	
	渗漏量 （m³/d）	边界补给量 （m³/d）				水头差(m)	迭代残差
1 229.5	8 270.43	24 224.92	32 456.70	38.65	0.12	2	0.01

（2）水库无防渗帷幕时死水位 1 216 m 渗漏量数值模拟。

将水库 River boundary 的水位高度设置为水库最低运行水位 1 216 m,运行可视化计算机程序,计算水库在未设置防渗帷幕以及最低运行水位 1 216 m 情况下的渗漏量,计算流场图见图 5-39~图 5-44,Mass Balance 水量均衡计算数据见图 5-45、图 5-46,计算成果见表 5-11。

2）水库基本设计帷幕条件下渗漏量数值模拟

根据基本设计报告,拟沿坝及库周一定范围设置防渗帷幕。基本设计帷幕平面图见图 5-47,其中水库右岸为两排帷幕,孔距 1.5 m,排距 1.2 m,左岸 1 排帷幕,孔距 1.5 m,孔底高程均为 1 190 m;大坝趾板处为 1 排帷幕,孔距 1.5 m,河床处孔底高程 1 140 m,两岸趾板处帷幕为河床帷幕与库岸帷幕相连部分,高程取 1 140~1 190 m,帷幕渗透标准定为 1 Lu。根据渗透系数和吕荣值之间的关系,本模型中帷幕渗透系数按 0.01 m/d 计算。渗透系数最终值受岩石条件、施工质量等多方面影响,难以精确计算求得,工程中多采用现场压水试验实测,故要求帷幕形成后选取局部做压水试验,试验应达到 1 Lu。

利用 Modflow 中的 wall 模块实现防渗帷幕的设置,关于 wall 的厚度,左岸及趾板处单排取孔距的 70%,即按 1.1 m 进行设置;右岸双排建议取排距+0.6×孔距,即按 2.1 m 进行设置,wall 单元的渗透系数均采用 0.01 m/d,见图 5-48~图 5-51,计算基本设计帷幕条件下最高运行水位 1 229.5 m 以及最低运行水位 1 216 m 渗漏量情况。

（1）水库基本设计帷幕条件下最高运行水位 1 229.5 m 渗漏量数值模拟。

将水库 River boundary 的水位高度设置为水库最高运行水位 1 229.5 m,wall 设置为基本设计帷幕状态,运行可视化计算机程序,计算水库在基本帷幕状态以及最高运行水位 1 229.5 m 情况下的渗漏量,计算流场图见图 5-52~图 5-57,Mass Balance 水量均衡计算数据见图 5-58、图 5-59,计算成果见表 5-12。

（2）水库基本设计帷幕条件下最低运行水位 1 216 m 渗漏量数值模拟。

将水库 River boundary 的水位高度设置为水库最低运行水位 1 216 m,wall 设置为基本设计帷幕状态,运行可视化计算机程序,计算水库在基本帷幕状态以及最低运行水位 1 216 m 情况下的渗漏量,计算流场图见图 5-60~图 5-65,Mass Balance 水量均衡计算数据见图 5-66、图 5-67,计算成果见表 5-13。

5.结果分析

水库各种计算条件下水均衡量统计见表 5-14。

从表 5-14 中可以看出:在无帷幕时,按照最高运行水位 1 229.5 m 计算的水库渗漏量为 8 270.43 m³/d,按照最低运行水位 1 216 m 计算的水库渗漏量为 3 476.44 m³/d。

图 5-39　模型第 3 层（Hollin 地层）平面计算流场图　（单位：m）

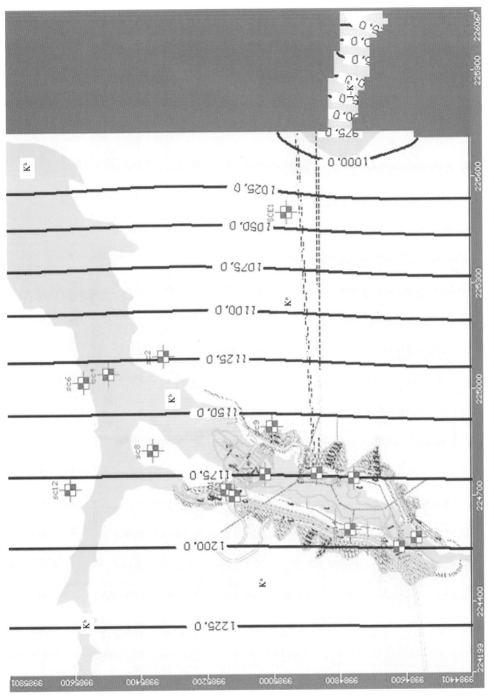

图 5-40　模型第 9 层（Misahualli 地层）平面计算流场图　（单位：m）

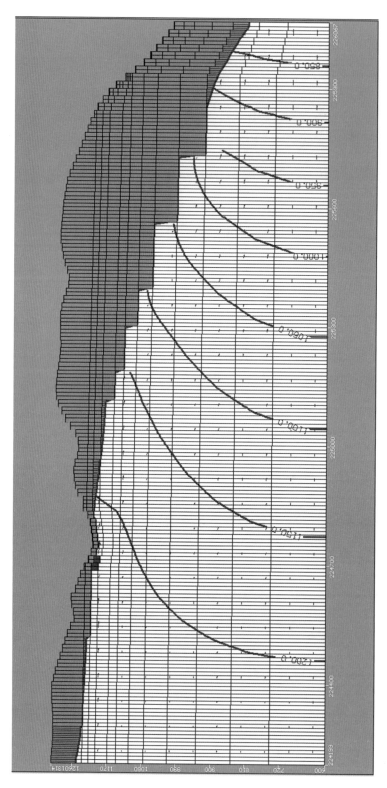

图 5-41 坝基部分横向剖面计算流场图（单位：m）

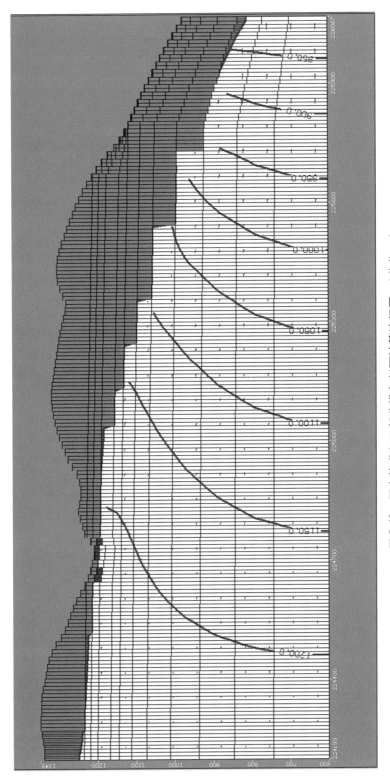

图 5-42　压力管道入口部分横向剖面计算流场图　（单位：m）

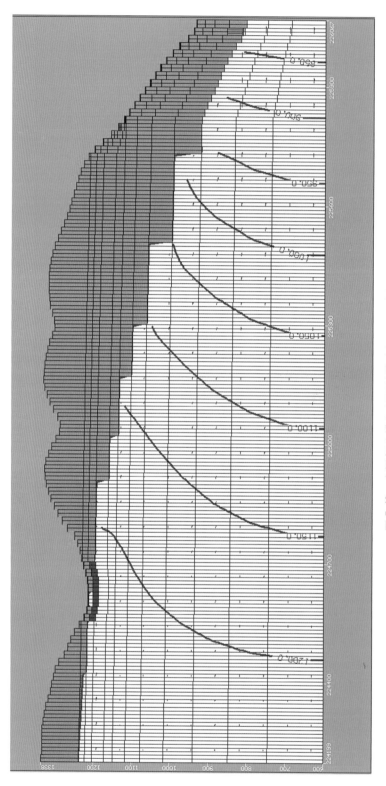

图 5-43　库尾部分横向剖面计算流场图（单位 : m）

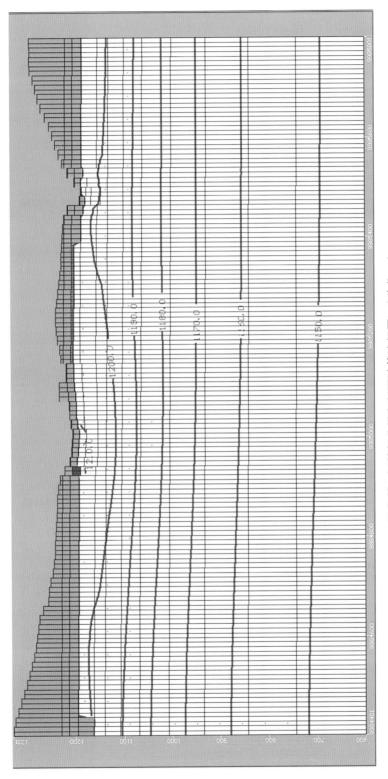

图 5-44　坝基部分纵向剖面计算流场图　（单位：m）

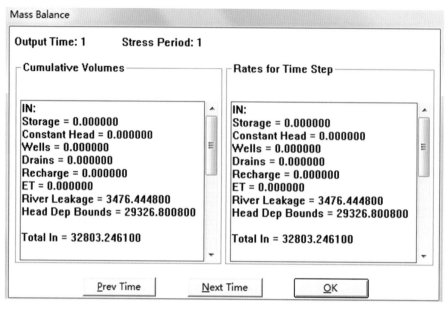

图 5-45　Mass Balance 水量均衡计算数据(第一部分)　(单位:m³/d)

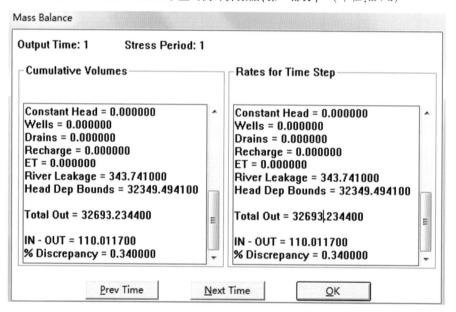

图 5-46　Mass Balance 水量均衡计算数据(第二部分)　(单位:m³/d)

表 5-11　水库无防渗帷幕时死水位 1 216 m 渗漏量计算成果

计算水位 (m)	总补给量		总排泄量 (m³/d)	补排差 (m³/d)	误差 (%)	收敛指标	
	渗漏量 (m³/d)	边界补给量 (m³/d)				水头差(m)	迭代残差
1 216	3 476.44	29 326.80	32 693.23	110.01	0.34	1	0.01

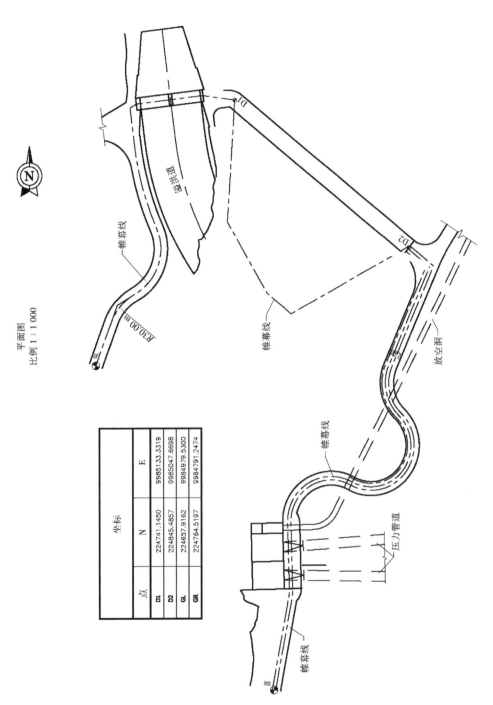

图 5-47 基本设计帷幕平面图

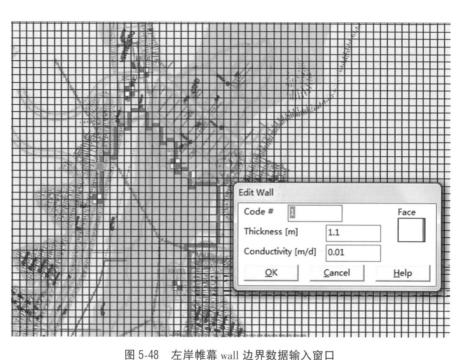

图 5-48　左岸帷幕 wall 边界数据输入窗口

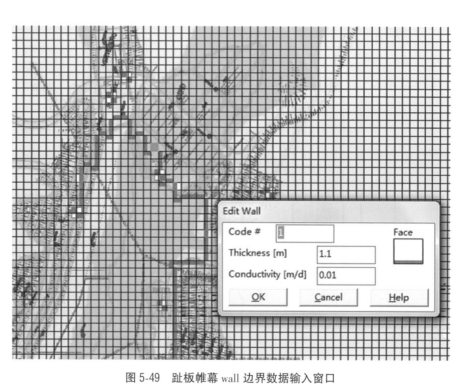

图 5-49　趾板帷幕 wall 边界数据输入窗口

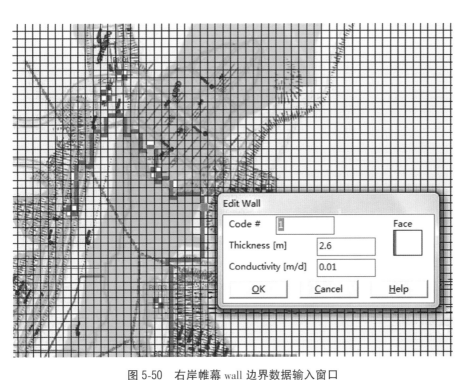

图 5-50 右岸帷幕 wall 边界数据输入窗口

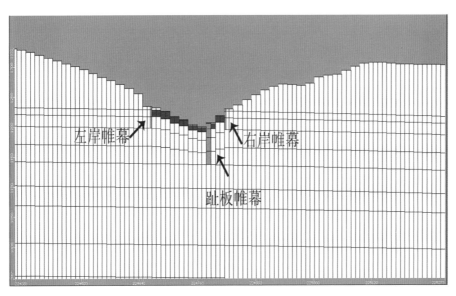

图 5-51 帷幕 wall 边界横向剖面示意图

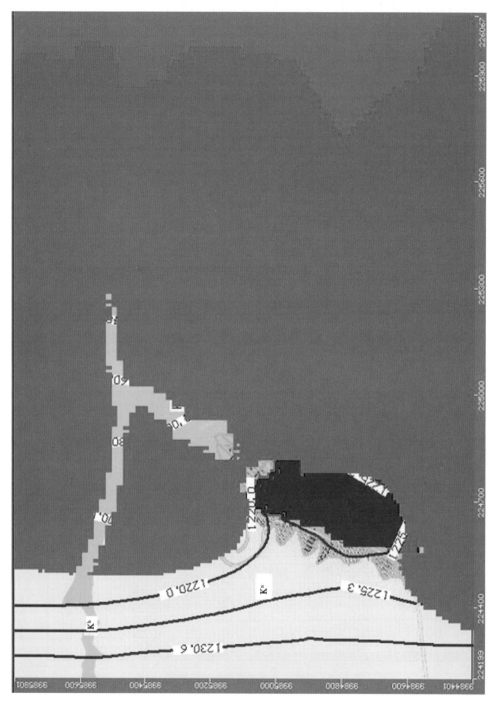

图 5-52　模型第 2 层（Hollin 地层）平面计算流场图　（单位：m）

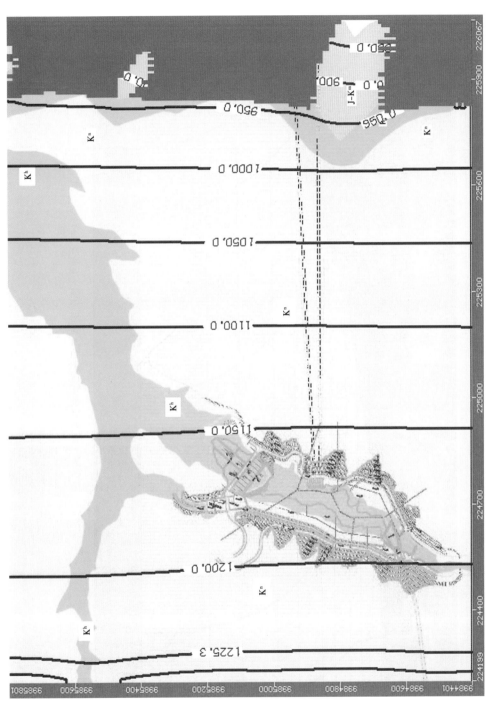

图 5-53　模型第 9 层（Misahualli 地层）平面计算流场图　（单位：m）

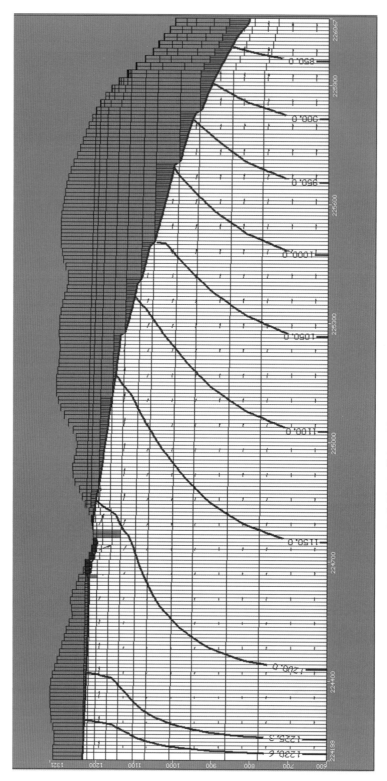

图 5-54　坝基部分横向剖面计算流场图　（单位：m）

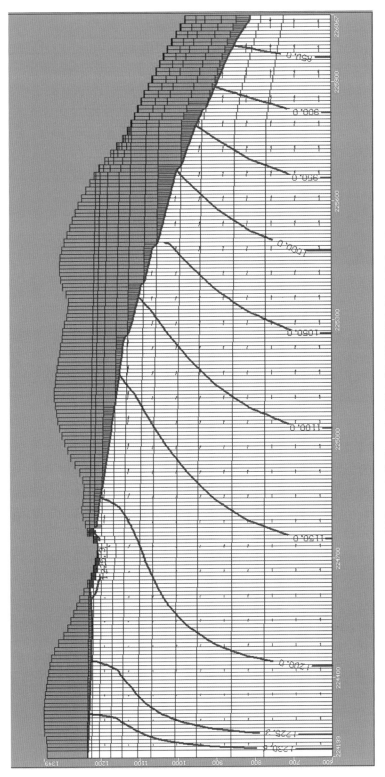

图 5-55　压力管道入口部分横向剖面计算流场图　（单位：m）

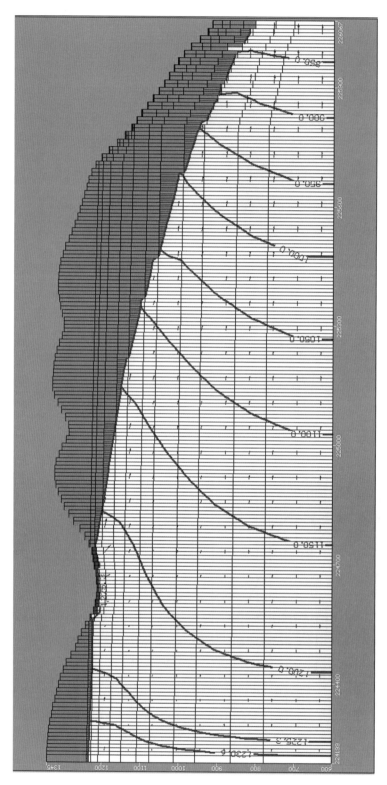

图 5-56 库尾部分横向剖面计算流场图 （单位：m）

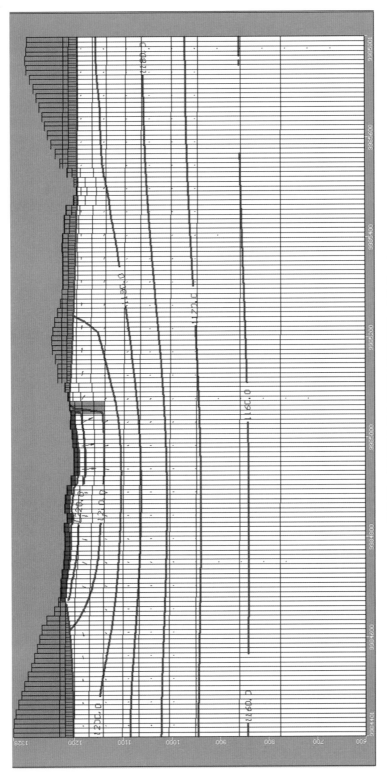

图 5-57　坝基部分纵向剖面计算流场图　（单位：m）

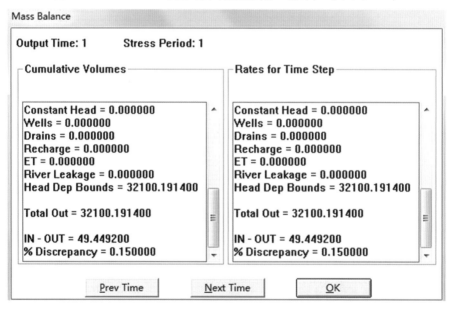

图 5-58　Mass Balance 水量均衡计算数据(第一部分)　 (单位:m³/d)

图 5-59　Mass Balance 水量均衡计算数据(第二部分)　 (单位:m³/d)

表 5-12　水库基本设计帷幕状态最高运行水位 1 229.5 m 渗漏量计算成果

计算水位 (m)	总补给量		总排泄量 (m³/d)	补排差 (m³/d)	误差 (%)	收敛指标	
	渗漏量 (m³/d)	边界补给量 (m³/d)				水头差(m)	迭代残差
1 229.5	7 293.16	24 856.48	32 100.19	49.45	0.15	0.8	0.01

图 5-60　模型第 3 层（Hollin 地层）平面计算流场图　（单位：m）

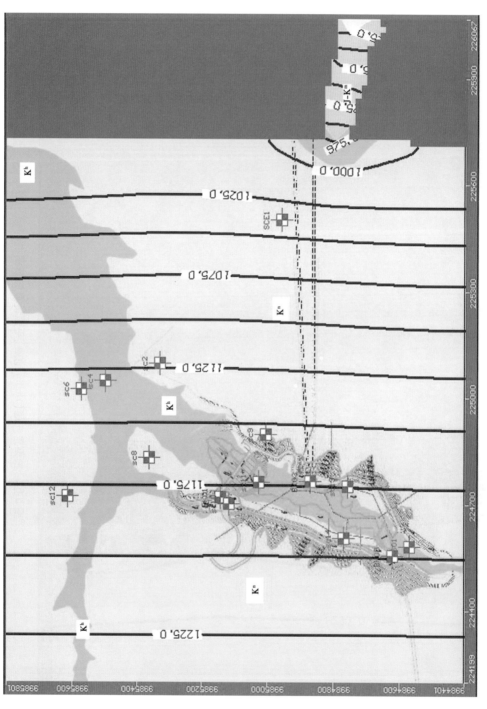

图 5-61　模型第 9 层（Misahualli 地层）平面计算流场图　（单位 :m）

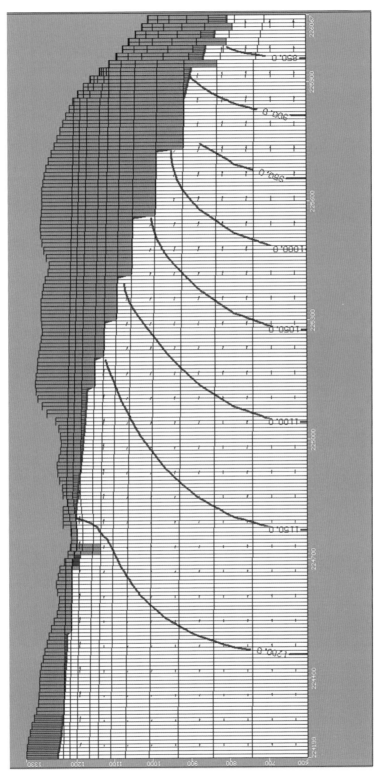

图 5-62　坝基部分横向剖面计算流场图　（单位：m）

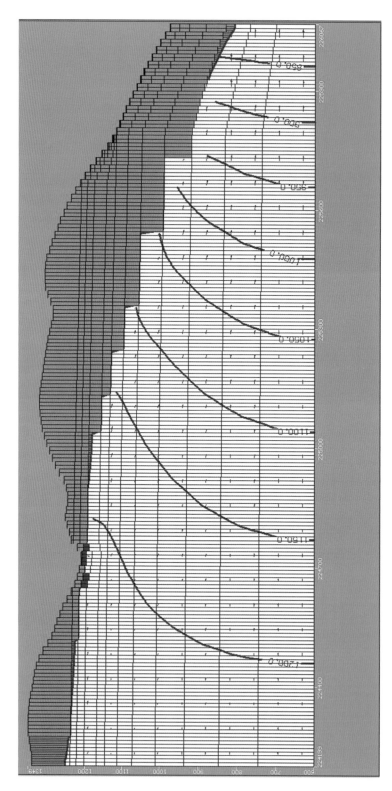

图 5-63　压力管道入口部分横向剖面计算流场图　（单位：m）

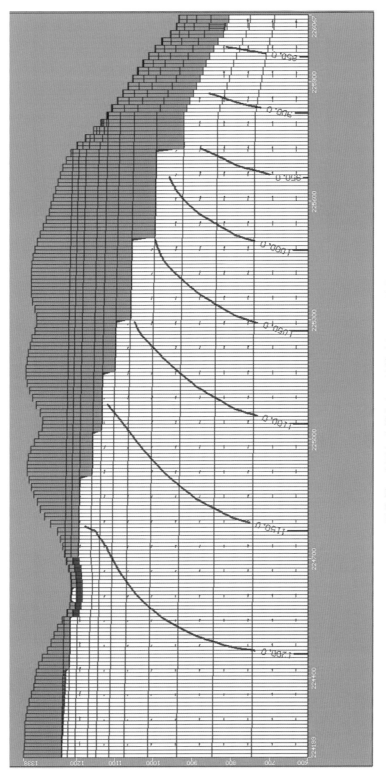

图 5-64　库尾部分横向剖面计算流场图　（单位：m）

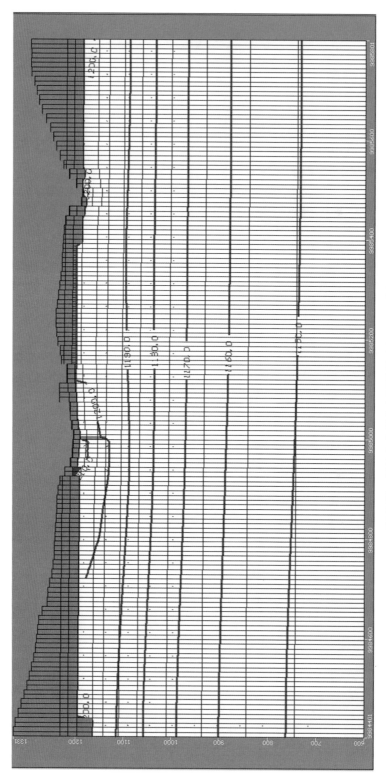

图 5-65 坝基部分纵向剖面计算流场图 （单位：m）

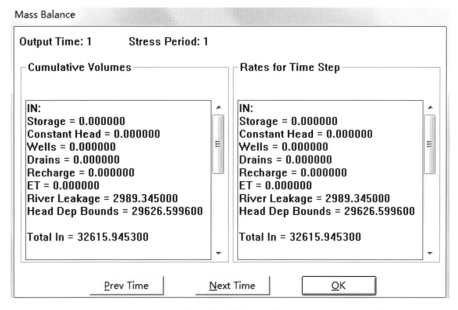

图 5-66　Mass Balance 水量均衡计算数据(第一部分)　(单位:m³/d)

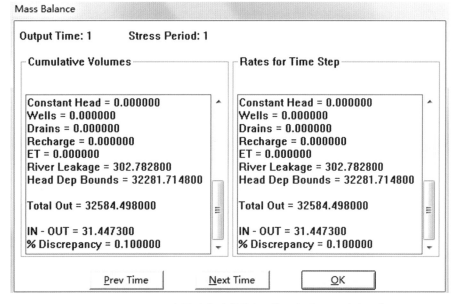

图 5-67　Mass Balance 水量均衡计算数据(第二部分)　(单位:m³/d)

表 5-13　水库基本设计帷幕状态最低运行水位 1 216 m 渗漏量计算成果

计算水位 (m)	总补给量		总排泄量 (m³/d)	补排差 (m³/d)	误差 (%)	收敛指标	
	渗漏量 (m³/d)	边界补给量 (m³/d)				水头差(m)	迭代残差
1 216	2 989.35	29 626.60	32 584.50	31.45	0.1	1.5	0.01

表 5-14　各种计算条件水均衡量统计

计算条件	计算水位（m）	总补给量		总排泄量（m³/d）	补排差（m³/d）	误差（%）
		渗漏量（m³/d）	边界补给量（m³/d）			
无水库			30 254.15	30 139.51	114.64	0.38
水库无帷幕	1 229.5	8 270.43	24 224.92	32 456.70	38.65	0.12
	1 216	3 476.44	29 326.80	32 693.23	110.01	0.34
水库基本设计帷幕	1 229.5	7 293.16	24 856.48	32 100.19	49.45	0.15
	1 216	2 989.35	29 626.60	32 584.50	0.1	

在基本设计帷幕条件下,按照最高运行水位 1 229.5 m 计算的水库渗漏量为 7 293.16 m³/d,渗漏量与同水位无帷幕相比减少 977.27 m³/d,减少 11.8%。按照最低运行水位 1 216 m 计算的水库渗漏量为 2 989.35 m³/d,渗漏量与同水位无帷幕相比减少 487.09 m³/d,减少 14%。

将增加防渗措施前、后库区渗漏量进行对比,结果见表 5-15。

表 5-15　增加防渗措施前、后库区渗漏量对比

计算条件	计算水位（m）	防渗前渗漏量（m³/d）	防渗后渗漏量（m³/d）	渗漏量减少（m³/d）	减少量与防渗前渗漏量比值(%)
水库基本设计帷幕	1 229.5	8 270.43	7 293.16	977.27	11.8
	1 216	3 476.44	2 989.35	487.09	14

表 5-15 中渗漏量计算结果为水库在固定水位条件下的计算渗漏量。实际上,调蓄水库为日调节水库,水库水位在一天内是变化的。在峰荷流量条件下,水库水位由最高运行水位 1 229.5 m 下降至最低运行水位 1 216 m,历时 4 h;在基荷流量条件下,水库水位由最低运行水位 1 216 m 上升至最高运行水位 1 229.5 m,历时 5 h。这两种情况下水库渗漏量应取两个水位下渗漏量的平均值。腰荷流量情况下,库水位维持最低运行水位 1 216 m 不变,持续时间为 15 h,这种情况下应取最低运行水位 1 216 m 时的渗漏量。依此,将各时段渗漏量通过持续时间进行加权统计,得出水库的实际渗漏量,见表 5-16。

合同规定"调节水库在最高运用水位 1 229.5 m 时,库区最大渗漏量应不大于 200 L/s,即 17 280 m³/d"。由上述计算结果可知:水库 1 229.5 m 水位时,无防渗帷幕水库渗漏量为 8 270.43 m³/d,按照基本设计防渗帷幕渗漏量为 7 293.16 m³/d,均小于合同规定的库区最大渗漏量值。从偏于安全角度考虑,按照基本设计的防渗帷幕方案实施。

表 5-16　各种计算条件下各时段水库实际渗漏量统计

计算条件	各时段渗漏量			总渗漏量（m³/d）	渗漏量减少（m³/d）	减少量与防渗前渗漏量比值（%）
	峰荷（m³/d）	腰荷（m³/d）	基荷（m³/d）			
水库无帷幕	978.9	2 172.8	1 223.6	4 375.3	0	0
水库基本设计帷幕	856.9	1 868.3	1 071.1	3 796.3	579	13

5.2.2.4　防渗方案布置

根据前期地质分析和渗流计算,作为调蓄水库防渗体系的一部分,调蓄水库帷幕灌浆共分为两部分:趾板帷幕灌浆和环库帷幕灌浆(见图 5-68)。其中,沿趾板线共布置 2 排帷幕,主帷幕位于次帷幕的下游,排距 1.2 m,孔距经灌浆试验验证采用 1.5 m。帷幕灌浆顶高程随趾板高程在 1 183.00~1 232.00 m 变化,底高程在 1 137.50~1 190.00 m 变化,深度在 42.0~45.0 m 变化。

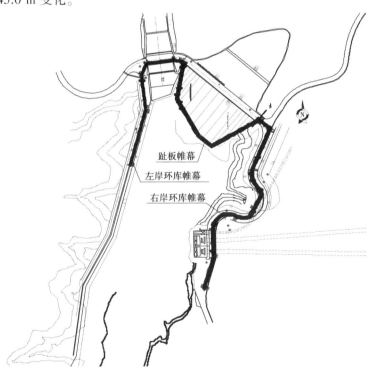

图 5-68　调蓄水库帷幕灌浆布置

环库帷幕灌浆左岸采用单排布置,顶高程 1 233.50 m,底高程 1 190.00 m,深度 43.50 m,间距 1.50 m;右岸采用双排布置,分主、副帷幕设置,其中主帷幕位于下游,副帷幕位于上游,排距 1.2 m,顶高程 1 233.50 m,主帷幕底高程 1 190.00 m,深度 43.50 m,副帷幕深度 21.75 m(为主帷幕深度的一半),底高程 1 211.75 m。

5.2.2.5 渗漏监测情况概述

为了保证调蓄水库在运行期间的安全,同时检验防渗体系的有效性,在面板堆石坝大坝基础及趾板基础安装了一定数量的渗压计,以记录基础渗透水压力的变动情况。同时,在面板堆石坝左右岸布置有6套测压管,以记录大坝周边的绕坝渗流情况。

1.面板堆石坝基础渗透水压力监测

在面板堆石坝基础及趾板基础共安装39支渗压计,设计编号:P2-30~P2-68,监测成果见表5-17和图5-69~图5-71。

表5-17 面板堆石坝及趾板基础渗透水压力监测成果

仪器编号	安装部位	桩号	高程（m）	水位(m)		月变量（m）	水压力换算水头（m）
				2017-06-28	2017-07-25		
P2-30	面板堆石坝基础	D0+64、V0+57	1 189.7	1 191.3	1 191.2	-0.1	1.5
P2-31	面板堆石坝基础	D0+64、V0+57	1 169.5	1 189.6	1 189.4	-0.2	19.9
P2-32	面板堆石坝基础	D0+64、V0+57	1 148.5	1 192.5	1 192.5	0	44.0
P2-33	面板堆石坝基础	D0+64、V0+25	1 185.6	1 185.5	1 185.5	0	-0.1
P2-34	面板堆石坝基础	D0+64、V0+25	1 169.8	1 182.8	1 182.7	-0.1	13.0
P2-35	面板堆石坝基础	D0+64、V0+000	1 171.4	1 176.4	1 176.5	0.1	5.2
P2-36	面板堆石坝基础	D0+64、V0-35	1 179.5	1 179.7	1 179.8	0.1	0.3
P2-37	面板堆石坝基础	D0+64、V0-35	1 179.5	1 176.9	1 176.9	0	0.4
P2-38	面板堆石坝基础	D0+94、V0+62	1 182.1	1 187.3	1 187.4	0.1	5.3
P2-39	面板堆石坝基础	D0+94、V0+62	1 165.0	1 189.5	1 189.3	-0.2	24.3
P2-40	面板堆石坝基础	D0+94、V0+62	1 142.0	1 188.9	1 189.0	0.1	47.0
P2-41	面板堆石坝基础	D0+97、V0+27	1 191.2	1 192.0	1 192.0	0	0.7
P2-42	面板堆石坝基础	D0+97、V0+27	1 165.5	1 177.3	1 177.3	0	11.7
P2-43	面板堆石坝基础	D0+94、V0+00	1 192.2	1 192.2	1 192.3	0.1	0
P2-44	面板堆石坝基础	D0+64、V0-80	1 176.6	1 181.6	1 181.6	0	0.2
P2-45	面板堆石坝基础	D0+94、V0-40	1 181.5	1 175.0	1 175.0	0	0
P2-46	面板堆石坝基础	D0+94、V0-115	1 169.8	1 170.4	1 170.4	0	0.6
P2-47	趾板基础	P0+041	1 205.9	1 214.0	1 213.7	-0.7	7.2
P2-48	趾板基础	P0+041	1 206.4	1 206.5	1 206.5	0	0.1
P2-49	趾板基础	P0+055	1 199.1	1 217.3	1 216.4	-0.9	17.3

续表 5-17

仪器编号	安装部位	桩号	高程（m）	水位（m）		月变量（m）	水压力换算水头（m）
				2017-06-28	2017-07-25		
P2-50	趾板基础	P0+055	1 200.0	1 200.2	1 200.2	0	0.2
P2-51	趾板基础	P0+085	1 190.5	1 215.5	1 214.0	−1.5	23.4
P2-52	趾板基础	P0+085	1 191.6	1 191.4	1 191.5	0	−0.1
P2-53	趾板基础	P0+111	1 183.3	1 204.4	1 203.6	−0.8	20.3
P2-54	趾板基础	P0+111	1 184.7	1 185.8	1 185.9	0.1	1.2
P2-55	趾板基础	P0+127	1 181.8	1 212.6	1 211.9	−0.7	30.0
P2-56	趾板基础	P0+127	1 183.4	1 185.6	1 185.7	0.1	2.2
P2-57	趾板基础	P0+135	1 181.5	1 203.4	1 203.6	0.2	22.0
P2-58	趾板基础	P0+135	1 183.4	1 185.9	1 186.0	0.1	2.6
P2-59	趾板基础	P0+155	1 190.5	1 213.1	1 212.6	−0.5	22.1
P2-60	趾板基础	P0+155	1 192.4	1 192.4	1 192.4	0	0
P2-61	趾板基础	P0+201	1 221.7	1 223.4	1 223.4	0	1.7
P2-62	趾板基础	P0+201	1 222.0	1 221.5	1 221.5	0	−0.5
P2-63	面板堆石坝主堆石区	D0+63、V0+33	1 198.6	1 199.0	1 199.1	0.1	0.5
P2-64	面板堆石坝主堆石区	D0+63、V0+0.6	1 198.6	1 198.9	1 198.9	0	0.4
P2-65	面板堆石坝主堆石区	D0+64 V0−32	1 198.8	1 198.7	1 198.8	0.1	0
P2-66	面板堆石坝主堆石区	D0+93、V0+30	1 205.6	1 205.6	1 205.6	0	0
P2-67	面板堆石坝主堆石区	D0+93、V0−0.6	1 205.3	1 205.2	1 205.2	0	0
P2-68	面板堆石坝主堆石区	D0+93、V0−39	1 205.1	1 205.3	1 205.3	0	0.2

注：表中"+"值为有压力或压力增大，"−"值为无压力或压力减小。

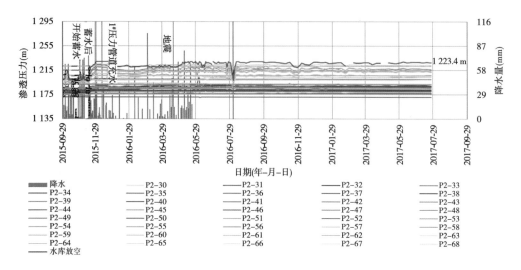

图 5-69　调节水库面板堆石坝坝体及坝基渗透压力监测成果过程线

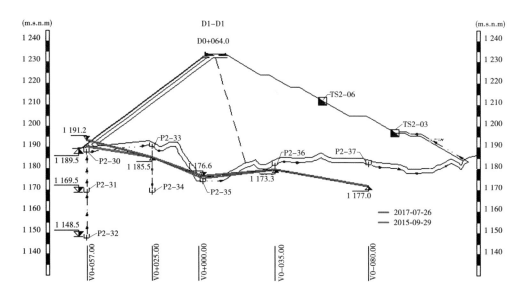

图 5-70　面板堆石坝 D0+64 桩号基础渗透水压力分布

从以上监测成果可见,调节水库 2015 年 10 月 2 日下闸蓄水,面板堆石坝基础和趾板等部位安装的渗压计重新取基准值。坝基础渗透水头月变量在 -0.2~0.1 m;趾板帷幕前渗透水头月变量在 -1.5~0.2 m;趾板帷幕后渗透水头月变量在 0~0.1 m。

2.绕坝渗流监测

在面板堆石坝左右岸布置有 6 套测压管(见图 5-72),编号 UP2-01~UP2-06。监测成果见表 5-18 和图 5-73。

从监测成果可见,调节水库库盆边坡测压管实测水位为 1 195.3~1 220.1 m,最大月变量为 -0.2 m。

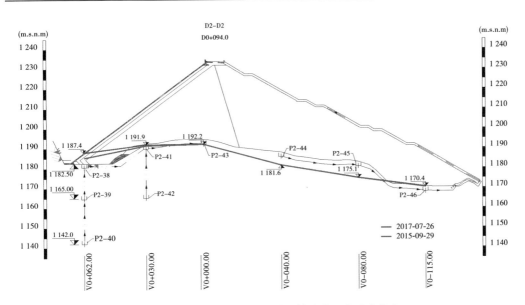

图 5-71　面板堆石坝 D0+94 桩号基础渗透水压力分布

图 5-72　调节水库面板堆石坝测压管布置

表 5-18　调节水库测压管监测成果

仪器编号	安装部位	桩号	孔底高程（m）	基准值时间（年-月-日）	水位（m）		月变量（m）
					2017-06-28	2017-07-26	
UP2-01	调节水库面板堆石坝左坝肩	9985129.2296 224732.2037	1 215.25	2015-09-09	1 220.1	1 220.1	0
UP2-02	调节水库面板堆石坝左坝肩	9985143.8488 224742.6214	1 214.78	2015-09-09	1 215.0	1 214.9	-0.1
UP2-03	调节水库面板堆石坝左坝肩	9985153.5212 224763.4521	1 215.00	2015-09-09	1 215.2	1 215.1	-0.1
UP2-04	调节水库面板堆石坝右坝肩	9985022.1595 224855.5855	1 210.20	2015-09-09	1 213.3	1 213.1	-0.2
UP2-05	调节水库面板堆石坝右坝肩	9985059.3881 224861.1882	1 215.00	2015-09-09	1 216.2	1 216.2	0.0
UP2-06	调节水库面板堆石坝右坝肩	9985091.0325 224869.0790	1 195.00	2015-09-09	1 195.3	1 195.3	0.0

注:表中"+"为水位升高,"-"为水位降低。

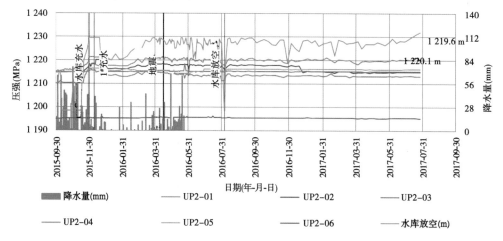

图 5-73　调节水库测压管监测成果过程线

3.小结

　　调节水库自 2015 年 10 月 2 日下闸蓄水,运行情况良好,从以上监测结果可以看出,无论是坝基础渗透水头变量、趾板帷幕前渗透水头变量、趾板帷幕后渗透水头变量还是库区边坡内实测水位变量,监测值都在合理区间,在很大程度上反映出前期进行的渗漏计算和模拟的结果是合理的,防渗方案能够满足水库防渗要求。

5.2.3　库岸稳定问题

为了满足调蓄水库日调节要求,调蓄水库需要在高程 1 216.00~1 229.50 m 的调节库容大于 88.0 万 m³,所以需要对调蓄水库库盆进行开挖,边坡开挖将形成人工边坡。

5.2.3.1　岸坡分类及稳定性初步评价

调蓄水库库区地形地貌属高山峡谷,两岸岸坡多陡峭。与库水接触的天然岸坡根据物质组成的不同可分为土质岸坡和岩质岸坡两类。其中,土质岸坡多分布在库水位以上相对平缓地段,物质组成以第四系残积、坡积块碎石土为主。该类岸坡现状条件下处于基本稳定—稳定状态。但是由于水库区内降水量大、日照强烈,土体含水量高,边坡在开挖后易发生坍塌、滑动等失稳现象。岩质岸坡岩性由 Napo 地层和 Hollin 地层的砂岩、页岩组成,其全—强风化岩体一般分布在高程 1 236 m 以上,其下为弱风化—新鲜岩体。该类边坡在自然状态下整体较稳定,但是表层易风化,局部陡峭岸坡段前缘在大规模风化卸荷裂隙切割组合条件下,易发生滑塌、掉块。

由于该地区为一单斜构造,岩层总体倾向 NE,倾角 3°~10°,左岸岩层倾向坡外,对稳定不利,右岸岩层倾向坡内,对稳定有利。依据自然边坡形态特征,按照距离坝轴线距离对库区两岸分别进行分段,并进行初步稳定性评价(见表 5-19)。

表 5-19　调蓄水库库岸稳定分析

段名	距坝距离(m)	分段长度(m)	左岸	右岸
Ⅰ	0+000~0+172.1	172.1	基本稳定	潜在不稳定
Ⅱ	0+172.1~0+281.5	109.4	潜在不稳定	基本稳定
Ⅲ	0+281.5~0+366.1	84.6	潜在不稳定	基本稳定
Ⅳ	0+366.1~0+857.9	491.8	潜在不稳定	潜在不稳定

从表 5-19 可以看出,左岸边坡潜在不稳定区域分布较多,右岸边坡潜在不稳定区域分布在坝前和库尾,考虑以上因素,库盆开挖以左岸为主,并考虑右岸不稳定区域。

5.2.3.2　边坡稳定性分析

1.边坡开挖方案

左岸 1 233.5 m 设 4.5 m 宽马道,马道以下边坡坡比 1:0.3;1 233.5~1 245.5 m 开挖边坡坡比 1:0.3。1 245.5 m 设 3 m 宽马道,该马道以上开挖边坡坡比 1:1.5,并每 6 m 设一级马道,马道宽 3 m。环库道路宽 8 m,由 1 253 m 降至 1 237.5 m。

右岸 1 233.5 m 设 8 m 宽马道兼作环库公路,以下边坡坡比 1:0.3;1 233.5~1 245.5 m 开挖边坡坡比 1:0.3。1 245.5 m 设马道,马道宽 3 m,1 245.5~1 253.5 m 开挖边坡坡比 1:0.5;1 253.5 m 以上开挖边坡坡比 1:1.5,每 8 m 设一级马道,马道宽 3 m。

2.稳定性计算分析

调蓄水库边坡稳定性分析采用两种边坡稳定分析软件 silde 和 rockplane,slide 分析土质边坡,rocplane 分析岩质边坡。在土质边坡分析中,假定滑动面为圆弧滑动面,求解平衡方程采用简化毕肖普法。岩质边坡分析中,采用刚体极限平衡法。由于库区降水丰沛,地震频繁,为满足边坡稳定的需要,水库正常蓄水位以上的覆盖层及岩层分析计算采用以下工况:①正常运用工况;②正常运用+降水;③正常运用+0.3g 地震;④正常运用+降水+0.15g 地震。在水库正常蓄水位以下的岩层,分析计算采用以下工况:①水位消落;②水位消落+0.15g 地震;③正常蓄水位+0.3g 地震。岩体物理力学参数选择见表5-20。

表 5-20　岩体物理力学参数选择

编号	岩层		自然容重（kN/m³）	饱和容重（kN/m³）	内摩擦角 $\varphi(°)$	黏聚力 $C(kPa)$
I	残积土		16	17	20	24
II-1	Napo 层	强风化	22	23	25	80~100
II-2		中风化	22.7	23.5	28~30	200~220
II-3		弱风化	23.5	24.8	32~34	300~350
III-1	Hollin 层	强风化	22.5	23.2	25~30	120~140
III-2		中风化	23	24	35	350
III-3		弱风化	24.5	26	40	700
IV	岩石层面				15	10
V	不同风化层面间	强风化			18	20~30
		中风化			20	50~60
		弱风化			25	80~100

经计算,所有断面稳定性均满足要求。

5.2.3.3　支护方案选择

根据设计开挖支护方案,土质边坡设植草网格梁,马道内侧设混凝土排水沟。库区边坡上部全—强风化岩体开挖后,采用系统喷锚支护加 PVC 排水孔支护。边坡下部弱风化—新鲜岩体段岩体质量整体较好,大部分区域不需要采取喷护就能自稳。同时,针对水位变动区(高程 1 216.00~1 236.00 m)内局部断层破碎带的边坡稳定问题,采取把断层破碎带挖出一定深度(断层破碎带宽度的1.5 倍)再回填混凝土的处理措施;针对局部裂隙密集带(IV、V类岩体部位)的边坡稳定问题,采用喷锚支护结合短排水管的处理措施。根据现场实施情况,采取以上措施后,从水库运行及现场监测情况来看,边坡稳定性要求能够得到满足。

5.2.3.4　变形监测情况概述

1.水平方向变形监测

水库边坡共 12 套多点(3 点)位移计,设计编号为 BX2-01 ~ BX2-12,部分监测成果见表 5-21。从监测成果可见,调节水库边坡累计位移最大月变形增量为 0.3 mm,变形趋势基本稳定;累计最大位移为 5.7 mm,未发现异常变形趋势。

表 5-21　调节水库边坡变形监测成果(水平方向)

仪器编号	安装部位	桩号	高程(m)	基准值起算日期(年-月-日)	到开挖面距离(m)	累计变形(mm)		月变量(mm)
						2017-06-28	2017-07-26	
BX2-01	调节水库左岸边坡1—1监测断面	CL0+72.66	1 260.00	2013-08-22	0	—	2.5	—
					4	—	0.1	—
					12	—	0.2	—
BX2-02	调节水库左岸边坡1—1监测断面	CL0+72.66	1 203.30	2013-01-07	0	2.0	2.0	0
					4	0.8	0.8	0
					12	—		
BX2-03	调节水库左岸边坡2—2监测断面	CL0+148.16	1 234.72	2013-09-23	0	3.5	3.4	−0.1
					4	1.9	1.8	−0.1
					12	−0.2	−0.2	0
BX2-04	调节水库左岸边坡2—2监测断面	CL0+148.16	1 205.87	2013-01-10	0	2.5	2.5	0
					4	1.6	1.6	0
					12	0.2	0.2	0
BX2-05	调节水库左岸边坡3—3监测断面	CL0+273.00	1 206.92	2013-01-11	0	3.2	3.2	0
					4	2.0	2.0	0
					12	0.9	1.0	0.1
BX2-06	调节水库左岸边坡4—4监测断面	CL0+273.01	1 239.00	2015-09-13	0	1.1	1.1	0
					4	0.4	0.4	0
					12	0	0	0

续表 5-21

仪器编号	安装部位	桩号	高程（m）	基准值起算日期（年-月-日）	到开挖面距离（m）	累积变形（mm） 2017-06-28	累积变形（mm） 2017-07-26	月变量（mm）
BX2-07	调节水库右岸边坡5—5监测断面	CL0+273.02	1 234.7	2015-09-13	0	0.8	0.8	0
					4	−0.1	−0.1	0
					12	−0.3	−0.3	0
BX2-08	调节水库右岸边坡5—5监测断面	CL0+273.03	1 254.7	2015-09-13	0	5.8	5.7	−0.1
					4	0.4	0.1	−0.3
					12	0.9	0.7	−0.2
BX2-09	调节水库右岸边坡6—6监测断面	CL0+200.00	1 234.5	2014-09-15	0	3.5	3.5	0
					4	2.9	2.9	0
					12	2.1	2.1	0
BX2-10	调节水库右岸边坡7—7监测断面	CL0+250	1 234.5	2014-11-21	0	2.4	2.4	0
					4	1.2	1.2	0
					12	−0.3	0	0.3
BX2-11	调节水库左岸边坡7—7监测断面	CL0+245.00	1 252.50	2013-09-30	0	2.0	1.9	−0.1
					4	0.1	0.1	0
					12	0	0	0
BX2-12	调节水库进水塔边坡	E0-9.1	1 216.5	2014-03-17	0	1.4	1.4	0
					4	0.3	0.4	0.1
					12	−0.4	−0.4	0

注：表中"+"值为滑动变形，"−"值为压缩变形。

2.边坡表面变形监测

水库边坡表面共埋设了56个表面变形监测点（水平位移），设计编号为SP2-01~SP2-55。监测成果见表5-22。

表 5-22　调节水库边坡表面变形监测（水平位移）成果

测点号	基准值（2015-09-10）		2017-08-11		累积变量（mm）	
	坐标（m）		坐标（m）			
	ESTE	NORTE	ESTE	NORTE	左右岸	上下游
SP2-01	224 627.904 3	9 984 989.129 9	224 627.928 8	9 984 989.127 5	-0.7	-4.5
SP2-02	224 654.365 9	9 984 982.117 6	224 654.383 8	9 984 982.108 1	-13.6	6.2
SP2-03	224 662.195 7	9 984 980.016 6	224 662.211 3	9 984 980.007 2	-8.2	6.2
SP2-04	224 599.363 6	9 984 976.075 1	224 599.386 1	9 984 976.070 8	-1.9	-3.0
SP2-05	224 622.433 7	9 984 969.857 1	224 622.453 5	9 984 969.850 1	0.7	-9.8
SP2-06	224 649.138 0	9 984 962.848 8	224 649.155 8	9984962.839 5	-12.2	1.5
SP2-07	224 657.020 7	9 984 960.854 6	224 657.037 9	9 984 960.847 8	-3.9	3.0
SP2-08	224 616.040 0	9 984 950.994 6	224 616.061 0	9 984 950.984 8	0.3	-12.8
SP2-09	224 643.980 2	9 984 943.567 6	224 643.995 9	9 984 943.559 2	-9.5	5.7
SP2-10	224 651.605 8	9 984 941.676 6	224 651.621 4	9 984 941.667 7	-2.2	-2.6
SP2-11	224 605.020 1	9 984 917.092 9	224 605.036 7	9 984 917.088 7	-1.4	-2.3
SP2-12	224 634.717 3	9 984 909.377 8	224 634.731 8	9 984 909.370 3	-4.4	-10.4
SP2-13	224 642.211 5	9 984 907.276 2	224 642.225 0	9 984 907.267 5	-1.0	-3.1
SP2-14	224 599.517 2	9 984 897.814 2	224 599.531 6	9 984 897.809 2	-0.9	1.1
SP2-15	224 629.298 9	9 984 890.096 1	224 629.312 0	9 984 890.087 2	-6.6	-6.3
SP2-16	224 637.144 9	9 984 887.913 3	224 637.157 4	9 984 887.903 5	-3.5	1.4
SP2-17	224 569.584 2	9 984 890.900 3	224 569.599 3	9 984 890.898 0	0.2	0.6
SP2-18	224 590.593 4	9 984 879.430 1	224 590.609 2	9 984 879.425 5	-0.6	-3.5
SP2-19	224 617.409 1	9 984 864.906 2	224 617.422 8	9 984 864.897 1	-7.5	-7.2
SP2-20	224 624.639 8	9 984 861.039 2	224 624.652 7	9 984 861.030 4	-0.8	-3.3
SP2-21	224 548.272 6	9 984 851.876 0	224 548.284 5	9 984 851.872 6	-0.7	-4.3
SP2-22	224 569.381 4	9 984 840.421 5	224 569.394 1	9 984 840.416 1	1.8	-4.1
SP2-23	224 596.022 2	9 984 825.901 4	224 596.034 2	9 984 825.892 7	-8.0	-10.7
SP2-24	224 603.142 6	9 984 822.136 1	224 603.152 8	9 984 822.126 1	-1.7	-4.0
SP2-25	224 540.875 5	9 984 780.772 7	224 540.884 9	9 984 780.767 0	-7.6	-3.4
SP2-26	224 564.696 6	9 984 777.519 8	224 564.705 8	9 984 777.515 2	1.0	-3.9
SP2-27	224 582.964 8	9 984 774.887 8	224 582.973 7	9 984 774.879 0	-5.8	-5.1
SP2-28	224 590.819 4	9 984 773.940 4	224 590.828 7	9 984 773.931 5	-2.2	-5.4
SP2-29	224 536.874 8	9 984 751.049 5	224 536.880 4	9 984 751.043 5	-8.2	-8.5

续表 5-22

测点号	基准值(2015-09-10) 坐标(m)		2017-08-11 坐标(m)		累积变量(mm)	
	ESTE	NORTE	ESTE	NORTE	左右岸	上下游
SP2-30	224 558.220 9	9 984 745.565 2	224 558.229 3	9 984 745.560 2	-1.4	-5.5
SP2-31	224 579.291 2	9 984 745.148 4	224 579.299 4	9 984 745.140 3	-10.7	-9.5
SP2-32	224 586.805 8	9 984 743.899 5	224 586.814 3	9 984 743.891 0	-0.8	-3.7
SP2-33	224 521.637 1	9 984 681.541 8	224 521.643 3	9 984 681.533 9	-8.2	-9.0
SP2-34	224 543.265 9	9 984 670.282 8	224 543.269 7	9 984 670.2738	-1.1	-7.8
SP2-35	224 557.318 5	9 984 662.963 1	224 557.324 8	9 984 662.952 7	-2.7	-10.6
SP2-36	224 505.155 8	9 984 656.238 8	224 505.160 0	9 984 656.230 0	-9.1	-11.7
SP2-37	224 528.840 8	9 984 643.986 8	224 528.843 3	9 984 643.977 4	-2.3	-12.0
SP2-38	224 509.017 9	9 984 600.106 2	224 509.020 3	9 984 600.097 5	-10.6	-15.4
SP2-39	224 529.393 2	9 984 607.804 5	224 529.394 3	9 984 607.796 3	-3.6	-11.4
SP2-40A	224 560.902 4	9 984 614.315 3	224 560.888 4	9 984 614.337 0	9.7	-12.2
SP2-40B	224 555.983 1	9 984 626.169 5	224 555.973 8	9 984 626.187 0	5.5	-10.0
SP2-41	224 762.039 9	9 984 705.557 1	224 761.974 3	9 984 705.543 9	8.5	-0.2
SP2-42	224 774.365 7	9 984 701.919 5	224 774.352 1	9 984 701.944 8	1.0	1.9
SP2-43	224 782.431 0	9 984 700.989 7	224 782.414 3	9 984 701.0139	6.3	-2.2
SP2-44	224 810.177 9	9 984 691.828 1	224 810.165 3	9 984 691.851 9	2.6	-1.7
SP2-45	224 753.238 3	9 984 669.011 7	224 753.219 4	9 984 669.038 7	10.5	-0.4
SP2-46	224 764.264 8	9 984 665.543 8	224 764.250 8	9 984 665.569 0	2.6	-0.2
SP2-47	224 770.505 2	9 984 661.845 9	224 770.488 1	9 984 661.871 1	2.8	-1.4
SP2-48	224 703.826 4	9 984 637.462 2	224 703.806 5	9 984 637.485 7	8.3	-4.6
SP2-49	224 709.046 9	9 984 626.892 5	224 709.027 4	9 984 626.917 6	3.5	-1.5
SP2-50	224 719.914 5	9 984 607.240 8	224 719.897 1	9 984 607.266 2	1.6	-3.1
SP2-51	224 658.871 3	9 984 615.288 6	224 658.879 8	9 984 615.312 1	-0.1	-1.6
SP2-52	224 664.413 6	9 984 604.184 8	224 664.394 3	9 984 604.212 8	2.8	-2.4
SP2-53	224 667.609 7	9 984 598.205 7	224 667.590 9	9 984 598.233 5	3.4	-3.1
SP2-54	224 674.421 5	9 984 584.674 4	224 674.401 6	9 984 584.700 8	4.7	-5.5
SP2-55	224 680.890 9	9 984 571.536 8	224 680.870 2	9 984 571.565 5	4.2	-2.9

注:表中"+"为向下游和左岸变形,"-"为向上游和右岸变形。

从以上监测成果可见,调节水库库盆边坡表面变形监测点东方向(近似左右岸方向)累积变形量在−13.6~10.5 mm,北方向(近似上下游方向)累积变形量在−15.4~6.2 mm,未见异常。

5.3　坝址区工程地质条件及评价

调蓄水库面板堆石坝坝顶高程 1 233.50 m,坝顶长度 141.00 m,坝顶宽度 10.00 m,最大坝高 58.00 m。上游坝坡 1:1.4,下游坝坡 1:1.8,下游设 4.0 m“之”字形上坝公路。开敞式溢洪道位于左岸,2 孔,单孔净宽 17.00 m,堰顶高程 1 229.50 m。下游泄槽纵坡 0.17,采用底流消能,消力池池深 1.80 m,池长 23.00 m。

5.3.1　坝址区工程地质条件概况

调蓄水库坝址区出露地层有:白垩系下统 Hollin 地层(K^h),岩性为页岩、砂岩互层,往往浸渍沥青,该层厚 85~100 m;白垩系中统 Napo 地层(K^n),岩性为页岩、砂岩、石灰岩和泥灰岩,该层可见出露厚度约 50 m,总厚度超过 150 m,库区内主要出露于 1 230 m 高程以上,Napo 上部岩层风化强烈,上部表层多已经全风化为黄褐色黏土、粉质黏土;第四系全新统地层(Q_4)主要是不同成因形成的松散堆积物,物质主要为崩积、坡积、洪积、残积等形成的块石及碎石夹土,多分布于较平缓山坡地带及支沟沟口,1 225 m 高程以上相对较发育(见图 5-74)。

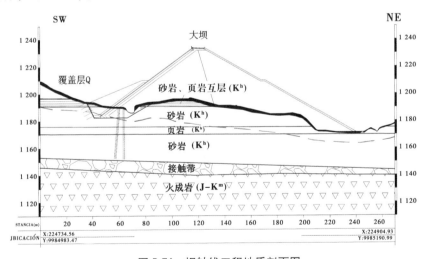

图 5-74　坝轴线工程地质剖面图

调蓄水库坝址区坝肩、坝基岩性主要为 Hollin 地层的砂岩、页岩互层。砂岩可分为粗粒砂岩、细粒砂岩、含沥青砂岩。Hollin 地层层理比较发育,岩石风化后呈黄褐色,岩体整体为中硬—较软岩类。岩体受风化影响程度较深,表层页岩多风化成泥状,岩体风化带厚度一般为 15~20 m。

坝址区岩体主要发育二组节理:①走向330°~340°,倾向NE或SW,倾角68°~88°;②走向60°~70°,倾向SE或NW,倾角70°~88°。发育的节理以陡倾角节理为主,闭合—张开。强风化带内节理面多蚀变变色,呈褐黄色,充填泥质或钙质,间距30~50 cm,节理一般延伸1~3 m,一般不切割相邻地层,节理贯通性较差。新鲜节理面表面可见黄铁矿颗粒。

5.3.2　建基面选择及岩体质量分类

结合库坝区的实际情况,风化卸荷、节理裂隙间距、结构面充填胶结状况等是影响岩体强度和岩体完整性的主要因素,将坝址区坝基岩体结构划归为层状结构、碎裂结构、散体结构3个大类。不同结构类型和岩体结构特征见表5-23。根据岩体力学特征、构造发育情况及岩体风化程度等因素,坝基岩体以弱风化—微风化、中厚层状—互层状结构为主,属Ⅲ$_1$~Ⅲ$_2$类岩体。

表5-23　不同结构类型和岩体结构特征

类别	结构类型		岩性组合	结构特征
	名称	亚类		
Ⅲ	层状结构	中厚层—薄层状结构	弱风化—新鲜Napo地层砂岩	岩石较坚硬,强度较高,裂隙不太发育,间距一般为40~50 cm,一般属弱透水—微透水
		中厚层—薄层状结构	弱风化、微风化—新鲜Hollin地层砂岩、页岩	岩石强度较低,裂隙不太发育,间距一般为30~60 cm,一般属微透水层
Ⅳ	碎裂结构	镶嵌碎裂或块状碎裂	强风化砂岩,页岩	岩体较破碎,节理裂隙发育组数多,延展性差,多呈微张状态,间距一般为10~30 cm,充填钙泥质物或岩屑,一般属弱透水—中等透水
		镶嵌结构	弱风化—微风化砂岩、页岩	岩体较破碎,结构面较发育,浸渍沥青
Ⅴ	散体结构		覆盖层、全风化层带	风化严重,部分保持原岩结构特征,表现为碎屑夹泥或全风化岩屑、残积层

由上述可见,坝基应坐落于Hollin地层弱风化和微风化—新鲜、层状结构的砂岩、页岩上。坝基岩体强风化带厚度10~15 m,风化带内岩体较软弱破碎,透水性较高,对其进行挖除或处理。岩层整体倾向北东,倾角较平缓,节理裂隙较发育但总体延伸较短。坝肩边坡平缓处有覆盖层发育,厚度一般为6~15 m,覆盖层可分为两层,上部为第四系崩积、坡积层,厚1~3 m,下部为岩体全风化层,为粉土、粉质黏土,对其进行处理后边坡稳定性较好。

5.3.3　趾板主要工程地质问题及处理措施

5.3.3.1　趾板右岸裂隙集带问题

右岸趾板地基岩体在开挖过程中发现,靠近趾板附近发育有一组裂隙密集带(见图 5-75),该裂隙密集带总体倾向上游,倾角很陡,延伸较长,与右岸趾板地基相交于高程 1 200~1 202 m 范围内,产状 265°∠88°,裂隙密度 8~10 条/m。该部位岩性为 Hollin 地层砂岩,局部夹有黑色页岩,岩体整体呈弱风化状。受层面及该组裂隙切割,该区域岩体较破碎,表面呈不规则"糖块"状,用手掰动可产生小规模掉块,整体围岩质量较差,可能会对趾板地基稳定造成影响。为保证趾板地基的稳定,针对该裂隙密集带的发育特征,决定采取挖除表面破碎岩体后回填细石混凝土进行加固的措施(见图 5-76),同时趾板下游喷射混凝土时,将该裂隙密集带延伸部分完全覆盖。根据现场施工情况,采取这些加固措施后,该裂隙密集带对工程没有造成大的不利影响。

图 5-75　节理密集带

图 5-76　加固处理后

5.3.3.2　趾板右岸页岩区问题

右岸趾板地基在开挖过程中发现,在趾板地基高程 1 190 m~1 195 m 范围内发育有大面积的黑色页岩(见图 5-77),该页岩属于 Hollin 地层,极薄层,由于成岩地质时期较短,易风化,总体倾向下游,倾角大多为 5°~10°。现场咨询认为该层页岩工程性质较差,压缩性高,渗透性强,可能会使趾板地基发生不均匀沉降,并产生渗漏。针对这种情况,决定对该区域页岩岩体进行加固(见图 5-78)。首先清除表层 30 cm 厚的破碎岩体,然后进行混凝土回填,同时增加该区域的锚杆长度及密度。根据现场施工情况,采取这些加固措施后,该页岩带对工程没有造成大的不利影响。

5.3.3.3　趾板左岸卸荷裂隙问题

左岸趾板地基在开挖过程中发现,趾板地基上部发育有一条卸荷裂隙(见图 5-79)。该裂隙总体倾向上游,倾角为 85°~88°,延伸较长,裂隙面表面张开度约 5 mm,充填钙质及碎屑。其存在可能会对左岸趾板稳定造成影响。针对此种情况,决定采取以下处理措施:趾板正下方和趾板下游 1 倍趾板宽度内,使用高压水枪冲洗裂隙,清理出填塞物,然后灌细石混凝土(混凝土等级为 B2)填塞裂隙空隙;在岩石表面做混凝土塞(深度 40 cm,宽度 50 cm)(混凝土塞子范围同灌细石混凝土范围),混凝土塞表面配一层 Φ 14 钢筋网,间

图 5-77　页岩部位(红框内)

图 5-78　加固处理后(红框内)

排距 10 cm×10 cm,混凝土塞中设 2 排Φ25 锚筋,锚筋长度 1.5 m;对于裂隙在趾板下游至坝轴线上游内的部分(包括已做混凝土塞处理的范围和未用混凝土塞处理的范围),沿裂隙方向铺设垫层料和过渡料覆盖。同时,在对趾板地基进行固结灌浆过程中,根据探明的裂隙产状特征,相应地加密、加深裂隙附近的固结灌浆深度。根据现场施工情况,采取这些加固措施后,该裂隙对工程没有造成大的不利影响。

图 5-79　卸荷裂隙发育部位(红线内)

5.4　放空洞工程地质条件及评价

调蓄水库放空洞前期兼有导流作用,进口位于调节水库右岸,压力管道进水口下游侧,总长约 443 m,坡度 4%,断面为城门洞形,成洞断面尺寸为 3.0 m×3.0 m。

5.4.1　放空洞工程地质条件概述

调蓄水库放空洞地层岩性为白垩系下统 Hollin 地层(K^h)页岩、砂岩互层。岩层总体倾向 NE,局部倾向 NW,倾角大多为 5°~10°,局部为 15°~20°。从开挖揭露的情况看,岩体结构以层状、碎裂结构为主,砂岩及页岩开挖后易风化,需及时进行喷护。在开挖过程中,共发现有 3 条断层(见表 5-24),断层规模都较小,对工程影响不大,分布情况见图 5-80。洞内围岩节理裂隙较发育,主要发育有两组优势节理裂隙:① 220°~250°∠75°~85°;②60°~80°∠80°~88°。以上两组节理裂隙多不切层,切割深度受层面控制,裂隙面闭合或微张,充填钙质,延伸一般小于 10 m,在页岩中中等发育,砂岩中较发育。根据 RMR 分类方法,整个洞段的围岩分类情况如表 5-25 所示。围岩类别统计见图 5-81,放空洞洞内岩体整体稳定性较好,局部Ⅳ类围岩段经加强支护后稳定。

表 5-24　放空洞开挖揭露断层

编号	出露桩号	产状	影响宽度	充填物
F374	0+100.00	240°∠85°	1 m	钙质、泥质
F373	0+180 ~0+213	122°∠59°~63°	10 cm	钙质、泥质
F372	0+319.5 ~0+328.8	90°∠52°	30 cm	钙质、泥质、岩屑

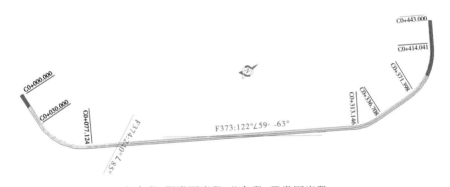

红色段:Ⅳ类围岩段;蓝色段:Ⅲ类围岩段

图 5-80　放空洞断层分布与围岩类别分布示意图

表 5-25　放空洞围岩分类

桩号	岩性	风化程度	地下水状态	围岩分级
0+000~0+012	砂岩、页岩互层	弱	潮湿	Ⅳ
0+012~0+277	砂岩、页岩互层	微	滴水	Ⅲ
0+277~0+284	页岩	弱	滴水	Ⅳ
0+284~0+386	砂岩、页岩互层	微	潮湿	Ⅲ
0+386~0+434	砂岩	弱	线状滴水	Ⅳ

5.4.2　开挖及支护方案

5.4.2.1　开挖施工

　　Ⅲ类围岩洞段采用全断面掘进施工,Ⅳ类围岩施工遵循"浅眼、密孔、弱爆破、强支护"的施工原则。爆破安全处理后,首先跟进喷混凝土临时支护,封闭顶拱,出渣后再进行钢支撑安装,布置系统锚杆,挂钢筋网,再喷混凝土。Ⅳ类围岩每循环进尺控制在

1.0~1.5 m。对于地下水丰富段采取设置排水孔集中引水。

5.4.2.2 支护施工

Ⅲ类围岩段：边顶拱设直径 25 mm、$L = 2.5$ m 系统锚杆，间排距 1.5 m×1.5 m；全断面喷混凝土厚 0.8 cm。

Ⅳ类围岩段：边顶拱设直径 25 mm、$L = 3.0$ m 系统锚杆，间排距 1.5 m×1.5 m；进出口前 10 m 设置间距 1.0~1.5 m 的 I16 I 型钢拱架，全断面设 Φ6@150×150 钢筋网，喷混凝土 25 cm；进洞 10 m 后视岩石情况设置随机钢拱架、喷锚支护。

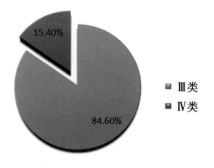

图 5-81　放空洞围岩类别统计

由于根据工程地质条件，采用了合适的开挖及支护方案，放空洞施工过程比较顺利，按照预定工期顺利完工。

5.5　小　结

（1）调蓄水库区属于 Sinclair 构造带内，岩层总体倾向 NE，倾角 3°~10°，整体地质构造较简单，没有发现大规模不良地质构造。库区内为单斜构造，通过构造裂隙大规模向库外渗漏的可能性较小。地层由微—中等透水的页岩、砂岩组成。水库渗漏主要包括左坝肩产生朝向北支的绕坝渗漏、沿坝基向下游河床渗漏、自坝肩向坝址左岸支沟以及河流下游渗漏、沿近水平地层向 Coca 河方向渗漏。采用解析法和数值模拟法对水库的渗漏量进行了模拟计算，采用防渗帷幕方案对这些部位实施防渗，结果满足合同规定的库区最大渗漏量限值要求。

（2）调蓄水库库区岩质岸坡岩性由 Napo 地层和 Hollin 地层的砂岩、页岩组成，该类边坡在自然状态下整体较稳定，但是表层易风化，局部陡峭岸坡段易发生滑塌、掉块，但是规模都较小，对工程影响不大。局部裂隙密集带（Ⅴ类、Ⅳ类岩体部位）采取喷锚支护结合短排水管的处理措施后稳定。

（3）调蓄水库坝址区坝基、趾板地基及溢洪道地基岩体为中厚—薄层状结构，弱风化—新鲜岩体，属Ⅲ₁~Ⅲ₂类岩体，经过灌浆处理后能够满足地基承载力和变形要求。

（4）调蓄水库右岸靠近趾板附近发育有一组裂隙密集带，采用挖除、回填、喷混凝土后稳定；右岸趾板地基在高程 1 190~1 195 m 范围内发育有大面积黑色页岩，其压缩性高，渗透性强，可能会使趾板地基发生不均匀沉降，并产生渗漏，采取加固防渗措施后稳定；左岸趾板地基上部发育有一条卸荷裂隙，采取清表、打混凝土塞等措施后，该裂隙对工程没有造成大的不利影响。

（5）调蓄水库放空洞岩体结构以层状、碎裂结构为主，围岩类别以Ⅲ类为主，局部为Ⅳ类，开挖支护后稳定。

第 6 章

压力管道工程地质条件及评价

CCS 水电站共布置 8 台机组,设 2 条压力管道,采用一洞四机方式供水。2 条压力管道均由进水塔、上平段、上弯段、竖井段、下弯段、下平段和岔支管段组成(见图 6-1)。其中,1#压力管道全长 1 850.7 m,上段长 739 m,竖井段长 535.5 m,下段长 576.2 m;压力管道钢筋混凝土衬砌段内径均为 5.8 m,钢管衬砌段长度 326.145 m。岔支管段总长 310.85 m,其中主支管长 93.00 m,1#岔管长 72.82 m,2#岔管长 57.96 m,3#岔管长 41.06 m,4#岔管长 46.01 m;岔支管段均为钢衬。2#压力管道全长 2 033.6 m,上段长 796.6 m,竖井段长 531 m,下段长 705 m,压力管道钢筋混凝土衬砌段内径均为 5.8 m,钢管衬砌段长度 406.145 m。岔支管段总长 310.09 m,其中主支管长 93.00 m,5#岔管长 72.82 m,6#岔管长 57.96 m,7#岔管长 40.30 m,4#岔管长 46.01 m;岔支管段均为钢衬。

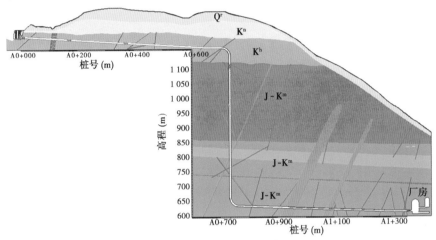

图 6-1　压力管道剖面示意图

根据压力管道工程布置、地形地质条件和施工工期要求,共规划 4 条施工支洞。压力管道上平段布置有 M4、M5 施工支洞,M4 施工支洞进口位于压力管道进口上游侧,末端交于 1#压力管道桩号 A0+44.00;M5 施工支洞为 1#、2#压力管道上平段连通洞,支洞位于 1#、2#压力管道桩号 A0+684.00、B0+684.00。压力管道下平段布置有 M1、M6 施工支洞,M1 施工支洞进口位于进厂交通洞桩号 0+281.65,末端交于 1#压力管道桩号 A1+275.37;M6 施工支洞为 1#、2#压力管道下平段连通洞,支洞交于 1#、2#压力管道桩号 A0+905.00、B0+905.00。施工支洞均采用锚喷支护形式,具体布置见图 6-2,支洞特性见表 6-1。

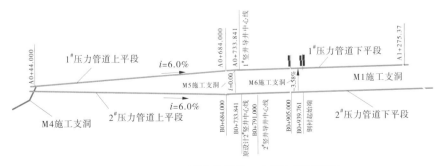

图 6-2　压力管道施工支洞布置示意图

表 6-1　压力管道施工支洞特性

支洞名称	断面尺寸（m×m）	入口高程（m）	出口高程（m）	支洞长度（m）	平均纵坡（%）	担负施工范围
M1	7.5×7.0	628.66	608.17	275.37	−7.44	竖井、下平段
M4	7.0×6.5	1 206.0	1 202.24	114.23	3.29	竖井、上平段
M5	4.5×5.0	1 165.44	1 165.44	69.30	0	1#、2#下平段连通
M6	7.0×6.5	622.18	624.84	74.30	−3.58	1#、2#下平段连通
M7	4.5×4.5	1 233.5	1 203.37	345.07	−8.73	上平段混凝土衬砌、2#竖井钢管安装及混凝土回填

6.1　压力管道基本工程地质条件

6.1.1　地形地貌

压力管道位于 Coca 河和 Granadillas 之间的高山峡谷区,地貌以中高山为主,地形起伏大,地势总体呈西高东低的趋势。区内岸坡高陡、河谷深切,相对高差达 700 余 m。河谷以 "V" 形为主,两岸各级支沟众多,呈树枝状水系,暴雨时常形成瀑布。区内植被发育,岸坡整体较完整,地表自然坡度一般为 30°~50°。Coca 河右岸河流侵蚀作用强烈,边坡岩体节理裂隙发育。区内泥石流较为发育,泥石流多为山区暴雨型,基岩山区的泥石流大都发生在中小型支沟中,方量一般仅数百立方米至数千立方米。

6.1.2　地质构造

区内属于 Sinclair 构造带,该构造带呈三角形,北部以 Coca 河为界,东部以 Codo Sinclair 为界,整体结构较简单。在开挖过程中没有发现规模较大的断层,但受构造影响,区内发育多条小规模断层,断层走向大多为 130°~180°,倾向 NE 或 SW,倾角 60°~80°。断层宽度普遍小于 50 cm,一般为 5~10 cm,断层充填物质普遍以角砾岩、岩屑夹泥为主。区内节理裂隙较发育,主要发育两组,其平均产状如下:

(1)走向 120°~170°,倾向 NE 或 SW,倾角 70°~88°。

(2)走向 70°~85°,倾向 SE 或 NW,倾角 70°~88°。

以上节理裂隙延伸一般小于 10 m,大多闭合或微张,张开度较大的多充填岩屑或泥。

6.1.3　地层岩性

压力管道的主要地层由老到新依次为:

(1)侏罗系—白垩系 Misahualli 地层(J-K^m):以火山岩为主,岩石组成较复杂,主要有火山凝灰岩、角砾岩、流纹岩等,该层下伏在 Hollin 地层之下,总厚度约 650 m。

(2)白垩系下统 Hollin 地层(K^h):岩性为页岩、砂岩互层,往往浸渍沥青,其中页岩为黑色,与砂岩交替出现,页岩层理厚一般从几毫米到几分米不等,砂岩厚度一般不超过

1 m,该层厚约 85 m,Hollin 地层与下部 Misahualli 地层呈不整合接触。

（3）白垩系中统 Napo 地层(Kⁿ):岩性为页岩、砂岩、石灰岩和泥灰岩。该层厚度为10~60 m。根据 SCE3 等钻孔揭露,Napo 地层上部岩层风化强烈,上部表层多已风化为黄褐色黏土、粉质黏土。

（4）第四系全新统地层(Q₄):不同成因形成的松散堆积物,物质主要为崩积、坡积、洪积、残积等形成的块石及碎石夹土,厚度 5~30 m。

压力管道上平段的高程分布在 1 180~1 200 m,为 Hollin 地层;下平段的高程分布在610~646.8 m,为 Misahualli 地层;竖井段 1 121~1 126.5 m 高程以上为白垩系下统Hollin 地层,以下为侏罗系—白垩系 Misahualli 地层火山岩(见图 6-1)。压力管道 Hollin地层砂页岩,根据钻孔岩芯及室内试验统计,砂岩比例 50%左右,属于中硬岩,页岩约占50%,属于中软岩;Misahualli 地层火山凝灰岩、角砾岩、流纹岩属于坚硬岩。

6.1.4　水文地质条件

依据地下水赋存条件,本次研究的对象包括两种含水岩组:第四系松散含水岩组和基岩裂隙含水岩组。

（1）孔隙水:主要赋存于第四系松散堆积体内。主要接受大气降水入渗补给,然后以泉水、渗流形式向低洼处排泄,地下水动态随季节、降水量变化较大。

（2）基岩裂隙水:赋存于各地层的节理裂隙中,受岩性和构造的控制。基岩裂隙水根据埋深进一步可分为浅层基岩裂隙水和深层裂隙承压水。浅层基岩裂隙水主要接受降水和地表水补给,而深层裂隙承压水主要与区域断层和区域性岩性组合特征有关。

工程区内地下水主要接受大气降水和侧向径流补给,尤其是南部山区向东北部 Coca河的侧向径流对工程区的影响较大。

水化学分析表明,该区地下水化学类型以 HCO_3^-—Ca^{2+} 型水为主,少量为 HCO_3^-—Ca^{2+} · Na^+ 型水,pH 值为 6.53~7.86。

在基本设计阶段,对压力管道附近钻孔压水试验进行了统计分析,结果见图 6-3、图 6-4。

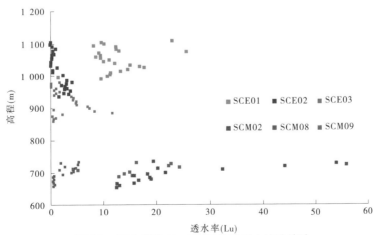

图 6-3　压力管道 Misahualli 地层压水试验统计

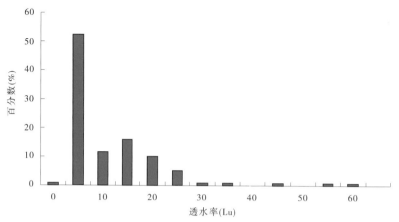

图 6-4　压力管道 Misahualli 地层透水率统计

由于地质构造和地层岩体的差异,不同的地层和岩体条件透水率也不同,渗透试验的统计分析结果见表 6-2。

表 6-2　不同的地层和岩体条件透水率统计

岩体条件	不同地层透水率(Lu)	
	Hollin 地层	Misahualli 地层
一般岩体	0~10	0~10
断层和裂隙密集带	40~60	20~40

由上述统计分析可知,上平段 Hollin 地层与下平段 Misahualli 地层大多为弱透水层,局部断层和裂隙密集带为中等透水层。

6.2　上平段工程地质条件及评价

1#压力管道和 2#压力管道进口如图 6-5 所示,上平段开挖高程为 1 169.0~1 207.0 m,全部位于白垩系下统 Hollin 地层(K^h)内,岩性为黑色页岩及灰白色砂岩,大多呈互层状,多浸渍沥青。页岩层理厚一般从几毫米到几分米不等,砂岩厚度一般不超过 1 m。根据开挖揭露的地质资料,1#压力管道和 2#压力管道上平段发育的断层共有 15 条,其产状、性质和分布位置见表 6-3 和图 6-6。从揭露的断层规模看,其规模都较小,对工程无

图 6-5　压力管道上平段进口照片

大的影响。围岩分类采用 Bieniawski 的 RMR 系统,依据此系统的评分结果,上平段围岩类别多为Ⅲ类(见表 6-4、表 6-5),稳定性较好,个别洞段围岩类别为Ⅳ类。洞段围岩大部分为潮湿—滴水,没有发现集中性涌水。1# 压力管道上平段围岩类别统计见图 6-7,2# 压力管道上平段围岩类别统计见图 6-8。

表 6-3 压力管道上平段揭露断层一览表

编号	产状	出露桩号	描述
f_1	220°~240°∠80°~86°	TP1(0+091~0+110) TP2(0+111~0+128)	断层带内充填泥质的碎裂岩,影响带宽约 17 m
f_2	252°∠70°	TP1(0+181~0+191) TP2(0+150~0+153)	破碎带内充填泥质、碎裂岩
f_{301}	320°∠38°	TP1(0+181~0+192) TP2(0+111~0+128)	破碎带宽约 50 cm,带内充填碎裂岩
f_{304}	265°∠60°	TP1(0+338~0+348) TP2(0+111~0+128)	破碎带宽 2~3 cm,带内充填碎裂岩
f_{305}	252°∠74°	TP1(0+374~0+383) TP2(0+111~0+128)	破碎带宽 2~5 cm,带内充填碎裂岩
f_{351}	275°∠65°	TP2(0+175~0+183)	破碎带宽 3~4 cm,带内充填泥质和碎裂岩
f_{352}	315°∠35°	TP2(0+176~0+184)	破碎带宽 1~2 cm,带内充填泥质和碎裂岩
f_{353}	310°∠30°	TP2(0+177~0+185)	破碎带宽 3~4 cm,带内充填泥质和碎裂岩
f_{354}	300°∠60°	TP2(0+178~0+186)	破碎带宽 4~5 cm,带内充填泥质和碎裂岩
f_{306}	348°∠70°	TP1(0+451~0+464)	破碎带内充填泥质、碎裂岩
f_{302}	124°∠55°	TP1(0+243~0+248) TP2(0+240~0+248)	破碎带内充填泥质、碎裂岩
f_{355}	235°∠53°	TP2(0+348~0+351)	破碎带宽 8~10 cm,带内充填碎裂岩
f_{357}	190°∠82°	TP2(0+520~0+529)	破碎带宽 5~10 cm,带内充填碎裂岩,错距约 1 m
f_{358}	15°∠65°	TP2(0+560~0+565)	破碎带宽 1~2 cm,带内充填碎裂岩,错距约 0.5 m
f_{359}	350°∠65°	TP2(0+597~0+605)	破碎带宽 1~5 cm,带内充填碎裂岩,错距 1~2 m

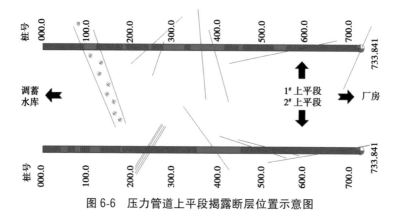

图 6-6 压力管道上平段揭露断层位置示意图

表 6-4 1#压力管道上平段围岩分类

桩号		长度(m)	RMR 分数	围岩类别
起	止			
PK0+000	PK0+015	15	<40	IV
PK0+015	PK0+096	81	58.18	III
PK0+096	PK0+125	29	38.36	IV
PK0+125	PK0+186	61	57.88	III
PK0+186	PK0+195	9	39.63	IV
PK0+195	PK0+246	51	566.00	III
PK0+246	PK0+252	6	38.76	IV
PK0+252	PK0+280	28	53.85	III
PK0+280	PK0+330	50	38.77	IV
PK0+330	PK0+345	15	46.69	III
PK0+345	PK0+398	53	40.15	IV
PK0+398	PK0+422	24	40.15	IV
PK0+422	PK0+455	33	47.38	III
PK0+455	PK0+465	10	36.40	IV
PK0+465	PK0+490	25	42.15	III
PK0+490	PK0+537	47	42.71	III
PK0+537	PK0+563	26	40.90	IV
PK0+563	PK0+615	52	43.65	III
PK0+615	PK0+645	30	43.97	III
PK0+645	PK0+688	43	44.29	III
PK0+688	PK0+722	34	458.00	III
PK0+722	PK0+739	17	47.86	III

表 6-5　2#压力管道上平段围岩分类

桩号		长度(m)	RMR 分数	围岩类别
起	止			
PK0+000	PK0+012	12	33.20	IV
PK0+012	PK0+039	27	42.20	III
PK0+039	PK0+057	18	39.00	IV
PK0+057	PK0+075	18	54.65	III
PK0+075	PK0+087	12	39.15	IV
PK0+087	PK0+109	22	48.90	III
PK0+109	PK0+116	7	37.22	IV
PK0+116	PK0+121	5	19.33	V
PK0+121	PK0+136	12.5	37.60	IV
PK0+136	PK0+181	47.5	49.90	III
PK0+181	PK0+185	4	38.25	IV
PK0+185	PK0+280	95	46.64	III
PK0+280	PK0+313	33	51.33	IV
PK0+313	PK0+358	45	47.03	III
PK0+358	PK0+375	17	40.23	IV
PK0+375	PK0+395	20	45.61	III
PK0+395	PK0+424	29	48.50	III
PK0+424	PK0+458	34	43.76	III
PK0+458	PK0+492	34	46.60	III
PK0+492	PK0+503	11	36.50	IV
PK0+503	PK0+550	47	44.68	III
PK0+550	PK0+568	18	39.29	IV
PK0+568	PK0+604	36	465.00	III
PK0+604	PK0+630	26	43.15	III
PK0+630	PK0+678	48	48.13	III
PK0+678	PK0+745	67	36.45	IV
PK0+745	PK0+752	7	460.00	III
PK0+752	PK0+759	7	36.00	IV
PK0+759	PK0+796.6	37.6	41.00	III

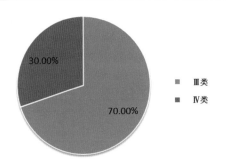

图 6-7　1#压力管道上平段围岩类别统计

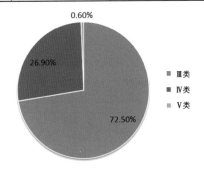

图 6-8　2#压力管道上平段围岩类别统计

6.3 竖井段工程地质条件及评价

6.3.1 1#竖井段工程地质条件及评价

1#竖井段地层岩性主要由两部分组成，1 121 m 高程以上为白垩系下统 Hollin 地层（K^h），岩性为黑色页岩及灰白色砂岩，大多呈互层状。产状近水平，总体倾向 NE，该层岩石易受风化，遇水易发生小规模滑塌与掉块，开挖过程中进行了及时喷护。1 121 m 高程以下为侏罗系—白垩系 Misahualli 地层（J-K^m）火山岩，岩石组成较复杂，主要有火山凝灰岩、流纹岩等，该层岩石属于坚硬岩，开挖后整体稳定性较好，但局部存在陡倾角节理密集带。1#竖井段围岩类别全部为Ⅲ类。

1#竖井段总长 535.5 m，以下分为 4 个洞段进行描述和评价。

6.3.1.1 高程 1 165.5～1 121 m 段

该段岩性为 Hollin 地层（K^h）灰白色砂岩及黑色页岩，呈互层状，倾角近水平，总体倾向 NE，岩质新鲜，易受风化，洞壁潮湿。岩体结构为中厚层—薄层状结构，节理裂隙中等发育，整体稳定性较好，但开挖过程中局部出现了小规模滑塌及掉块，及时支护后影响不大。该段围岩类别为Ⅲ类。

6.3.1.2 高程 1 121～967 m 段

该段岩性为 Misahualli 地层（J-K^m）火山岩，主要岩性为角砾岩、安山岩和少量流纹岩，该段岩石属于坚硬岩，岩体结构主要为块状、次块状结构，节理裂隙轻度发育，局部发育有小规模断层及节理密集带（见表 6-6），开挖支护后整体稳定。该段围岩类别为Ⅲ类。

表 6-6 1 121～967 m 段断层及节理密集带分布

编号	起止高程（m）		产状	宽度/充填物
	起	止		
F-252	1 061	980	185°∠85°	<2cm/钙质、泥质
JD-V1	1 098	1 062	90°～115°∠55°～65°	<8mm/岩屑
JD-V2	1 002	971	60°～75°∠63°～70°	<5cm/钙质、岩屑

6.3.1.3 高程 967～722 m 段

该段岩性为 Misahualli 地层（J-K^m）火山岩，主要岩性为角砾岩（见图 6-9）和流纹岩（见图 6-10、图 6-11），高程 722～750 m 段为角砾岩向凝灰岩过渡带。该段岩石属于坚硬岩，岩体结构主要为块状、次块状结构。洞壁大部分潮湿，局部滴水。但高程 830～800 m

段洞壁出水量明显增大,流纹岩发育,节理裂隙中等发育,10 m 洞段内平均涌水量在 600~1 200 L/min,且水量随着时间并无大的变化。施工中在该段进行了打排水孔、打随机锚杆等工程处理,围岩稳定,没有对工程造成大的影响,该段围岩类别为Ⅲ类。

图 6-9　角砾岩出露

图 6-10　流纹岩出露

6.3.1.4　高程 722~630 m 段

该段岩性为 Misahualli 地层(J-K^m)火山岩,高程 722~750 m 主要岩性为凝灰岩(见图 6-12)。该段岩石属于坚硬岩,岩体结构主要为块状、次块状结构,洞壁大部分潮湿,局部滴水。该段围岩类别为Ⅲ类。仅高程 722~707 m 段局部岩体受节理裂隙切割产生小规模塌方,经过喷锚支护后稳定。

图 6-11　流纹岩岩样

图 6-12　凝灰岩出露

6.3.2　2#竖井段工程地质条件及评价

2#竖井段地层岩性主要由两部分组成,1 126.5 m 高程以上为白垩系下统 Hollin 地层(K^h),岩性为黑色页岩及灰白色砂岩,大多呈互层状。产状近水平,总体倾向 NE,该层岩石易风化,遇水易发生小规模滑塌与掉块,开挖过程中需及时喷护。1 126.5 m 高程以下为侏罗系—白垩系 Misahualli 地层(J-K^m)火山岩,岩石组成较复杂,主要有火山凝灰岩、流纹岩等,该层岩石属于坚硬岩,开挖后整体稳定性较好,但局部存在陡倾角节理密集带,围岩类型为Ⅲ~Ⅳ类(见表 6-7、图 6-13)。

表 6-7　2#压力管道竖井段围岩分类

高程（m）		长度（m）	分值（RMR）	围岩分类
起	止			
1 165	1 090	75	49.85	Ⅲ
1 090	1 035	55	29.16	Ⅳ
1 035	1 012	23	50.04	Ⅲ
1 012	988	24	34.52	Ⅳ
988	862	126	51.75	Ⅲ
862	787	75	50.65	Ⅲ
787	693	94	58.22	Ⅲ
693	634	59	52.20	Ⅲ
总计		531		

2#竖井段总长 531 m，以下分为 7 个洞段进行描述和评价。

6.3.2.1　高程 1 165～1 126.5 m 段

该段岩性为 Hollin 地层（Kʰ）灰白色砂岩及黑色页岩，呈互层状，倾角近水平，总体倾向 NE，岩质新鲜，易风化，洞壁潮湿。岩体结构为中厚层—薄层状结构，节理裂隙中等发育，整体稳定性较好，该段围岩类别为Ⅲ类。

6.3.2.2　高程 1 126.5～1 090 m 段

该段岩性为 Misahualli 地层（J-Kᵐ）火山岩，主要岩性为角砾岩、安山岩和少量流纹岩，

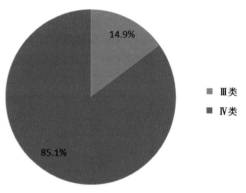

图 6-13　2#竖井段围岩分类统计

该段岩石属于坚硬岩，岩体结构主要为块状、次块状结构，节理裂隙中度发育，局部发育有小规模断层及节理密集带（见表 6-8），该段围岩类别为Ⅲ类。

表 6-8　高程 1 126.5～1 090 m 段断层及节理密集带分布

编号	起止高程（m）		产状	宽度（cm）/充填物
	起	止		
F-253	1 118	1 098	252°～279°∠78°～84°	<50/钙质、泥质
J.DV2-1	1 119	1 097	265°∠74°～65°	<5/钙质
J.DV2-2	1 116	1 104	252°∠77°	<20/钙质
J.DV2-3	1 112	1 108	255°∠77°	<6/钙质
J.DV2-4	1 107	1 104	235°～240°∠60°～74°	<20/钙质

6.3.2.3　高程 1 090~1 035 m 段

该段岩性为 Misahualli 地层(J-K^m)火山岩,主要岩性为角砾岩、安山岩和少量流纹岩,该段岩石属于坚硬岩。该段节理裂隙发育,岩体较破碎,渗水量较大。岩体结构主要为次块状、碎裂结构,局部发育有小规模断层及节理密集带(见表 6-9),该段围岩类别为Ⅳ类。

表 6-9　高程 1 090~1 035 m 段断层及节理密集带分布

编号	起止高程(m)		产状	宽度(cm)/充填物
	起	止		
F-254	1 095	1 035	160°~218°∠69°~81°	<40 /钙质、泥质
J.DV2－5	1 167	1 160	41°∠77°	<15 /钙质
J.DV2－6	1 156	1 154	176°∠72°	<30 /钙质

6.3.2.4　高程 1 035~1 012 m 段

该段岩性为 Misahualli 地层(J-K^m)火山岩,主要岩性为角砾岩、安山岩和少量流纹岩,该段岩石属于坚硬岩,岩体结构主要为块状、次块状结构,节理裂隙中度发育,局部发育有节理密集带(见表 6-10),该段围岩类别为Ⅲ类。

表 6-10　高程 1 035~1 012 m 段断层及节理密集带分布

编号	起止高程(m)		产状	宽度(cm)/充填物
	起	止		
J.DV2－7	1 035	1 026	180°∠80°	<10 /钙质
J.DV2－8	1 022	1 018	150°∠85°	<5 /钙质

6.3.2.5　高程 1 012~988 m 段

该段岩性为 Misahualli 地层(J-K^m)火山岩,主要岩性为角砾岩、安山岩和少量流纹岩,该段岩石属于坚硬岩。该段节理裂隙发育,岩体较破碎,渗水量较大。岩体结构主要为次块状、碎裂结构,局部发育小规模断层及节理密集带(见表 6-11),加强支护后稳定。该段围岩类别为Ⅳ类。

表 6-11　高程 1 012~988 m 段断层及节理密集带分布

编号	起止高程(m)		产状	宽度(cm)/充填物
	起	止		
F-255	1 000	970	157°~182°∠67°~84°	<40 /钙质
J.DV2－9	993	988	158°∠79°	<15/钙质

6.3.2.6　高程 988~787 m 段

该段岩性为 Misahualli 地层(J-K^m)火山岩,主要岩性为角砾岩、安山岩和少量流纹岩,该段岩石属于坚硬岩,岩体结构主要为块状、次块状结构,节理裂隙中度发育,局部发育有小规模断层及流纹岩条带(见表 6-12),加强支护后稳定。该段围岩类别为Ⅲ类。

表 6-12　高程 988~787 m 段断层及节理密集带分布

编号	起止高程(m)		产状	宽度(cm)/充填物
	起	止		
F-255	1 000	970	157°~182°∠67°~84°	<40 /钙质
F-256	941	932	192°∠82°	<15/钙质
DIQ. TOB(流纹岩带)	1 003	979	112°∠78°	变化大/无
DIQ. RIOL(流纹岩带)	953	913	133°∠84°	变化大/无
DIQ. RIOL(流纹岩带)	843	810	312°∠78°	变化大/无

6.3.2.7　高程 787~634 m 段

该段岩性为 Misahualli 地层(J-K^m)火山岩,高程 717 m 以上段主要岩性为角砾岩向凝灰岩过渡带,高程 717 m 以下段主要岩性为凝灰岩。该段岩石属于坚硬岩,岩体结构主要为块状、次块状结构,洞壁大部分潮湿,局部滴水,整体稳定性较好,该段围岩类别为Ⅲ类。

6.4　下平段工程地质条件及评价

压力管道下平段开挖高程 611~630 m,出露的地层岩性为青灰色、紫红色 Misahualli 地层的火山凝灰岩和 2 条肉红色 Misahualli 地层流纹岩条带。根据压力管道下平段和 M6 支洞开挖揭露地质条件,在下平段转弯段到 M1 支洞之间共揭露了 14 条断层和 2 条流纹岩带,具体描述详见表 6-13,断层及流纹岩带位置见图 6-14。围岩分类采用 Bieniawski 的 RMR 系统,依据此系统的评分结果,下平段围岩多为Ⅲ类围岩,个别洞段为Ⅱ类围岩(见表 6-14、表 6-15),没有大的断层,整体稳定性较好。仅在 1$^\#$洞下平段 1+100 处,由于受 f$_{33}$、f$_{30}$ 断层影响,出现集中性涌水,该部分属Ⅳ类围岩,加强支护后对工程影响不大。1$^\#$压力管道下平段围岩类别统计见图 6-15,2$^\#$压力管道下平段围岩类别统计见图 6-16。

表 6-13　压力管道下平段揭露断层和流纹岩一览

编号	产状	位置	描述
f$_{26}$	230°(50°)∠80°~90°	TP1(1+260~1+268) TP2(1+307~1+312)	宽 5~10 cm,充填角砾岩和泥
f$_{26-1}$	143°∠55°	TP2(1+270~1+277)	宽 3~5 cm,充填角砾岩和泥
f$_{27}$	245°~250°∠55°~76°	TP2(1+268~1+272)	宽 5~40 cm,充填角砾岩和泥
f$_{28}$	242°∠72°	TP1(1+188~1+190) TP2(1+218~1+220)	宽 20~35 cm,充填方解石脉
f$_{29}$	75°∠74°	TP1(1+135~1+137)	宽 3~5 cm,充填角砾岩

续表 6-13

编号	产状	位置	描述
f₃₀	50°∠80°	TP1(1+100~1+110)	宽 10~15 cm,充填泥
f₃₃	235°~245°∠75°~80°	TP1(1+093~1+105) TP2(1+133~1+135)	宽 0.8~1.2 m,充填黄色泥、角砾岩
f₃₆	305°∠57°	TP2(1+144~1+146)	宽 5~10 cm,充填泥
f₄₁	230°∠80°~85°	TP1(1+022~1+026)	宽 10~30 cm,充填角砾岩和泥
f₄₃	340°∠75°	TP1(0+893~0+911)	宽 5~15 cm,充填角砾岩和泥
f₄₅	263°∠74°	TP1(0+805) TP2(0+830~0+832)	宽 15~25 cm,上盘充填 3~10 cm 的石英, 下盘充填 2~5 cm 的泥,中间为角砾岩
f₄₆	70°∠75°	TP2(0+775~0+779)	宽 5 cm,充填石英和泥
f₄₇	82°∠75°	TP2(0+765~0+767)	宽 8 cm,充填方解石和泥
f₄₈	242°∠78°	TP2(0+750~0+757)	宽 2~9 cm,充填泥和方解石
R-1	170°∠83°	TP1(0+925~0+975) M6(0+010~0+025)	肉红色,岩体完整,干燥为主,局部渗水
R-2	330°∠72°	TP1(1+073~1+090) TP2(0+996~1+015)	肉红色,岩体完整,干燥为主,局部渗水

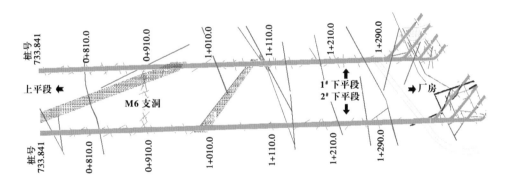

图 6-14　压力管道下平段揭露断层及流纹岩带位置示意图

表 6-14　1# 压力管道下平段围岩分类

桩号		长度(m)	RMR 分数	围岩类别
起	止			
PK0+733.8	PK0+750	16.20	51.53	Ⅲ
PK0+750	PK0+805	55	51.80	Ⅲ
PK0+805	PK0+830	25	53.90	Ⅲ
PK0+830	PK0+890	60	61.24	Ⅱ
PK0+890	PK0+935	45	52.57	Ⅲ

续表 6-14

桩号		长度（m）	RMR 分数	围岩类别
起	止			
PK0+935	PK0+975	40	61.53	Ⅱ
PK0+975	PK1+010	35	52.17	Ⅲ
PK1+010	PK1+035.5	25.5	55.02	Ⅲ
PK1+035.5	PK1+066	30.5	51.89	Ⅲ
PK1+066	PK1+082	16	54.78	Ⅲ
PK1+082	PK1+105	23	32.63	Ⅳ
PK1+105	PK1+118	13	53.10	Ⅲ
PK1+118	PK1+150	32	58.00	Ⅲ
PK1+150	PK1+175	25	57.68	Ⅲ
PK1+175	PK1+197	22	52.77	Ⅲ
PK1+197	PK1+220	23	51.65	Ⅲ
PK1+220	PK1+241	21	51.74	Ⅲ
PK1+241	PK1+265	24	50.90	Ⅲ
PK1+265	PK1+285	20	51.77	Ⅲ
PK1+285	PK1+310	18.83	53.29	Ⅲ

表 6-15　2#压力管道下平段围岩分类

桩号		长度（m）	RMR 分数	围岩类别
起	止			
PK0+733	PK0+770	37	51.43	Ⅲ
PK0+770	PK0+817	47	46.93	Ⅲ
PK0+817	PK0+870	53	59.94	Ⅲ
PK0+870	PK0+910	40	61.13	Ⅱ
PK0+910	PK0+965	55	54.40	Ⅲ
PK0+965	PK0+983	18	62.93	Ⅱ
PK0+983	PK1+015	32	53.33	Ⅲ
PK1+015	PK1+068	53	53.333	Ⅲ

续表 6-15

桩号		长度(m)	RMR 分数	围岩类别
起	止			
PK1+068	PK1+085	17	61.53	Ⅱ
PK1+085	PK1+155	70	55.28	Ⅲ
PK1+155	PK1+180	25	52.20	Ⅲ
PK1+180	PK1+210	30	50.86	Ⅲ
PK1+210	PK1+235	25	53.99	Ⅲ
PK1+235	PK1+265	30	52.53	Ⅲ
PK1+265	PK1+305	40	56.78	Ⅲ
PK1+305	PK1+340	35	59.26	Ⅲ
PK1+340	PK1+385	45	54.44	Ⅲ
PK1+385	PK1+438	53	56.56	Ⅲ

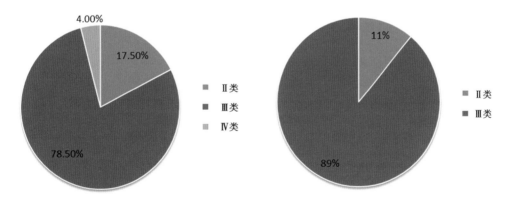

图 6-15　1#压力管道下平段围岩类别统计　　　图 6-16　2#压力管道下平段围岩类别统计

6.5　主要工程地质问题

6.5.1　压力管道 2#竖井反井钻机施工涌水塌方问题

6.5.1.1　反井钻机导井施工概述

在水电领域,竖井是一种重要的水工建筑物,由于其具有相对特殊的体型,因此开挖方法与其他地下工程相比有着很多不同。目前,国内外水电站竖井开挖主要有以下两种方法:第一种是自上而下的单向作业法,该方法为正井法施工,一般为全断面开挖,人工或机械打眼放炮,然后通过吊桶出渣。该方法技术成熟、适应性好,但对于超过 200 m 以上的深竖井则人工劳动强度大、效率较低、施工速度慢且造价较高。第二种是以反井钻机导井开挖为关键步骤的反井法,反井法竖井施工共分为三步,即正钻导孔、反扩导井及人工扩挖一次成型。该方法于 20 世纪 80 年代从国外引进,主要应用于煤矿行业,90 年代国产反井钻机引进到水电行业,在一些岩石强度较低、斜井较短的工程中也得到了很好的应用。此种方法大幅度提高了施工效率,改善了作业环境,在当前的水电建设中得到了越来越多的应用。但是,反井钻机施工中,也存在着很大的风险和问题,特别是当井深较大、地质条件较复杂时,涌水、塌孔、偏斜难以控制等问题就显得更为突出,稍有不慎就会造成卡钻、埋钻,给工程带来损失。

CCS 水电站竖井设计为两条,开挖洞径 7.1 m,衬砌后直径 5.8 m,井身段长度为 530 余 m,其深度在世界水电工程中也位居前列,施工风险较大,直接决定着水电站能否如期投产。因此,在竖井施工之前,对自上而下的人工开挖法及反井钻机法进行了方案比选。发现当采用自上而下的人工开挖法时,由于区域地层中地下水丰富,破碎带可能会出现大量涌水,竖井被淹没的风险极大,这对竖井向上排水是一个难以解决的困难,当竖井开挖较深时,吊篮出渣缓慢,施工时间长,而反井钻机施工时不存在向上排水的问题,在人工开挖时,也不存在向上出渣的问题,且在引水竖井施工前上平洞及下平洞已开挖至竖井位置,具备了反井钻机施工条件。基于此,决定采用反井钻机施工(见图 6-17~图 6-21)。

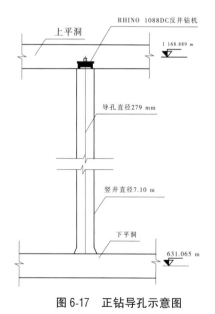

图 6-17　正钻导孔示意图　　　　图 6-18　反扩导井示意图

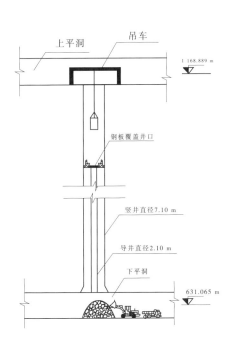

图 6-19　人工扩挖示意图

图 6-20　导井贯通

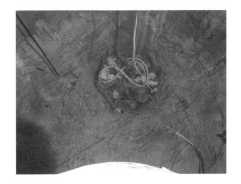

图 6-21　人工扩挖

由于 CCS 水电站竖井深度达到了 530 余 m,穿过的地层地质条件复杂,施工风险大,这就要求反井钻机具备优良的性能以应对钻进过程中的复杂地质条件,经过众多设备比选,最终采用的设备为 RHINO 1088DC 新型反井钻机。该钻机由芬兰 SANDVIK 公司研制,主要用于矿山及水利水电工程竖井和斜井施工。反井钻机由主机、电气液压控制柜、电机、液压系统、钻具(钻杆、钻头)等组成,如图 6-22 所示。其性能如下:钻机主机质量 16 500 kg,正钻导孔时最大推力 400 kN、最大扭矩 100 kN·m,反扩导井时最大拉力 4 000 kN、最大扭矩 737 kN·m,具备在破碎围岩条件下的脱困能力,最大转速 60 r/min,液压油缸最大行程 1.97 m,单根钻杆长度 1.524 m、质量 430 kg,直径 25.3 cm,钻杆的安装和拆卸均由机械手自动进行,回转部分由两台变频电机(VFD)驱动,可实现无级变速,驱动总功率为 260 kW,反井钻机配备了智能孔内电视系统、高精度钻孔测斜仪等辅助设备,设计最大钻深可达 1 000 m。

6.5.1.2　压力管道 2#导井涌水塌方过程

按照施工方案,两条压力管道竖井采用反井钻机进行导孔施工。1#压力管道施工较为顺利,按照计划完成了导孔及导井施工。但是 2#压力管道在施工中由于孔内水文地质条件发生了较大变化,给施工造成了较大的困难。2#竖井导孔于 2013 年 1 月 21 日第一次开钻,该孔钻进到 233 m 处时发生了埋钻事故,于 3 月 5 日结束施工。

(a) 钻机主机

(b) 钻杆

(c) 导孔钻头

(d) 导井钻头

图 6-22　RHINO 1088DC 新型反井钻机

第二次开钻于 2013 年 3 月 27 日,该孔位于前一个孔的下游,距离约 7.2 m。该导孔在施工中遇到了孔内岩体破碎,出现钻进困难的情况,并先后 5 次对孔内进行了灌浆(见表 6-16)。通过采取各种措施,该导孔于 6 月 5 日贯通,更换钻头后开始向上反拉进行导井施工。但是在导井施工至 6 月 11 日时,导井内突然发生大规模涌水塌方,并于 6 月 12 日中午形成第一次堵井,此时扩挖导井 192 m。6 月 19 日在下井口采用小药量爆破震动后,导井疏通,扩挖反井恢复施工,本次塌方体经估算折合自然方约 2 866 m³。但是当恢复施工至 6 月 28 日时,导井在扩挖过程中因钻进异常再次停机,此时完成扩挖 268 m。

表 6-16　2# 压力管道导孔灌浆统计

次序	时间 (月-日)	深度 (m)	灌浆管深度 (m)	灌浆长度 (m)	水灰比	注浆量 (m³)	灌浆压力 (MPa)	说明
1	04-05	117	110	全孔		11		浆液面下沉 9.8 m
2	04-18	183	170	58	0.6:1	6	0.1~0.6	
3	04-24	190	181	全孔	0.6:1	11.7	0.2~0.8	浆液面下沉 3 m
4	05-04	260	256	105.2	0.7:1	8.5	0.3~1.2	
5	05-13	290	259	46	0.7:1	4.4	0.4~1.5	

在停机期间,井内发生多次塌方,其中两次有大量塌方体从井内涌出,并再次形成堵井(见图 6-23~图 6-25)。2013 年 7 月 21 日,在水压力和塌方体自身重力作用下,竖井自行疏通。由于反拉刀盘在竖井塌方中受到冲击损坏,因此准备更换刀盘后继续反拉。7 月 22 日开始下放刀盘,23 日反拉刀盘在下放过程中受井内塌方冲击,刀盘和部分钻杆脱落,遗留井内成为障碍。在采取了一系列措施无效后,最终不得已放弃该施工中的导井。通过观测,自发生涌水塌方以来,在不堵塞的情况下,竖井涌水量为 400~800 m³/h,最高达 1 200 m³/h。为了探明塌方段的位置,进行了孔内摄像,初步推断塌方段高程为768.5~819.5 m。

图 6-23　塌方体落入下井口处

图 6-24　下井口处被塌方体堵塞

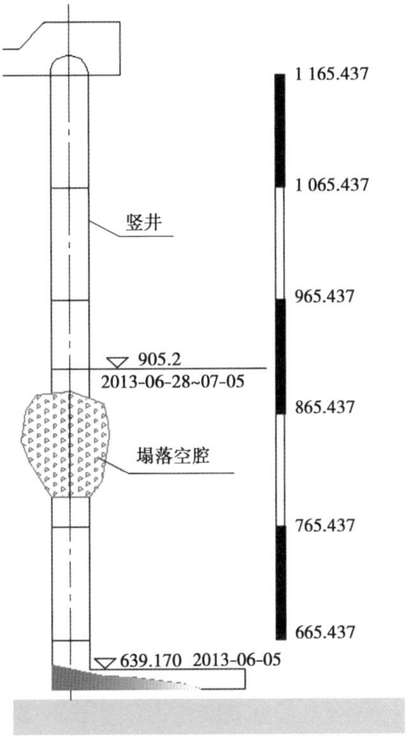

图 6-25　塌方及反拉示意图

6.5.1.3　导井发生涌水塌方的原因分析

造成孔内涌水塌方的原因有很多,其中断层、节理密集带、岩性接触带、地下水的影响往往起着决定性的作用,因此对 1# 和 2# 压力管道上、下平段开挖揭露的断层等构造带进行分析,筛选出对孔内塌方段有影响的地质信息就显得尤为重要,经过整理分析后,主要形成以下成果:

（1）如前所述，1#和2#压力管道上平段开挖高程为1 169.0～1 207.0 m，全部位于白垩系 Hollin 地层（K^h）内，岩性为黑色页岩及灰白色砂岩。根据开挖揭露的地质信息，1#和2#压力管道上平段发育的断层共有15条，规模较小，且在开挖段内没有发现集中性涌水。

（2）压力管道下平段开挖高程为611～630 m，出露的地层岩性为青灰色、紫红色 Misahualli 地层（J-K^m）的火山凝灰岩和肉红色流纹岩。根据压力管道下平段和 M6 支洞开挖揭露地质条件，在下平段转弯段到 M1 支洞之间共揭露了14条断层和2条流纹岩岩脉，具体描述详见表6-13，出露位置见图6-14。根据开挖揭露情况，下平段围岩质量总体较好，没有发育大的断层，在1#洞下平段1+100处，由于受f_{33}、f_{30}断层影响，出现集中性涌水，该部分属Ⅳ类围岩。

（3）根据在下平段对老井内垮落岩渣的观察，岩渣主要岩性为肉红色流纹岩、灰黑色凝灰岩及少量的火山角砾岩，其中流纹岩占了较大的比例。因此，可以推断塌方段主要分布在流纹岩地段。同时，根据导井的施工记录及开挖揭露的地质信息推测，2#竖井塌方段内的流纹岩主要发育在999.3～1 022.3 m、833.3～844.3 m、698.3～813.3 m 三个高程区段内，而且钻进记录显示，在高程775.3～826.3 m 范围内，围岩破碎，钻进中有塌孔现象，与预测塌方段（高程768.5～819.5 m）相吻合。推测流纹岩与其他岩性的接触带部位可能较破碎。

（4）根据断层产状与竖井段的位置关系，做出了三维地质模型（见图6-26），在整个压力管道揭露的断层中，只有f_{46}、f_{47}有可能对2#竖井老井塌方段产生影响。它们在竖井段的分布高程为751.5～785.0 m，与塌方段部分重合（见图6-27）。这2条断层在下平段出露的情况显示：其规模小，宽度仅为5～8 cm，充填方解石、石英和泥，地下水不活跃，岩体较完整，下平段没有超挖或者岩体塌方现象发生。但是，由于竖井分布区域内地质条件比较复杂，断层在不同部位的展布规模也可能会发生较大变化。因此推测，这2条断层在竖井段规模变大或者影响带变宽是引起老孔塌方的一个重要因素。同时，与f_{46}、f_{47}断层平行发育的节理密集带，大部分倾角较陡，对竖井段的岩体影响也比较明显。

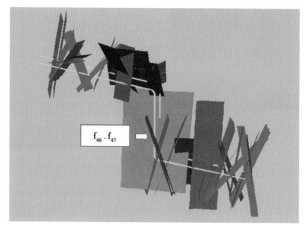

青色—1#、2#压力管道；黄色—流纹岩带；红色—断层

图6-26 三维地质模型

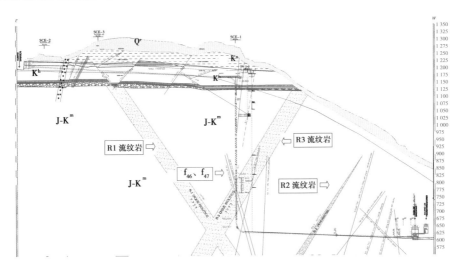

图 6-27　2#竖井断层影响分布

（5）根据在下平段对竖井内垮落岩渣的观察，岩渣主要岩性为肉红色流纹岩、红褐色或灰黑色安山岩、灰黑色凝灰岩及少量的火山角砾岩，其中流纹岩占了很大的比例（见图 6-28）。因此可以推断，塌方段主要分布在流纹岩地段，应该重点关注流纹岩分布区。根据导井的施工记录及开挖揭露的地质信息推测，2#竖井内的流纹岩主要发育在 1 104.3 ~ 1 123.3 m、993.3 ~ 1 023.3 m、818.3 ~ 973.3 m、698.3 ~ 813.3 m 四个高程区段

图 6-28　塌方体岩渣

内，而且钻探记录显示，在高程 775.3 ~ 826.3 m 范围内，围岩较破碎，钻进中有塌孔现象，与预测塌方段相吻合。因此可以推断，在预测塌方段内，可能分布有不利结构面，造成围岩破碎。

（6）由于反井钻机在钻进中用水冷却，地下水变化的情况不易掌握，且钻探资料没有关于地下水变化的记录。根据观测的情况，自 6 月 11 日发生涌水塌方以来，在不堵塞的情况下，竖井涌水量为 400 ~ 800 m³/h，最高达 1 200 m³/h，水量大且持续时间长，随着时间的推移水量没有明显变化趋势，因此可以排除岩体内局部富水带的影响。推测南部山区向东北部 Coca 河的侧向径流对工程区的影响较大。

6.5.1.4　针对性的勘测探测工作

根据设计，2 条压力管道竖井距离相距约 78 m，运行水头在 500 m 以上。塌方体空腔的存在会对压力管道的施工和运行造成不利影响。因此，为了确保竖井安全，并为下一步寻找新的 2#井位提供依据（为描述方便，后面叙述中称因发生塌方而废弃的竖井为"老井"），需要采取相应的勘测探测手段来确定塌方体的展布情况、破坏规模、不良地质体的

发育特点等。本工程采取了钻探、物探、激光扫描等多种手段对塌方体及其造成的影响进行了探测,取得了预期效果。

1.钻探

由于孔内塌方段主要集中在流纹岩分布区,因此应该对该区域重点关注。从压力管道下平段 0+996—1+090 段和 M6(0+010—0+025)支洞处揭露有 2 条流纹岩带(R1 和 R2)(见图 6-27),这应该与孔内的流纹岩带存在联系。此外,根据 2 条竖井的施工记录,2 条竖井段内存在多段流纹岩带。因此推测,除 R1 和 R2 外,还可能存在数条倾向上游或下游的未发现的流纹岩带(R3)与竖井段相交,因此为了揭露可能于 2# 竖井相交的流纹岩带,需要在相应部位布置勘探孔。同时,为了了解新孔位处的不良地质体的发育情况,也应采取钻探手段进行勘探。为了达到以上目的,同时考虑工期,特制订了以下钻探方案,勘探布置如图 6-29 所示。

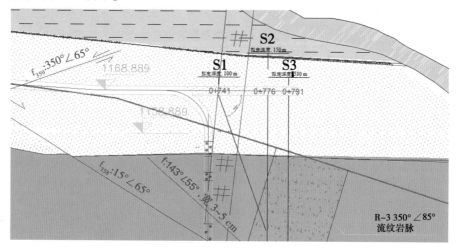

黑色直线—2# 压力管道新位置及勘探孔位置;黄色阴影—流纹岩带;红色—断层

图 6-29 2# 竖井勘探布置图

(1)计划在 2# 上平洞布置 3 个钻孔:S1、S2、S3。其中 S1 布置于原竖井位置,为斜孔,桩号 0+741;S2 在 S1 钻孔下游 35 m 位置,即桩号 0+776;S3(初定的新井位)在 S1 钻孔下游 50 m,即桩号 0+791。

(2)S1 钻孔初步设计为斜孔,倾向下游,倾角 70°,该孔为地质钻孔,孔深初步设计为 100 m,目的是验证 R3 流纹岩带的存在,根据设备性能以及实际地质条件进行调整。

(3)S2 为垂直孔,该孔为地质钻孔,孔深初步设计不小于 150 m,目的是与 S1 钻孔配以确定流纹岩的展布情况,先于 S1 施工。

(4)S3 初步确定为新的 2# 井位置,由反井钻机施工,按照导孔施工的标准进行,孔深暂定为 530 m,从 2# 压力管道上平段直接贯通至下平段。由于该孔不能取芯,因此将根据推力、扭矩、岩渣情况进行围岩判别。如果进展顺利,同时未发现有大的构造影响带和高水头地下水,则就地进行导井反拉施工以节约工期。

(5)由于上述钻孔主要为了了解地质构造及围岩完整性,因此对地质钻孔取芯直径不做具体要求。

（6）将视情况进行钻孔波速测试，以了解围岩情况。

（7）根据现场已有设备情况，首先进行 S2、S3 钻孔施工，然后根据地质条件决定 S1 钻孔是否实施。

2013 年 9 月 2 日，新的 2# 竖井孔位（S3）得以确定并开始进行导孔施工，该孔兼顾勘探孔功能。同时，为验证流纹岩的分布情况，S2 孔开始施工，该孔于 9 月 19 日完工，终孔深度为 152 m，孔内未发现流纹岩（R3）分布。因此，原计划的 S1 斜孔取消。

S3 孔自 9 月 2 日开始掘进，为了了解孔内的地质情况，记录了钻机推进力、扭矩、返渣、回水情况，并结合岩渣对孔内地质情况进行判断。根据钻进记录，该孔在深度 44.2～47.2 m、84.0～85 m 段夹泥，84.0～110.0 m 段钻进中返渣较困难，冲渣时间长，为推测塌孔段。针对以上情况，在 110 m 深度以上，共进行了三次孔内固结灌浆，分别在高程 1 083.3 m、1 078.5 m、1 052.5 m，即深度 79.2 m、84 m、110 m 处。经过分析，造成以上孔段岩体破碎，产生塌孔的原因除孔内裂隙比较发育外，f_{x-1} 断层的影响是重要因素。同时，在 S2 钻孔钻进过程中，深度 126～129 m、132～135 m 段取芯困难，不返水，并伴有夹泥卡钻现象，进一步印证了断层的影响（见表 6-17、图 6-30）。为保证扩孔反拉的安全，在完成 481.5 m（高程 681.0 m）后，对 S3 孔进行了全孔纯压式灌浆（见表 6-17）。

2013 年 12 月，1# 竖井已经完成扩孔施工，根据开挖揭露的地质情况，在高程 1 121.0 m 以上为 Hollin 地层（K^h）内的黑色页岩及灰白色砂岩，其下为 Misahualli 地层（$J-K^m$）的火山角砾岩、凝灰岩及流纹岩，其分布范围见图 6-31、表 16-18。1# 竖井开挖较顺利，除局部有涌水及小规模裂隙密集带和断层外，围岩情况整体较好，围岩类别全部为 Ⅲ 类。

表 6-17　S3 孔导孔施工揭露岩性一览

分布高程（m）	岩性	地层	厚度（m）
孔口～1 124.4	黑色页岩及灰白色砂岩	Hollin	38.1
1 124.4～1 021.5	灰红色—灰黑色火山角砾岩	Misahualli	102.9
1 021.5～1 010.5	蓝灰色凝灰岩	Misahualli	11
1 010.5～893.5	灰红色—浅红色火山角砾岩	Misahualli	117
893.5～882.5	浅红色流纹岩	Misahualli	81
882.5～880.5	青灰色凝灰岩	Misahualli	2
880.5～853.5	浅红色流纹岩	Misahualli	27
853.5～852.5	青灰色凝灰岩	Misahualli	1
852.5～839.5	浅红色—灰白色流纹岩	Misahualli	13
839.5～838.5	青灰色凝灰岩	Misahualli	1
838.5～833.5	灰红色流纹岩	Misahualli	5
833.5～826.5	凝灰岩夹流纹岩	Misahualli	7
826.5～781.5	流纹岩	Misahualli	45
781.5～768.5	青灰色火山角砾岩夹杂色流纹岩	Misahualli	13
768.5～636.50	紫红色—青灰色凝灰岩夹少量角砾岩、安山岩	Misahualli	132

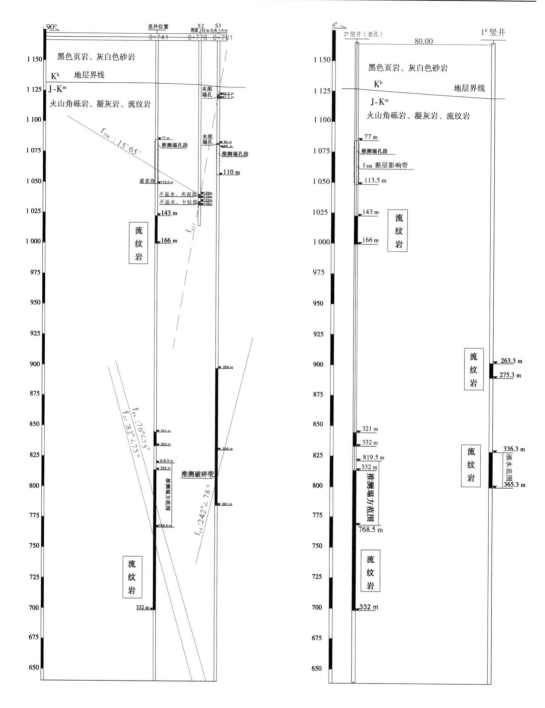

图 6-30 S3 孔与老孔地质情况对比示意图   图 6-31 1#竖井与老孔地质情况对比示意图

通过对 1#竖井、2#竖井老孔、S2、S3 以及前期钻孔等地质情况的综合分析,流纹岩的分布并不一定是呈类似于放射状的,常与凝灰岩、角砾岩等相间分布。

236

表 6-18　1#竖井揭露岩性一览

分布高程(m)	岩性	地层	厚度(m)
孔口～1 121.0	黑色页岩及灰白色砂岩	Hollin	44.3
1 121.0～902	灰红色—灰黑色火山角砾岩	Misahualli	219
902～890	条带状流纹岩	Misahualli	12
890～830	灰红色—灰黑色火山角砾岩	Misahualli	60
830～800	浅红色流纹岩夹蓝灰色条带状凝灰岩	Misahualli	30
800～780	紫红色—青灰色凝灰岩夹角砾岩	Misahualli	20
780～750	浅黄色火山角砾岩夹青灰色或紫红色凝灰岩	Misahualli	30
750～686.3	青灰色—紫红色凝灰岩	Misahualli	63.7
686.3～667.3	灰黄色火山角砾岩	Misahualli	19
667.3～638.3	青灰色—紫红色凝灰岩	Misahualli	29

根据 1#竖井揭露的地质信息,在高程 800～820 m 段内,节理裂隙较发育,洞壁出水量明显增大(见图 6-32、图 6-33),估计 10 m 洞段内平均涌水量为 600～1 200 L/min,且水量随着时间并无大的变化,此段与 2#竖井推测塌方段高程相吻合,因此推测此富水段与 2#竖井涌水有关。

图 6-32　高程 805 m 段涌水　　　　图 6-33　高程 808 m 段涌水

根据 800 m、819.5 m 平切图(见图 6-34、图 6-35),判断塌方段以及岩体破碎段主要受断层影响。

2.物探

采用物探的目的有两个:一是了解塌方体的存在是否会对正在施工的 1#竖井造成不利影响;二是查明塌方体空间分布和性状,为后续施工处理提供依据。根据现场地质条件,考虑到 2#竖井塌方体的范围及规模,可以开展物探测试的工作面包括地上(2#竖井地面)和地下(1#竖井孔壁)两个部分。结合工区地形地貌及地球物理特征,综合考虑各物探方法的特点,决定采用大地电磁法在2#竖井地面探测塌方体,采用面波勘探法从1#竖井孔壁探测2#竖井地质缺陷。

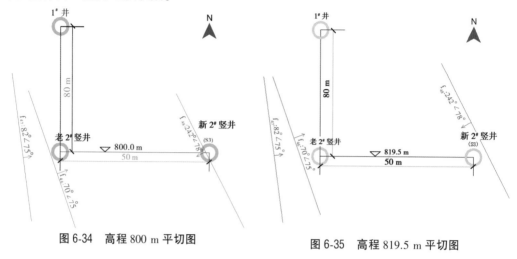

图 6-34 高程 800 m 平切图

图 6-35 高程 819.5 m 平切图

1) 大地电磁法

用大地电磁法,在地面围绕2#竖井布置6条测线,总长度约1 054.1 m,物理点数110个,详细探测2#竖井周围的地质情况,如岩体破碎带、空洞等地质缺陷体的空间分布和规模。为避免地形静态效应,测线应布置在地形起伏较缓的区域,尽量避免地形陡变;由于竖井周围交通洞等地下建筑较多,金属构件密布,为减少干扰,测线也应该尽量避开地下建筑物;同时,测线应围绕探测目的,布置在2#竖井周围。根据以上布置原则,测线工作布置如图6-36所示。根据缺陷体的大致规模,采用点距10 m(竖井正上方附近重点区域加密测点,采用点距5 m)。

本次工作共完成了6条测线,总长度1 054.1 m。各测线成果分述如下:

(1)X1 测线。

X1测线位于1#竖井与老2#竖井连线西侧,地形起伏不大。大地电磁法探测成果如图6-37所示。覆盖层主要为腐殖土,测线长度162.3 m。从图6-37中可以看出,在测线桩号40~60 m,高程1 160~1 180 m处,存在明显的高阻异常,推测此处可能为地下隧洞。高程1 100 m以下地层电性特征横向分层明显,无明显电阻率异常。

(2)X2 测线。

X2测线位于1#竖井与老2#竖井连线正上方,地形起伏较小,大地电磁法探测成果如图6-38所示。覆盖层主要为腐殖土,测线长度130.0 m。从图6-38中可以看出,在桩号20~40 m,高程780~1 160 m处,存在明显连续高阻异常,推测为1#竖井影响所致(截至测试之日,1#竖井已开挖至770 m高程)。

(3)X3 测线。

X3测线位于1#竖井与2#竖井连线东侧,地形起伏较大。大地电磁法探测成果如

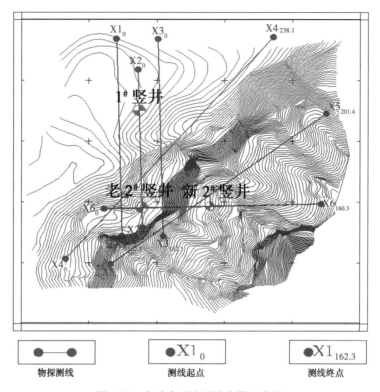

图 6-36　大地电磁法测线布置示意图

图 6-39 所示。覆盖层主要为腐殖土,测线长度 162.3 m。从图 6-39 中可以看出,在测线桩号 30~110 m,高程 940~960 m 处,存在明显的低阻异常,推测此处可能为一处断层破碎带。高程 900 m 以下地层电性特征横向分层明显,无明显电阻率异常。

（4）X4 测线。

X4 测线位于 1# 竖井和 2# 竖井中间,与 1# 竖井和 2# 竖井连线斜交。X4 测线地形起伏平缓,大地电磁法探测成果如图 6-40 所示。覆盖层主要为腐殖土,测线长度 238.1 m。从图 6-40 中可以看出,在测线桩号 100~120 m,高程 950~1 000 m 处,存在明显的低阻异常,推测此处可能为破碎带。高程 950 m 以下地层电性特征横向分层明显,无明显电阻率异常。

（5）X5 测线。

X5 测线位于老 2# 竖井和新 2# 竖井中间,与其连线斜交,走向为 EN 向。X5 测线地形起伏较大,大地电磁法探测成果如图 6-41 所示。覆盖层主要为腐殖土,测线长度 201.4 m。从图 6-41 中可以看出,在桩号 60~80 m,高程 960~1 160 m 处,存在明显连续高阻异常,推测为隧洞所致;在桩号 70~100 m,高程 780~830 m 处,存在明显高阻异常,推测此处可能为塌方体。在桩号 60~90 m,高程 630~660 m 的明显高阻异常,推测可能为隧洞所致。

（6）X6 测线。

X6 测线位于老 2# 竖井和新 2# 竖井连线正上方。X6 测线地形起伏较大,大地电磁法探测成果如图 6-42 所示。覆盖层主要为腐殖土,测线长度 160.0 m。从图 6-42 中可以看

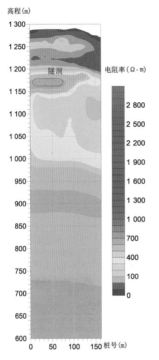

图 6-37　X1 测线探测成果示意图

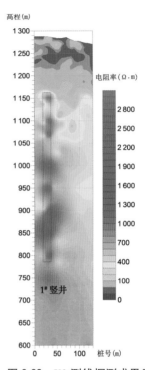

图 6-38　X2 测线探测成果示意图

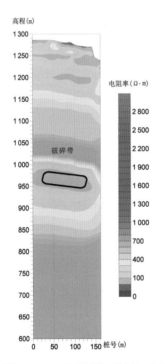

图 6-39　X3 测线探测成果示意图

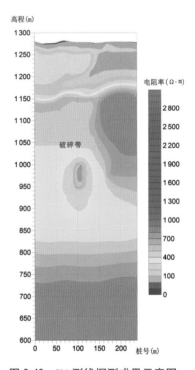

图 6-40　X4 测线探测成果示意图

出,在桩号 105 m,高程 1 070~1 220 m 处,存在一低阻异常,电性特征表现为横向产生明显陡变,推测此处为一断层构造(断层编号 f_{x-1},图 6-42 中虚线所示),此部位断层在 2# 竖井老孔、S2 井和 S3 井施工过程中均有钻进异常反应;在桩号 30~50 m,高程 930~990 m 处,存在一明显低阻异常,推测此处存在破碎带;在桩号 40~70 m,高程 1 100~1 150 m 处,存在明显连续高阻异常,推测为已开挖上平段隧洞所致;在桩号 30~130 m,高程 630~660 m 的明显高阻异常可能为已开挖下平段隧洞所致;在桩号 50~80 m,高程 780~820 m 处,存在明显高阻异常,推测此处可能为塌方体。

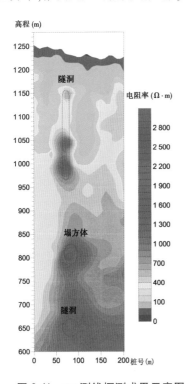

图 6-41　X5 测线探测成果示意图

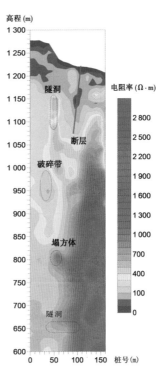

图 6-42　X6 测线探测成果示意图

(7)探测成果分析。

根据 6 条测线探测成果,按电阻率值展布在三维空间中。从图中可以看出,在探测区域内,由于地下建筑物众多,隧洞、金属结构密布,电阻率值呈现不规律的横向变化,总体呈低阻特征,在 1# 竖井及部分地下隧洞部位表现为明显高阻异常。

从三维切片图中可以看到,在老 2# 竖井的西南方向(见图 6-43~图 6-45),高程 770~800 m 范围内有一明显异常高阻体,推测为塌方体。

2)瞬态面波勘探法

采用瞬态面波勘探法测试 1# 竖井孔壁一定范围内的地质情况。考虑到面波勘探的深度有限,在 1# 竖井孔壁 780~835 m 段进行了试验测试,总测试长度 55 m。成果如图 6-46 所示。

从图 6-46 中可以看出,在浅部 0~4 m 横波速度普遍偏低,为 1.4~2.0 km/s,推测是表面裂隙发育所致,深部新鲜岩体横波速度在 2.2 km/s 以上。在竖井高程 782~796 m,深度

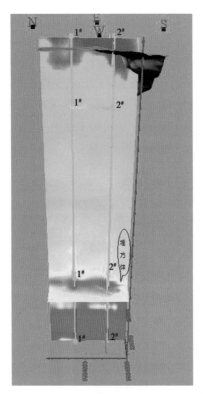

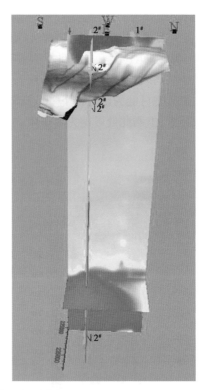

图 6-43　老 2#竖井塌方区探测成果(1)

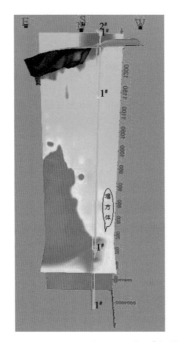

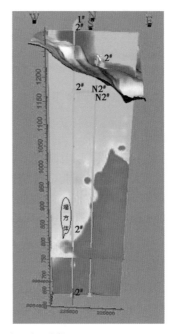

图 6-44　老 2#竖井塌方区探测成果(2)

8~11 m 段横波速度低于 2.0 km/s,为速度异常偏低区,推测此处为一低速破碎带区域。

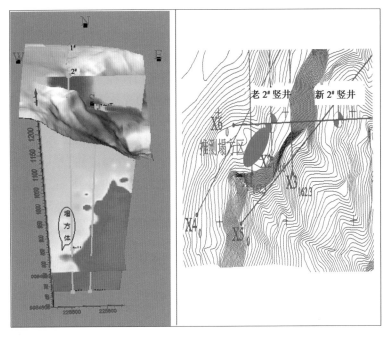

图 6-45　老 2# 竖井塌方区探测成果(3)

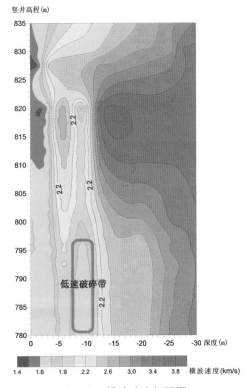

图 6-46　横波速度剖面图

3.激光扫描

由于新 2# 竖井、老 2# 竖井相距较近,老 2# 竖井塌腔的处理关系着整个工程的安全运行。物探方法只能查明塌方体的大致位置,无法对其规模进行精确探测。因此,为了查明塌方井内空腔的分布及规模,对老 2# 竖井进行了激光扫描探测。

本次探测采用英国 MDL 公司生产的机器人激光勘查系统,全称为空腔自动扫描激光系统(Cavity-auto scanning laser system,C-ALS)。该系统能够通过孔洞,插入到塌方体空腔内部,快速而安全地勘查内部情况。探测成果如图 6-47 ~ 图 6-49 所示。经探测,空腔主要位于 804~834 m 高程范围内。整个空腔呈现南北方向展布,整体滑动方向由西向东,上、下两端面积较小,中间位置面积较大,空区最大直径约为 18 m,形状较为复杂。整个空腔体积约 4 136 m³。

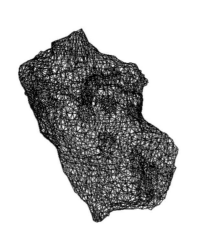

图 6-47　塌方区三维模型显示

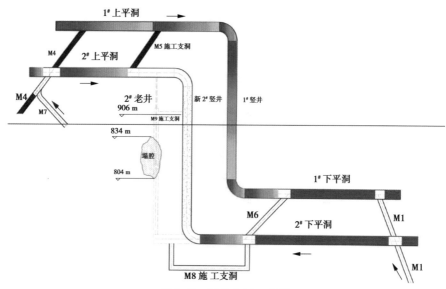

图 6-48　塌腔位置示意图

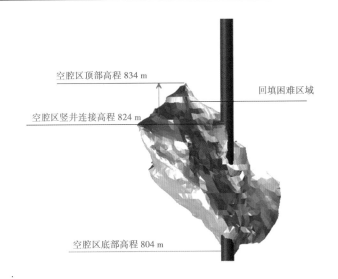

空腔区顶部高程 834 m

回填困难区域

空腔区竖井连接高程 824 m

空腔区底部高程 804 m

图 6-49　塌方空腔区与老 2#竖井位置关系

根据三维空间模型,分析塌方空腔区与老 2#竖井的空间位置关系。塌方主要空腔区位于老 2#竖井的东南侧,老 2#竖井在 804~824 m 高程范围内和塌腔相连接。空腔区顶部高程约为 834 m,底部高程约为 804 m,塌方区顶部后期充填比较困难。

如果后期回填,对塌腔体的关键数据进行统计,由于建模时对尖状的形态进行了过滤,对曲面过大的部位进行了松弛,因此构建的模型体积要比实际的空腔体积小,因此在统计模型体积的基础上需要乘以一个修正系数。塌方空腔区基本信息指标见表 6-19。

表 6-19　塌方空腔区基本信息指标

信息指标	模型体积(m^3)	修正体积(m^3)	高程范围(m)
塌腔体积	3 760	4 136	804~834
容易回填体积	3 398	3 737	804~824
不易回填体积	362	399	824~834

4.地下水示踪试验

老井塌方段地下水活动较强,为了查明地下水的补给来源,在部分地段进行了地下水示踪试验。试验结果显示,孔内涌水与调蓄水库没有水力联系,推测孔内富水带补给区与竖井区域之间的距离较远。根据区域地形,推测地下水补给来源为压力管道西南侧高山区。

6.5.1.5　造成涌水塌方的原因总结

根据对开挖揭露、补充勘探、物探、激光扫描等成果的分析,对老 2#竖井内发生涌水塌方的原因有如下认识:

(1)老 2#竖井内的地质条件相对 1#竖井较为复杂。在孔内可能存在塌方段的高程内,存在倾向压力管道上游的一个或数个结构面(断层)。从已揭露的地质信息来看,在塌方段内,确实存在 f_{46}、f_{47} 两条断层,在其影响下,岩性变化快,围岩破碎。因此,可以认为断层影响是造成老 2#竖井孔内塌方的一个重要因素。

（2）根据钻孔勘探、扫描等成果，受断层影响，流纹岩带及其接触带部位局部裂隙较发育，形成了陡倾岩体破碎带，并构成了地下水强径流通道。在高水头地下水的作用下，井壁及其附近破碎岩体极易坍塌，并产生大量涌水，因此可以认为老 2# 竖井内相应地段的大规模涌水是造成孔内塌方的另外一个重要因素。

（3）根据老井内塌落的岩块特征及孔内扫描摄像成果，认为井内塌方不但受到 f_{46}、f_{47} 两条断层影响，还受到了与其平行的节理密集带的影响，特别是其倾角普遍较陡，虽然其规模较小，但对竖井内围岩的影响较缓倾角的裂隙大，各种结构面组合切割，造成岩体破碎，在水的作用下产生塌方。

（4）通过对 1# 竖井、老 2# 竖井、S2 井、S3 井以及前期钻孔等地质情况的综合分析，流纹岩的分布并不一定是呈类似于放射状分布的，常与凝灰岩、角砾岩等相间分布，由于成因的复杂性，完全摸清流纹岩的分布比较困难。但可以确定在新、老竖井 800 m 高程分布有厚度不一的流纹岩条带（条带内夹角砾岩、凝灰岩等），受 f_{46}、f_{47} 以及 f_{48} 断层影响，岩体破碎。

（5）根据压力管道下平段及 TBM2 揭露的流纹岩来看，并不是所有的流纹岩性质都是差的，它们只有在受到构造（断层、剪切带等）影响下才会出现破碎。

（6）物探报告中的 X6 测线显示，在测线桩号 50~80 m，高程 780~820 m 处，存在明显高阻异常，推测此处可能为塌方体，结合激光扫描成果判断，整个空腔呈现南北方向展布，整体滑动方向由西向东，空腔区最大直径约为 18 m，形状较为复杂，整个空腔体积约 4 136 m³。

6.5.1.6　新井位的选择和施工

根据已掌握的地质情况分析，确定新井位选择应向相对于老孔位置下游移动较为合适，理由如下：

（1）由于 1#、2# 压力管道上平段、下平段，地下厂房，M6 支洞的开挖，现 2# 竖井下游段工程地质条件比较明确，竖井可尽量避开不利地质条件的影响。

（2）新 2# 竖井位于老 2# 竖井下游，受老 2# 竖井排水作用较上游明显（地下水流向总体上为自上游至下游），地下水位相对较低，对施工有利。

同时，考虑到 2# 竖井老井内塌方体的存在，新井位置（见图 6-50）选择应该遵循如下主要原则：

（1）尽可能避开老井所形成的塌方空腔影响范围。

（2）尽可能避免老井所遇到的不利地质条件在新井再次出现，特别是已知的断层和流纹岩带。

（3）由于上平段与下游山坡基岩坡面距离不大，根据"挪威准则"及"雪山准则"中对隧洞上覆岩体厚度的要求，要注意对 2# 竖井留有足够的上覆岩体厚度。

为保证 2# 导孔和导井施工顺利，主要采取了如下措施：

（1）开孔及终孔时应及时通知相关技术人员，特别是地质工程师到场。

（2）遇有不良地质情况、钻进异常及岩性变化的情况应及时通知地质工程师，并做好详细记录及照相。

（3）遇有不良地质情况及钻进异常情况（如不返水、振动大、噪声大、推力扭矩突然变

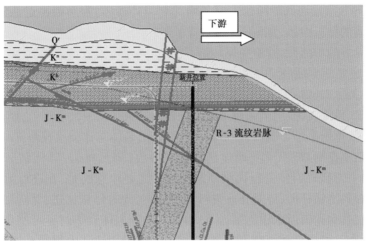

黑色直线—2#压力管道新位置;黄色阴影—流纹岩带;红色—断层

图 6-50　建议新井位置示意图

化等),应及时做好记录并采取有效措施防止塌孔及埋钻事故。

(4)应提前准备好注浆设备及材料,对不良地质部位应进行有效的灌浆处理,防止发生钻进事故,同时保障下一步反拉扩挖的顺利进行。

6.5.1.7　反井钻机在深大竖井中应用的经验总结

在采取了以上措施后,经过近 4 个月的努力,导孔及导井施工得以最终完工。在此期间,地质工程师和钻机操作手积极配合,经历了导孔多次灌浆、导井上部灌浆,积累了深孔反井钻机施工的许多经验,主要总结如下:

(1)正钻导孔阶段遇到的问题主要是塌孔、埋钻和导孔偏斜,此时应调整钻进参数,控制返水避免塌孔和埋钻;根据钻进参数、岩渣(见图 6-51、图 6-52)及返水情况等对竖井围岩进行初步分类,对于初定的 Ⅱ 类围岩可不做处理,对于 Ⅲ 类、Ⅳ 类围岩必须进行固结灌浆,这样可有效避免在反扩导井过程中井壁和掌子面围岩塌方;对于导孔偏斜,可采用加强钻机基础、精确校准开孔角度、监测孔斜变化、控制钻进参数、安装稳定杆的方式控制。

图 6-51　正常岩渣标本

图 6-52　破碎段夹泥标本

（2）反扩导井阶段遇到的问题主要是塌井和刀具损坏，若遇到稳定性较差的破碎岩体，应采用合适的钻机参数，如降低拉力、降低转速、增加扭矩的办法以减少对围岩的扰动，从而减小塌方的可能性，并避免损坏滚刀。

（3）在 2#竖井的 1 133.8～1 121.3 m、1 112.3～1 109.3 m、1 076.3～976.3 m、955.3～925.5 m、913.3～864.3 m、826.3～775.3 m 及 695.3～675.3 m 等高程段出现不同程度的漏水、不返水、返渣量过多、返渣夹泥、返渣颗粒不均及钻进时钻机振动较大等现象，经分析认为此段岩体受断层及节理密集带影响，岩体破碎，局部夹泥，岩体总体质量较差，存在局部塌孔现象，为避免埋钻不良后果的产生，通过调整钻进参数（降低推力、降低钻速、延长冲渣时间、增大扭矩）并对破碎岩体进行固结灌浆处理。需要注意的是，在进行灌浆时，需把钻杆全部提出，在提出钻杆前，应对孔底进行清渣处理，此时停止钻进，保持钻具不动，同时加大水压清孔，直到孔口返水中不带岩渣，由于在破碎岩体钻进时不可避免地产生塌孔，因此清孔作业有时可持续数小时。完全提出钻杆后，采用钻孔电视对孔内岩石条件进一步确认。

（4）合理的机器参数不仅能保证平稳进行，还对避免埋钻事故、延长钻头使用寿命、提高钻进速度具有重要的作用。CCS 水电站引水竖井的反井钻机导孔施工过程中，采用表 6-20 的参数。此参数为控制性参数，在实施过程中，根据岩性变化和扭矩变化情况，不断调整钻进参数，以取得最佳推力和钻进速度。

表 6-20　正钻导孔控制性参数

项目	扭矩 （kN·m）	推力 （kN）	转速 （r/min）	钻进速度 （m/min）
开孔	<10	60～90	5～8	<200
完整岩体	<10	<260	17～19	<80
破碎岩体	<10	60～90	15～17	<100

（5）工程岩体分类是确定支护形式、支护强度及采取工程措施的基础资料，因此在正钻导孔的过程中对竖井围岩进行初步分类可以为反扩导井的钻机参数选择和采取工程措施提供参考。由于导孔钻进时无法采取原状岩芯，因此在 CCS 水电站引水竖井反井钻正钻导孔的施工过程中，通过与邻近地质钻孔对比分析，总结出基于钻掘进参数、岩渣、返水情况及钻孔电视的围岩分类方法。在钻进过程中，正常情况下钻进力为 200～250 kN，扭矩为 3～5 kN·m，钻机无振动，每一回次（单根钻杆长度 1.524 m）所需要时间为 120～140 min，返水量与泵送水量基本相同，返渣颗粒均匀，此时可初定为 Ⅱ 类围岩。若钻进力降低到 150～200 kN，钻机轻微振动，每一回所需要时间在 100～120 min，返水量与泵送水量相比略有减少，返渣颗粒不均且每一回次比正常情况下返渣量有所增加，则可能遇到节理裂隙密集带或断层影响带，此时可初定为 Ⅲ 类围岩。若钻进力降低到 100～150 kN，钻机振动剧烈，每一回所需要时间在 100 min 以下，返水量与泵送水量相比减少较多或不返水，返渣颗粒不均，局部夹泥且每一回次比正常情况下返渣量增加较多，停钻时加水清渣时间在 2 h 以上，则可能遇到断层破碎带，此时可初定为 Ⅳ 类围岩。对于初定的 Ⅱ 类围岩，可

不做处理,继续钻进即可。对于Ⅲ类围岩可视情况进行灌浆,Ⅳ类围岩必须进行固结灌浆处理。

(6)反井钻机正钻导孔时采用的是三牙轮镶齿钻头,钻头在切削岩石时受到侧向力的作用,当侧向力在钻头中心的合力不为 0 时,就会使钻头偏离孔中心线,产生导孔偏斜,如果导孔偏斜 1°,则在 530 余 m 的孔底处的水平偏移量近 10 m。这将会对下平洞的处理带来很大的困难,并且在竖井过水运行期间会产生难以预见的水力学问题,因此控制导孔的偏斜十分重要。在 CCS 水电站引水竖井的反井钻机正钻导孔的施工过程中,主要采取了以下措施来控制导孔偏斜:

①钻机基础采用钢筋混凝土浇筑,保证在钻机施工过程中基础不移位、不变形,精确校准开孔角度。

②采用高精度测斜仪配合全站仪全程检测孔内偏差情况。

③开孔时,采用低推力、低钻速钻进,正常钻进时,合理控制钻进参数,避免大推力钻进。

④在破碎围岩导孔容易偏斜孔段安装 6~7 根长度约 10 m 的稳定杆,稳定杆直径与导孔直径相同,在孔壁的约束作用下,可在最大程度上控制钻孔偏差。

采取以上措施后,两条竖井的偏差均在 0.2° 以内,满足了精度要求。

(7)在反扩导井的过程中,最有可能遇到的问题是导井洞壁围岩及掌子面岩体塌方,严重时会导致卡钻或埋钻以致全井报废的后果,风险极大。由于在反扩导井时无法对围岩固结灌浆,因此正钻导孔时对较差岩体(初定的Ⅲ类、Ⅳ类围岩)进行固结灌浆显得尤为重要。根据正钻导孔时的地质资料,在岩体较差井段,采用调整反井钻机参数,如降低拉力、降低转速的办法以减少对围岩的扰动。经过正钻导孔时的灌浆处理并采用合适的钻机参数,可避免洞壁围岩及掌子面岩体塌方的发生。

导井施工时的钻头共配备了 12 把滚刀,在破碎围岩洞段,掌子面不平,会导致少量滚刀受力甚至单把滚刀受力的情况,此时如果拉力过大,极易引起滚刀损坏,滚刀损坏后换刀极为困难。因此,在导井的施工过程中,操作人员应根据地质资料及时调整参数,保证机器的平稳钻进,避免损坏滚刀。

(8)反扩导井时,尽量使钻机平稳运行,避免拉力施工过猛,以免对围岩造成大的扰动或损坏刀具。反扩导井时的参数按表 6-21 控制。由于钻杆较重,当在 500 m 深处钻井时,钻杆与钻头的质量超过 150 t,因此表 6-21 中拉力为扣除钻杆、钻头的重量后作用在掌子面的拉力。

表 6-21　反扩导井控制参数

项目	扭矩 (kN·m)	拉力 (kN)	转速 (r/min)	钻进速度 (m/min)
开孔	≤50	120~170	2~3	<200
完整岩体	≤100	<2 000	8~10	<100
破碎岩体	≤80	<1 000	2~4	<60

（9）使用反井钻机成孔应充分考虑地质条件的复杂性，特别是深大的竖井，应综合考虑工期、安全、费用的影响。在关键的导孔施工过程中，现场地质人员应密切注意施工中出现的异常情况，如钻机扭矩、转速、返水、压力情况，钻进中岩渣的变化情况，钻进中的声音、振动情况等。若遇振动异常变大、返水变小变浑浊、返渣带泥不均匀、扭矩压力变化频繁等异常情况，现场地质人员应及时与钻机操作手进行沟通、上报，采取停机灌浆、调整钻机工作参数等手段以避免情况进一步恶化。

（10）使用反井钻机成孔，必须拥有具备过硬的深部灌浆能力和经验丰富的操作手。在关键性的导孔施工中，若遇断层、剪切带等不良地质体，往往需要通过灌浆来对孔壁进行加固，这就对深部灌浆能力提出了很高的要求。同时，钻机操作手的素质往往从另一方面决定了导孔施工的成败。经验丰富的操作手可以调整钻机在钻进过程中的各项参数来应对不同的地质情况，从而提高效率。

（11）对于高水头电站，压力管道往往深入山体，给前期的工程地质勘察造成了困难。由于钻孔较深，穿过的地层复杂，通过钻孔岩芯往往不能全面反映工程地质情况，如地下水的准确分布、陡倾角断层和裂隙带的展布等。这就要求在工程地质勘察过程中，综合利用各种勘察手段，尽可能地摸清压力管道通过地段的水文地质条件、不良地质体的分布，为以后的导孔施工提供指导和预警。

6.5.1.8 压力管道塌孔段的处理措施

2#竖井老孔导孔发生涌水塌方后，在其内部产生了一个巨大的空腔。经过后期测算，塌方体由SW向NE滑塌，造成的空腔总体积约4 136 m³，对工程的安全运行造成了很大影响。最终采用混凝土对空腔进行了回填，同时在2#上平洞处采用钢衬砌。从水电站运行情况来看，采取以上措施后，2#压力管道运行良好。

6.5.2 压力管道下平段水力劈裂试验研究

压力管道作为引水发电系统中的重要建筑物，需要把流量和水头传递到水轮发电机组上进行发电，因此往往需要承受很高的内水压力。当内水压力达到一定的数值时，水工隧洞的钢筋混凝土衬砌便无法承受，产生贯穿性开裂成为透水衬砌。因此，在高水头（大于100 m）电站设计中，水工压力隧洞若采用钢筋混凝土衬砌，从承载和防渗的角度出发，围岩是承受内水压力的主要结构，而衬砌的作用主要是保护围岩表面，避免围岩被长期冲刷产生掉块，降低糙率，减少水头损失的同时为高压灌浆提供封闭层，而无法成为承担内水压力的主要结构。因此，对于围岩来说，在高内水压力下是否会产生水力劈裂而破坏就成为设计人员关心的一个重要问题。

在水电站运行时，内水压力最大值通常出现在下平段。因此，为了了解CCS水电站压力管道下平段岩体在高压水流下的透水性变化情况、岩体在高水头压力作用下的变形方式，以及岩体裂隙对高压水流长时间冲蚀作用的抵御能力和岩体对高压灌浆的适应性，为压力管道的设计提供可靠的依据，特在压力管道下平段靠近钢衬段位置进行了水力劈裂试验。

6.5.2.1 试验布置

根据试验目的，试验钻孔应尽量靠近钢衬段起点，为了避免高压情况下钻孔之间的相互影响,两个钻孔间距不宜小于 25 m。根据现场施工情况,1#压力管道已经开始安装压力钢管,钢衬段附近无法进行试验,因此在 1#压力管道钢衬起点上游侧布置 2 个钻孔,钻孔深度均为 27 m,在桩号 0+845 处 II 类围岩区右边墙布置 1 个垂直钻孔,编号为 TP1-II;在桩号 0+892 处 III 类围岩区左边墙布置 1 个倾斜钻孔,编号为 TP1-III。2#压力管道共布置 2 个钻孔,钻孔深度为 27 m,在桩号 0+905 处 II 类围岩区右边墙布置 1 个倾斜钻孔,编号为 TP2-II;在桩号 0+938 处 III 类围岩区右边墙布置 1 个垂直钻孔,编号为 TP2-III。具体钻孔布置如图 6-53 所示。受止水栓塞长度影响,每个孔均从 2 m 开始试验,每个孔进行 5 段试验,共 20 段。

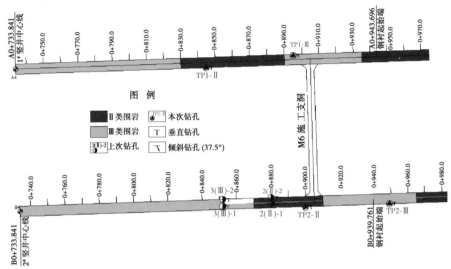

图 6-53　试验钻孔布置示意图

6.5.2.2　成孔、试段隔离和钻孔冲洗

(1)成孔:钻进过程中采用 XY-2PC 型金刚石钻头清水钻进,孔径为 75 mm,第一段进尺 7 m,其余段进尺 5 m 左右停止钻进,然后进行该段的压水试验。

(2)试段隔离:压水试验过程随钻孔的加深自上而下地分段隔离进行,每一试验段长度约 5 m,采用单栓塞隔离,栓塞类型为水压膨胀塞(直径 60 mm),栓塞定位准确,栓塞长度 1.4 m,满足《水电水利工程钻孔压水试验规程》(DL/T 5331—2005)关于止水栓塞长度大于 8 倍钻孔直径的要求,试验段封闭良好,有效地避免了栓塞的漏水,并且试验过程中,密切观察孔口返水情况,若孔口出现明显返水情况便停止试验,待移动栓塞位置后重新试验。

(3)钻孔清洗:试验前使用清水进行洗孔,洗孔采用压水法,洗孔时钻具下到孔底,待孔口回水清洁,肉眼观察无岩粉时洗孔方结束。

6.5.2.3　钻孔高压压水试验方法

钻孔高压压水试验按照 7 级压力 13 个阶段进行,即 P1—P2—P3—P4—P5—P6—P7—P8(=P6)—P9(=P5)—P10(=P4)—P11(=P3)—P12(=P2)—P13(=P1),P1、P2、P3、P4、P5、P6、P7 压力分别为 1 MPa、3 MPa、4 MPa、5 MPa、6 MPa、7 MPa、8 MPa。试验过程中,由于 TP1-II 和 TP1-III 两个钻孔在第一段(2~7 m)试验中随着压力的增加洞壁

周围漏水严重,试验过程流量一直无法保持稳定,且试验压力无法达到 8 MPa 的要求,因此在 TP1-Ⅲ中加压至 6.58 MPa、TP1-Ⅱ中加压到 5.67 MPa 便停止试验。

钻孔高压压水试验采用长江科学院研制的 GJY-Ⅳ(B)型灌浆自动记录仪现场记录,压力计布置在孔口附近(与孔口的距离不大于 5 m)。调节回水阀门使压力尽可能接近每一个阶段设计压力,或者使设计压力居于压力变化范围的中间,每 2 min 记录一个流量,在 1~5 MPa 由于流量稳定较快,每一个压力阶段不少于 8 个试验数据,5 MPa 以上压力阶段,流量稳定较慢,根据实际情况进行数据记录,以满足规范《水电水利工程钻孔压水试验规程》(DL/T 5331—2005)规定的连续 5 个流量读数的相对差不大于 10% 或绝对差不大于 1 L/min 的要求。为方便压水试验资料整理,根据灌浆自动记录仪现场记录数据,现场手工填写压水试验记录表并进行岩体透水率计算,同时绘制 P—Q(压力—流量)曲线并判断曲线类型,从而分析试验的准确性。

在降压阶段,受试验设备限制,无法如实记录岩体向孔内的回流情况,但是如实记录流入流量状态,待流量达到观测标准后方结束本阶段试验。试验过程中如实观察孔口返水和试验段周围岩体的渗水情况,并做详细记录。

在每段压水试验前后均进行了波速测试,其中压水试验后波速测试在全孔试验结束 7 d 后进行。

6.5.2.4 试验点地质条件

本次试验钻孔分别布置在压力管道下平段 Misahualli 地层火成岩的Ⅱ类和Ⅲ类围岩中,Ⅱ类围岩布置 2 个钻孔,单孔进尺 27 m,总进尺 54 m;Ⅲ类围岩布置 2 个钻孔,单孔进尺 27 m,总进尺 54 m。各试验段的基本地质条件如表 6-22~表 6-25 所示,受钻进机械影响,个别试验段岩芯采取率较低,岩芯较破碎。

表 6-22　TP1-Ⅱ钻孔基本地质条件

深度(m)	岩性	地质描述
0~7	火山角砾岩	青灰色,岩芯呈长柱状,在 5.4 m 和 5.7 m 处发育两条陡倾角结构面,1~2 mm 钙膜充填,岩芯采取率约 90%,RQD 为 78%
7~12	火山凝灰岩	青灰色、紫红色,岩芯呈柱状结构,局部短柱状,在 7.5 m、9.8 m 和 10.5 m 处各发育一条陡倾角结构面,各充填 1~3 mm 的钙膜,岩芯采取率在 90% 以上,RQD 为 63.4%
12~17	火山角砾岩	青灰色岩芯以柱状结构为主,局部短柱状,在 12.2 m 和 13.4 m 处各发育一条陡倾角结构面,闭合无充填,岩芯采取率在 90% 以上,RQD 为 65%
17~22	火山凝灰岩	青灰色、紫红色,岩芯呈碎裂状到短柱状结构,在 17.8~18.0 m、18.2 m、19.3 m 和 21.9 m 处各发育一条陡倾角结构面,闭合无充填,岩芯采取率约 80%,RQD 为 47.2%
22~27	火山凝灰岩	紫红色,岩芯呈碎裂状至短柱状结构,在 23.2~23.5 m、26.7 m 各发育一条陡倾角结构面,闭合无充填,岩芯采取率约 70%,RQD 为 32.2%

表 6-23　TP1-Ⅲ钻孔基本地质条件

深度(m)	岩性	地质描述
0～7	火山凝灰岩	青灰色,岩芯呈柱状到长柱状结构,局部受机械影响呈短柱状结构,在1.2 m、2.1 m、2.8 m、3.0 m、5.3 m 和 5.7 m 处各发育一条陡倾角结构面,充填 2～3 mm 的石英,岩芯采取率约 90%,RQD 为 67%
7～12	火山凝灰岩	青灰色、紫红色,岩芯呈碎块状到短柱状结构,在 7.4 m 和 10.2 m 处各发育一条陡倾角结构面,各充填 1～2 mm 的钙膜,岩芯采取率在 90% 以上,RQD 为 62.4%
12～17	火山凝灰岩	青灰色岩,岩芯以碎块状结构为主,少量呈短柱状结构,在 12.9 m 和13.5 m 处各发育一条陡倾角结构面,各充填 1 mm 的石英,岩芯采取率为60%,RQD 为 30.6%
17～22	火山凝灰岩	青灰色,岩芯破碎,岩芯采取率低于 50%,RQD 为 15%
22～27	火山凝灰岩	紫红色,岩芯以短柱状结构为主,少量为长柱状结构,22.3 m、23.3 m、23.5 m、24.2 m、25.7 m 各发育一条陡倾角结构面,闭合充填 1～2 mm 的石英,岩芯采取率约 90%,RQD 为 65%

表 6-24　TP2-Ⅱ钻孔基本地质条件

深度(m)	岩性	地质描述
0～7	火山凝灰岩	青灰色、紫红色,岩芯呈短柱状到柱状结构,受机械影响破坏较大,在0.25 m、1.9 m、3.5m、4.8 m 和 5.3 m 处各发育一条陡倾角结构面,各充填1～2 mm 的钙膜,6～7 m 岩芯破坏严重,岩芯采取率小于 20%,其余大于95%,RQD 为 59%
7～12	火山凝灰岩	青灰色,岩芯呈短柱状到柱状结构,受机械影响破坏较大,在 8.3 m 和9.6 m 处各发育一条陡倾角结构面,各充填 1～2 mm 的钙膜,岩芯采取率大于 90%,RQD 为 59.2%
12～17	火山凝灰岩	青灰色,岩芯以柱状结构为主,在 16.7 m 处发育一条陡倾角结构面,充填 1 mm 氧化物,岩芯采取率大于 95%,RQD 为 62%
17～22	火山凝灰岩	青灰色、紫红色,岩芯由短柱状到柱状结构,受机械影响破坏较大,在19.3 m 和 21.7 m 处各发育一条陡倾角结构面,各充填 2 mm 的钙膜,岩芯采取率大于 95%,RQD 为 47.2%
22～27	火山凝灰岩	青灰色,岩芯由短柱状到柱状结构,受机械影响破坏较大,在 22.2 m 和23.2 m 处各发育一条陡倾角结构面,各充填 2 mm 的钙膜,岩芯采取率在95% 以上,RQD 为 82.4%

表 6-25　TP2-Ⅲ钻孔基本地质条件

深度(m)	岩性	地质描述
0~7	火山凝灰岩	青灰色,岩芯呈柱状到短柱状结构,受机械影响破坏较大,0~1 m 岩芯较破碎,结构面不发育,岩芯采取率约 90%,*RQD* 为 74.1%
7~12	火山凝灰岩	青灰色,岩芯以柱状结构为主,局部受机械影响呈短柱状结构,在 10~10.3 m 和 10.6 m 处各发育一条陡倾角结构面,各充填 2~3 mm 的钙膜,岩芯采取率约 90%,*RQD* 为 67.6%
12~17	火山凝灰岩	青灰色,岩芯以柱状结构为主,局部受机械影响呈短柱状结构,在 13.2~13.7 m 和 16.5~16.7 m 处各发育一条陡倾角结构面,各充填 3~5 mm 的钙膜,取芯率约 95%,*RQD* 为 79.2%
17~22	火山凝灰岩	青灰色,岩芯以柱状结构为主,局部受机械影响呈短柱状结构,在 19.8 m、20.2 m 和 21.0 m 处各发育一条陡倾角结构面,各充填 1~2 mm 的钙膜,岩芯采取率约 90%,*RQD* 为 73%
22~27	火山凝灰岩	青灰色,岩芯以柱状结构为主,局部受机械影响呈短柱状结构,在 24.6 m、26.1 m 和 26.8 m 各发育一条陡倾角结构面,各充填 2~3 mm 的钙膜,岩芯采取率在 100% 以上,*RQD* 为 100%

6.5.2.5　高压压水试验资料整理

1.压水试验压力损失计算

目前,确定管路压力损失的方法有实际测定和公式计算两种,比较好的方法为现场试验测定单位长度的钻杆及钻杆接手在不同流量条件下的压力损失值,然后根据试验时钻杆长度和钻杆接手个数计算压力损失。由于现场试验往往要花费很长时间,而且受试验用水的影响较大,因此这种方法操作起来比较困难。《水电水利工程钻孔压水试验规程》(DL/T 5331—2005)推荐了东北勘测设计研究院对管路压力损失进行的实测值,见表 6-26。本次试验管路最大管长 22 m,最大流量约 69 L/min,根据表 6-26 所示内容,管道内最大的压力损失约 0.058 6 MPa,大部分试验段流量小于 25 L/min,其管路压力损失值小于 0.006 MPa,压力损失较小,计算过程中忽略了该项。

表 6-26　管路压力损失实测

流量 (L/min)	每米钻杆压力损失 (×10⁻² MPa)	每副接头压力损失 (×10⁻² MPa)	不同管长的压力损失(×10⁻² MPa)			
			25 m	50 m	75 m	100 m
25	0.010	0.090	0.61	1.13	2.01	2.71
50	0.085	0.211	2.97	6.15	9.33	12.51
75	0.140	0.591	5.86	12.32	18.77	25.23
100	0.212	1.177	10.01	21.19	32.38	43.56

注:每根钻杆长度为 5 m,钻杆外径 50 mm,内径 38 mm;接头外径 50 mm,内径 22 mm。

2.高压压水试验岩体透水率计算

压水试验共有 7 级压力 13 个阶段,一般选用最大压力阶段的流量和压力计算岩体的透水率。岩体透水率的单位为吕荣(Lu),其定义为在 1.00 MPa 的试验压力条件下,平均每米试验段的渗透水量。按照《水电水利工程钻孔压水试验规程》(DL/T 5331—2005)要求,结合本次试验方法,为了分析不同压力阶段试验段的岩体透水率,此处用公式 $q = Q/(L \times P)$(q 为试验段岩体的透水率,Lu;Q 为各个压力阶段对应的计算流量,L/min;P 为各个压力阶段对应的试段压力,MPa;L 为试验段的长度,m)计算各个压力阶段的透水率,并进行分析。考虑到试验的精度及岩体透水性评价的要求,岩体透水率取两位有效数字,计算结果显示,试验段整体透水率较低,为了便于成果分析,此处并没有完全按照规范将透水率小于 0.1 Lu 时记为 0。

各个钻孔每个试验段的岩体透水率统计见表 6-27,各个钻孔不同压力阶段压力—透水率关系曲线如图 6-54 所示。

表 6-27　各个钻孔每个试验段的岩体透水率统计

孔号	段位(m)		不同压力阶段(MPa)透水率(Lu)											
		1	3	4	5	6	7	8	7	6	5	4	3	1
TP1-II	2　7	0	0.01	0.37	1.80	2.43	漏水严重，无法加压					0.70	0.31	0.19
	7　12	0	0.01	0.05	0.05	0.14	0.21	0.52	0.24	0.10	0.03	0.03	0	0
	12　17	0.12	0.10	0.11	0.17	0.28	0.48	0.83	0.48	0.28	0.16	0.04	0.04	0
	17　22	0	0	0.01	0.02	0.04	0.19	0.54	0.27	0.03	0.07	0.05	0.02	0
	22　27	0.04	0.05	0.05		0.02	0.55	0.96	0.41	0.26	0.19	0.15	0.09	
TP1-III	2　7	0.44	0.71	0.93	1.53	1.93	2.09	漏水严重，终止试验						
	7　12	0.04	0.06	0.08	0.20	0.40	0.60	0.85	0.55	0.38	0.26	0.19	0.05	0.02
	12　17	0	0	0		0.10	0.12	0.10	0.09	0.07	0.04	0.06	0.04	
	17　22	0	0.01	0.01	0.02	0	0.03	0.05	0.03	0.01	0.02	0.01	0.01	0
	22　27	0	0	0	0.01	0.02	0.61	1.74	1.13	0.70	0.40			
TP2-II	2　7	0.02	0.03	0.03	0.03	0.03	0.04	0.06	0.04	0.03	0.02	0.02	0.01	0.02
	7　12	0.02	0.01	0.01	0	0.03	0.05	0.04	0.04	0.01	0.01	0.01	0	0
	12　17	0	0	0		0.07	0.25	0.16	0.09	0.05	0.01	0		
	17　22	0	0.01	0.03	0	0.08	0.32	0.16	0.09	0.05	0.01	0		
	22　27	0.02	0.02	0.02	0.09	0.28	0.68	0.59	0.28	0.18	0.02			
TP2-III	2　7	0	0	0	0	0	0.02	0.14	0.06	0.03	0.01	0	0	0
	7　12	0	0	0	0	0	0.02	1.44	0.86	0.46	0.28	0.22	0.18	0.14
	12　17	该试验段各个压力阶段流量均为0												
	17　22	0	0	0	0	0	0.04	0.14	0.03	0	0	0	0	0
	22　27	0	0.01	0	0	0	0.01	0.04	0.08	0.02	0	0	0	0

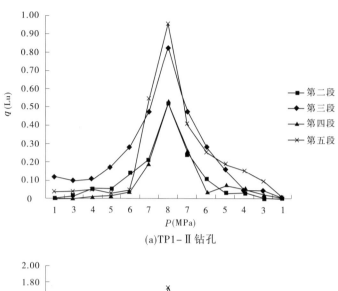

(a)TP1–Ⅱ钻孔

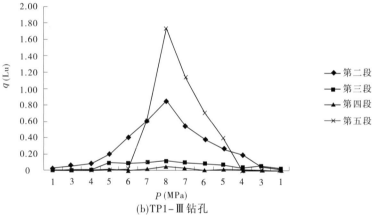

(b)TP1–Ⅲ钻孔

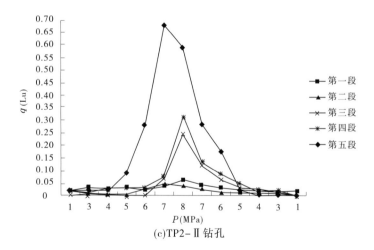

(c)TP2–Ⅱ钻孔

图6-54　各个钻孔不同压力阶段压力—透水率关系曲线

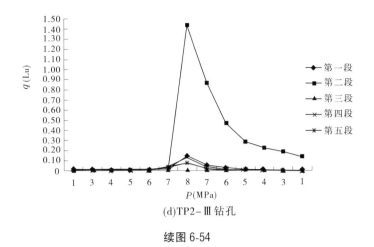

(d)TP2-Ⅲ钻孔

续图 6-54

3.高压压水试验 P—Q 曲线绘制和类型分析

根据每个试验段压水试验过程中不同压力和对应的流量绘制 P—Q 曲线,纵轴为压力 P(MPa),横轴为流量 Q(L/min)。根据《水电水利工程钻孔压水试验规程》(DL/T 5331—2005)要求,为了避免一些人为造成的不规则曲线,使判读和划分曲线类型产生困难,在绘制 P—Q 曲线图时应该采用同一比例尺。本次试验 P—Q 曲线绘制过程严格按照《水电水利工程钻孔压水试验规程》(DL/T 5331—2005)要求进行,P 轴 1 mm=0.01 MPa,最大值为 10 MPa;Q 轴 1 mm=1 L/min,最大值为 90 L/min。P—Q 曲线在升压阶段用实线连接,降压阶段用虚线连接。在 P—Q 曲线中,当相对应的升压和降压过程中流量值绝对差不大于 1 L/min 或相对差不大于 5% 时,可认为曲线基本重合。

根据每个试验段绘制的 P—Q 曲线,从升压阶段曲线和降压阶段曲线的关系,以及 P—Q 曲线的变化情况判断 P—Q 曲线类型。P—Q 曲线的类型按照现行的《水电水利工程钻孔压水试验规程》(DL/T 5331—2005)中提供的五种类型采用,即 A(层流)型、B(紊流)型、C(扩张)型、D(冲蚀)型和 E(充填)型。各种曲线的特点可参阅上述规范。在判断了 P—Q 曲线的类型后,标注在岩体透水率之后,如 12(D)、0.25(A)、5.2(E)等。当压水试验在最大压力阶段压入流量仍为 0 时,不必绘制 P—Q 曲线,只用岩体的透水率表示。

各个钻孔每个试验段的 P—Q 曲线及曲线类型分析如下(见图 6-55),其中 TP1-Ⅱ 和 TP1-Ⅲ 钻孔的第一段洞壁渗水严重,无法加压,试验不完整,此处不再分析。

6.5.2.6　压水试验成果分析

1.透水率成果分析

对各个试验段不同压力阶段的透水率按照围岩类别进行统计,成果见表 6-28。

由表 6-27、表 6-28 和图 6-54 可知,压力管道 Ⅱ 类、Ⅲ 类围岩的透水率整体较低,大于 1 Lu 的共有 6 段,占总数的 2.6%;小于 1 Lu 的共有 229 段,占总数的 97.4%;不同钻孔处的透水率随着压力的增加呈递增趋势,压力大于 6 MPa 时透水量突然增大,可见在大于 6 MPa 的水压力作用下岩体中原有的闭合裂隙发生了扩张现象,裂隙连通性增强,透水率加大,但各试验段不同试验压力下岩体的整体透水率均较低,说明岩体裂隙挤压紧密,扩张规模比较小,连通性差。

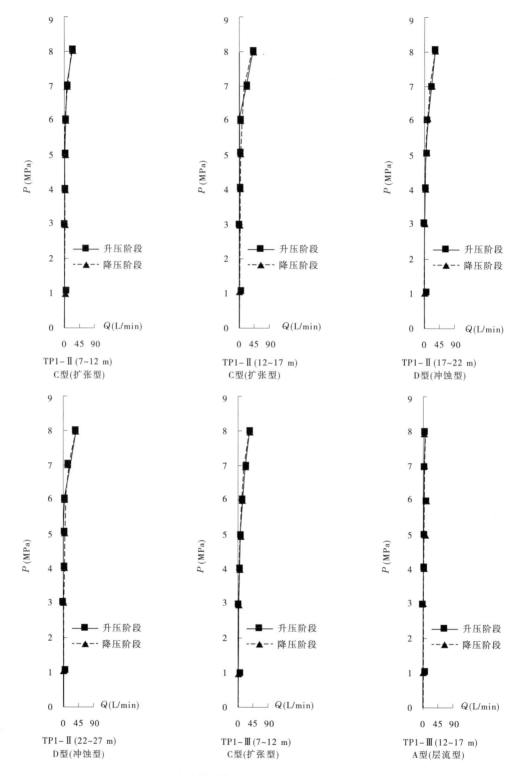

图 6-55　各个钻孔每个试验段的 $P—Q$ 曲线及曲线类型

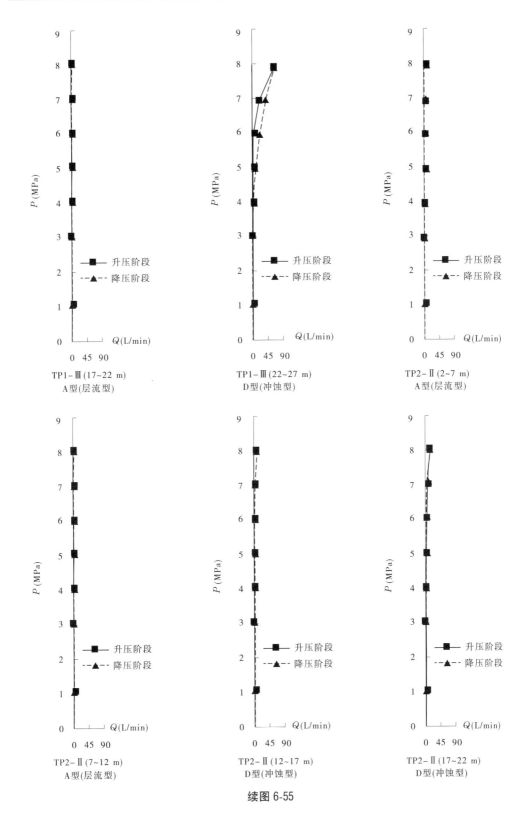

续图 6-55

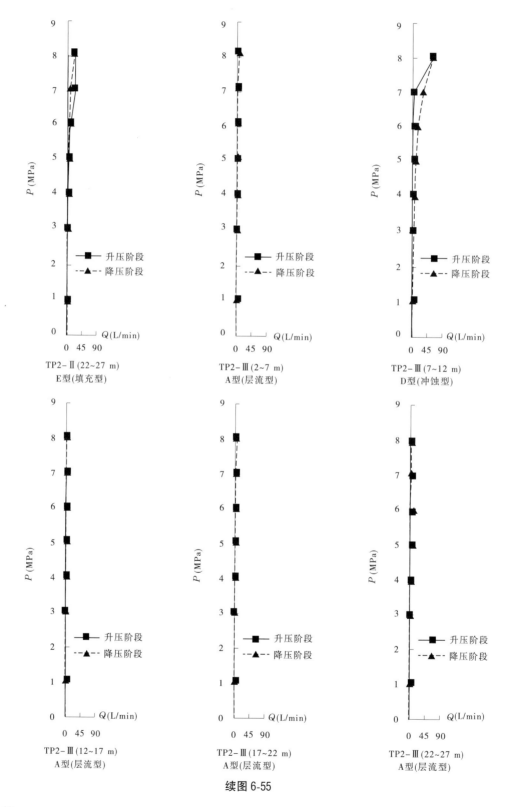

续图 6-55

表 6-28　不同压力阶段的透水率区间段数和频率统计

围岩类别	透水率总数（Lu）	透水率区间段数/频率			
		$q{\leqslant}0.1$ Lu	0.1 Lu$<q{\leqslant}0.5$ Lu	0.5 Lu$<q{\leqslant}1.0$ Lu	$q>1.0$ Lu
Ⅱ	125	89/71.2%	28/22.4%	8/6.4%	
Ⅲ	110	81/73.6%	19/17.3%	4/3.6%	6/5.5%
合计	235	170/72.3%	47/20%	12/5.1%	6/2.6%

2.P—Q 曲线类型成果分析

对上述各个钻孔每个试验段的 P—Q 曲线类型进行统计,结果见表 6-29。

表 6-29　不同试验段 P—Q 曲线类型一览

孔号	深度(m)		试段长度（m）	P—Q 曲线类型	8 MPa透水率（Lu）
	起	止			
TP1-Ⅱ	2	7	5	—	—
	7	12	5	C	0.52
	12	17	5	C	0.83
	17	22	5	D	0.54
	22	27	5	D	0.96
TP1-Ⅲ	2	7	5	—	—
	7	12	5	C	0.85
	12	17	5	A	0.12
	17	22	5	A	0.05
	22	27	5	D	1.74
TP2-Ⅱ	2	7	5	A	0.06
	7	12	5	A	0.04
	12	17	5	D	0.25
	17	22	5	D	0.32
	22	27	5	E	0.59
TP2-Ⅲ	2	7	5	A	0.14
	7	12	5	D	1.44
	12	17	5	A	0
	17	22	5	A	0.14
	22	27	5	A	0.08

由表 6-29 可知,本次试验有效试验段数共 18 段,其中 $P—Q$ 曲线类型 E 型(填充型)有 1 段,均占总段数的 5.6%;$P—Q$ 曲线类型 A 型(层流型)有 8 段,占总段数的 44.4%;$P—Q$ 曲线类型 C 型(扩张型)有 3 段,占总段数的 16.7%;$P—Q$ 曲线类型 D 型(冲蚀型)有 6 段,占总段数的 33.3%。

可见 $P—Q$ 曲线类型以 A 型为主,D 型和 C 型为辅,说明在试验期间,岩体裂隙状态在高压水头的作用下大部分没有发生变化;部分裂隙在高压水头作用下被冲刷侵蚀,发生裂隙中的充填物被冲蚀现象;部分裂隙在压力作用下产生弹性扩张变形,随着压力的释放,裂隙变形恢复至原来状态。

6.5.2.7 围岩水力阶撑试验

1.试验方法概述

在水利水电工程地质勘测中,为了进行科学的工程设计,需要了解工程区岩体在设计水头作用下的物理力学行为。特别是一些高水头水电站,其坝址、调压井及输水隧洞的围岩长期承受高压水头作用,裂隙岩体在高水头压力作用下是否张开,其承载高水头压力的能力如何,直接关系到围岩的稳定性。水力阶撑试验就是为了这一目的而开展的原地测试。

所谓水力阶撑试验,就是逐级升高试验段内的压力,使原生裂隙由其闭合状态逐渐张开的试验过程,其测试方法是选择在裂隙层段上逐级增压测试。在每一压力阶段,都准确地记录其稳定流量,直到该裂隙承受不住水力的作用,原裂隙被迫张开、扩展,这时流量将急剧增大。在流量—压力曲线图上,就可确切地得到流量—压力曲线突变的拐点,该拐点所对应的压力值就是该裂隙的劈裂压力,它标志着该层段岩体抗御水头压力作用的能力。

裂隙岩体的张开压力与节理裂隙的空间展布及原地应力直接相关,水力阶撑试验一般选择在含有裂隙的岩体中进行,其物理基础是裂隙岩体的渗流理论,同时裂隙岩体的渗流行为服从达西定律。在试验过程中,首先向测段施加较低的压力,同时得到流量的稳定值后,再使压力升高一个台阶,并重复上一过程。依此类推,得到一系列稳定压力下的稳定流量值,也就得到了测段压力与流量的关系曲线。开始阶段,压力与流量呈线性关系,裂隙岩体未被水压力张开,渗流速率主要受控于水头压力并遵循达西定律。随着压力逐步增大,当裂隙面由闭合状态转变为张开状态时,流量突然增大,此时裂隙面法线方向的有效应力与施加的水压力平衡,流量这一突变点对应的压力称为裂隙岩体的张开压力,即水力劈裂压力,它直接反映了测段处岩体承载水头压力作用的能力。

为研究 CCS 水电站压力管道围岩的岩体力学特性,在原地应力研究的同时,也进行了测定岩体抗御水头压力作用能力的水力阶撑试验,为全面、准确地评价岩体的物理力学特性提供了可靠的资料。由于压力管道上平段的 PSK03 孔埋深较浅,承受的水头压力较低,所以本次试验仅在压力管道下平段的 2 个孔内各进行了两段水力阶撑试验,试验段选择长度为 2 m。试验采用的设备及测试过程与高压压水试验基本相同,与其不同之处是选择裂隙段逐级加压进行试验,压力台阶越小,越有利于提高试验的精度。

2.PSK01 测点的水力阶撑试验

在 PSK01 测点进行了两段水力阶撑试验,段长均为 2 m。试验段都选取在裂隙较为发育的岩体段,以了解裂隙岩体对高水头作用的承载能力。两测段试验结果见图 6-56 和图 6-57。

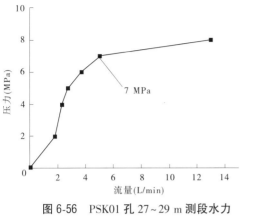

图 6-56　PSK01 孔 27~29 m 测段水力
阶撑试验曲线

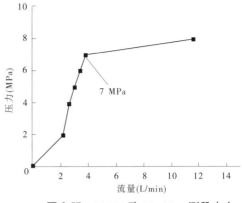

图 6-57　PSK01 孔 35~37 m 测段水力
阶撑试验曲线

在 PSK01 孔的 27~29 m、35~37 m 两个测段试验段从 2 MPa 加压,逐级升压至 4 MPa、5 MPa、6 MPa、7 MPa 时漏水量均很小,当压力增至 8 MPa 时流量忽然增大,从图 6-56、图 6-57 中可以看出,曲线在压力 7 MPa 时为一个拐点,因此最终确定测段岩体抗水力劈裂压力值为 7 MPa。

3.PSK02 测点的水力阶撑试验

工作组在 PSK02 测点进行了两段水力阶撑试验,段长均为 2 m。试验段都选取在裂隙较为发育的岩体段,以了解裂隙岩体对高水头作用的承载能力。两测段试验结果见图 6-58 和图 6-59。

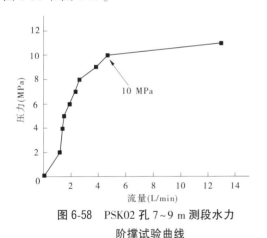

图 6-58　PSK02 孔 7~9 m 测段水力
阶撑试验曲线

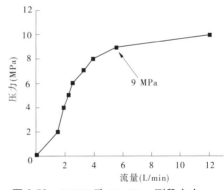

图 6-59　PSK02 孔 25~27 m 测段水力
阶撑试验曲线

在 PSK02 孔的 7~9 m 测段试验段从 2 MPa 加压,逐级升压至 4 MPa、5 MPa、6 MPa、7 MPa、8 MPa、9 MPa、10 MPa 时漏水量均很小,当压力增至 11 MPa 时流量忽然增大,从图 6-58、图 6-59 中可以看出,曲线在压力 10 MPa 时为一个拐点,因此最终确定该测段岩体的水力劈裂压力值为 10 MPa。在测段 25~27 m 附近岩体内,当压力增至 9 MPa 时,流量忽然增大,这说明该测段岩体的水力劈裂压力值为 9 MPa。

综上所述,1[#]压力管道下平段围岩的抗劈裂压力约为 7 MPa,2[#]压力管道下平段围岩的抗劈裂压力为 9~10 MPa,2#压力管道的围岩的抗水力劈裂强度要高于 1#压力管道。

6.5.2.8　波速测试成果分析

根据试验布置,在每个钻孔各试验段试验前、后均进行了声波测试以判别高压水头对岩体的影响,为了使压水后岩体变形得到充分的回弹,压水试验后的声波测试在压水试验之后 7 d 进行,具体试验成果如表 6-30 所示。

表 6-30　声波测试成果统计

洞室	桩号	孔号	试验段	试验前平均波速（m/s）	试验后平均波速（m/s）
1#压力管道	0+845	TP1-Ⅱ	第一段	4 248	4 096
			第二段	4 208	4 057
			第三段	4 241	4 112
			第四段	4 268	4 108
			第五段	4 266	4 136
	0+892	TP1-Ⅲ	第一段	4 264	4 048
			第二段	4 289	4 118
			第三段	4 185	4 112
			第四段	4 101	3 898
			第五段	4 098	4 014
2#压力管道	0+938	TP2-Ⅲ	第一段	4 119	4 028
			第二段	4 262	4 105
			第三段	4 246	4 095
			第四段	4 128	4 026
			第五段	4 221	4 070
	0+905	TP2-Ⅱ	第一段	4 246	4 048
			第二段	4 187	3 979
			第三段	4 260	4 074
			第四段	4 202	4 021
			第五段	4 120	3 997
平均				4 208	4 057

根据波速测试结果,可以看出:

（1）各个孔压水后的波速要略低于压水前的波速,压水前所有测孔、测段的平均波速为 4 208 m/s,压水后所有测孔、测段的平均波速为 4 057 m/s,压水后波速降低约 4%。说明压水对岩体性能有一定影响,但是影响甚微。按以往工程经验,波速降低率在 20% 以内时,可以认为岩体的性状没有显著变化。

(2)从每个测孔第一段的测试成果曲线中可以看出,孔口 1~2 m 段岩体的波速要明显低于深部岩体的波速,这说明在引水洞洞周存在厚约 2 m 的松动圈,松动圈内岩体波速要低于未松动岩体的波速。

6.5.2.9 结论

(1)根据试验结果,在试验压力大于 6 MPa 的情况下,部分试验段的岩体透水率呈现增大现象,但透水率整体较低,主要原因是在大于 6 MPa 的高压情况下裂隙发生扩张现象(原裂隙多为闭合),但是裂隙扩张范围很小,裂隙之间没有连通。

(2)根据试验结果,P—Q 曲线类型以 A 型为主,D 型和 C 型为辅,说明在试验期间,岩体裂隙状态在高压水头的作用下大部分没有发生变化;部分裂隙在高压水头作用下被冲刷侵蚀,发生裂隙中充填物被冲蚀的现象;部分裂隙在压力作用下产生弹性扩张变形,随着压力的释放,裂隙变形恢复至原来状态。

(3)试验结果显示,A 型在压水试验中占主要部分,说明该部分岩体完整或裂隙性质没有改变,尤其是 TP2-Ⅲ(12~17 m),该段岩体完整,在 8 MPa 压力下,岩体没有发生水力劈裂现象。

(4)各个孔压水后的波速要略低于压水前的波速,压水前所有测孔、测段的平均波速为 4 208 m/s,压水后所有测孔、测段的平均波速为 4 057 m/s,压水后波速降低约 4%。可见压水对岩体性能有一定影响,但是影响甚微。按以往工程经验,波速降低率在 20% 以内时,可以认为岩体的性状没有显著变化。

(5)根据 CCS 水电站运用方式,随着长期高水头运行,裂隙变形将由以弹性变形为主逐步向弹—塑形变形过渡,成为不可逆变形。随着运行时间的加长,裂隙宽度将不断加大。

(6)根据水力阶撑试验,压力管道下平段区域岩体具有较好的抗水力劈裂能力,经测定,围岩的抗水力劈裂强度值在 7~10 MPa 范围内,2# 压力管道围岩的抗水力劈裂强度要高于 1# 压力管道围岩的抗劈裂强度值。考虑到实测过程中,测试的岩体没有任何加固支护作用,所以在隧洞经过加固支护后,实际的抗劈裂能力将会更高一些。由此分析认为,在工程运行过程中,在内压力为 6.1 MPa 的水压力作用下,隧洞将具有较好的稳定性。

下平段两测点围岩抗劈裂强度一般为 7.0 MPa 测试成果的分析表明,该洞段隧洞围岩的结构完整性较好,裂隙不发育,即使存在原生裂隙也均不具串通性,而且多为闭合紧密状态,因而围岩具有较强的抗御水压力作用的能力。因此,在下平段隧洞围岩的灌浆处理过程中,灌浆压力低于 7 MPa 的情况下,实则难以将岩体裂隙张开,也就不可能达到进一步改善岩体结构完整性的目的。因此,该测试成果可为灌浆处理选择提供参考依据。

综上所述,设计的混凝土衬砌段在高内水压力情况下混凝土必然开裂,内水压力将作用在周围岩体上,这样围岩成为内水压力的主要承担者,因此围岩力学性质的好坏决定了隧洞的承载能力。根据压水试验成果,虽然岩体透水性较差,但通过高压灌浆可以提高岩体质量。后期施工中,进行了高压固结灌浆,使其在长期高水头作用下不会产生大的扩张变形,避免造成严重后果。

6.5.2.10 压力管道灌浆设计

如前所述,为了提高岩体质量,减少内水外渗,需对压力管道岩体进行灌浆。具体设计为:在压力管道上平段、下平段及竖井段采用固结灌浆,在压力管道下平段混凝土衬砌末端设置帷幕灌浆圈,在压力管道混凝土衬砌及钢衬砌段均设计了回填灌浆。

1.固结灌浆

压力管道上平段固结灌浆属于常规固结灌浆,灌浆压力为 0.3~0.5 MPa,灌浆圈每环 6 孔,排距 2.5 m,灌浆孔入岩深 4.5 m。

压力管道竖井及下平段固结灌浆采用高压固结灌浆。灌浆孔深度及每环数量随着压力的变化而不同,孔深在 4.5~6 m,每环孔数 7~11 个,灌浆圈排距均为 2.5 m,具体见表 6-31。

表 6-31　压力管道固结灌浆特性

序号	TP1 (m)	TP2 (m)	水头差 (m)	水压力 (MPa)	系数	计算压力 (MPa)	设计最大压力 (MPa)	孔深 (m)	每环孔数 (个)
1	上弯段	上弯段	<140.611	1.406 11	1.20	1.69	2.5	4.5	6
2	1 138.889 ~ 1 088.889	1 138.889 ~ 1 050.000	140.611	1.406 11	1.20	1.69	2.5	4.5	7
3	1 088.889 ~ 1 038.889	1 050.000 ~ 1 038.889	190.611	1.906 11	1.20	2.29	3	4.5	7
4	1 038.889 ~ 988.889	1 038.889 ~ 988.889	240.611	2.406 11	1.20	2.89	3.5	5	9
5	988.889 ~ 938.889	988.889 ~ 938.889	290.611	2.906 11	1.20	3.49	4	5	9
6	938.889 ~ 888.889	938.889 ~ 888.889	340.611	3.406 11	1.20	4.09	4.5	5	11
7	888.889 ~ 838.889	888.889 ~ 838.889	390.611	3.906 11	1.20	4.69	5	5	11
8	838.889 ~ 788.889	838.889 ~ 788.889	440.611	4.406 11	1.20	5.29	5.5	6	11
9	788.889 ~ 738.889	788.889 ~ 738.889	490.611	4.906 11	1.20	5.89	6	6	11
10	738.889 ~ 688.889	738.889 ~ 688.889	540.611	5.406 11	1.20	6.487 332	6.5	6	11
11	688.889 ~ 659.922	688.889 ~ 638.889	590.611	5.906 11	1.20	7.087 332	7	6	11
12	659.9 ~ 629.94	638.889 ~ 630.613	598.887	5.988 87	1.20	7.186 644	7	6	11
13	下弯段	下弯段		<6.5			7	6	11

2.帷幕灌浆

在压力管道下平段混凝土衬砌末端设置帷幕灌浆圈以延长混凝土衬砌段渗水的渗径,降低钢衬砌段外水压力,避免渗水直接沿着钢衬外侧形成直接渗流通道。

帷幕灌浆布置在压力管道混凝土段末端的渐变段上,共设置 7 排,入岩深度 12 m,每环 11 孔,分两序孔施工。帷幕灌浆压力参照下平段固结灌浆,最大灌浆压力 7 MPa。

3.回填灌浆

压力管道上平段、上弯段、下平段混凝土衬砌段、下平段钢衬砌段均设计了回填灌浆。回填灌浆范围为顶拱 120°范围,灌浆压力为 0.3~0.5 MPa。回填灌浆结束标准为 5 min 之内灌浆量小于 2 L/m,则认为钻孔该段的回填灌浆结束。回填灌浆应在衬砌混凝土强度达到 70%以后进行,回填灌浆结束以后再进行固结灌浆。

6.5.2.11　监测成果

为了验证工程措施的有效性及压力管道的运行情况,在压力管道内埋设了多种仪器进行监测,主要监测成果如下。

1.围岩变形监测

1)上、下平段

压力管道上、下平段共安装 50 套多点位移计(3 点)(监测断面整体布置及多点位移计典型监测断面见图 6-60、图 6-61),设计编号为 BX5-01~BX5-54,监测成果见表 6-32、表 6-33 和图 6-62~图 6-65。

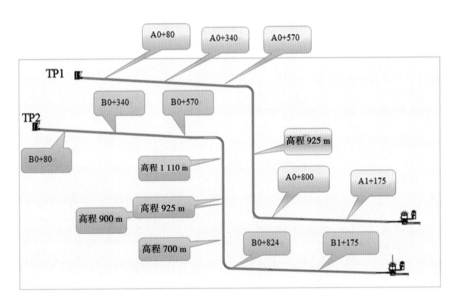

图 6-60　压力管道上、下平段监测断面整体布置

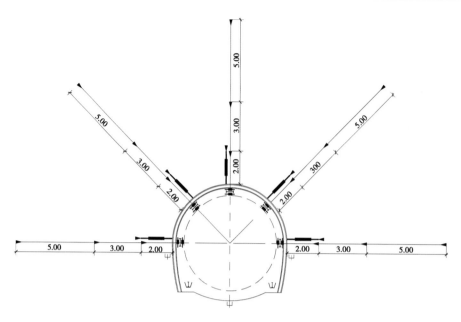

图 6-61　压力管道上、下平段多点位移计典型监测断面图(所有断面布置方式一致) （单位:m)

表 6-32　压力管道上平段围岩变形监测成果(多点位移计)

仪器编号	安装部位	桩号	高程(m)	基准值起算日期(年-月-日)	测点到边墙距离(m)	累积变形(mm)		月变量(mm)
						2017-06-28	2017-07-26	
BX5-01	上平段1#洞,左侧水平,孔深10 m		1 203.32	2012-08-01	0	0.8	0.7	0
					2	−0.1	−0.1	0
					5	−0.1	−0.1	0
BX5-02	上平段1#洞,左侧上斜45°,孔深10 m		1 205.87	2012-08-15	0	0.9	0.9	0
					2	0.4	0.4	0
					5	−0.1	−0.1	0
BX5-03	上平段1#洞,顶拱中心线,孔深10 m	A0+080	1 206.92	2012-08-01	0	—	—	0
					2	3.1	3.1	0
					5	—	—	
BX5-04	上平段1#洞,右侧上斜45°,孔深10 m		1 205.87	2012-08-22	0	1.5	1.5	0
					2	0.5	0.5	0
					5	—	—	—
BX5-05	上平段1#洞,右侧水平,孔深10 m		1 203.32	2012-08-01	0	0.9	0.9	0
					2	0	0	0
					5	−0.1	−0.1	0

续表 6-32

仪器编号	安装部位	桩号	高程（m）	基准值起算日期（年-月-日）	测点到边墙距离（m）	累积变形（mm）		月变量（mm）
						2017-06-28	2017-07-26	
BX5-06	上平段 1#洞，左侧水平，孔深 10 m		1 187.70	2012-12-19	0	0.7	0.7	0
					2	−1.1	−1.2	0
					5	−0.1	−0.1	0
BX5-07	上平段 1#洞，左侧上斜 45°，孔深 10 m		1 190.30	2012-12-19	0	1.1	1.1	0
					2	0	0	0
					5	0	0	0
BX5-08	上平段 1#洞，顶拱中心线，孔深 10 m	A0+340	1 191.3	2012-12-26	0	—	—	—
					2	0.7	0.7	−0.1
					5	0.5	0.5	0
BX5-09	上平段 1#洞，右侧上斜 45°，孔深 10 m		1 190.30	2012-12-19	0	0.5	0.5	−0.1
					2	−0.3	−0.4	0
					5	0.9	0.8	−0.1
BX5-10	上平段 1#洞，右侧水平，孔深 10 m		1 187.70	2012-12-19	0	1.6	1.6	0
					2	0.4	0.4	0
					5	0.4	0.4	0
BX5-11	上平段 1#洞，左侧水平，孔深 10 m		1 173.90	2012-12-19	0	1.5	1.5	0
					2	0.5	0.6	0.1
					5	0.1	0.1	0
BX5-12	上平段 1#洞，左侧上斜 45°，孔深 10 m		1 176.50	2012-12-19	0	1.8	1.8	0
					2	0.7	0.7	0
					5	0.8	0.8	0
BX5-13	上平段 1#洞，顶拱中心线，孔深 10 m	A0+570	1 177.50	2012-12-19	0	1.0	1.0	0
					2	0.1	0.1	0
					5	0.1	0.1	0
BX5-14	上平段 1#洞，右侧上斜 45°，孔深 10 m		1 176.50	2012-12-19	0	0	0	0
					2	1.1	1.1	0
					5	−2.3	−2.3	0
BX5-15	上平段 1#洞，右侧水平，孔深 10 m		1 173.90	2012-12-19	0	1.4	1.4	.0
					2	−0.9	−0.9	0
					5	2.1	2.1	0

续表 6-32

仪器编号	安装部位	桩号	高程（m）	基准值起算日期（年-月-日）	测点到边墙距离（m）	累积变形（mm）		月变量（mm）
						2017-06-28	2017-07-26	
BX5-26	上平段 2#洞，左侧水平，孔深 10 m		1 203.26	2012-07-03	0	2.0	1.9	−0.1
					2	0.8	0.8	0
					5	0.1	0.1	0
BX5-27	上平段 2#洞左侧，上斜45°，孔深 10 m		1 205.81	2012-07-03	0	2.3	2.3	0
					2	1.4	1.4	0
					5	1.0	1.0	0.1
BX5-28	上平段 2#洞顶拱中心线，孔深 10 m	B0+81	1 206.86	2012-11-01	0	—	—	—
					2	−1.1	−1.1	0
					5	—	—	—
BX5-29	上平段 2#洞右侧，上斜45°，孔深 10 m		1 205.81	2012-07-08	0	—	—	—
					2	0.6	0.6	0
					5	1.4	1.4	0
BX5-30	上平段 2#洞，右侧水平，孔深 10 m		1 203.26	2012-07-03	0	1.0	1.0	0
					2	−0.6	−0.6	0
					5	−0.5	−0.5	0
BX5-31	上平段 2#洞，左侧水平，孔深 10 m		1 187.7	2013-03-13	0	—	—	—
					2	—	—	—
					5	—	—	—
BX5-32	上平段 2#洞左侧，上斜45°，孔深 10 m		1 190.3	2013-03-13	0	2.6	2.6	0
					2	0.8	0.8	0
					5	0.8	0.8	0
BX5-33	上平段 2#洞顶拱中心线，孔深 10 m	B0+340	1 191.3	2013-03-13	0	0.9	0.8	0
					2	−0.2	−0.2	0
					5	0.2	0.2	0
BX5-34	上平段 2#洞右侧，上斜45°，孔深 10 m		1 190.3	2013-03-13	0	1.4	1.3	0
					2	0.7	0.7	0
					5	0.2	0	−0.2
BX5-35	上平段 2#洞，右侧水平，孔深 10 m		1 187.7	2013-03-13	0	—	—	—
					2	—	—	—
					5	—	—	—

续表 6-32

仪器编号	安装部位	桩号	高程（m）	基准值起算日期（年-月-日）	测点到边墙距离（m）	累积变形（mm）		月变量（mm）
						2017-06-28	2017-07-26	
BX5-36	上平段 2#洞，左侧水平，孔深 10 m		1 173.90	2013-03-19	0	1.2	1.6	0.4
					2	−0.5	−0.2	0.4
					5	0	0	0
BX5-37	上平段 2#洞左侧，上斜 45°，孔深 10 m		1 176.50	2013-03-20	0	3.3	3.5	0.2
					2	1.5	1.7	0.2
					5	2.3	2.5	0.2
BX5-38	上平段 2#洞顶拱中心线，孔深 10 m	B0+570	1 177.50	2013-03-20	0	1.4	1.4	0
					2	—	—	—
					5	—	—	—
BX5-39	上平段 2#洞右侧，上斜 45°，孔深 10 m		1 176.50	2013-03-20	0	2.0	2.0	0
					2	1.2	1.1	0
					5	0	−0.1	−0.1
BX5-40	上平段 2#洞，右侧水平，孔深 10 m		1 173.90	2013-03-19	0	1.0	1.0	0
					2	0.2	0.2	0
					5	0.2	0.3	0

注：表中"+"值为滑动变形，"−"值为压缩变形。

表 6-33　压力管道下平段围岩变形监测成果

仪器编号	安装部位	桩号	高程（m）	基准值起算日期（年-月-日）	测点到边墙距离（m）	变形（mm）		月变量（mm）
						2017-06-28	2017-07-26	
BX5-16	下平段 1#洞，右侧水平，孔深 10 m		628.48	2012-11-01	0	—	—	—
					2	—	—	—
					5	—	—	—
BX5-17	下平段 1#洞，右侧上斜 45°，孔深 10 m		631.03	2012-11-01	0	—	—	—
					2	—	—	—
					5	—	—	—
BX5-18	下平段 1#洞顶拱中心线，孔深 10 m	A0+810	632.08	2012-11-01	0	—	—	—
					2	—	—	—
					5	—	—	—
BX5-19	下平段 1#洞，左侧上斜 45°，孔深 10 m		631.03	2012-11-01	0	—	—	—
					2	—	—	—
					5	—	—	—
BX5-20	下平段 1#洞，左侧水平，孔深 10 m		628.48	2012-11-01	0	5.3	5.3	0
					2	2.0	2.0	0
					5	0.4	0.5	0

续表 6-33

仪器编号	安装部位	桩号	高程（m）	基准值起算日期（年-月-日）	测点到边墙距离（m）	变形（mm）		月变量（mm）
						2017-06-28	2017-07-26	
BX5-21	下平段 1#洞，右侧水平，孔深 10 m	A1+175	615.36	2012-07-12	0	—	—	—
					2	—	—	—
					5	—	—	—
BX5-22	下平段 1#洞，右侧上斜 45°，孔深 10 m		617.91	2012-07-12	0	3.1	2.9	−0.3
					2	1.3	1.0	−0.3
					5	1.8	1.6	−0.3
BX5-23	下平段 1#洞顶拱中心线，孔深 10 m		618.96	2012-07-12	0	—	—	—
					2	—	—	—
					5	—	—	—
BX5-24	下平段 1#洞，左侧上斜 45°，孔深 10 m		617.91	2012-07-12	0	1.4	1.4	0
					2	0	0	0
					5	0.2	0.1	0
BX5-25	下平段 1#洞，左侧水平，孔深 10 m		615.36	2012-07-12	0	—	—	—
					2	—	—	—
					5	—	—	—
BX5-46	下平段 2#洞，右侧水平，孔深 10 m	B1+175	617.99	2012-07-04	0	—	—	—
					2	5.2	5.2	0
					5	0	0	0
BX5-47	下平段 2#洞，右侧上斜 45°，孔深 10 m		620.54	2012-07-04	0	2.5	2.5	0
					2	0	0	0
					5	1.8	1.8	0
BX5-48	下平段 2#洞顶拱中心线，孔深 10 m		621.59	2012-07-04	0	3.2	3.2	0
					2	−0.5	−0.4	0
					5	—	—	—
BX5-49	下平段 2#洞，左侧上斜 45°，孔深 10 m		620.54	2012-07-04	0	—	—	—
					2	−1.1	−1.1	0
					5	−1.1	−1.1	0
BX5-50	下平段 2#洞，左侧水平，孔深 10 m		617.99	2012-07-04	0	1.2	1.1	0
					2	−0.1	−0.1	0
					5	—	—	—

注：表中"+"值为滑动变形，"−"值为压缩变形。

从监测成果可以看出,压力管道上、下平段各监测部位围岩深层变形稳定,累积最大围岩变形为−34.7 mm,围岩月变形增量为−0.3～0.4 mm,未发现异常变形趋势。

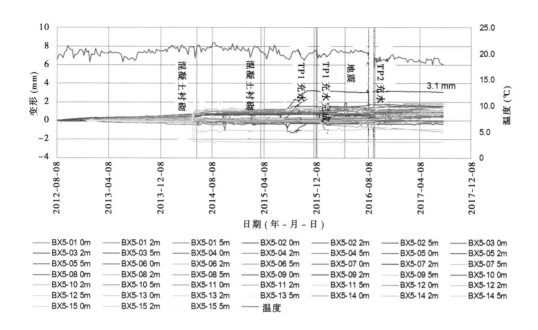

图 6-62 上平段 1#洞(TP1)围岩变形监测成果过程线

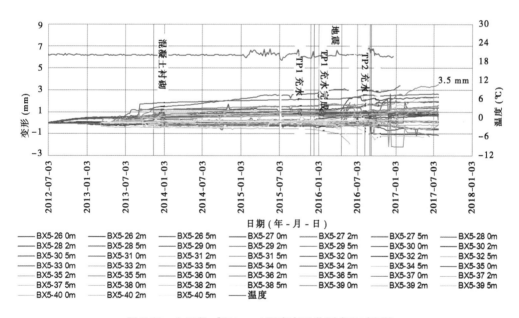

图 6-63 上平段 2#洞(TP2)围岩变形监测成果过程线

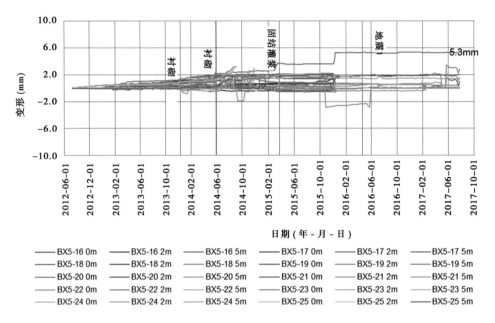

图 6-64　下平段 1#洞（TP1）围岩变形监测成果过程线

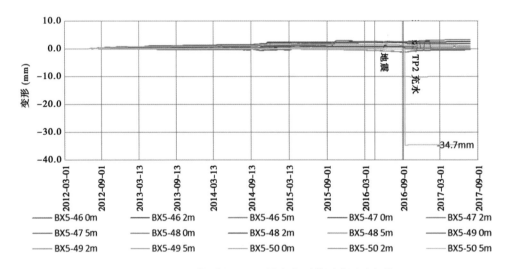

图 6-65　下平段 2#洞（TP2）围岩变形监测成果过程线

2）竖井段

压力管道 1#、2#竖井段共安装 8 套多点位移计，设计编号为 BX5－51～BX5－58（BX5-51～BX1-53电缆被灌浆钻孔破坏），监测成果见表 6-34 和图 6-66、图 6-67。

表 6-34　压力管道 1#、2#竖井 925 m 高程围岩变形监测成果

仪器编号	安装部位	桩号	高程(m)	测点深度（m）	累积变形(mm)		月变量（mm）
					2017-06-28	2017-07-26	
BX5-54	1#竖井 高程 925.0 m	A0+733	925.0	0	—	—	—
				2	—	—	—
				5	—	—	—
BX5-55	2#竖井 高程 925.0 m	B0+783.84	925.0	0	—	—	—
				2	—	—	—
				5	—	—	—
BX5-56	2#竖井 高程 925.0 m	B0+787.19	925.0	0	2.0	2.0	0
				2	—	—	—
				5	3.1	3.1	0
BX5-57	2#竖井 高程 925.0 m	B0+783.84	925.0	0	—	—	—
				2	—	—	—
				5	—	—	—
BX5-58	2#竖井 高程 925.0 m	B0+780.49	925.0	0	—	—	—
				2	—	—	—
				5	—	—	—

注:表中"+"表示变形增加,"-"表示变形减小,"—"表示无读数。

从监测成果可以看出,2#竖井 925.0 m 高程围岩变形较前一个月无变化,最大变形为 3.1 mm,未发现异常变形情况。

2.接缝变形监测

1)下平段

压力管道下平段共安装 20 支测缝计,设计编号 J5-16~J5-25、J5-41~J5-50,监测成果见表 6-35 和图 6-68、图 6-69。

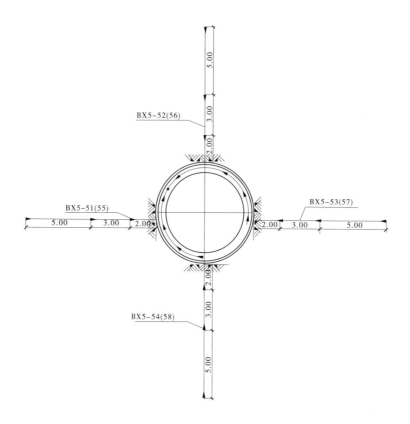

图 6-66 压力管道 1#、2#竖井段多点位移计监测断面 （单位:m）

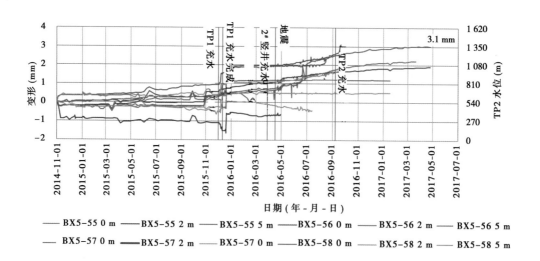

图 6-67 2#竖井段围岩变形监测成果过程线

表 6-35　压力管道下平段测缝计监测成果

仪器编号	安装部位	桩号	高程(m)	累积变形(mm)		月变量(mm)
				2017-06-28	2017-07-26	
J5-16	下平段 1#洞左侧水平		628.25	—	—	—
J5-17	下平段 1#洞左侧上斜 45°		630.80	—	—	—
J5-18	下平段 1#洞顶拱垂直向上	A0+800	634.45	—	—	—
J5-19	下平段 1#洞右侧上斜 45°		630.80	—	—	—
J5-20	下平段 1#洞右侧水平		628.25	—	—	—
J5-21	下平段 1#洞左侧水平		615.39	-0.2	-0.2	0
J5-22	下平段 1#洞左侧上斜 45°		617.94	-0.2	-0.2	0
J5-23	下平段 1#洞顶拱垂直向上	A1+174	618.99	-0.6	-0.6	0
J5-24	下平段 1#洞右侧上斜 45°		617.94	0.1	0.1	0
J5-25	下平段 1#洞右侧水平		615.39	-0.2	-0.2	0
J5-41	下平段 2#洞左侧水平		630.26	4.4	4.4	0
J5-42	下平段 2#洞左侧上斜 45°		632.26	3.3	3.3	0
J5-43	下平段 2#洞顶拱垂直向上	B0+824.41	634.20	1.2	1.2	0
J5-44	下平段 2#洞右侧上斜 45°		632.26	1.1	1.2	0
J5-45	下平段 2#洞右侧水平		630.26	1.3	1.3	0
J5-46	下平段 2#洞左侧水平		618.00	-0.3	-0.3	0
J5-47	下平段 2#洞左侧上斜 45°		620.56	-0.2	-0.2	0
J5-48	下平段 2#洞顶拱垂直向上	B1+174	621.60	-0.2	-0.2	0
J5-49	下平段 2#洞右侧上斜 45°		620.56	0.2	0.3	0
J5-50	下平段 2#洞右侧水平		618.00	-0.3	-0.3	0

注:表中"+"值为缝面张开,"-"值为缝面闭合。

从监测成果可以看出,2#压力管道下平段混凝土与岩壁间接缝变形无大的变化,最大缝面开度为 4.4 mm,混凝土与岩壁间接缝变形未发现异常变形。

2)竖井段

压力管道 1#、2#竖井段共安装 8 支测缝计,设计编号 J5-51~J5-58,监测成果见表 6-36 和图 6-70、图 6-71。

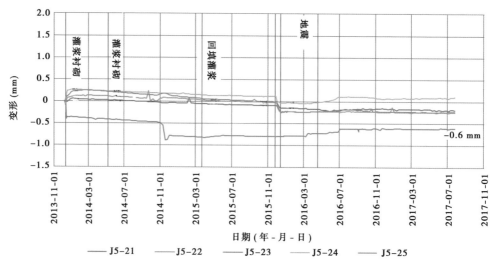

图 6-68 下平段 1# 洞混凝土与岩壁接缝变化过程线

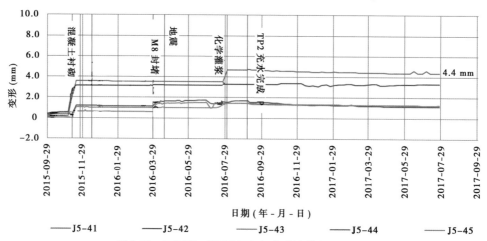

图 6-69 下平段 2# 洞混凝土与岩壁接缝变化过程线

表 6-36 压力管道 1#、2# 竖井接缝监测成果

仪器编号	安装位置	安装桩号	安装高程（m）	变形（mm）		月变量（mm）
				2017-06-28	2017-07-26	
J5-51	1#压力管道竖井，补埋	A0+733.84	1 141.0	0	-0.1	0
J5-52		A0+737.19		1.4	1.4	0
J5-53		A0+733.84		-0.1	-0.1	0
J5-54		A0+730.490		1.4	1.4	0
J5-55	2#压力管道竖井	B0+793.467	925.0	0.7	0.8	0
J5-56		B0+796.467		0.1	0.1	0
J5-57		B0+793.467		3.7	3.7	0
J5-58		B0+790.467		-0.1	-0.1	0

注：表中"+"值为缝面张开，"-"值为缝面闭合。

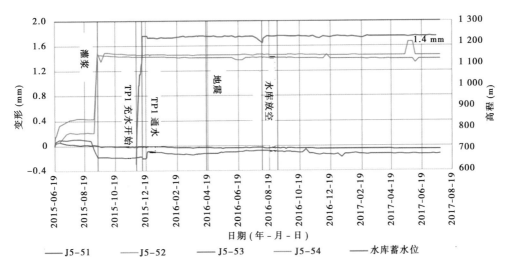

图6-70 1#竖井1 141 m高程测缝计监测成果过程线

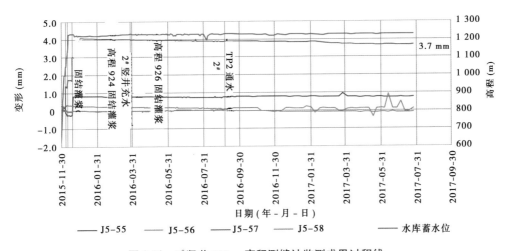

图6-71 2#竖井925 m高程测缝计监测成果过程线

从监测成果可以看出,接缝最大变形3.7 mm;接缝开合度无大的变化,未发现异常变形情况。

3.锚杆应力监测

1)上、下平段

压力管道上、下平段共安装50支锚杆应力计(典型监测断面见图6-72),设计编号RB5-01~RB5-50,监测成果见表6-37、表6-38和图6-73~图6-76。

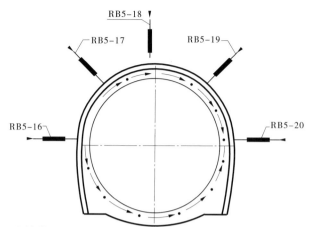

图 6-72　压力管道上、下平段锚杆应力计典型监测断面图(所有断面布置方式一致)

表 6-37　压力管道上平段锚杆应力计监测成果

仪器编号	安装部位	桩号	高程(m)	基准值起算日期(年-月-日)	累积应力(kN)		月变量(kN)
					2017-06-28	2017-07-26	
RB5-01	上平段 1# 洞左侧水平	A0+079	1 203.38	2012-07-26	-1.7	-1.6	0.1
RB5-02	上平段 1# 洞左侧上斜 45°		1 205.93		-1.4	-1.4	0
RB5-03	上平段 1# 洞左侧水平	A0+605	1 171.82	2015-07-25	-5.7	-5.7	0
RB5-04	上平段 1# 洞右侧上斜 45°	A0+079	1 205.93	2012-07-26	0.6	0.6	0.1
RB5-05	上平段 1# 洞右侧水平		1 203.38		1.4	1.5	0.1
RB5-06	上平段 1# 洞左侧水平		1 187.78		—	—	—
RB5-07	上平段 1# 洞左侧上斜 45°		1 190.33		6.9	6.8	-0.1
RB5-08	上平段 1# 洞顶拱垂直向上 90°	A0+339	1 191.38	2012-09-13	—	—	—
RB5-09	上平段 1# 洞右侧上斜 45°		1 190.33		13.9	14.0	0.1
RB5-10	上平段 1# 洞右侧水平		1 187.78		19.7	19.7	0
RB5-11	上平段 1# 洞左侧水平		1 173.98		-0.5	-0.5	0
RB5-12	上平段 1# 洞左侧上斜 45°		1 176.53		10.3	10.3	0
RB5-13	上平段 1# 洞顶拱垂直向上 90°	A0+569	1 177.58	2012-12-19	-5.5	-5.5	0
RB5-14	上平段 1# 洞右侧上斜 45°		1 176.53		5.9	5.9	0
RB5-15	上平段 1# 洞右侧水平		1 173.98		-0.5	-0.5	0
RB5-26	上平段 2# 洞左侧水平		1 203.38		—	—	—
RB5-27	上平段 2# 洞左侧上斜 45°		1 205.93		60.2	63.5	3.3
RB5-28	上平段 2# 洞顶拱垂直向上 90°	B0+079	1 206.98	2012-07-01	8.9	11.1	2.1
RB5-29	上平段 2# 洞右侧上斜 45°		1 205.93		22.6	25.2	2.6
RB5-30	上平段 2# 洞右侧水平		1 203.38		—	—	—

续表 6-37

仪器编号	安装部位	桩号	高程（m）	基准值起算日期（年-月-日）	累积应力（kN） 2017-06-28	累积应力（kN） 2017-07-26	月变量（kN）
RB5-31	上平段 2#洞左侧水平		1 187.78		2.0	2.0	0
RB5-32	上平段 2#洞左侧上斜 45°		1 190.38		1.5	2.2	0.7
RB5-33	上平段 2#洞顶拱垂直向上 90°	B0+339	1 191.38	2012-10-26	—	—	—
RB5-34	上平段 2#洞右侧上斜 45°		1 190.38		-1.8	-1.6	0.2
RB5-35	上平段 2#洞右侧水平		1 187.78		—	—	—
RB5-36	上平段 2#洞左侧水平		1 173.98		-2.1	-0.8	1.3
RB5-37	上平段 2#洞左侧上斜 45°		1 176.53		11.4	12.5	1.1
RB5-38	上平段 2#洞顶拱垂直向上 90°	B0+569	1 177.58	2012-03-12	3.6	4.2	0.7
RB5-39	上平段 2#洞右侧上斜 45°		1 176.53		—	—	—
RB5-40	上平段 2#洞右侧水平		1 173.98		—	—	—

注：表中"+"值为拉应力,"-"值为压应力。

表 6-38　压力管道下平段锚杆应力计监测成果

仪器编号	安装部位	桩号	高程（m）	基准值起算日期（年-月-日）	累积应力（kN） 2017-06-28	累积应力（kN） 2017-07-26	月变量（kN）
RB5-16	下平段 1#洞右侧锚杆,角度水平		628.48		—	—	—
RB5-17	下平段 1#洞右侧上斜 45°		631.03		—	—	—
RB5-18	下平段 1#洞顶拱垂直向上 90°	A0+809	632.08	2012-10-31	—	—	—
RB5-19	下平段 1#洞左侧上斜 45°		631.03		—	—	—
RB5-20	下平段 1#洞左侧水平		628.48		—	—	—
RB5-21	下平段 1#洞右侧锚杆,角度水平		615.36		—	—	—
RB5-22	下平段 1#洞右侧上斜 45°		617.91		9.0	10.1	1.1
RB5-23	下平段 1#洞顶拱垂直向上 90°	A1+175	618.96	2012-07-11	6.1	6.2	0.1
RB5-24	下平段 1#洞左侧上斜 45°		617.91		0.1	0.6	0.4
RB5-25	下平段 1#洞左侧水平		615.36		0.1	1.0	0.8
RB5-46	下平段 2#洞右侧水平		617.99		-6.7	-5.5	1.2
RB5-47	下平段 2#洞右侧上斜 45°		620.54		-11.3	-10.5	0.8
RB5-48	下平段 2#洞顶拱垂直向上 90°	B1+175	621.59	2012-07-02	2.1	2.8	0.7
RB5-49	下平段 2#洞左侧上斜 45°		620.54		2.1	2.7	0.6
RB5-50	下平段 2#洞左侧水平		617.99		—	—	—

注：表中"+"值为拉应力,"-"值为压应力。

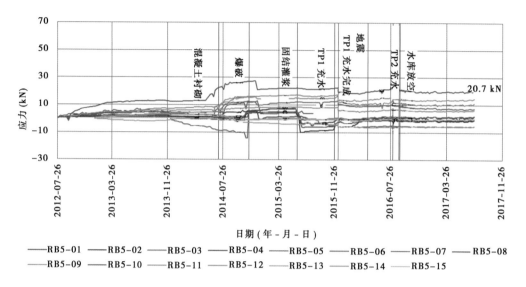

图 6-73　上平段 1# 洞锚杆应力变化过程线

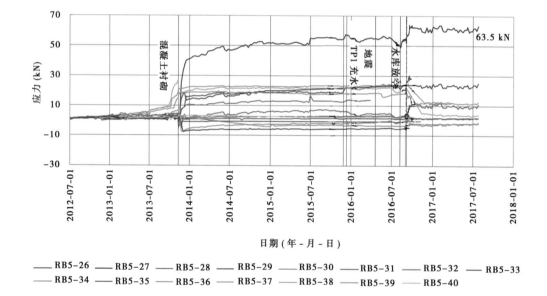

图 6-74　上平段 2# 洞锚杆应力变化过程线

从监测成果可以看出,压力管道上、下平段支护锚杆月应力增量在 -0.1~3.3 kN,当前最大应力为 63.5 kN,小于 160 kN(25 mm 锚杆拉拔力),未见异常应力情况。

2)竖井段

压力管道 2# 竖井段共安装 4 支锚杆应力计(监测断面见图 6-77),设计编号 RB5-55~RB5-58,监测成果见表 6-39 和图 6-78。

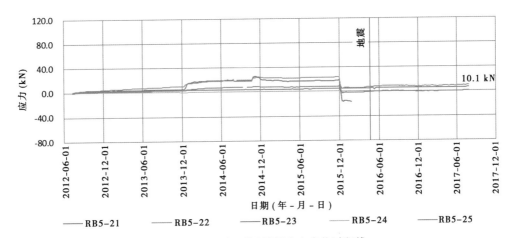

图 6-75　下平段 1# 洞锚杆应力变化过程线

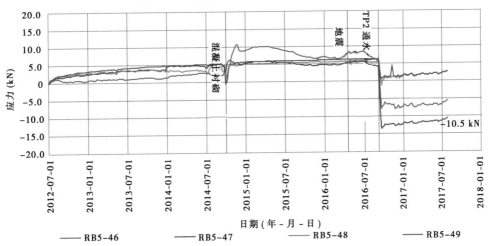

图 6-76　下平段 2# 洞锚杆应力变化过程线

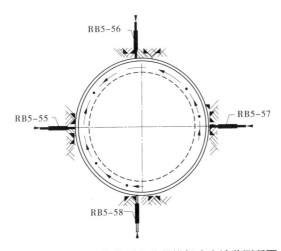

图 6-77　压力管道 2# 竖井段锚杆应力计监测断面

表 6-39 压力管道 2#竖井锚杆应力监测成果

仪器编号	安装部位	桩号	高程 (m)	累积应力(kN)		月变量 (kN)
				2017-06-28	2017-07-26	
RB5-55	竖井段,左侧水平,锚杆长度 4.1 m	B0+783.84	1 050.5	—	—	—
RB5-56	竖井段,下游水平,锚杆长度 4.1 m	B0+787.19	924.5	5.6	5.6	0
RB5-57	竖井段,右侧水平,锚杆长度 4.1 m	B0+783.84	1 050.5	3.3	3.6	0.3
RB5-58	竖井段,上游水平,锚杆长度 4.1 m	B0+780.49	924.5			

注:表中"+"值为拉力,"-"值为压力。

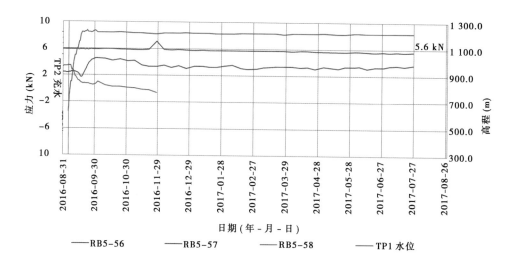

图 6-78 2#竖井段锚杆应力变化监测成果过程线

从监测成果可以看出,2#竖井段 925.0 m 高程累积最大拉力为 5.6 kN,未发现异常变形情况。

4.渗透水压力监测

1)下平段

压力管道下平段共安装 12 支渗压计,设计编号 P5-10~P5-15、P5-25~P5-30,监测成果见表 6-40 和图 6-79、图 6-80。

从以上监测成果可以看出,2#压力管道 2017 年 9 月 4 日开始充水,9 月 16 日充水结束,2#压力管道下平段 0+824.41 桩号最大水位变化为 8.3 m;换算水头在 917.6 ~ 1 063.6 m;1#压力管道下平段渗透压力水位较上月上升 3.2 m,混凝土浇筑完成部位的承压水头大约为 560 m。1#、2#压力管道钢衬段 A(B)1+174 断面监测水压力基本稳定,水头大约为 63 m。

表 6-40　压力管道下平段渗压计监测成果

仪器编号	安装部位	桩号	高程(m)	水位(m)		月变量(m)	承压水头(m)
				2017-06-28	2017-07-26		
P5-10	1#下平段,左侧围岩	A0+800	627.8	1 103.9	1 104.0	0.1	476
P5-11	1#下平段,右侧围岩		627.8	1 142.9	1 146.1	3.2	518
P5-12	1#下平段,底板围岩		625.2	1 201.0	—	—	—
P5-13	1#下平段,左侧围岩	A1+174	614.86	678.1	677.6	-0.5	63
P5-14	1#下平段,右侧围岩		614.86	678.9	677.9	-1.0	63
P5-15	1#下平段,底板围岩		611.86	680.6	679.6	-1.0	68
P5-25	2#下平段,左侧围岩	B0+824.41	630.06	1 055.3	1 063.6	8.3	434
P5-26	2#下平段,右侧围岩		630.06	911.5	917.6	6.1	288
P5-27	2#下平段,底板围岩		627.06	916.5	921.8	5.3	295
P5-28	2#下平段,左侧围岩	B1+174	617.48	678.0	677.9	-0.1	60
P5-29	2#下平段,右侧围岩		617.48	679.6	679.6	0	62
P5-30	2#下平段,底板围岩		614.48	677.1	677.1	0	63

注:表中"+"值为缝面张开,"-"值为缝面闭合。

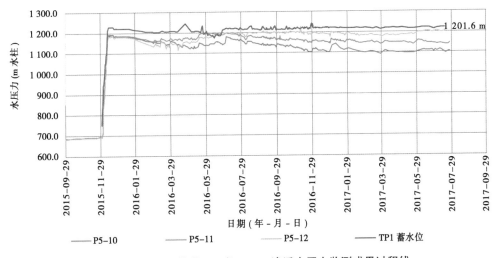

图 6-79　1#压力管道下平段 0+800 渗透水压力监测成果过程线

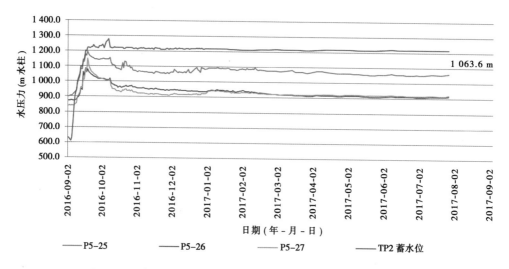

图 6-80 2#压力管道下平段 0+824.41 渗透水压力监测成果过程线

2）竖井段

压力管道 2#竖井段共安装 8 支渗压计，设计编号为 P5-33 ~ P5-40，监测成果见表 6-41 和图 6-81，埋设示意图见图 6-82。

表 6-41 压力管道 1#、2#竖井段渗透水压力监测成果

仪器编号	安装部位	桩号	高程（m）	累积渗透水头（m）		月变量（m）
				2017-06-28	2017-07-26	
P5-33	2#竖井段，下游水平	B0+782.17	925.0	1 107.8	1 109.6	1.8
P5-34	2#竖井段，上游水平	B0+785.51	925.0	1 102.5	1 104.3	1.8
P5-35	2#竖井 1 100 m 高程朝上游	B0+790.47	1 100.00	1 095.2	1 093.6	-1.6
P5-36	2#竖井 1 100 m 高程朝 1#竖井	B0+793.47	1 100.00	1 092.7	1 093.1	0.3
P5-37	2#竖井 900 m 高程朝上游	B0+790.47	900.00	—	—	—
P5-38	2#竖井 900 m 高程朝 1#竖井	B0+793.47	900.00	—	—	—
P5-39	2#竖井 700 m 高程朝上游	B0+790.47	700.00	压力钢管混凝土回填停止观测		
P5-40	2#竖井 700 m 高程朝 1#竖井	B0+793.47	700.00			

注：表中"+"值为有压力或压力增大，"-"值为无压力或压力减小，"—"为仪器失效。

从监测成果可以看出，2#竖井渗透压力水头在 1 093.1 ~ 1 109.6 m，渗透压力水头月变化量在 -1.6 ~ 1.8 m，未发现异常情况。

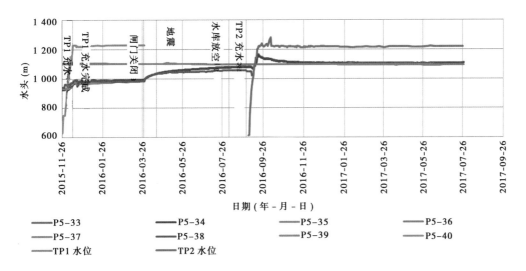

图 6-81　2#竖井渗透压力变化过程线

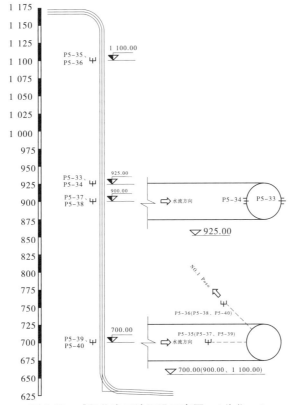

图 6-82　2#竖井渗压计埋设示意图　（单位:m）

5.衬砌钢筋应力监测

1）下平段

2#压力管道下平段0+824桩号安装10支钢筋计,设计编号 R5-71~R5-80,监测成果见表6-42和图6-83。

表6-42 2#压力管道下平段衬砌混凝土钢筋应力监测成果

编号	安装位置	桩号	高程(m)	钢筋应力(MPa)		月变量(MPa)
				2017-06-28	2017-07-26	
R5-71	2#下平段左侧外层钢筋		630.60	—	—	—
R5-72	2#下平段左侧内层钢筋		630.60	—	—	—
R5-73	2#下平段左侧外层钢筋约1/4拱圈		633.00	—	—	—
R5-74	2#下平段左侧内层钢筋约1/4拱圈		632.65	—	—	—
R5-75	2#下平段外层钢筋顶拱中心线	B0+824.41	633.90	—	—	—
R5-76	2#下平段内层钢筋顶拱中心线		633.51	—	—	—
R5-77	2#下平段右侧外层钢筋约1/4拱圈		633.00	17.7	18.9	1.2
R5-78	2#下平段右侧内层钢筋约1/4拱圈		632.65	—	—	—
R5-79	2#下平段右侧外层钢筋		630.60	—	—	—
R5-80	2#下平段右侧内层钢筋		630.60	23.5	28.3	4.8

注:"+"值为拉应力,"-"值为压应力。

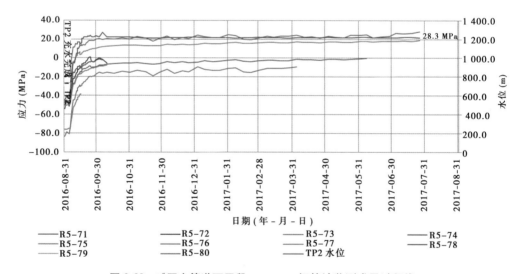

图6-83 2#压力管道下平段0+824.41钢筋计监测成果过程线

从以上监测成果可以看出,2#压力管道下平段钢筋计钢筋应力最大月变量为4.8 MPa。目前,累积应力在18.9~28.3 MPa。

2)竖井段

压力管道竖井段共安装16支钢筋计,设计编号R5-81~R5-96,监测成果见表6-43,钢筋压力历时曲线见图6-84、图6-85。

表 6-43　压力管道竖井段衬砌钢筋应力监测成果

仪器编号	安装部位	高程(m)	基准值起算日期(年-月-日)	累积应力(MPa)		月变量(MPa)
				2017-06-28	2017-07-26	
R5-81	1#压力管道竖井段	925	2014-08-16	—	—	—
R5-82	1#压力管道竖井段	925	2014-08-16	—	—	—
R5-83	1#压力管道竖井段	925	2014-08-16	—	—	—
R5-84	1#压力管道竖井段	925	2014-08-16	1.6	4.9	3.4
R5-85	1#压力管道竖井段	925	2014-08-16	—	—	—
R5-86	1#压力管道竖井段	925	2014-08-16	—	—	—
R5-87	1#压力管道竖井段	925	2014-08-16	—	—	—
R5-88	1#压力管道竖井段	925	2014-08-16	6.9	11.1	4.3
R5-89	2#压力管道竖井段	925	2015-06-15	—	—	—
R5-90	2#压力管道竖井段	925	2015-06-15	—	—	—
R5-91	2#压力管道竖井段	925	2015-06-15	—	—	—
R5-92	2#压力管道竖井段	925	2015-06-15	-12.4	-7.6	4.8
R5-93	2#压力管道竖井段	925	2015-06-15	—	—	—
R5-94	2#压力管道竖井段	925	2015-06-15	—	—	—
R5-95	2#压力管道竖井段	925	2015-06-15	—	—	—
R5-96	2#压力管道竖井段	925	2015-06-15	—	—	—

注："+"为拉应力,"-"压应力。

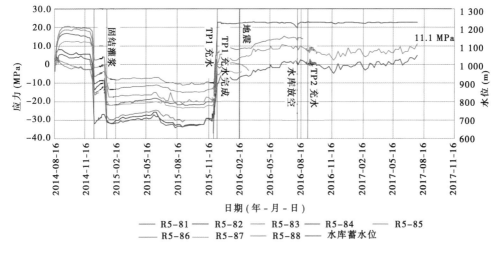

图 6-84　1#竖井衬砌钢筋应力变化过程线

从监测成果可以看出,1#竖井 925 m 高程衬砌钢筋应力当前值在 4.9~11.1 MPa,月变量为 3.4~4.3 MPa;2#竖井 925 m 高程衬砌钢筋应力当前值为-7.6 MPa,月变量为 4.8 MPa,未发现异常应力。

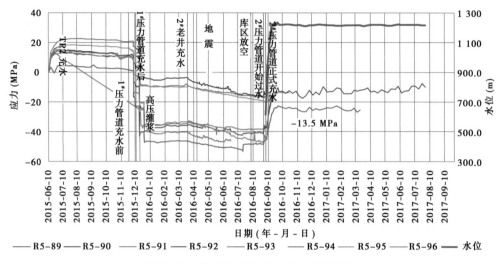

图 6-85 2#竖井衬砌钢筋应力变化过程线

6.小结

根据监测成果,压力管道上平段、下平段及竖井段围岩变形、接缝变形、锚杆应力、渗透水压力、衬砌钢筋应力均未发现异常值,压力管道整体运行正常,满足设计要求。

6.5.3 压力管道地应力试验研究

对于水工有压隧洞设计而言,最小地应力准则是十分重要的设计准则,是对围岩承载力的定量判断。重要工程需要进行工程区山体地应力测试,以确定地应力分布状态,为水工设计提供依据。对于 CCS 水电站压力管道而言,最大内压水力达到 6.1 MPa,对围岩的抗劈裂能力提出了很高的要求,因此需要进行地应力测试以确定围岩的应力分布状态,为衬砌设计及灌浆设计提供必要依据。

CCS 水电站压力管道部位采用水压致裂法进行地应力测试。水压致裂法是 20 世纪 70 年代发展起来的一种地应力测量方法,该方法是国际岩石力学学会试验方法委员会颁布的确定岩石应力所推荐的方法之一,是目前国际上能较好地直接进行深孔应力测量的先进方法。该方法无须知道岩石的力学参数就可获得地层中现今地应力的多种参量,并具有操作简便、可进行连续或重复测量、测量速度快、测值可靠等特点,因此近年来得到了广泛应用,并取得了大量的成果。

6.5.3.1 基本原理

水压致裂原地应力测量以弹性力学为基础,并以下面三个假设为前提:①岩石是线弹性和各向同性的;②岩石是完整的,压裂液体对岩石来说是非渗透的;③岩层中有一个主应力的方向和孔轴平行。在上述理论和假设前提下,水压致裂的力学模型可简化为一个平面应力问题,如图 6-86 所示。

这相当于有两个主应力 σ_1 和 σ_2 作用在一半径为 a 的圆孔的无限大平板上,根据弹性力学分析,圆孔外任何一点 M 处的应力为

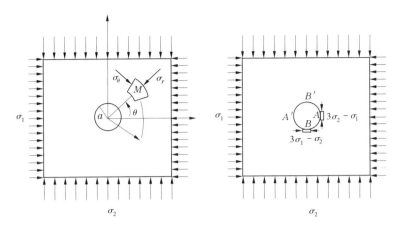

（1）有圆孔的无限大平板受到应力和作用　　　（2）圆孔壁上的应力集中

图 6-86　水压致裂应力测量的力学模型

$$\left.\begin{array}{l} \sigma_r = \dfrac{\sigma_1 + \sigma_2}{2}\left(1 - \dfrac{a^2}{r^2}\right) + \dfrac{\sigma_1 - \sigma_2}{2}\left(1 - \dfrac{4a^2}{r^2} + \dfrac{3a^4}{r^4}\right)\cos2\theta \\[3mm] \sigma_\theta = \dfrac{\sigma_1 + \sigma_2}{2}\left(1 + \dfrac{a^2}{r^2}\right) - \dfrac{\sigma_1 - \sigma_2}{2}\left(1 + \dfrac{3a^4}{r^4}\right)\cos2\theta \\[3mm] \tau_{r\theta} = -\dfrac{\sigma_1 - \sigma_2}{2}\left(1 + \dfrac{2a^2}{r^2} - \dfrac{3a^4}{r^4}\right)\sin2\theta \end{array}\right\} \tag{6-1}$$

式中：σ_r 为 M 点的径向应力；σ_θ 为切向应力；$\tau_{r\theta}$ 为剪应力；r 为 M 点到圆孔中心的距离。

当 $r = a$ 时，即为圆孔壁上的应力状态：

$$\left.\begin{array}{l} \sigma_r = 0 \\[2mm] \sigma_\theta = (\sigma_1 + \sigma_2) - 2(\sigma_1 - \sigma_2)\cos2\theta \\[2mm] \tau_{r\theta} = 0 \end{array}\right\} \tag{6-2}$$

由式（6-2）可得出如图 6-86 所示的孔壁 A、B 两点及其对称处 A'、B' 的应力集中分别为

$$\sigma_A = \sigma_{A'} = 3\sigma_2 - \sigma_1 \tag{6-3}$$

$$\sigma_B = \sigma_{B'} = 3\sigma_1 - \sigma_2 \tag{6-4}$$

若 $\sigma_1 > \sigma_2$，由于圆孔周边应力的集中效应，则 $\sigma_A < \sigma_B$。因此，在圆孔内施加的液压大于孔壁上岩石所能承受的应力时，将在最小切向应力的位置上，即 A 点及其对称点 A' 处产生张破裂，并且破裂将沿着垂直于最小主应力的方向扩展。此时，把孔壁产生破裂的外加液压 P_b 称为临界破裂压力。临界破裂压力 P_b 等于孔壁破裂处的应力集中加上岩石的抗拉强度 T_{hf}，即

$$P_b = 3\sigma_2 - \sigma_1 + T_{hf} \tag{6-5}$$

再进一步考虑岩石中所存在的孔隙压力 P_0，式（6-5）可写为

$$P_b = 3\sigma_2 - \sigma_1 + T_{hf} - P_0 \tag{6-6}$$

在垂直钻孔中测量地应力时，常将最大、最小水平主应力分别写为 σ_H 和 σ_h，即 $\sigma_1 = \sigma_H$，$\sigma_2 = \sigma_h$。当压裂段的岩石被压破时，P_b 可用下式表示：

$$P_b = 3\sigma_h - \sigma_H + T_{hf} - P_0 \tag{6-7}$$

孔壁破裂后,若继续注液增压,裂缝将向纵深处扩展。若马上停止注液增压,并保持压裂回路密闭,裂缝将停止延伸。由于地应力场的作用,裂缝将迅速趋于闭合。通常把裂缝处于临界闭合状态时的平衡压力称为瞬时闭合压力 P_s,它等于垂直裂缝面的最小水平主应力,即

$$P_s = \sigma_h \tag{6-8}$$

当再次对封隔段增压,使裂缝重张时,即可得到破裂重张的压力 P_r。由于此时的岩石已经破裂,抗拉强度 $T_{hf} = 0$,这时即可把式(6-7)改写成:

$$P_r = 3\sigma_h - \sigma_H - P_0 \tag{6-9}$$

用式(6-7)减式(6-9)即可得到岩石的原地抗拉强度:

$$T_{hf} = P_b - P_r \tag{6-10}$$

根据式(6-7)~式(6-9)又可得到求取最大水平主应力 σ_H 的公式:

$$\sigma_H = 3P_s - P_r - P_0 \tag{6-11}$$

垂直应力可根据上覆岩石的重量来计算:

$$\sigma_v = \rho g d \tag{6-12}$$

式中:ρ 为岩石的密度;g 为重力加速度;d 为深度。

以上是水压致裂法地应力测量的基本原理及有关参数的计算方法。

6.5.3.2 平面应力测量基本理论

传统的水压致裂应力测量原理方法前已述及。但实际上钻孔与某一主应力方向相平行的假设并非完全必要,即在钻孔(水平孔或斜孔)与主应力方向不一致时,孔壁岩石的破裂同样是沿着轴向发展的。

设测量钻孔编号为 i,钻孔坐标系 $O—X_iY_iZ_i$ 的 Z_i 轴为孔轴方向,指向孔口为正,轴 X_i 为水平方向,轴 Y_i 按右手坐标系定向。

根据弹性理论,在具有地应力场的岩体中打一钻孔,孔周围岩产生二次应力场,在孔周岩壁($r = a$)处为

$$
\left.
\begin{aligned}
\sigma'_{\theta i} &= (\sigma_{xi} + \sigma_{yi}) - 2(\sigma_{xi} - \sigma_{yi})\cos 2\theta_i - 4\tau_{xiyi}\sin 2\theta_i \\
\sigma'_{zi} &= -2\nu\left[(\sigma_{xi} - \sigma_{yi})\cos 2\theta_i + 2\tau_{xiyi}\sin 2\theta_i\right] + \sigma_{zi} \\
\tau'_{\theta izi} &= 2\tau_{yizi}\cos\theta_i - 2\tau_{xizi}\sin\theta_i \\
\sigma'_{\gamma i} &= \tau'_{\gamma i\theta i} = 0
\end{aligned}
\right\} \tag{6-13}
$$

式中:σ_{xi}、σ_{yi}、σ_{zi}、τ_{xiyi}、τ_{yizi} 和 τ_{xizi} 为所测应力场的 6 个应力分量;θ_i 为由 X_i 轴反时针方向旋转的角度;ν 为岩石的泊松比。

地应力场在垂直于钻孔轴线的平面内的大、小次主应力值用 σ_{Ai} 和 σ_{Bi} 表示,其大小和方向为

$$
\left.
\begin{aligned}
\sigma_{Ai} &= (\sigma_{xi} + \sigma_{yi})/2 + \sqrt{(\sigma_{xi} - \sigma_{yi})^2/4 + \tau_{xiyi}^2} \\
\sigma_{Bi} &= (\sigma_{xi} + \sigma_{yi})/2 - \sqrt{(\sigma_{xi} - \sigma_{yi})^2/4 + \tau_{xiyi}^2} \\
A_i &= \arctan\left[2\tau_{xiyi}/(\sigma_{xi} - \sigma_{yi})\right]/2
\end{aligned}
\right\} \tag{6-14}
$$

对垂直孔而言,大、小次主应力 σ_{Ai} 和 σ_{Bi} 即为最大水平主应力值和最小水平主应力值。

在孔周岩壁($r = a$)处,二次应力场可以表示为

$$\left.\begin{array}{l} \sigma'_{\theta i} = (\sigma_{Ai} + \sigma_{Bi}) - 2(\sigma_{Ai} - \sigma_{Bi})\cos 2(\theta_i - A_i) \\ \sigma'_{zi} = -2\nu(\sigma_{Ai} - \sigma_{Bi})\cos 2(\theta_i - A_i) + \sigma_{zi} \end{array}\right\} \qquad (6\text{-}15)$$

因为钻孔岩壁承受液压时的受力状态属轴对称问题,不会产生附加剪切应力,不可能产生剪切破坏,因此对剪切应力 $\tau'_{\theta i z i}$ 可不进行研究。

水压致裂加压时,破裂首先在拉应力最大的部位发生。因此,围岩二次应力场中小次主应力产生的部位是最关键的,在孔周岩壁 $\theta_i = A_i$ 或 $\pi - A_i$ 的位置上,即钻孔横截面上大次主应力方向上,切向和轴向正应力分量为最小。

$$\left.\begin{array}{l} \sigma'_{\theta i} = 3\sigma_{Bi} - \sigma_{Ai} \\ \sigma'_{zi} = \sigma_{zi} - 2\nu(\sigma_{Ai} - \sigma_{Bi}) \end{array}\right\} \qquad (6\text{-}16)$$

当钻孔承压段注液受压时,围岩又产生附加应力场。根据无限厚厚壁圆筒弹性理论解,在孔周岩壁 $(r=a)$ 上围岩应力状态为

$$\sigma''_{\theta i} = -p_w \qquad \sigma''_{ri} = p_w \qquad (6\text{-}17)$$

用水压致裂法进行单钻孔地应力测量时,钻孔围岩的应力状态是地应力二次应力场与液压引起的附加应力场的叠加。在孔周岩壁 $\theta_i = A_i$ 或 $\pi - A_i$ 的位置上,最小切向应力和轴向应力为

$$\left.\begin{array}{l} \sigma^b_{\theta i} = 3\sigma_{Bi} - \sigma_{Ai} - p_w \\ \sigma^b_{zi} = \sigma_{zi} - 2\nu(\sigma_{Ai} - \sigma_{Bi}) \end{array}\right\} \qquad (6\text{-}18)$$

上述的应力分析表明,在钻孔方向与主应力方向不一致时,也同样能使孔壁岩体产生破裂。由式(6-18)可见,除钻孔承压段端部附近外,大部分区域只有切向应力 $\sigma^b_{\theta i}$ 才能因液压增加而转变成拉应力状态,轴向应力 σ^b_{zi} 则不随液压增加而改变,所以在钻孔大部分承压区域,除围岩有原生的节理等情况外,完整围岩的破裂是沿着轴向发展的。

6.5.3.3 水压致裂原地应力测量及数据分析方法

1.水压致裂原地应力测量方法

概括地讲,水压致裂原地应力测量方法就是利用一对可膨胀的封隔器在选定的测量深度封隔一段钻孔,然后通过泵入流体对该试验段(常称压裂段)增压,同时利用 X-Y 记录仪、计算机数字采集系统或数字磁带记录仪记录压力随时间的变化。对实测记录曲线进行分析,得到特征压力参数,再根据相应的理论计算公式,就可得到测点处的最大水平主应力和最小水平主应力的量值以及岩石的水压致裂抗张强度等岩石力学参数。

根据工程需要并结合岩芯分析,选择合适的压裂孔段,然后使用测量设备进行预测孔段的测量,测量系统分为单回路和双回路两种,见图6-87。

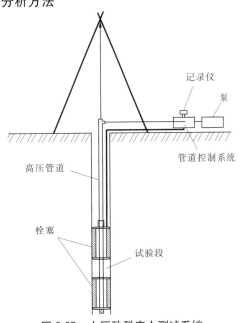

图 6-87　水压致裂应力测试系统

首先将经高压检验的钻杆与封隔器连接起来,并将封隔器放置到压裂深度上,然后通过高压胶管将钻杆与地面高压泵相连,并以钻杆为导管向封隔器内加压,使两只封隔器同时膨胀,紧密地贴于孔壁上,形成封隔空间。再通过钻杆控制井下转换开关,使之封住封隔器进口道并切换到压裂段,继续对压裂段连续加压直至将压裂段的岩石压裂,此后还要进行数次重张压裂循环,以便取得可靠的压裂参数。

水压致裂法的现场测量程序如下。

1)选择试验段

试验段选取的主要依据是:根据岩芯编

录查校完整岩芯所处的深度位置以及工程设计所要求的位置,为使试验能顺利进行,还要考虑封隔器必须放置在孔壁光滑、孔径一致的位置。为确保资料充分和满足技术合同要求,在钻孔条件允许的情况下应尽可能多选试验段。

2)检验测量系统

在正式压裂前,要对测量所使用的钻杆及压裂系统进行检漏试验,一般试验压力不低于 15 MPa。为了确保试验数据的可靠性,要求每个接头都不得有点滴泄漏,并对已试验钻杆进行编号,以便测量深度准确无误。另外,还要对所使用的仪器设备进行检验标定,以保证测量数据的准确性和可靠性。

3)安装井下测量设备

用钻杆将一对可膨胀的橡胶封隔器放置到所要测量的深度位置。

4)座封

通过地面的一个独立加压系统,给 2 个 1 m 长的封隔器同时增压,使其膨胀并与孔壁紧密接触,即可将压裂段予以隔离,形成一个封隔空间(压裂试验段)。地面装有封隔器压力的监视装置,在试验过程中若由于某种原因封隔器压力下降,可随时通过地面的加压系统予以补压。

5)压裂

利用高压泵通过高压管线向被封隔的空间(压裂试验段)增压。在增压过程中,由于高压管路中装有压力传感器,记录仪表上的压力值将随高压液体的泵入而迅速增高,由于钻孔周边的应力集中,压裂段内的岩石在足够大的液压作用下,将会在最小切向应力的位置产生破裂,也就是在垂直于最小水平主应力的方向开裂。这时所记录的临界压力值 P_b 就是岩石的破裂压力,岩石一旦产生裂缝,在高压液体来不及补充的瞬间,压力将急剧下降。若继续保持排量加压,裂缝将保持张开并向纵深处扩延。

6)关泵

岩石开裂后关闭高压泵,停止向测量段注压。在关泵的瞬间压力将急剧下降,之后,随着液体向地层的渗入,压力将缓慢下降。在岩体应力的作用下,裂缝趋于闭合。当裂缝处于临界闭合状态时记录到的压力即为瞬时闭合压力 P_s。

7)卸压

当压裂段内的压力趋于平稳或不再有明显下降时,即可解除本次封隔段内的压力,连通大气,促使已张开的裂缝闭合。

在测量过程中,每段通常都要进行 3~5 个回次,以便取得合理的应力参量以及准确判断岩石的破裂和裂缝的延伸状态。水压致裂过程中所得到的压力—时间曲线如图 6-88 所示。

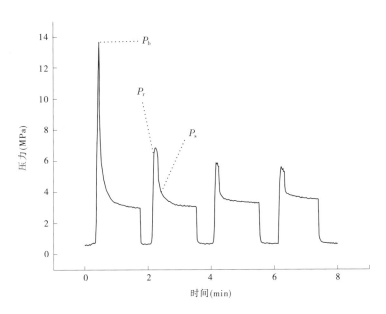

图 6-88　水压致裂应力测量记录曲线示例

2.最大水平主应力方向的测定

在封隔段压裂测量之后即可进行裂缝方位的测定,以便确定最大水平主压应力的方向。常用的方法是定向印模法,它可直接把孔壁上的裂缝痕迹印下来;它由自动定向仪和印模器组成,见图 6-89。印模器从外观上看与封隔器大致相同,所不同的是,它的表层覆盖着一层半硫化橡胶。

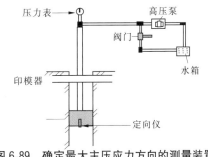

图 6-89　确定最大主压应力方向的测量装置

测定方位时,要选择岩石完整、压力—时间关系曲线有较高破裂压力的测段。先将接有定向仪的印模器放到水压致裂应力测量段的深度,然后在地面通过增压系统将印模器膨胀。为了获得清晰的裂缝痕迹,需要施加足够的高压(加压至 15 MPa 左右),促使孔壁上由压裂产生的裂缝重张以便半硫化橡胶挤入,并保持相应的时间,印模器表面就印制了与裂缝相对应的凸起印迹。

定向仪由照相系统、测角部件、定向罗盘和时钟控制装置等构成的。在预定时间到达时,照相机将自动开启快门,拍摄出角度测量和罗盘刻度的照片。

待保压时间结束后,卸掉印模器的压力并将其提出钻孔。取出照相底片进行显影和定影,通过底片即可直接读出印模器的基线方位。同时,用透明塑料薄膜将印模器围起,绘下印模器表面凸起的印痕和基线标志,然后利用基线、磁北针和印痕之间的关系可算出所测破裂面的走向,即最大水平主压应力的方向。

3.数据分析方法

从如图 6-88 所示的压力—时间记录曲线中可直接得到岩石的破裂压力 P_b,瞬时闭合压力 P_s 以及裂缝的重张压力 P_r,根据这几个基础参数就可以计算出最大水平主应力 σ_H 和最小水平主应力 σ_h 及岩石的原地抗张强度 T_{hf}。

各压力参数的判读及计算方法如下。

1)破裂压力 P_b

破裂压力 P_b 一般比较容易确定,即把压裂过程中第一循环回次的峰值压力称为岩石的破裂压力。

2)重张压力 P_r

重张压力 P_r 为后续几个加压回次中使已有裂缝重张时的压力。通常取压力—时间曲线上斜率发生明显变化时对应的一点(见图 6-88)为破裂重张的压力值。在测量中通常采用第二、三回次的平均值。

为克服岩石在第一、二回次可能未充分破裂所带来的影响,以及后几回次随着裂缝开合次数增加造成重张压力逐次变低的趋势,根据以往的经验通常取第三个循环回次的值为该测量段的重张压力值,或取第二、三、四循环回次的平均值。

3)瞬时闭合压力 P_s

瞬时闭合压力 P_s 的确定对于水压致裂应力测量非常重要。由式(6-8)可知,瞬时闭合压力 P_s 等于最小水平主应力 σ_h,也就是说水压致裂法可直接测出最小水平主应力值 σ_h。另外,在计算最大水平主应力时,由于 P_s 的取值误差可导致 σ_H 2 倍的计算误差,因而瞬时闭合压力的准确取值尤为关键。目前,比较常用和通行的 P_s 取值方法有拐点法、单切线法及双切线法、dt/dp 法、dp/dt 法、Mauskat 方法、流量—压力法等。本次试验中,P_s 的取值方法采用了常用的双切线法。

6.5.3.4 单孔水压致裂法三维地应力测量

多孔交汇三维水压致裂法由于工程量较大,且精度较低,在实际操作中难度较大。Cornet F. H.和 Valette.B.受到经典水压致裂法关闭压力测试裂隙法向应力精度高特点的启发,提出了原生裂隙水压致裂法(HTPF 法)。

1.HTPF 法的原理与计算方法

以原生裂隙结构面(序号为 j)走向为轴 x_j,倾向为轴 y_j 与走向垂直的线为轴 z_j 建立活动坐标系 $O—x_jy_jz_j$,结构面倾角为 α_j,走向为 β_j。钻孔坐标系与大地坐标系之间的关系如图 6-90 所示。

选取钻孔原生裂隙段进行测试,当裂隙重张时,裂隙面上法向应力 σ_{yj} 与瞬间关闭压力 P_{sj} 平衡,如图 6-91 所示。

得到应力平衡基本公式(6-19):

$$\sigma_{yj} = P_{sj} \tag{6-19}$$

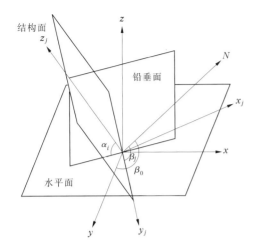

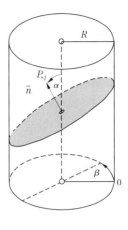

图 6-90　结构面坐标系与大地坐标系的相对位置　　图 6-91　原生裂隙重张示意图

经应力分量坐标转换到大地坐标系可得以下关系式:

$$\sigma_{yj} = \sigma_x \sin^2\alpha_j \sin^2(\beta_0 - \beta_j) + \sigma_y \sin^2\alpha_j \cos^2(\beta_0 - \beta_j) + \sigma_z \cos^2\alpha_j -$$

$$\tau_{xy} \sin^2\alpha_j \sin2(\beta_0 - \beta_j) + \tau_{yz} \sin2\alpha_j \cos(\beta_0 - \beta_j) -$$

$$\tau_{xz} \sin2\alpha_j \sin(\beta_0 - \beta_j) \tag{6-20}$$

由此可将式(6-19)改写为式(6-21),其应力系数见表 6-44。

$$P_{sj} = A_{j1}\sigma_x + A_{j2}\sigma_y + A_{j3}\sigma_z + A_{j4}\tau_{xy} + A_{j5}\tau_{yz} + A_{j6}\tau_{xz} \tag{6-21}$$

表 6-44　原生裂隙水压致裂应力系数和观测值

应力系数	A_{j1}	A_{j2}	A_{j3}	A_{j4}	A_{j5}	A_{j6}	P_{sj}
观测值	$\sin^2\alpha_j \cdot$ $\sin^2(\beta_0-\beta_j)$	$\sin^2\alpha_j \cdot$ $\cos^2(\beta_0-\beta_j)$	$\cos^2\alpha_j$	$-\sin^2\alpha_j \cdot$ $\sin2(\beta_0-\beta_j)$	$\sin2\alpha_j \cdot$ $\cos(\beta_0-\beta_j)$	$-\sin2\alpha_j \cdot$ $\sin(\beta_0-\beta_j)$	σ_{yj}

分析式(6-21)可知,每进行一段不同产状的原生裂隙水压致裂测试,可获得 1 个独立的观测方程,只需对 6 段或 6 段以上不同产状的原生裂隙进行重张试验,即可确定三维地应力状态。

刘允芳(1999)在原生裂隙水压致裂法的基础上,提出可以采用钻孔完整岩体段的经典压裂试验与原生裂隙段的重张试验相结合的测量方法,如图 6-92 所示。

钻孔完整岩体段的经典压裂试验采用 $O—x_iy_iz_i$ 钻孔坐标系为活动坐标系,并获得该坐标系下钻孔横截面上的二维应力状态,通过应力分量坐标变换到大地坐标系,其观测值方程仍用式(6-19)表示。原生裂隙水压致裂试验的观测值方程仍由式(6-20)表示。两种观测值方程联立即为此方法的观测方程。

当独立的观测值方程超过 6 个未知量时,可采用最小二乘法求解应力分量的最佳值。

当钻孔为铅垂孔时,取钻孔坐标系 $O—x_iy_iz_i$ 与大地坐标系 $O—xyz$ 重合,则式(6-21)中,$\sigma_x = \sigma_{x1}$,$\sigma_y = \sigma_{y1}$,$\tau_{xy} = \tau_{xy1}$,即可确定 3 个未知量,剩余 3 个未知量可由 3 个以上不同产

状的原生裂隙水压致裂确定。此时式(6-21)可改写为

$$P_{sj}^* = A_{j4}\tau_{xy} + A_{j5}\tau_{yz} + A_{j6}\tau_{xz} \qquad (6-22)$$

式中,$P_{sj}^* = P_{sj} - (A_{j1}\sigma_x + A_{j2}\sigma_y + A_{j3}\sigma_z)$。

独立的观测值方程超过 3 个未知量时,其正规方程为

$$\begin{bmatrix} \sum\limits_{j=1}^{n} A_{j4}^2 & \sum\limits_{j=1}^{n} A_{j5}A_{j4} & \sum\limits_{j=1}^{n} A_{j6}A_{j4} \\ \sum\limits_{j=1}^{n} A_{j4}A_{j5} & \sum\limits_{j=1}^{n} A_{j5}^2 & \sum\limits_{j=1}^{n} A_{j6}A_{j5} \\ \sum\limits_{j=1}^{n} A_{j4}A_{j6} & \sum\limits_{j=1}^{n} A_{j5}A_{j6} & \sum\limits_{j=1}^{n} A_{j6}^2 \end{bmatrix} \begin{Bmatrix} \sigma_z \\ \tau_{yz} \\ \tau_{xz} \end{Bmatrix} = \begin{Bmatrix} \sum\limits_{j=1}^{n} A_{j4}P_{sj}^* \\ \sum\limits_{j=1}^{n} A_{j5}P_{sj}^* \\ \sum\limits_{j=1}^{n} A_{j6}P_{sj}^* \end{Bmatrix}$$

$$(6-23)$$

刘允芳(2006)进一步改良了原生裂隙水压致裂法,在原有基础上,提出裂隙重张时,裂隙面上剪应力应为 0,此时的应力状态应为

$$\left.\begin{aligned} \sigma_{yj} &= P_{sj} \\ \tau_{xjyj} &= 0 \\ \tau_{yjzj} &= 0 \end{aligned}\right\} \qquad (6-24)$$

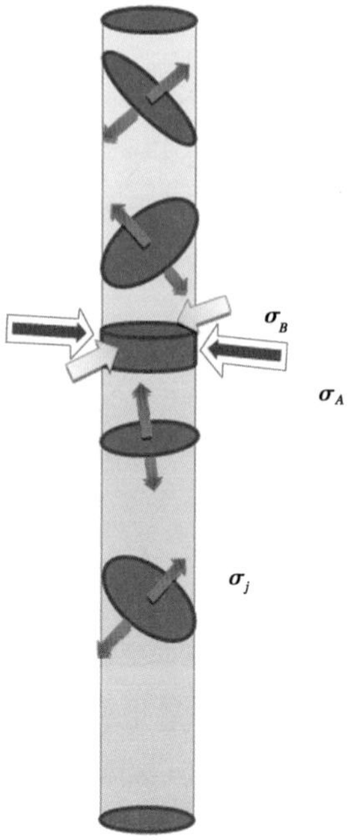

图 6-92　裂隙原理示意图

通过应力分量坐标转换到大地坐标系可得

$$\left.\begin{aligned} &\left[\sigma_x \sin^2(\beta_0 - \beta_j) + \sigma_y \cos^2(\beta_0 - \beta_j) - \tau_{xy}\sin2(\beta_0 - \beta_j)\right]\sin^2\alpha_j + \\ &\sigma_z\cos^2\alpha_j + \left[\tau_{yz}\cos(\beta_0 - \beta_j) - \tau_{xz}\sin(\beta_0 - \beta_j)\right]\sin2\alpha_j = P_{sj} \\ &\left[-0.5(\sigma_x - \sigma_y)\sin2(\beta_0 - \beta_j) + \tau_{xy}\cos2(\beta_0 - \beta_j)\right]\sin^2\alpha_j + \\ &\left[\tau_{yz}\sin(\beta_0 - \beta_j) + \tau_{xz}\cos(\beta_0 - \beta_j)\right]\cos\alpha_j = 0 \\ &-0.5\left[\sigma_x\sin^2(\beta_0 - \beta_j) + \sigma_y\cos^2(\beta_0 - \beta_j) - \sigma_z - \tau_{xy}\sin2(\beta_0 - \beta_j)\right]\sin2\alpha_j + \\ &\left[\tau_{yz}\cos(\beta_0 - \beta_j) - \tau_{xz}\sin(\beta_0 - \beta_j)\right]\cos2\alpha_j = 0 \end{aligned}\right\}$$

$$(6-25)$$

分析方程组(6-25)可知,每进行一段原生裂隙水压致裂测试,可获得 3 个观测值方程。只要在 2 个或 2 个以上不同产状的原生裂隙段上进行重张试验,即可确定三维地应力状态。但与之前的原因——测量过程中存在误差,仅以 2 段原生裂隙进行计算,有可能造成计算机计算无法收敛,所得到的各应力量值与实际值之间存在很大差距,因此仅以 2 段原生裂隙数据进行计算很难得到理想的数据。通过近些年的理论发展,HTPF 法对裂隙赋存条件的依赖程度大大降低,由最开始需要至少 6 条原生裂隙到现在只需要 2 条原生裂隙就可以计算出三维应力状态。通过对钻孔原生裂隙段重张试验的测量,提出在单钻孔中进行水压致裂法三维地应力测量的方法。

2.数据处理与三维应力计算

测试结束后,整理数据并汇编成组,数据内容包括完整岩石段有破裂压力的水压致裂平面应力值及方向、完整岩石段无破裂压力的水压致裂平面应力值、闭合裂隙的分级压力重张过程中的裂隙重张值、裂隙面闭合压力值等。各测段的压裂参数确定、平面应力计算、破裂缝角度计算与单孔水压致裂法相同,具体可参考水压致裂法测试资料的数据处理等内容。根据测试获得的完整岩石段常规水压致裂法破裂或重张、原生裂隙段的分级压力重张得到的各测段数据,整理后使用计算程序来求解得到测孔在局部深度范围内的三维应力状态。

1)计算参数数量

(1)求解三维应力方程式有6个未知量,由于1个原生裂隙的分级压力重张获得的裂隙面法向正应力、裂隙面的产状参数,可提供1个观测值方程。因此,需要6个原生裂隙的重张测试来求解三维应力。

(2)完整岩石段进行1次带破裂压力的常规水压致裂获得垂直于孔轴横截面内的大、小正应力以及大正应力的方位参数,可以获得3个观测值方程(一般1孔中,有1次即可),因此另需3个原生裂隙的重张数据。

(3)若在完整岩石段进行常规水压致裂操作时无破裂压力(虽然外观完整,但测段实际包含有隐闭裂隙),只要能获得大、小正应力值,这类测段可以获得1个观测值方程。

(4)假设原生裂隙重张数量为 N,完整岩石段有破裂压力的常规水压致裂测段数量为 N_1,完整岩石段没有破裂压力的常规水压致裂重张测段数量为 N_2,则用以计算三维应力的观测值方程总数 $N+3N_1+N_2$ 应不小于6,即输入数据的数量可以有以下几种情况:

①$N \geqslant 6$,N_1 为0或1,N_2 为任意;

②$N \geqslant 3$,$N_1 = 1$,N_2 为任意;

③$N \geqslant 5$,$N_1 = 0$,$N_2 \geqslant 1$。

(5)求解三维应力过程中,若观测值方程总数超过应力分量的未知数个数,一般可采用数理统计的最小二乘法原理,得到求解应力分量最佳值的正规方程组。

2)计算程序中输入格式要求

计算程序核心部分就是针对上述观测值方程组进行求解,可以使用 DOS、Excel 或专门编制的可视化程序求解。

在 DOS 计算程序的数据输入时,需明确各输入参数的含义、坐标系设置,包括:

(1)N—原生裂隙重张的测段数。

(2)N1—完整岩石有破裂压力的常规水压致裂测段数。

(3)N2—完整岩石无破裂压力的常规水压致裂测段数。

(4)B0—大地坐标系中 X 轴的方向,一般可以取 $0°$,即正北向。

(5)A1—钻孔的倾角,钻孔轴与水平面之间的夹角,$0° \sim 90°$。

(6)B1—钻孔的方向,即钻孔投影在水平面上的走向,$0° \sim 360°$。

(7)PS(k)—第 K 条原生裂隙的瞬时闭合压力,单位为 MPa。

(8)A(K)—第 k 条原生裂隙结构面的倾角,相对于水平面。

（9）B（K）—第 k 条原生裂隙结构面的走向，相对于大地坐标系。

（10）SA（I1）、SB1（I1）、bbb1（I1）—有破裂压力测段 i_1 的平面大、小主应力值及破裂方位。

（11）SA2（I2）、SB2（I2）—无破裂压力完整岩石测段 i_2 的平面大、小主应力值。

图 6-93 即为 DOS 界面输入数据图。

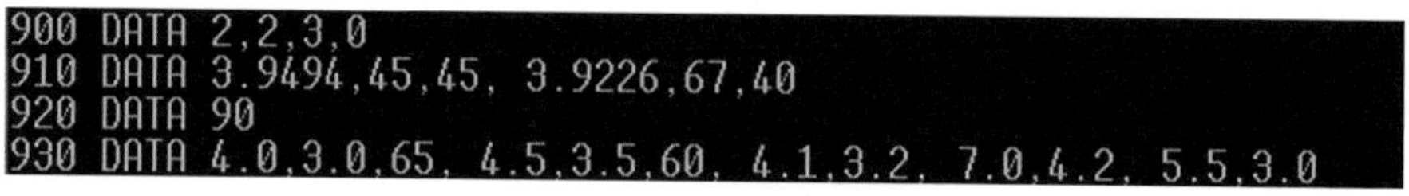

```
900 DATA 2,2,3,0
910 DATA 3.9494,45,45, 3.9226,67,40
920 DATA 90
930 DATA 4.0,3.0,65, 4.5,3.5,60, 4.1,3.2, 7.0,4.2, 5.5,3.0
```

图 6-93　DOS 界面输入数据

其中，行 900 数据表示输入 N，N1，N2，B0。

行 910 数据表示 N=2 对应的 2 组原生裂隙的闭合压力 PS（k）、倾角 A（K）、走向 B（K）。

行 920 数据对应 A1，即钻孔倾角。

行 930 数据表示 N1=2 完整有破裂的 2 个测段平面大、小主应力值及破裂方位 SA（I1）、SB1（I1）、bbb1（I1），以及 N2=3 对应的完整无破裂 3 测段的平面大、小主应力值 SA2（I2）、SB2（I2）。在可视化程序界面（见图 6-94）中，可以方便地按要求直接输入计算参数。

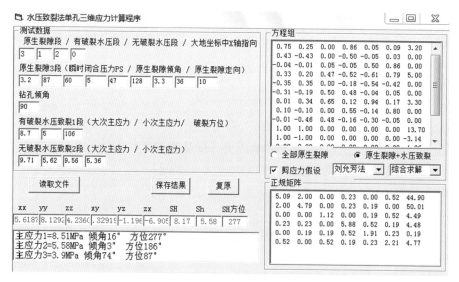

图 6-94　三维应力计算程序可视化界面

3）三维应力计算结果

（1）使用单孔水压致裂法三维应力计算程序，计算输出得到三维地应力状态下的 6 个应力分量 σ_x、σ_y、σ_z、τ_{xy}、τ_{yz}、τ_{zx}。

（2）计算获取最大水平主应力值 σ_H 及其方位、最小水平主应力值 σ_h。

（3）计算得到三维应力结果：最大主应力 σ_1、中间主应力 σ_2、最小主应力 σ_3 的大小、方位和倾角等参数。

6.5.3.5　下平段 PSK01 测孔应力测试

PSK01 测孔位于 1# 压力管道下平段 0+917 处（见图 6-95），孔深 50 m，孔径 75 mm，垂直向下。孔内满水，且有较强的承压水。钻孔岩层主要为凝灰岩。测试工作主要集中在上部较为完整的岩石内进行。

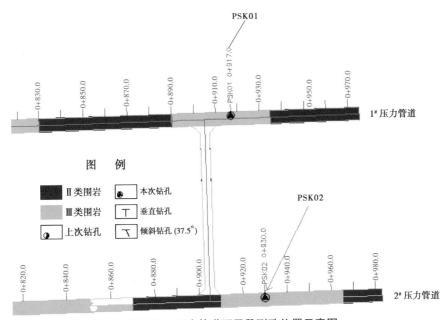

图 6-95　压力管道下平段测孔位置示意图

主要测试工作包括 6 段水压致裂应力测试，测试段分别为 8.6~9.2 m、12.0~12.6 m、16.6~17.2 m、25.0~25.6 m、30.5~31.1 m、34.0~34.6 m。水压致裂实测的压力、流量曲线见图 6-96，从图 6-96 中可以看出，位于上部岩石较好的测段具有较明显的破裂值，其量值范围为 7.5~13.5 MPa。各测段在压裂或裂隙张开后都进行了 4 个回次的重张，以确定各测段最大水平主应力值和最小水平主应力值，其计算结果见表 6-45。

6.5.3.6　下平段 PSK02 测孔应力测试

PSK02 测孔位于 2# 压力管道下平段 0+930 处（见图 6-95），孔深 50 m，孔径 75 mm，垂直向下。孔内满水。根据钻孔岩芯编录，钻孔岩层较为完整，主要为微风化的凝灰岩，岩芯呈长柱状，局部有少量的裂隙。

主要测试工作包括 6 段水压致裂应力测试，测试段分别为 13.0~13.6 m、18.0~18.6 m、23.0~23.6 m、30.0~30.6 m、38.0~38.6 m、42.0~42.6 m。水压致裂实测的压力、流量曲线见图 6-97，从图 6-97 中可以看出，位于上部岩石较好的测段具有较明显的破裂值，其量值范围为 7.3~21.3 MPa，其中在 23 m 处测得的破裂值为 21.3 MPa。各测段在压裂或裂隙张开后都进行了 4 个回次的重张，以确定各测段最大水平主应力值和最小水平主应力值，其计算结果见表 6-46。

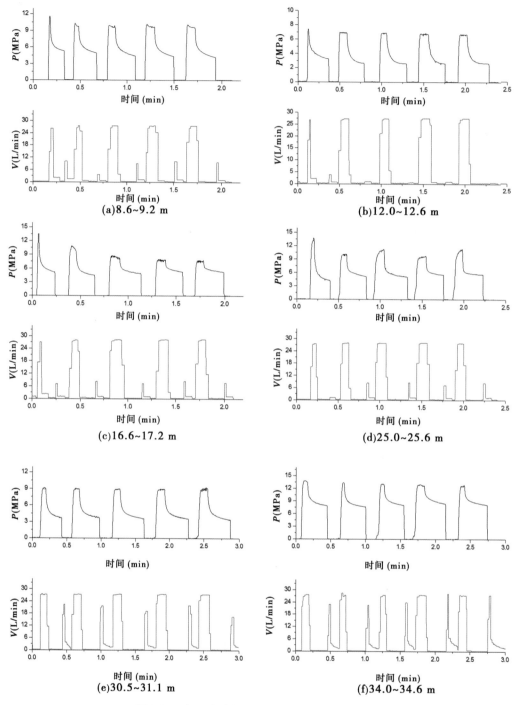

(a)8.6~9.2 m

(b)12.0~12.6 m

(c)16.6~17.2 m

(d)25.0~25.6 m

(e)30.5~31.1 m

(f)34.0~34.6 m

图 6-96　水压致裂实测的压力、流量曲线（PSK01）

6.5.3.7　上平段 PSK03 测孔应力测试

PSK03 测孔位于 2# 压力管道上平段 0+775 处,孔深 50 m,孔径 75 mm,垂直向下。孔内水位约 20 m。根据钻孔岩芯编录,钻孔在 25 m 以上非常破碎,不适合做水压致裂应力测量,下部岩石较为完整,主要为微风化的凝灰岩,岩芯呈倾斜的饼状砂岩,局部有少量的裂隙。

表 6-45　CCS 水电站压力管道下平段 PSK01 测孔水压致裂地应力计算结果

序号	测量段深度（m）	压裂参数（MPa）						应力值（MPa）		
		P_b	P_r	P_s	P_H	P_0	T	S_H	S_h	σ_V
1	8.6～9.2 m	11.58	9.58	6.08	0.08	0.08	2.00	8.58	6.08	12.97
2	12.0～12.6 m	7.62	6.32	4.12	0.12	0.12	1.30	7.92	4.12	13.05
3	16.6～17.2 m	13.66	7.66	6.36	0.16	0.16	6.00	11.26	6.36	13.17
4	25.0～25.6 m	13.94	8.74	6.74	0.24	0.24	5.20	11.24	6.74	13.38
5	30.5～31.1 m	—	8.59	5.79	0.29	0.29	—	9.49	5.79	13.51
6	34.0～34.6 m	—	12.83	8.33	0.33	0.33	—	12.83	8.33	13.60

注:P_b 为岩石原地破裂压力;P_r 为破裂面重张压力;P_s 为破裂面瞬时闭合压力;P_H 为静水柱压力;P_0 为孔隙压力;T 为岩石抗拉强度;S_H 为水平最大主应力;S_h 为水平最小主应力;σ_V 为垂直应力,其计算取上覆岩石的容重 2.60 g/cm³。后同。

表 6-46　CCS 水电站压力管道下平段 PSK02 测孔水压致裂地应力计算结果

序号	测量段深度（m）	压裂参数（MPa）						应力值（MPa）		
		P_b	P_r	P_s	P_H	P_0	T	S_H	S_h	σ_V
1	13.0～13.6 m	9.83	7.43	5.13	0.13	0.13	2.40	7.83	5.13	12.83
2	18.0～18.6 m	13.18	10.18	7.68	0.18	0.18	3.00	12.68	7.68	12.95
3	23.0～23.6 m	21.23	13.53	9.93	0.23	0.23	7.70	14.03	9.93	13.08
4	30.0～30.6 m	12.08	4.74	5.74	0.30	0.24	3.20	11.24	6.74	13.25
5	38.0～38.6 m	—	12.37	11.37	0.37	0.37	—	16.37	10.37	13.45
6	42.0～42.6 m	—	8.41	4.91	0.41	0.41	—	5.91	4.91	13.55

6.5.3.8　压力管道水平主应力值实测结果初步分析

根据水压致裂平面水平主应力测试计算经典理论,从如图 6-96～图 6-98 所示的压力—时间记录曲线中可得到岩石的破裂压力 P_b、瞬时闭合压力 P_s 以及裂缝的重张压力 P_r,根据这几个基础参数就可以计算出最大水平主应力 S_H 和最小水平主应力 S_h。

主要测试工作包括 6 段水压致裂应力测试,测试段分别为 28.0～28.6 m、30.6～31.2 m、

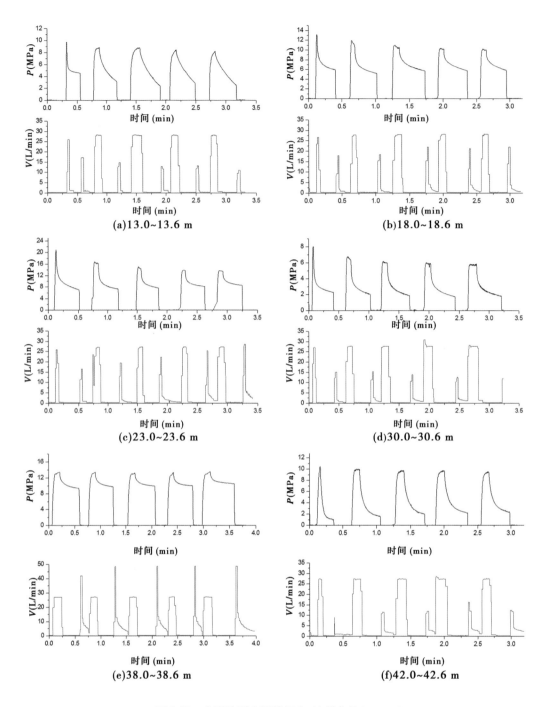

图 6-97　水压致裂实测的压力、流量曲线（PSK02）

37.2～37.8 m、38.3～38.9 m、42.5～43.1 m、45.0～45.6 m。水压致裂实测的压力、流量曲线见图 6-98。各测段在压裂或裂隙张开后都进行了 4 个回次的重张，以确定各测段最大水平主应力值和最小水平主应力值，其计算结果见表 6-47。

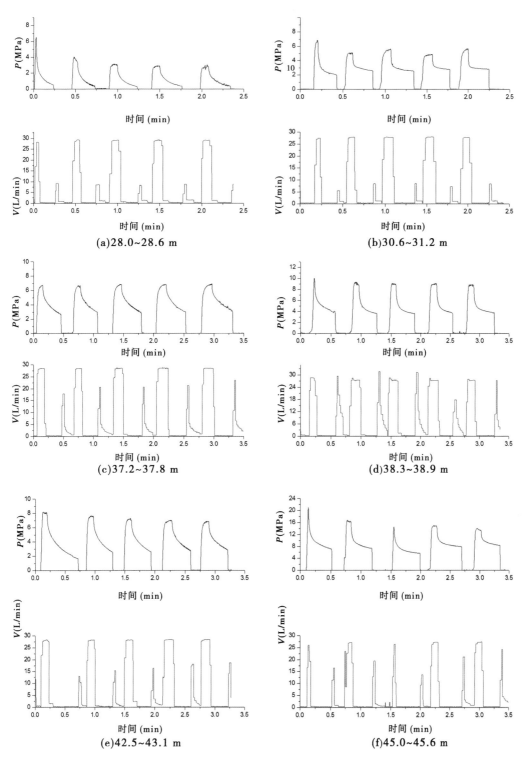

图 6-98　水压致裂实测的压力、流量曲线(PSK03)

表 6-47　CCS 水电站压力管道上平段 PSK03 测孔水压致裂地应力计算结果

序号	测量段深度（m）	压裂参数（MPa）						应力值（MPa）		
		P_b	P_r	P_s	P_H	P_0	T	S_H	S_h	σ_V
1	28.0~28.6 m	6.77	2.77	2.07	0.27	0.08	4.00	3.37	2.07	3.20
2	30.6~31.2 m	7.10	4.80	3.80	0.30	0.10	2.30	8.70	5.00	3.25
3	37.2~37.8 m	—	6.36	5.36	0.36	0.17	—	9.56	5.36	3.43
4	38.3~38.9 m	10.38	8.68	5.58	0.38	0.18	1.70	9.47	5.58	3.45
5	42.5~43.1 m	—	6.92	5.62	0.42	0.22	—	9.71	5.62	3.55
6	45.0~45.6 m	21.04	13.74	9.94	0.44	0.24	7.30	10.84	5.94	3.63

图 6-99~图 6-101 给出了各个测孔各个深度的实测最大、最小水平主应力值，从图中可以直观地了解压力管道围岩范围内不同深度的水平主应力分布特征。

由图 6-99 中可以看出，PSK01 孔内的最大水平主应力 S_H 在 8.0~12.0 MPa 范围之内，最小水平主应力 S_h 一般在 6.0~8.0 MPa 范围之内。

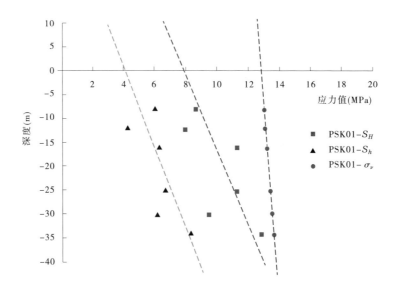

图 6-99　1# 压力管道下平段围岩水平主应力实测分布

PSK02 孔测得最大、最小水平主应力值较 PSK01 孔的测值要大，且在局部有应力集中现象（见图 6-100），这说明 2# 压力管道围岩承受的最大、最小水平主应力要比 1# 压力管道的大。最大水平主应力 S_H 在 8.0~14.0 MPa 范围之内，最小水平主应力 S_h 一般在 7.0~10.0 MPa 范围之内。

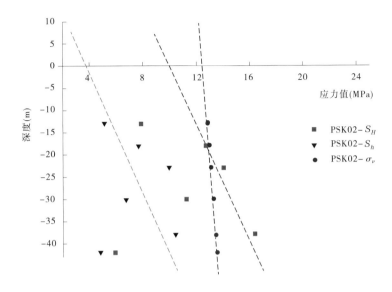

图 6-100　2#压力管道下平段围岩水平主应力实测分布

　　2#压力管道上平段由于埋深较浅,围岩岩石强度低,节理裂隙较为发育。测试结果显示(见图 6-101),上平段压力管道围岩处应力水平较低,最大水平主应力 S_H 在 8.0~10.0 MPa 范围之内,最小水平主应力 S_h 一般在 5.0~6.0 MPa 范围之内。

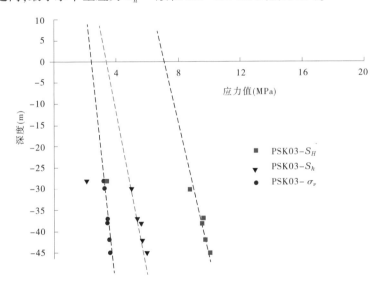

图 6-101　2#压力管道上平段围岩水平主应力实测分布

6.5.3.9　压力管道水平主应力方位

　　为了确定压力管道最大水平主应力的作用方位,工作组在各个钻孔分别选择破裂值明显且岩石完整性较好的测段进行了 2 段印模定向测试,3 个钻孔共 6 段。具体结果如图 6-102~图 6-104 所示。

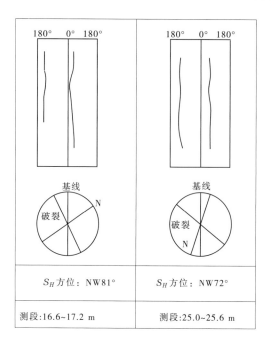

图 6-102　PSK01 孔印模定向结果

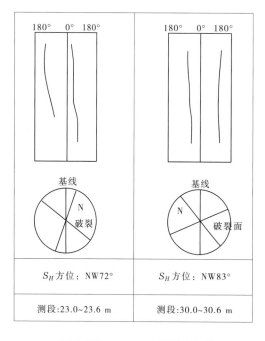

图 6-103　PSK02 孔印模定向结果　　　　图 6-104　PSK03 孔印模定向结果

　　由上述印模定向结果可以看出,下平段 1#压力管道 PSK01 处最大水平主应力的优势方向为 NW72°—NW81°;2#压力管道 PSK02 处最大水平主应力的优势方向为 NW72°—

NW83°；下平段 2# 压力管道 PSK03 处最大水平主应力为 NW69°— NW72°。由此可见，测点区域的最大水平主应力的优势方向为 NW69°—NW83°。

图 6-105 给出了压力管道轴线与水平主应力作用方向的相互关系示意图，压力管道走向为东西向，由上述分析可知，最大水平主应力的作用方向与管道轴线的夹角约为 7°—NW21°，管道轴线的设计方位合理。

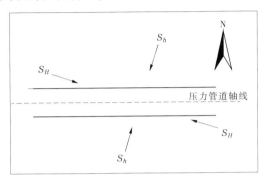

图 6-105　压力管道轴线与水平主应力作用方向的相互关系示意图

6.5.3.10　水压致裂三维应力测量

按照单孔三维应力测试基本原理，根据测试得到的完整岩石段有破裂压力的水压致裂平面应力值及方向、完整岩石段无破裂压力的水压致裂平面应力值、闭合裂隙重张过程中的裂隙重张值、裂隙面闭合压力值等，整理后使用计算程序来求解得到测孔在测试深度范围内的三维应力状态。

1. 下平洞测点三维应力计算

PSK01 孔的计算参数主要包括原生裂隙 1 条、完整有破裂压力段 1 段、完整无破裂压力段 2 段。测得的相关参数如表 6-48 所示。

表 6-48　PSK01 孔实测参数整理

裂隙序号	深度（m）	裂隙面闭合压力（MPa）	裂隙倾角（°）	裂隙走向
1	15	6.3	80	N80°W
水压致裂段序号	深度（m）	大次主应力（MPa）	小次主应力（MPa）	破裂方位
1	16.6~17.2	6.36	80	N81°W
2	30.5~31.1	9.49	5.79	—
3	34.0~34.6	12.83	8.33	—

将表 6-48 中计算参数输入程序，得到 PSK01 孔测点的三维应力计算结果，如表 6-49 所示。

表 6-49 PSK01 孔三维应力计算结果

主应力名称	主应力值（MPa）	方位（°）	倾角（°）	应力分量		推算水平应力	
σ_1	14.92	189	80	$\sigma_x = 6.68$ MPa	$\tau_{xy} = 0.76$ MPa	$S_H = 11.46$ MPa	
σ_2	11.46	113	25	$\sigma_y = 11.34$ MPa	$\tau_{yz} = -0.23$ MPa	$S_h = 6.56$ MPa	
σ_3	6.30	9	10	$\sigma_z = 14.66$ MPa	$\tau_{xz} = 1.46$ MPa	S_H 方位：279°	

注：x 轴指向北为正；y 轴指向西为正；z 轴垂直向上为正。方位角以 N 为 0°，顺时针为正；倾角以水平面为 0°，向上
为正（以下同）。

PSK02 孔的计算参数主要包括原生裂隙 3 条、完整有破裂压力段 2 段、完整无破裂压
力段 2 段，测得的相关参数见表 6-50。

表 6-50 PSK02 孔实测参数整理

裂隙序号	深度（m）	裂隙面闭合压力（MPa）	裂隙倾角（°）	裂隙走向
1	7.2	9.2	83	N67°W
2	11.6	10	72	N34°E
3	24	11	87	N78°W
水压致裂段序号	深度（m）	大次主应力（MPa）	小次主应力（MPa）	破裂方位
1	23.0~23.6	14.03	9.93	N72°W
2	30.0~30.6	11.24	6.74	N83°W
3	38.0~38.6	16.37	10.37	——
4	42.0~42.6	5.91	4.91	——

将表 6-50 中计算参数输入程序，得到 PSK02 孔测点的三维应力计算结果，如表 6-51
所示。

表 6-51 PSK02 孔三维应力计算结果

主应力名称	主应力值（MPa）	方位	倾角	应力分量		推算水平应力	
σ_1	13.76	286°	60°	$\sigma_x = 8.69$ MPa	$\tau_{xy} = 0.70$ MPa	$S_H = 11.64$ MPa	
σ_2	10.94	101°	27°	$\sigma_y = 11.47$ MPa	$\tau_{yz} = -1.16$ MPa	$S_h = 8.52$ MPa	
σ_3	8.51	193°	2°	$\sigma_z = 13.05$ MPa	$\tau_{xz} = -0.43$ MPa	S_H 方位：283°	

2.上平洞测孔区域三维应力计算

PSK03 孔的计算参数主要包括原生裂隙 3 条、完整有破裂压力段 1 段、完整无破裂压力段 2 段。测得的相关参数如表 6-52 所示。

表 6-52　PSK03 孔实测参数整理

裂隙序号	深度 （m）	裂隙面闭合压力 （MPa）	裂隙倾角 （°）	裂隙走向
1	29.6~30.2	3.2	87	N60°E
2	36.2~36.8	3.3	36	N10°E
3	40.5~41.1	5.0	47	N52°W
水压致裂段序号	深度（m）	大次主应力（MPa）	小次主应力（MPa）	破裂方位
1	30.6~31.2	8.70	5.00	N74°W
2	37.2~37.8	9.56	5.36	—
3	42.5~43.1	9.71	5.62	—

将表 6-52 中计算参数输入程序，计算得到 PSK03 孔三维应力计算结果，如表 6-53 所示。

表 6-53　PSK03 孔三维应力计算结果

主应力名称	主应力值 （MPa）	方位 （°）	倾角 （°）	应力分量		推算水平应力
σ_1	9.51	277	11	$\sigma_x = 5.62$ MPa	$\tau_{xy} = 0.33$ MPa	S_H:8.17 MPa
σ_2	5.58	186	3	$\sigma_y = 8.13$ MPa	$\tau_{yz} = -1.20$ MPa	S_h:5.58 MPa
σ_3	3.90	87	74	$\sigma_z = 4.24$ MPa	$\tau_{xz} = -6.91$ MPa	S_H 方位:277°

3.三维应力计算结果分析

测点的三维应力状态能直接反映测试区域附近应力水平，根据表 6-49、表 6-51 和表 6-53 计算结果，并结合前面章节测试结果对比分析，可以得出以下结论：

（1）三维计算程序不仅能给出 3 个主应力的状态，且能计算出水平主应力 S_H、S_h 的大小和方位。在下平洞 2 个测点位置，计算得到的最大水平主应力 S_H 分别为 11.64 MPa 和 11.46 MPa，其方位一般在 279°~283°，最小水平主应力 S_h 分别为 6.56 MPa 和 8.52 MPa。该计算结果与前面章节实测孔内最大、最小水平主应力大小和方位较为一致。由于在水压致裂三维应力测量过程中，亦能同时给出最大、最小水平主应力的大小和方位，并与测点实测结果相互对比验证。这为确定一点应力状态提供了更为准确的验证。

（2）图6-106给出了测孔所在部位的三向应力分布图。在PSK03孔所在压力管道上平段，由于隧洞埋深较浅，上浮岩层自重较小，所测得的3个主应力值中，最大主应力 σ_1 和中间主应力 σ_2 倾角较小，最小主应力 σ_3 倾角最大；在埋深大的下平洞，最大主应力 σ_1 接近垂直作用，可见在下平洞以垂直应力作用为主，构造作用次之。

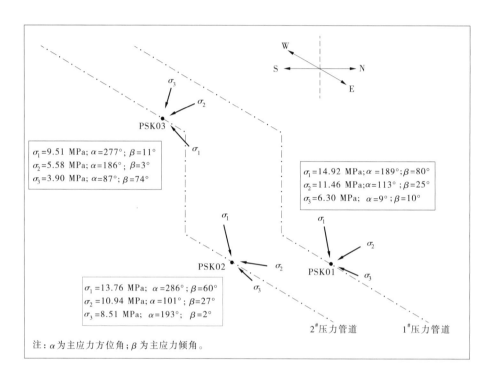

图 6-106　压力管道三维主应力分布

6.5.3.11　结论

整个测试工作圆满完成了测试内容，取得了丰富的实测资料，为准确确定CCS水电站压力管道区域应力状态，进一步分析压力管道的受力稳定性提供了可靠的依据。在对测试资料进行初步分析总结后，得到以下几点结论：

（1）PSK01孔内的最大水平主应力 S_H 在8.0~13.0 MPa范围之内，最小水平主应力 S_h 在4.2~8.0 MPa范围之内；PSK02孔内的最大、最小水平主应力值较PSK01孔的测值要大，最大水平主应力 S_H 在8.0~16.0 MPa范围内，最小水平主应力 S_h 在4.5~8.6 MPa范围内，且在局部有应力集中现象；PSK03孔内测得的最小水平主应力 S_h 在8.0~10.0 MPa范围内，最小水平主应力在4.2~5.8 MPa。

（2）计算结果显示，1#压力管道下平段PSK01孔附近，3个主应力值的大小次序为： $\sigma_v \geqslant S_H > S_h$ ；2#压力管道下平段PSK02孔附近，3个主应力值的大小次序为： $S_H \geqslant \sigma_v > S_h$ ；2#压力管道上平段PSK03孔附近，3个主应力值的大小次序为： $S_H > S_h > \sigma_v$ 。可以看出，在2#压力管道下平段的隧道围岩内有较强的构造应力作用。

（3）对水平主应力作用方位的定向测定结果显示，下平段 1# 压力管道 PSK01 处最大水平主应力的优势方向为 NW72°—NW81°；2# 压力管道 PSK02 处最大水平主应力的优势方向为 NW72°—NW83°；上平段 2# 压力管道 PSK03 处最大水平主应力的优势方向为 NW69°—NW72°。由此可见，该区域的最大水平主应力的优势方向为 NW69°—NW83°。

（4）三向主应力计算结果显示，在 1# 压力隧洞下平段测得最大主应力值为 14.92 MPa，方位 189°，倾角 80°；中间主应力值为 11.46 MPa，方位 113°，倾角 25°；最小主应力值为 6.30 MPa，方位 9°，倾角 10°。在 2# 压力隧洞下平段测得最大主应力值为 13.76 MPa，方位 286°，倾角 60°；中间主应力值为 10.94 MPa，方位 101°，倾角 27°；最小主应力值为 6.30 MPa，方位 193°，倾角 2°。在 2# 压力隧洞上平段测得最大主应力值为 9.51 MPa，方位 277°，倾角 11°；中间主应力值为 5.58 MPa，方位 186°，倾角 3°；最小主应力值为 3.90 MPa，方位 87°，倾角 74°。

6.6　小　结

（1）1# 和 2# 压力管道上平段开挖高程为 1 169.0～1 207.0 m，全部位于白垩系下统 Hollin 地层（K^h）内，岩性为黑色页岩及灰白色砂岩，开挖揭露断层共有 15 条，其规模都较小，没有对工程造成大的影响。上平段围岩类别多为 Ⅲ 类，稳定性较好，个别洞段为 Ⅳ 类，加强支护后稳定，没有对工程造成大的影响。洞段围岩大部分为潮湿—滴水，没有发现集中性涌水。

（2）压力管道下平段开挖高程为 611～630 m，出露的地层岩性为 Misahualli 地层的火山凝灰岩和 2 条流纹岩条带。在下平段转弯段到 M1 支洞之间共揭露了 14 条断层和 2 条流纹岩带，根据开挖揭露情况看，下平段围岩多为 Ⅲ 类，个别洞段为 Ⅱ 类围岩，没有大的断层，整体稳定性较好。仅在 1# 洞下平段 1+100 m 处，受 f$_{33}$、f$_{30}$ 断层影响，出现集中性涌水，该部分属 Ⅳ 类围岩。

（3）1# 竖井 1 121.0 m 高程以上为白垩系下统 Hollin 地层（K^h），岩性为黑色页岩及灰白色砂岩，1 121.0 m 高程以下为侏罗系—白垩系 Misahualli 地层（J-K^m）火山岩，岩石组成较复杂，主要有火山角砾岩、凝灰岩、流纹岩等，该层岩石属于坚硬岩，开挖后整体稳定性较好，但局部存在陡倾角节理密集带，1# 竖井段围岩类别全部为 Ⅲ 类。

（4）2# 竖井 1 126.5 m 高程以上为白垩系下统 Hollin 地层（K^h），岩性为黑色页岩及灰白色砂岩，1 126.5 m 高程以下为侏罗系—白垩系 Misahualli 地层（J-K^m）火山岩，岩石组成较复杂，主要有火山角砾岩、凝灰岩、流纹岩等，该层岩石属于坚硬岩，开挖后整体稳定性较好，但局部存在陡倾角节理密集带，围岩类型以 Ⅲ 类为主。

（5）针对导井塌孔、涌水问题，结合钻探、物探及三维分析，重新选取竖井位置；对于老孔塌方造成的空腔，为了避免长期的渗透破坏，最终采用混凝土对空腔进行了回填。

（6）高内水压力将作用在围岩上，为了确保压力管道的运行安全，并为衬砌和灌浆设计提供依据，在下平段进行了水力劈裂试验。测试结果表明，抗水力劈裂强度值在 7~10 MPa 范围之内，2#压力管道围岩的抗水力劈裂强度要高于 1#压力管道围岩的抗水力劈裂强度值，在工程运行过程中，在内压力为 6.1 MPa 的水压力作用下，两条隧洞将具有较好的稳定性。

（7）根据地应力测试成果，最大水平主应力的作用方向与管道轴线的夹角为 7°~21°，管道轴线的设计方位合理。

第 7 章

地下厂房工程地质条件及评价

厄瓜多尔 CCS 水电站总装机容量 1 500 MW,安装 8 台冲击式水轮机组。地下厂房区由厂房、主变室、母线洞、进厂交通洞、尾水洞、高压电缆洞、排水廊道、疏散通风洞、出线场、尾水渠、尾水闸、高位水池,以及厂房 1#、2#、3# 施工支洞等建筑物构成,见图 7-1。

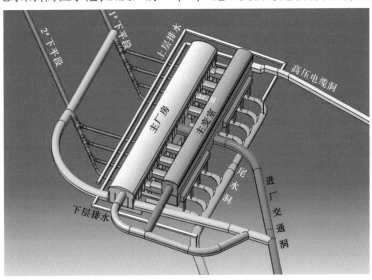

图 7-1　地下厂房建筑布置

厂房(见图 7-2)顶拱高程 646.80 m,机组安装高程 611.10 m。主厂房由主机间及安装间组成。厂房自左至右依次布置:1#~4# 机组段、主安装间、5#~8# 机组段及副安装间,副安装间后期改为副厂房。厂房开挖尺寸为 212.0 m×26.0 m×46.8 m(长×宽×高),全断面锚喷支护。厂房岩壁吊车梁顶面高程为 636.50 m,长度为 212 m,宽度为 1.6 m,高度为 2.1 m。

图 7-2　主厂房机组安装

主变室位于主厂房下游侧与厂房平行布置,距主厂房下游边墙24 m。主变室断面形式采用城门洞形,洞顶为三圆拱。主变室开挖尺寸为192.0 m×19.0 m×33.8 m(长×宽×高),全断面锚喷支护。

母线洞的布置为一机一洞,8条母线洞位于厂房与主变室之间,垂直于厂房纵轴线布置,地面高程623.00 m,洞长24.0 m。母线洞断面形式采用城门洞形,1#母线洞和8#母线洞开挖尺寸为8.00 m×7.40 m(宽×高),2#~7#母线洞开挖尺寸为8.00 m×6.90 m(宽×高),均采用全断面锚喷支护。

尾水洞由尾水支洞、尾水主洞组成。尾水洞布置采用8机1洞方案,水流由8条尾水支洞汇入1条尾水主洞后进入下游河道。尾水支洞断面形式采用矩形,净高5.7 m,长约62 m。尾水主洞采用马蹄形断面,洞径11 m,长约493.0 m,纵坡$i=0.001\ 3$,全断面钢筋混凝土衬砌。

进厂交通洞布置在主变室下游,采用城门洞形,典型断面开挖尺寸为7.70 m×7.50 m(宽×高),洞长约487.90 m。为了施工排水方便,采用变坡布置,坡度$i=0.048\ 55$及$i=0.014\ 43$,出口高程625.00 m。

7.1 厂房区基本地质概况

7.1.1 地形地貌

地下厂房区地表自然坡度一般为30°~40°,植被发育,总体地势西高东低,高程600~1 350 m,地形起伏较大。厂房区范围内山高谷深,切割较深,相对高差达700余m。

厂房区发育树枝状冲沟,冲沟多呈东西向展布,该区属热带雨林气候,年降水量5 000 mm左右,由于地势较陡且降水量较大,沿冲沟多形成瀑布。

在Coca河左右岸的陡峭基岩边坡段,河流侵蚀作用强烈,边坡陡峻,坚硬岩石构造节理、卸荷裂隙发育,边坡沿表层松散体失稳产生崩塌,多见于峡谷区或河流冲蚀岸。区内泥石流较为发育,泥石流多为山区暴雨型,基岩山区的泥石流大都发生在中小型支沟中,方量一般仅数百立方米至数千立方米。厂房区地形地貌如图7-3所示。

图7-3 厂房区地形地貌

7.1.2　地层岩性

地下厂房区的主要岩性为灰色、灰绿色和紫色 Misahualli 地层的火山凝灰岩,上覆白垩系下统 Hollin 地层(K^h)页岩、砂岩互层,表层覆盖(Q_4)崩积物和河流冲积物(见图 7-4)。主要地层由老到新依次为:

(1)侏罗系—白垩系 Misahualli 地层($J-K^m$):以火山凝灰岩为主,局部见火山角砾岩,总厚度约 600 m,地下厂房区均有出露,火山角砾岩呈带状或透镜体状分布。

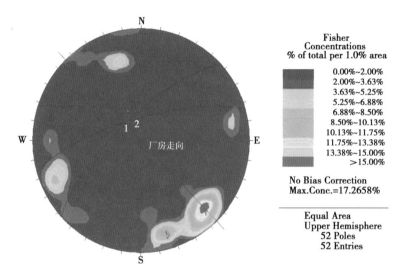

图 7-4　厂房区断层统计

(2)白垩系下统 Hollin 地层(K^h):岩性为页岩、砂岩互层,往往浸渍沥青,页岩层理厚一般从几毫米到几分米不等,砂岩厚度一般不超过 1 m。该层厚 90～100 m。与下部 Misahualli 地层呈不整合接触。主要出露在高程 1 100 m 以上,厂房区开挖过程中未见出露。

(3)白垩系中统 Napo 地层(K^n):岩性为页岩、砂岩、石灰岩和泥灰岩。该层厚度 50～150 m,主要出露于 1 200 m 高程以上。根据 SCE3 等钻孔揭露,Napo 上部岩层风化强烈,上部表层多已经全风化为黄褐色黏土、粉质黏土,厂房区开挖过程中未见出露。

(4)第四系全新统地层(Q_4):不同成因形成的松散堆积物,物质主要为崩积、坡积、冲洪积、残积等形成的块石及碎石夹土,多分布于电缆洞洞口、尾水渠两侧和出线场等较平缓山坡地带及支沟沟口。

7.1.3　地质构造

地下厂房区属于 Sinclair 构造带,构造相对简单,在厂房区开挖过程中没有发现规模较大的断层。

但受构造影响,厂房区发育多条小规模断层(见表 7-1),断层最大宽度普遍小于 50 cm,极少数达到 2 m;断层充填物质普遍以角砾岩、岩屑夹泥为主,断层带组成物质较好;断层带延伸较短,以几十米为主。通过对断层产状统计可知,断层走向以 230°～260° 为主,倾角以 60°~80° 为主,整体与主厂房和主变室呈正交状。

厂房区开挖揭示的地质情况表明,不同部位分布的小规模断层对洞室稳定存在一定的影响,但影响不大,系统支护普遍能满足稳定要求,局部规模稍大的断层通过采取随机加固措施满足了稳定要求。

表 7-1　厂房工区开挖揭露断层统计

编号	产状	描述	出露部位
f_1	150°∠81°	断层带宽 5~10 cm,带内充填碎屑夹泥,断层影响带宽 1 m,影响带内岩体呈碎裂结构	交通洞 0+028.2(右)~0+034.5(左)
f_2	164°∠74°	断层带宽约 10 cm,上部影响带宽 20 cm,带内为岩块、岩屑,两侧有厚约 8 mm 的泥质条带,影响带内岩体强风化,锈染严重,岩体疏松	交通洞 0+034.1(右)~0+042.1(左)
f_3	148~155°∠75~80°	断层带宽 12~18 cm,充填岩块、岩屑,局部含有厚约 1 cm 的泥质条带,两侧无明显影响带	交通洞 0+050+5(右)~0+061.7(左)
f_4	220°~230°∠85°~90°	宽 8~15 cm,下游边墙充填黄色次生泥夹岩屑,顶拱和上游边墙充填岩屑夹少量方解石脉,两侧岩体完整,潮湿	交通洞 0+165(右)~0+150(左)
f_5	180°~350°∠70°~85°	挤压破碎带,宽 1~2 m,以强风化角砾岩为主,含少量方解石脉,局部和两侧有约 1 cm 的灰色泥质条带,内部岩体呈片状,较密实	进场交通洞 0+206(右)~0+220(左) 主厂房 0-020(上)~0-035(下) 上层排水 0+015(左)~0+020(右) 上层排水 0+110+2(左)~0+100(右) 下层排水 0+147.9(左)~1#施工支洞(右)
f_6	240°∠78°	宽 8~14 cm,内充填大量方解石脉,呈片状,两侧有薄层泥膜,潮湿	进场交通洞 0+244(右)~0+235.5(左)
f_7	310°~330°(130°~145°)∠75°~85°	断层带宽 10~20 cm,影响带宽 0.7~1.2 m,呈现出下宽上窄形态,两侧和中间局部各有宽约 3 mm 的泥质条带,角砾岩夹泥,局部石英,胶结较差	进场交通洞 0+316(右)~0+322.7(左) 主厂房 0+029.4(下)~0+028.3(上) 主变室 0+005.5(下)~0+012(上)
f_8	250°∠60°~70°	断层带宽 10~20 cm,泥夹碎屑充填,影响带宽约 1 m	交通洞 0+342.8(右)~0+336.5(左)
f_9	150°~190°∠52°	断层带宽 10~30 cm,泥夹角砾充填,两侧影响带各宽约 1 m	进场交通洞 0+357.6(右)~0+361(左)

续表 7-1

编号	产状	描述	出露部位
f$_{10}$	130°~140°∠77°~85°	断层带宽 10~30 cm,泥夹角砾充填,胶结性差,右壁岩体破碎,影响带宽约 1 m	进场交通洞 0+368(右)~0+369(左) 主变室 0+039.6(下)~0+033.9(上) 主厂房 0+029.4(下)~0+028.3(上)
f$_{11}$	140°∠70°	断层带宽 5~15 cm,泥夹角砾充填,局部夹有石英	进场交通洞 0+372.8(右)~0+374(左) 主变室 0+050(下)~0+043.7(上)
f$_{12}$	310°∠60°~70°	断层带宽 5~10 cm,泥夹碎屑充填	交通洞 0+377.8(右)~0+379.5(左)
f$_{13}$	145°~150°∠60°~80°	宽 5~20 cm,角砾岩夹泥	主厂房 0+020.4(下)~0+023.2(上) 主变室 0+003.2(下)~0+008.5(上) 下层排水 0+188.4(左)~0+187.4(右)
f$_{14}$	125°~140°∠65°~75°	宽 10~20 cm,角砾岩夹泥,胶结性差	主变室 0+018.8(下)~0+014.7(上) 主厂房 0+020.4(下)~0+023.2(上)
f$_{15}$	165°~170°∠74°~87°	宽 5~50 cm,角砾岩夹泥,胶结性差	主厂房 0+138.4(下)~0+142.6(上) 主变室 0+099(下)~0+109.4(上)
f$_{16}$	125°∠70°~80°	宽 5~40 cm,角砾岩夹泥,少量方解石脉,胶结性差	主厂房 0+124.6(下)~0+117(上) 上层排水 0+232(左)~0+232.5(右)
f$_{17}$	330°~350°∠55°~75°	宽 3~8 cm,两侧有 5 mm 的红色泥膜,中夹角砾岩	主厂房 0+166(下)~0+179(上) 1#母线洞顶拱 主变室 0+157(下)~0+164.9(上)
f$_{18}$	350°∠86°	宽 5~10 mm,岩体破碎,夹角砾岩	主厂房 0+173(下)~0+180+7(上)
f$_{19}$	165°∠75°	宽 5~10 cm,泥夹角砾、角砾岩	1#施工支洞 0+351
f$_{20}$	255°∠65°	宽 20~50 cm,角砾岩充填,胶结性差	上层排水 0+29(左)~0+29.7(右)
f$_{21}$	165°∠71°	宽 5~10 cm,充填角砾岩和宽约 1 mm 的泥质条带	上层排水 0+103(左)~0+100(右)
f$_{22}$	145°∠85°	宽 10~30 cm,角砾岩夹泥,胶结性差	上层排水 0+142.5(左)~0+144(右)
f$_{23}$	135°∠80°~90°	宽 5~15 cm,角砾岩夹泥,胶结性好	下层排水 0+151.6(左)~0+152.5(右)
f$_{24}$	330°~350°∠60°~70°	宽 5~15 cm,角砾岩充填,胶结性好	下层排水 0+167.9(左)~0+166.5(右) 4#母线洞顶拱
f$_{25}$	135°∠77°	宽 10~20 cm,角砾岩夹泥	下层排水廊道 0+180(左)~0+180+4(右)
f$_{31}$	170°∠70°~80°	宽 2~5 cm,泥夹角砾充填	4#母线洞 0+000(左)~0+016.8(右)
f$_{32}$	250°∠72°	宽 2~4 cm,角砾岩夹泥	7#母线洞 0+022(左)~0+024(右)
f$_{38}$	75°~85°∠70°~75°	宽 5~10 cm,充填方解石脉	上层排水 0+230.7(左)~0+240(右)

续表 7-1

编号	产状	描述	出露部位
f_{39}	80° ∠72°	宽 10~50 cm,充填方解石脉和角砾岩,局部充填少量泥	下层排水 0+270 m(左)~0+274 m(右)
f_{40}	180° ∠87°	宽 30~60 cm,充填泥夹少量角砾,胶结性较好,上盘影响带宽 0.5~1 m	厂房二层上游边墙(0+050 m)
f_{44}	245° ∠80°	宽 2~10 cm,充填方解石脉和少量泥,两盘有 5~10 cm 的影响带	上层排水 0+373(左)~0+371.5(右)
f_{50}	136°~142° ∠65°~75°	宽 3~6 cm,充填泥夹碎石,胶结性差,在右边墙和顶拱影响带宽约 50 cm	电缆洞 0+090(右)~0+120 m
f_{51}	140° ∠78°	宽 5~10 cm,充填泥夹岩屑和少量方解石脉	尾水洞 0+730(右)~0+739.4(左)
f_{52}	138°~145° ∠67°	宽 3~7 cm,充填泥夹岩屑	尾水洞 0+698(右)~0+710(左)
f_{53}	320°~350° ∠76°	宽 2~5 cm,充填方解石脉和岩屑,滴水	尾水洞 0+645(右)~0+662(左)
f_{54}	135° ∠57°	宽 5~30 cm,充填岩屑夹泥,滴水	尾水洞 0+530(右)~0+529(左)
f_{55}	135°~150° ∠35°~55°	宽 20~50 cm,充填方解石脉和少量岩屑,滴水	尾水洞 0+374(右)~0+372(左)
f_{56}	260°~280° ∠70°~80°	宽 4~30 cm,充填石英夹角砾岩,顶拱 10~30 cm 岩体破碎,局部张开度 0.5~1 cm,线状滴水,顶拱处与 f_{57} 相交	尾水洞 0+322(右)~0+324(左)
f_{57}	270° ∠69°	宽 3~20 cm,充填岩屑夹泥,两侧各有宽约 50 cm 的影响带,影响带内岩体破碎,呈次块状结构	尾水洞 0+325(顶)~0+295(左)
f_{58}	138° ∠69°	宽 5~10 cm,充填碎裂岩,顶拱较破碎,滴水	尾水洞 0+219(右)~0+222(左)
f_{59}	132°~138° ∠68°~82°	宽 5~10 cm,充填碎裂岩	尾水洞 0+202(右)~0+203(左)
f_{60}	130° ∠70°	宽 1~8 cm,充填碎裂岩	尾水洞 0+186(右)~0+187(左)
f_{61}	177° ∠60°	宽 5~10 cm,充填岩屑夹泥	尾水洞 0+093(右)~0+104(左)
f_{62}	160° ∠70°	宽 5~15 cm,充填岩屑夹泥	尾水洞 0+095(右)~0+101(左)

续表 7-1

编号	产状	描述	出露部位
f_{63}	350°∠55°~70°	宽 2~10 cm,充填泥夹岩屑,滴水—渗水	尾水洞 0+397(右)~0+406(左)
f_{64}	243°∠70°	宽 5~20 cm,充填泥、钙和少量碎屑岩	下层排水廊道 0+060
f_{65}	215°∠74°	宽 5~30 cm,充填岩屑和泥	电缆洞 0+178(右)~0+173
f_{66}	225°∠77°	宽 15~25 cm,充填碎裂岩和约 1 cm 的泥质条带	电缆洞 0+180(右)~0+182
f_{67}	70°∠83°	宽 2~5 cm,充填泥和岩屑	电缆洞 0+205(右)~0+206
f_{68}	335°~355°∠55°~60°	宽 10~30 cm,在顶拱和左边墙分成两条,充填泥、岩屑,两侧没有明显影响带,两条之间为角砾岩,微风化,密实	尾水洞 0+440~0+455
f_{69}	140°~145°∠80°~85°	宽 20~30 cm,充填泥夹角砾岩和少量泥质条带,影响带宽约 30 cm	尾水洞 0+778.4(右)~0+792.4(左)
f_{70}	132°∠67°	宽 2~10 cm,充填方解石脉和岩屑	尾水洞 0+794(右)~0+801(左)

630 m 高程断层分布如图 7-5 所示。

通过对厂房区开挖揭露的结构面进行统计,可知厂房区出露结构面主要有以下三组:

(1)140°~170°∠70°~85°,整体平直粗糙,充填 1~2 mm 钙膜或闭合无充填,延伸较长,局部大于 10 m,平均 0.5~1 条/m。

(2)230°~260°∠70°~80°,整体平直粗糙,充填方解石脉或者泥质条带,宽度 2~3 mm,局部 1 cm 左右,少数高岭土化,延伸长度 5~10 m,局部大于 20 m。

(3)40°~50°∠5°~15°,该组结构面局部发育较集中,数量较少,延伸较长,大于 20 m,充填 2~3 mm 岩屑或者无充填,平直粗糙,约 1 条/m,出露处容易形成楔形体的顶部边界。

7.1.4　地应力

为了确定本地区的应力状态,基本设计阶段采用水压致裂法在多个钻孔中进行了地应力测试,施工期间,为了进一步确定压力管道处的地应力进而研究压力管道在高水头压力作用下的岩体特征,在压力管道代表性地段通过水压致裂法进行了地应力测试,成果见表 7-2。

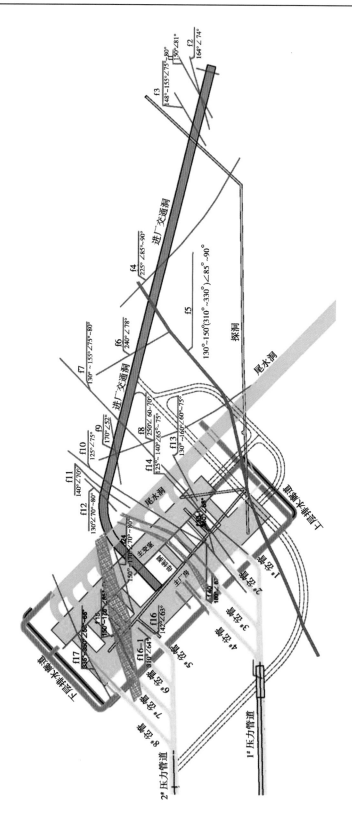

图 7-5 630 m 高程断层分布示意图

表 7-2　钻孔地应力测试成果

孔号	测点位置		应力大小		
	高程(m)	孔深(m)	σ_1(MPa)	σ_2(MPa)	σ_3(MPa)
SCM7	639.33	100	8	4	2
SCM8	874.58	220	8	5.5	3
SCM9	834.85	150	8	5.5	3
SCE1	1 284.07	300	9.5	6	3.5
PSK01	574	50	12~13.5	8~13	6~8
PSK02	577	50	12~13.5	8~14	7~10

采用水压致裂技术进行原地应力测量,在一定埋深的情况下,垂直主应力等于上覆岩层的容重,这不仅是水压致裂应力测量的理论基础,也是国内外学者的普遍共识,是完全符合工程实际情况的,同时也被世界各地的大量测量所证实。测试成果分析表明,在埋深较大的压力管道段附近,由上覆岩层容重计算得到垂直主应力值,但由于地形表面起伏较大,沟谷切割显著,因此计算得到的垂直主应力值会相应偏高一些。因此初步分析认为,厂房区的最大主应力为垂直应力,三个主应力值的大小次序为:$S_v>S_H>S_h$,受埋深和地形地貌影响,压力管道下平段的地应力值明显高于主厂房区的地应力值。

对水平主应力作用方位的定向测定结果显示,该区域的最大水平主应力优势方向为 NW69°—NW83°,与厂房开挖的主要结构面走向基本一致;该区的构造应力作用并不强烈,应力值不高,厂房开挖过程中未曾出现片帮、岩爆等不良地质现象。

7.1.5　水文地质条件

地下厂房洞室群所穿越的 Misahualli 地层多为新鲜岩体,所含地下水为基岩深层裂隙承压水,主要赋存于地层的节理裂隙中,受岩性和构造的控制。

基本设计阶段对钻孔进行了压水试验,成果显示 Misahualli 地层的凝灰岩的渗透系数(k)多在 10^{-5}cm/s 左右,属弱—微透水岩体。厂房开挖期间在两个下平段的不同围岩类别分别进行了高压压水试验,对试验成果进行统计,如表 7-3 所示,可知在 Ⅱ 类和 Ⅲ 类围岩中岩体的透水率普遍小于 1 Lu。

表 7-3　不同压力阶段透水率区间段数和频率统计

围岩类别	透水率总数	透水率区间段数/频率			
		$q\leqslant0.1$ Lu	$0.1<q\leqslant0.5$ Lu	$0.5<q\leqslant1.0$ Lu	$q>1.0$ Lu
Ⅱ	125	89/71.2%	28/22.4%	8/6.4%	
Ⅲ	110	81/73.6%	19/17.3%	4/3.6%	6/5.5%
合计	235	170/72.3%	47/20%	12/5.1%	6/2.6%

厂房区开挖过程中洞室岩体以潮湿状态为主,地下水主要沿着断层和节理密集带以渗水和滴水的形式排泄,局部出现线状滴水现象,未出现大规模流水或涌水等对洞室稳定不利的水文地质现象。

7.2 地下厂房

7.2.1 主厂房工程地质条件

7.2.1.1 主厂房基本工程地质条件

主厂房尺寸 212 m×26 m×46.8 m(长×宽×高),顶拱高程 646.8 m,底板高程 600.0 m,上覆岩体厚度 124~260 m,厂房轴线为 315°。

主厂房出露的地层岩性主要为 Misahualli 地层的灰色、灰绿色和紫红色火山凝灰岩和肉红色火山角砾岩,火山角砾岩呈条带状或者透镜体状分布,出露范围较小,主要集中在 ST0+040—ST0+041、ST0+050—ST0+056、ST0+069—ST0+070、ST0+073—ST0+074、ST0+083—ST0+084 范围内。岩体整体微风化—新鲜,岩石坚硬,岩体整体呈块状—次块状结构。

主厂房开挖共揭露 10 条小规模断层(详见表 7-1),断层发育规模普遍较小,断层带物质以角砾岩为主,局部含有少量泥质条带;断层带内以滴水为主,局部呈线状滴水状;断层带普遍无影响带,局部存在小于 50 cm 的影响带,断层两侧岩体以次块状结构为主。

对主厂房开挖揭露的节理进行统计,可知厂房区主要发育两组节理(见图 7-6):

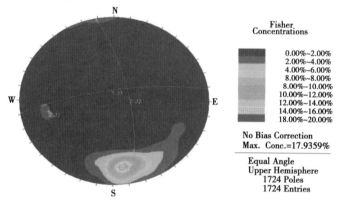

图 7-6 厂房区节理统计

(1)产状 150°~185°∠65°~80°,整体平直粗糙,充填 1 mm 左右的岩屑、钙膜或闭合无充填,延伸较长,一般大于 10 m,平均 0.3~0.5 条/m,约占主厂房节理总数的 85%。

(2)产状 240°~260°∠65°~85°,整体平直粗糙,充填方解石脉或者泥质条带,宽度 1~2 mm,局部 1 cm 左右,少数高岭土化,延伸长度普遍小于 10 m,局部大于 20 m,平均 0.1 条/m,局部较集中发育,约占主厂房节理总数的 15%,在下游边墙局部位置与节理(1)组合,形成楔形体的侧边界。

另外,在厂房开挖过程中揭露一组缓倾角节理,产状 40°~50°∠5°~15°,该组结构面数量较少,延伸较长,大于 20 m,充填 2~3 mm 岩屑或者无充填,平直粗糙,由于出露数量太少,在统计过程中不具有典型的统计意义,但该组结构面延伸较长,与节理(1)、节理

（2）相互组合形成楔形体，并成为楔形体的底部边界，在厂房块体稳定性计算和随机支护过程中影响较大。

主厂房开挖过程中未发现大规模的流水或涌水等对洞室稳定不利的水文地质现象，主厂房内岩体以潮湿和渗水状为主，在断层或节理密集带处出现滴水或线状滴水现象。

7.2.1.2　围岩分类

主厂房开挖过程中依据挪威地质学家比尼奥斯基的 RMR 分类法，采用现场打分与地质类比相结合的方法，对厂房各部位的工程地质条件进行了合理评价，现将地下厂房各部位围岩工程地质条件分别叙述如下。

1.顶拱

厂房顶拱开挖揭露岩性以灰色、灰绿色和紫红色 Misahualli 地层火山凝灰岩为主，在桩号 0+040—0+080 和桩号 0+140—0+180 之间含有 5 条肉红色火山角砾岩条带，岩体微风化—新鲜，岩石坚硬，岩体较完整—完整。8 条小规模断层通过，开挖过程中 f_5、f_{15}、f_{17} 发育处出现不同程度的小规模掉块现象；节理主要为 150°~180°∠60°~80°，陡倾角，较发育，延伸长；另有 230°~250°∠65°~80° 和 40°~50°∠5°~15° 两组次要节理，不发育，延伸长。主要节理与厂房轴线交角多为 70°~85°，对顶拱围岩稳定影响不大，三组节理相互切割组合，局部位置产生小掉块。开挖后岩面以潮湿状为主，断层发育处或节理密集带有渗水—滴水现象。岩体呈块状—次块状结构，成洞体型较好，围岩以Ⅱ类为主，在断层或节理密集带发育处围岩为Ⅲ类（见图 7-7）。

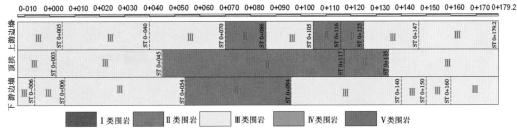

图 7-7　厂房第一层围岩分类

2.上游边墙

厂房上游边墙开挖揭露岩性以灰色、灰绿色和紫红色 Misahualli 地层火山凝灰岩为主，局部夹有肉红色火山角砾岩条带，岩体微风化—新鲜，岩石坚硬，岩体较完整—完整。10 条小规模断层通过，断层延伸较短，规模较小，对洞室的整体稳定影响不大，但开挖过程中 f_5 断层处超挖现象较严重；节理主要为 150°~180°∠60°~80°，陡倾角，较发育，延伸长，与边墙近垂直，对边墙的稳定影响不大；另有 230°~250°∠65°~80° 和 40°~50°∠5°~15° 两组次要节理，不发育，延伸长。三组节理相互切割组合，但总体倾向墙内，开挖过程中未发现不利的楔形体出露。开挖后岩面以渗水状为主，断层发育处或节理密集带处滴水—线状滴水。岩体以次块状结构为主，成洞体型较好，围岩以Ⅲ类为主，局部为Ⅱ类（见图 7-8）。

3.下游边墙

厂房下游边墙开挖揭露岩性以灰色、灰绿色和紫红色 Misahualli 地层火山凝灰岩为主，局部夹有肉红色火山角砾岩条带，岩体微风化—新鲜，岩石坚硬，岩体较完整—完整。

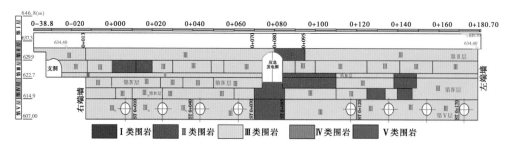

图 7-8　厂房上游边墙围岩分类

10 条小规模断层通过,断层延伸较短,规模较小,对洞室的整体稳定影响不大,f_{15} 和 f_{17} 出露处超挖现象严重;节理主要为 150°~180°∠60°~80°,陡倾角,较发育,延伸长,与边墙近垂直,对边墙的稳定影响不大;另有 230°~250°∠65°~80° 和 40°~50°∠5°~15° 两组次要节理,不发育,延伸长。三组节理相互切割组合,滑面倾向墙外,易产生小规模的块体,开挖过程中在桩号 0+090—0+105 段有一处重约 150 t 的块体出现。开挖后岩面以渗水状为主,断层发育处或节理密集带处滴水—线状滴水。岩体以次块状结构为主,成洞体型较好,围岩以Ⅲ类为主,局部为Ⅱ类(见图 7-9)。

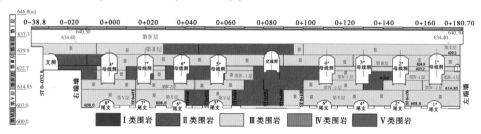

图 7-9　厂房下游边墙围岩分类

4.左右端墙

厂房左右端墙开挖揭露岩性为灰色、灰绿色 Misahualli 地层火山凝灰岩,岩体微风化—新鲜,岩石坚硬。其中,右侧端墙 f_5 断层通过,左侧端墙 f_{17} 断层通过,岩体完整性较差,断层延伸较短,规模较小,通过支护处理后对洞室的整体稳定影响不大;节理主要为 150°~180°∠60°~80°,陡倾角,较发育,延伸长,与边墙近平行,不利于端墙的稳定,其中左侧端墙开挖过程中有小规模的掉块现象。开挖后岩面以滴水状为主,局部线状滴水。岩体以次块状结构为主,围岩以Ⅲ类为主,局部少量Ⅱ类(见图 7-10)。

7.2.2　主变室及母线洞工程地质条件

7.2.2.1　主变室及母线洞基本工程地质条件

主变室位于主厂房下游侧与厂房平行布置,厂房下游墙与主变室上游墙之间的岩壁(母线洞)厚 24 m,主顶拱高程 655.8 m,底板高程 623.0 m。主变室采用城门洞形断面,尺寸为 192.0 m×19.0 m×32.8 m(长×宽×高)。母线洞位于主厂房和主变室之间,垂直于主厂房布置,洞轴线方向 225°,城门洞形断面,尺寸为 24 m×11.5 m×6.9 m(长×宽×高)。

主变室及母线洞出露的地层岩性主要为 Misahualli 地层的灰色、灰绿色和紫红色火山凝灰岩和肉红色火山角砾岩,火山角砾岩呈条带状或者透镜体状分布,出露范围较小,

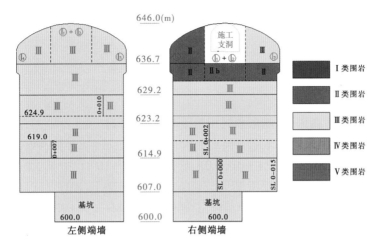

图 7-10　主厂房左右端墙围岩分类

主要集中在主变室桩号 0+045—ST0+050、桩号 0+100—0+150 范围和 3# 母线洞、4# 母线洞顶拱。岩体整体微风化—新鲜,岩石坚硬,岩体整体呈块状—次块状结构。

主变室和母线洞开挖共揭露 9 条小规模断层(详见表 7-1),断层规模较小,断层带物质以角砾岩为主,局部含有少量泥质条带和泥夹岩屑;断层带内以滴水为主,局部线状滴水;断层带普遍无影响带,局部存在小于 50 cm 的影响带,断层两侧岩体以次块状结构为主。

对主变室和母线洞开挖揭露的节理进行统计,可知该区主要发育以下三组节理(见图 7-11):

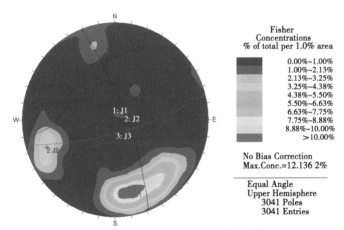

图 7-11　主变室和母线洞节理统计

(1)产状 140°~180°∠63°~85°,平直粗糙为主,充填 1~5 mm 的岩屑、钙膜、泥膜或闭合无充填,延伸一般大于 10 m,平均 0.2~0.4 条/m,约占总节理数的 85%。

(2)产状 235°~260°∠60°~80°,平直粗糙,充填物以岩屑、方解石脉、钙膜等硬性物质为主,宽度 1~2 mm,局部 1 cm 左右,延伸长度大于 10 m,局部大于 20 m,平均 0.1 条/m,局部较集中发育,约占节理总数的 10%,在主变室上游边墙与节理(1)组合局部位置形成楔形体的侧边界。

(3)产状 330°~345°∠65°~80°,平直粗糙为主,延伸一般大于 10 m,充填物以岩屑、钙膜等硬性物质为主,局部充填泥膜或闭合无充填,与节理(1)平行发育,局部出现,数量极少。

在主变室上游边墙 630～642 m 高程偶尔发育一组缓倾角节理,产状 35°～50°∠5°～15°,该组结构面数量较少,延伸较长,大于 40 m,充填 1～2 cm 岩屑夹泥,平直粗糙,该组结构面延伸较长,易与节理(1)、节理(2)相互组合形成楔形体,并成为楔形体的底部边界,在主变室块体稳定性计算和随机支护过程中影响较大。

主变室和母线洞开挖过程未发现大规模的流水或涌水等对洞室稳定不利的水文地质现象,岩体以潮湿和渗水状为主,在断层或节理密集带处出现滴水或线状滴水现象。

7.2.2.2 围岩分类

主变室和母线洞开挖过程中依据挪威地质学家比尼奥斯基的 RMR 分类法,采用现场打分与地质类比相结合的方法,对主变室和母线洞各部位的工程地质条件进行了合理评价,现将地下厂房各部位围岩工程地质条件分别叙述如下。

1.顶拱

主变室顶拱开挖揭露岩性以灰色、灰绿色和紫红色 Misahualli 地层火山凝灰岩为主,在桩号 0+048—0+052 和桩号 0+102—0+130 出露 2 条肉红色火山角砾岩条带,岩体微风化—新鲜,岩石坚硬,岩体较完整—完整。6 条小规模断层通过,开挖过程中 f_7、f_{14} 2 条断层附近出现的小规模掉块现象;主要发育 140°～170°∠60°～80°和 230°～250°∠65°～80°两组节理,主要节理与主变室轴线交角多为 70°～85°,对顶拱围岩稳定影响不大。开挖后岩面潮湿状为主,在桩号 0+005—0+010、桩号 0+040—0+050 和桩号 0+140—0+160 等断层发育处或节理密集带有渗水—滴水现象。岩体以次块状结构为主,成洞体型较好,围岩以Ⅲ类为主,在桩号 0+060—0+100 m 段围岩以Ⅱ类为主(见图 7-12)。

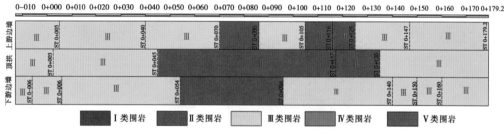

图 7-12　主变室第一层围岩分类

2.上游边墙

主变室上游边墙开挖揭露岩性以灰色、灰绿色和紫红色 Misahualli 地层火山凝灰岩为主,桩号 0+048—0+052 和桩号 0+110—0+135 段有肉红色火山角砾岩条带,岩体微风化—新鲜,岩石坚硬,岩体较完整。上游边墙有 5 条小规模断层通过,断层延伸较短,规模较小,对洞室的整体稳定影响不大;节理主要以 150°～180°∠60°～80°为主,陡倾角,较发育,延伸长,与边墙近垂直,对边墙的稳定影响不大;零星发育 230°～250°∠65°～80°节理,该组节理延伸长,开挖过程中未发现不利的楔形体出露。开挖后岩面以潮湿—渗水状为主,在桩号 0+010—0+050 和桩号 0+130—0+179.2 段断层发育或节理密集带处滴水—线状滴水。岩体以次块状结构为主,成洞体型较好,围岩以Ⅲ类为主,局部为Ⅱ类(见图 7-13)。

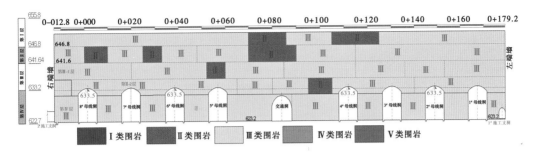

图 7-13　主变室上游边墙围岩分类

3. 下游边墙

厂房下游边墙开挖揭露岩性以灰色、灰绿色和紫红色 Misahualli 地层火山凝灰岩为主，在桩号 0+045—0+050 和桩号 0+100—0+120 范围内发育肉红色火山角砾岩条带，岩体微风化—新鲜，岩石坚硬，岩体较完整—完整。主变室下游边墙有 8 条小规模断层通过，断层延伸较短，规模较小，对洞室的整体稳定影响不大；发育产状 140°~180°∠75°~85°和 230°~270°∠50°~75°两组主要节理，零星发育一组缓倾角结构面，产状不稳定，为 310°~330°(10°~30°,50°~70°)∠5°~20°，该组节理在个别地方集中发育，延伸长度多大于 20 m。开挖后岩面以潮湿—渗水状为主，在桩号 0+010—0+050 和桩号 0+130—0+179.2 段断层发育或节理密集带处滴水—线状滴水。岩体以次块状结构为主，成洞体型较好，围岩以Ⅲ类为主，桩号 0+050—0+090 段围岩以Ⅱ类为主(见图 7-14)。

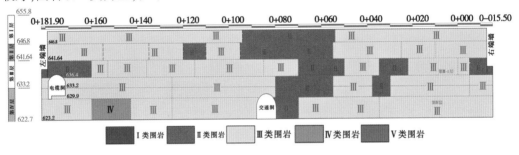

图 7-14　主变室下游边墙围岩分类

4. 左右端墙

厂房左右端墙开挖揭露岩性为灰色、灰绿色 Misahualli 地层火山凝灰岩，岩体微风化—新鲜，岩石坚硬。受断层影响带影响，岩体完整性一般，开挖后局部出现小规模掉块现象。开挖后岩面以滴水状为主，局部线状滴水。岩体以次块状结构为主，围岩以Ⅲ类为主(见图 7-15)。

5. 母线洞

母线洞开挖揭露岩性以灰色、灰绿色和紫红色 Misahualli 地层火山凝灰岩为主，在 3# 母线洞和 4# 母线洞顶拱局部出露肉红色火山角砾岩，岩体微风化—新鲜，岩石坚硬，岩体较完整—完整。开挖过程中在 1# 母线洞顶拱揭露 f_{17} 断层，受断层影响顶拱岩体较差；在 4# 母线洞顶拱揭露 f_{24} 断层，断层规模较小，对洞室稳定影响不大。1#~4# 母线洞开挖揭露结构面以 160°~185°∠70°~80°为主，与洞轴线呈小角度相交，不利于块体的稳定，开挖过程中 4# 母线洞左侧边拱发育一处楔形体，施工过程中进行了加强支护；5#~6# 母线洞揭露结构面以 240°~260°∠60°~75°为主，结构面与洞轴线呈大角度相交，对洞室稳定相对有

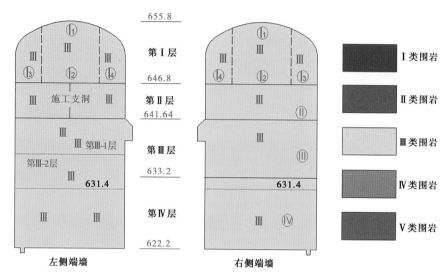

图7-15 主变室左右端墙围岩分类

利;7#~8#母线洞上述两组结构面均有揭露,顶拱零星发育65°∠10°~15°缓倾角结构面,三组结构面相互切割,岩体完整性一般。开挖后岩面以潮湿—渗水状为主,局部滴水。岩体以次块状结构为主,成洞体型较好,除5#、6#母线洞以Ⅱ类围岩为主外,其余母线洞均为Ⅲ类围岩(见图7-16)。

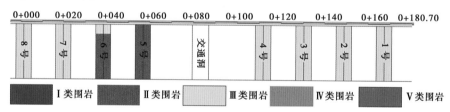

图7-16 母线洞围岩分类

7.2.3 排水廊道工程地质条件

7.2.3.1 排水廊道基本工程地质条件

上、下层排水廊道开挖揭露地层岩性主要为Misahualli地层的灰色、灰绿色和紫红色火山凝灰岩和肉红色火山角砾岩,火山角砾岩在上层排水廊道桩号0+185、桩号0+275—0+284以及下层排水廊道桩号0+230—0+234和桩号0+298—0+317范围内呈条带状出露。岩体整体微风化—新鲜,岩石坚硬,岩体整体呈块状—次块状结构。

上、下层排水廊道开挖过程中共揭露10条小规模断层(详见表7-1),断层物质以角砾岩为主,基本无影响带,断层对洞室稳定性影响较小;节理裂隙较发育—不发育,出露节理产状与主厂房和主变室一致,主要为150°~180°∠70°~85°及230°~260°∠65°~85°两组,陡倾角,延伸长,开挖过程中未见明显的不稳定楔形体出露。开挖面以潮湿状为主,局部存在渗水、滴水现象。

7.2.3.2 围岩分类

根据地质编录与测绘资料,依据挪威地质学家比尼奥斯基的RMR分类法,采用现场打分与地质类比相结合的方法,对上、下层排水廊道进行围岩工程地质分类,分类结果见图 7-17 和图 7-18,可知上、下层排水廊道围岩类别以Ⅲ类为主,约占 70%,Ⅱ类围岩约占 30%,岩体完整性较好,围岩稳定性较好。

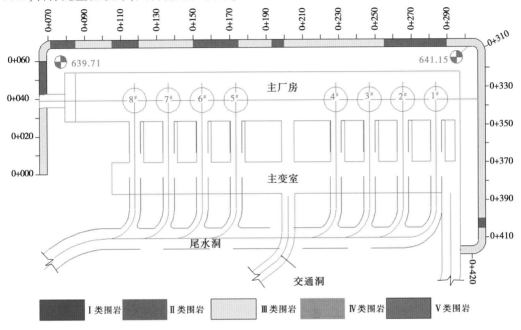

图 7-17　上层排水廊道围岩分类结果

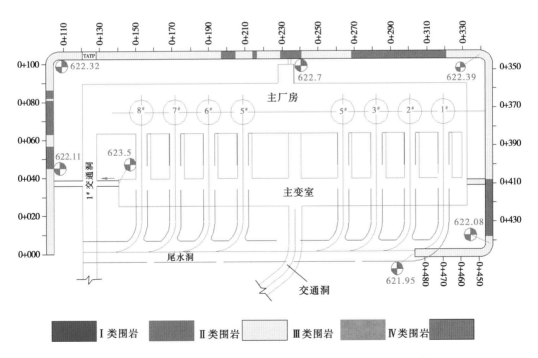

图 7-18　下层排水廊道围岩分类结果

7.2.4 地下洞室块体稳定性分析

7.2.4.1 块体稳定性分析理论

岩体是一种极为复杂的介质,为了研究工程岩体的稳定性,人们从不同的途径进行探索,出现了各具特色的分析方法。例如:散体理论分析、极限平衡分析、应力应变分析、模拟试验分析、工程类比分析、各种现场监测分析等。各种分析方法从一定角度上反映了岩体的力学性态,因而解释并解决了不少工程实际问题。另外,由于各种方法都是针对岩体的某一主要特性,在做出某些假定的基础上提出的,因而各种方法也都具有一定的适用范围和局限性。在不同的工程地质条件下选择不同的理论及方法是十分重要的,岩体工程分析的一条重要原则是根据不同的岩体结构采用不同的分析手段。

1.块体理论的基本假定

各种结构面将岩体切割成互相镶嵌的块体,在自然状态下,这些块体处于静力平衡状态。岩体开挖后,暴露在临空面的某些块体有可能失去原来的静力平衡,首先沿着结构面冒落和滑落,甚至产生连锁反应造成整个岩体工程的失稳。块体理论的目的就在于确定首先失稳的关键块体;块体理论是由中国学者石根华和美国 R1E1Goodman 教授创立的一种岩体工程稳定性分析方法;和其他分析方法一样,它也是建立在某些假定基础之上的,因而也有一定的适用范围和局限性。块体理论的基本假定是将结构面及临空面都视为平面;结构面贯穿所研究的岩体,即不考虑块体本身的强度破坏;结构体为刚体,即不考虑块体的变形及结构面的压缩变形;块体在荷载作用下沿结构面剪切滑移,即不考虑倾覆失稳。

2.块体理论的核心

块体理论的核心是确定关键块体。岩体被结构面和临空面切割形成了形状各异、大小不等的镶嵌块体。从岩体工程的稳定性出发,其中有些类型的块体不会引起岩体工程失稳,另外一些类型的块体则是形成岩体工程事故的根源而成为我们研究的主要对象。石根华建议将块体做如下的分类(见图 7-19):

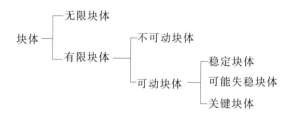

图 7-19 块体分类

(1)按有限性,可将块体分为有限块体和无限块体两类。无限块体虽然受结构面和临空面的切割,但并未被切割成孤立体,仍有一部分与母岩相连。显然,无限块体如果自身不发生强度破坏,则是不存在失稳问题的。

(2)有限块体又可分为不可动块体和可动块体两类。不可动块体受周围块体的约束被困于岩体中,可动块体则可沿空间某一个或若干个方向移动而不被相邻块体所阻。

(3)可动块体又包含三种块体:无摩擦力亦可稳定的稳定块体、稍有摩擦力即可稳定而滑动面抗剪强度降低又可失稳的可能失稳块体、不支撑不能稳定的关键块体。

关键块体是岩体中的薄弱环节,这不仅在于它能自行冒滑,而且一旦冒滑则会对相邻块体提供释放并有可能引起连锁反应,产生一系列的冒滑导致岩体工程失稳。因此,块体理论的核心是找出临空面上的关键块体,以便对它们采取工程处理措施以保持岩体的稳定。

3.块体理论的分析方法

块体理论的分析方法有两种:矢量运算法和全空间赤平极射投影作图法。矢量运算法是将空间平面(结构面及临空面)和力系均以矢量表示,通过矢量运算给出全部分析结果。作图法是应用全空间赤平极射投影方法直接作图来求解。这两种分析方法是各自独立的,而所得的结果是一致的,两种方法都是建立在严谨的数学证明基础上的。当使用计算机进行计算和绘图之后,块体理论的分析就变得更加简便。值得一提的是,块体理论与其他分析方法一样,其分析成果的可靠性取决于参数的准确性,即结构面力学指标 C、U 值的准确性和结构面产状取值的准确性。

7.2.4.2　UNWEDGE 程序基本介绍

UNWEDGE 程序是加拿大多伦多大学 E.Hock 等根据块体理论(石根华等提出)开发的适用于结构不连续及地下开挖所形成的三维楔体稳定性分析的交互式软件,用于分析岩体中存在不连续结构面的地下开挖问题,计算潜在不稳定楔体的安全系数,并可对支护系统对楔体稳定性的影响进行分析。通过计算得到潜在不稳定块体的安全系数,包括考虑各种形式的支护模式,进而确定支护体系如锚杆长度、位置及喷射混凝土参数、厚度等。该程序具有操作简单、界面友好、适用性强等优点,被广泛应用在地下工程块体稳定性分析中。

该程序采用安全系数 $F.S.$(the factor of safety)来表征块体稳定性。

安全系数 $F.S.$ 由式(7-1)计算得出:

$$F.S. = \frac{阻滑力(如剪切力、拉力、支护力等)}{滑动力(如重力、地震力、水压力等)} \tag{7-1}$$

根据块体失稳形式的不同,UNWEDGE 可计算以下 3 种情况下的安全系数。

1.直接垮落条件下的块体安全系数(F_f)

直接垮落条件下的安全系数计算假定块体只受被动支护力及拉力的阻滑力作用,而不考虑节理面的其他因素(如剪切强度、滑动方向等)的影响。滑动力包括块体重力、混凝土重力、主动压力、水压力及地震力。滑动方向为滑动力矢量和方向。

$$F_f = \frac{-P \cdot s_0 + \sum_{i=1}^{3} T_i}{A \cdot s_0} \tag{7-2}$$

其中,$P = H + Y + B$,$A = W + C + X + U + E$,$T_i = \sigma_{ti} a_i \sin\theta_i$,$s_0 = \dfrac{A}{\|A\|}$。

2.无支护条件下的块体安全系数(F_u)

无支护条件下的安全系数计算假定块体的阻滑力只有节理面的剪力和拉力,无支护力。滑动力包括块体重力、混凝土重力、主动压力、水压力及地震力。滑动方向为滑动力矢量和方向。只考虑由滑动力法向量所引起的剪力,阻滑力法向量引起的剪力不在考虑范围内。

$$F_u = \frac{\sum_{i=1}^{3} (J_i^u + T_i)}{A \cdot s} \tag{7-3}$$

其中,$A = W + C + X + U + E$,$J_i^u = \tau_i a_i \cos\theta_i$,$T_i = \sigma_{ti} a_i \sin\theta_i$。

3.支护条件下的块体安全系数(F_s)

支护条件下的安全系数计算假定块体受节理面的剪力、拉力和支护力的作用。滑动力包括块体重力、混凝土重力、主动压力、水压力及地震力。滑动方向为滑动力矢量和方向。剪力是由滑动力及阻滑力法向量同时引起的。

$$F_s = \frac{-P \cdot s + \sum_{i=1}^{3} (J_i^s + T_i)}{A \cdot s} \tag{7-4}$$

其中,$P = H + Y + B$,$A = W + C + X + U + E$,$J_i^s = \tau_i a_i \cos\theta_i$,$T_i = \sigma_{ti} a_i \sin\theta_i$。

式(7-2)~式(7-4)中:F_f 为直接垮落条件下的块体安全系数;P 为阻滑力;H 为混凝土的剪力;Y 为被动压力;B 为锚杆力;A 为滑动力;W 为块体重力;C 为混凝土重力;X 为主动压力;U 为水压力;E 为地震力;T_i 为第 i 个节理面产生的拉力;σ_{ti} 为第 i 个节理面的拉伸强度;a_i 为第 i 个节理面的面积;θ_i 为第 i 个节理面与滑动方向的夹角;s_0 为垮落方向;F_u 为无支护条件下的块体安全系数;J_i^u 为无支护条件下第 i 个节理面的剪力;τ_i 为第 i 个节理面的剪切强度;s 为滑动方向;F_s 为无支护条件下的块体安全系数;J_i^s 为支护条件下第 i 个节理面的剪力。

地下厂房开挖过程中,依托块体理论为技术支撑,借助 UNWEDGE 程序对主厂房和主变室出现的楔形体进行计算分析,提出更加科学的支护依据,进一步指导施工。

7.2.4.3 块体分析成果及支护措施

1.块体系统组合和稳定性分析

CCS 水电站主厂房和主变室跨度较大,洞室开挖之后不稳定块体临空条件较好,为了避免施工过程中发生块体滑移等围岩失稳现象,施工前,在前期场区出露优势结构面统计分析的基础上,运用 UNWEDGE 程序对施工过程中可能出现的不稳定块体进行组合。组合过程中默认三组结构面均无限延伸、相互连通,以寻求最不利的块体组合状态,并对组合形成的不同块体稳定性进行分析,以便于在施工过程中有针对性、目的性重点关注三组结构的出露位置和延伸状态,能够在施工过程中快速地对开挖揭露或可能揭露的块体进行定性分析,进而果断地做出决策,避免因块体失稳而带来不必要的损失。

依据前期试验成果,分析计算过程中采用的结构面的参数为:节理 J:内摩擦角 29°,黏聚力 0.05 MPa;断层 f:内摩擦角 22°,黏聚力 0.1 MPa。主厂房和主变室的楔形体组合结果如图 7-20、图 7-21 所示,楔形体稳定性分析结果见表 7-4。

由表 7-4 可知,在主厂房和主变室开挖过程中,受结构面切割,下游边墙(块体 2)和上游侧顶拱(块体 8)处,一旦上述三组结构面连通,开挖过程中很有可能发生块体失稳现象,施工过程中重点加强对这三组结构面进行编录分析,根据其延伸长度和出露位置,及时做出相应的地质预报并指导施工及时加固处理。

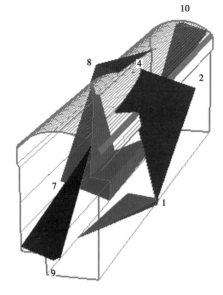

图 7-20　主厂房楔形体组合结果

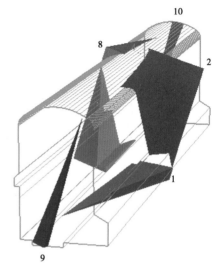

图 7-21　主变室楔形体组合结果

表 7-4　主厂房和主变室楔形体稳定性分析结果

工程部位	编号	位置	重量(MN)	体积(m³)	安全系数
主厂房	1	底板	6.759	255.074	稳定
	2	下游边墙	116.59	4 399.59	0.82
	4	顶拱中轴线	0	0.001	3.80
	7	上游边墙	156.88	5 920.17	4.44
	8	上游侧顶拱	6.63	250.11	0
	9	右端墙	8.30	313.00	28.10
	10	左端墙	9.04	341.06	1.58
主变室	1	底板	15.48	584.23	稳定
	2	下游边墙	94.00	3 546.92	0.74
	4	顶拱中轴线	0	0	17.37
	7	上游边墙	31.22	1 178.16	5.22
	8	上游侧顶拱	2.20	83.06	0
	9	右端墙	1.04	39.21	52.26
	10	左端墙	1.087	41.025	3.26

注:3 号、5 号、6 号未形成楔形体。

2.主厂房楔形体计算分析

经典块体理论假设结构面是平直且无限延伸的,UNWEDGE 程序自动搜索出来的块体为各组结构面与洞室形成的最大规模的三角体,而实际工作过程中,结构面的延伸长度有限,开挖揭露的块体规模较小。因此,对实际揭露的不稳定块体,在对块体进行稳定性分析时,应根据结构面的延伸长度对块体规模进行限制。

受结构面相互交切组合影响,主厂房开挖过程中主厂房下游边墙 0+090—0+105、高程 630~640 m 范围内,受结构面 J_1:240° $\angle$50°、J_2:160° $\angle$78°、J_3:50° $\angle$10° 的组合影响,形成楔形体(见图 7-22),开挖过程中楔形体底部已经局部掉块,整体处于临界稳定状态。

图 7-22　主厂房 CM-W1 楔形体形态

开挖揭露楔形体之后,现场地质人员及时对三组结构面的产状和组成结构面的有效长度进行测量,并应用 UNWEDGE 程序对楔形体的稳定性进行分析计算,计算分析中所采用的岩体、锚杆及混凝土参数如下:抗剪强度模型为 Mohr-Coulomb 模型,节理内摩擦角为 29°,节理面拉伸强度为 0,节理面黏聚力为 0.05 MPa,岩石密度为 2.66 g/cm³;锚杆抗拉强度 ϕ25 mm 为 137 kN、ϕ28 mm 为 172 kN,锚杆黏结强度为 2.5 MPa,混凝土剪切强度为 2.0 MPa,混凝土密度为 2.50 g/cm³。根据分析反演计算,该楔形体规模主要受限于 J_1 结构面,据此建立楔形体模型如图 7-23 所示。楔形体计算结果见表 7-5,由计算结果可知,采用 17 根 ϕ28 mm、长 9 m 的砂浆锚杆和 9 根 ϕ25 mm、长 6 m 的砂浆锚杆,楔形体在

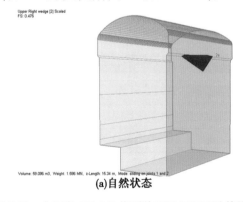

(a)自然状态

图 7-23　主厂房 CM-W1 楔形体不同工况下计算模型

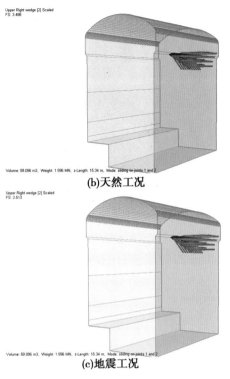

(b)天然工况

(c)地震工况

续图 7-23

地震工况下稳定性系数达到了 2.51,满足稳定要求。

表 7-5　主厂房 CM-W1 块体计算结果

块体规模 受限条件	块体质量 (t)	支护前安全系数		支护后安全系数		支护措施
		天然	地震	天然	地震	
J_1,长度 16 m	159.56	0.48	0.23	3.50	2.51	17 根ϕ28 mm、长 9 m 的砂浆锚杆,9 根ϕ25 mm、长 6 m 的砂浆锚杆

3.主变室楔形体计算分析结果

主变室开挖过程中,在下游边墙 0+025—0+040、高程 640~647 m 段受结构面 J_1: $235°\angle70°$、J_2:$130°\angle85°$、J_3:$60°\angle10°$ 的组合影响,形成楔形体(见图 7-24),在主变室第二层开挖过程中楔形体顶部出露,随着第三层的开挖楔形体整体出露。

开挖揭露楔形体之后,现场地质人员及时对三组结构面的产状和组成结构面的有效长度进行测量,并应用 UNWEDGE 程序对楔形体的稳定性进行分析计算,根据室内试验结果,计算分析中所采用的岩体、锚杆及混凝土参数如下:抗剪强度模型为 Mohr-Coulomb 模型,节理内摩擦角为 29°,节理面拉伸强度为 0,节理面黏聚力为 0.05 MPa,岩石密度为 2.66 g/cm³,ϕ28 mm 锚杆抗拉强度为 172 kN,锚杆黏结强度为 2.5 MPa,混凝土剪切强度为 2.0 MPa,混凝土密度为 2.50 g/cm³。根据分析反演计算,该楔形体规模主要受限于 J_1 结构面,据此建立楔形体模型如图 7-25 所示。楔形体计算结果见表 7-6,由计算结果可

图 7-24　主变室 CT-W1 楔形体形态

知,采用 53 根ϕ28 mm、长 9 m 的砂浆锚杆,楔形体在地震工况下稳定性系数达到了 2.57,满足稳定要求。

Upper Right wedge [2] Scaled
FS: 0.829

Volume: 178.804 m3,　Weight: 4.828 MN,　z-Length: 22.65 m,　Mode: sliding on joints 1 and 2

(a)自然状态

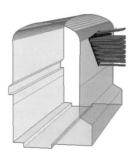

Upper Right wedge [2] Scaled
FS: 3.349

Volume: 178.804 m3,　Weight: 4.828 MN,　z-Length: 22.65 m,　Mode: sliding on joints 1 and 2

(b)天然工况

图 7-25　主变室 CT-W1 楔形体计算模型

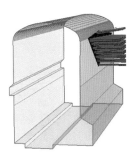

Upper Right wedge [2] Scaled
FS: 2.569

Volume: 178.804 m3, Weight: 4.828 MN, z-Length: 22.65 m, Mode: sliding on joints 1 and 2

(c)地震工况

续图 7-25

表 7-6　主变室 CT-W1 楔形体计算结果

块体规模 受限条件	质量 (t)	支护前安全系数		支护后安全系数		支护措施
		天然	地震	天然	地震	
F,长度 24 m	482.77	0.83	0.41	3.35	2.57	53 根φ 28 mm、长 9 m 的砂浆锚杆喷 10 cm 厚混凝土

7.2.5　洞室围岩监测与稳定性评价

7.2.5.1　主厂房围岩监测与评价

地下厂房施工期间,在桩号 0+005、0+086 和 0+148 三个断面的上游边墙、顶拱、拱角和下游边墙共布置了多点位移计 21 套,锚杆应力计 21 套,外水压力观测断面渗压计 15 支,厂房第一层开挖期间考虑到桩号 0+025 和 0+141 处围岩情况较差,在这两个断面处临时增设了多点位移计共 6 套,在桩号 0+005、0+024、0+086 和 0+148 等处共布置收敛变形监测断面 4 处,以观测厂房围岩的变形、应力、收敛和外水压力的变化情况。

对主厂房多点位移计观测的最大值进行统计(见表 7-7),根据观测成果,厂房边墙的位移以向洞外为主,边墙的最大位移量为 10~15 mm,位移量介于 FLAC3D 模拟成果的 Ⅱ 类围岩和 Ⅲ 类围岩计算位移量之间,与 PHASE2 计算成果基本一致。位移量向深部逐渐递减,孔深 30 m 处的位移量为 0.5~2.2 mm,孔深 2 m 处最大位移在下游边墙的岩壁吊车梁处(桩号 0+148,高程 635.9 m)的 BX1-19,最大位移量为 42.7 mm。对 BX1-19 单独分析可知,该多点位移计围岩条件较差,位于 f_{15} 断层带或影响带内,高程位于岩壁吊车梁位置,受主厂房第三层、第四层和母线洞开挖影响,每次爆破之后该处均发生一次变形的突变,但随着开挖支护工作的完成,经长期观测该处变形已收敛,对洞室的整体稳定影响不大。

表 7-7　主厂房多点位移计观测最大值统计成果

编号	桩号	位置	沿孔向各深度累积绝对位移(mm)				
			边墙	距离边墙 2 m	距离边墙 6 m	距离边墙 12 m	距离边墙 20 m
BX-01		高程 610 m,上游边墙	3.9	2.9	1.8	0.7	0.7
BX-02		高程 618 m,上游边墙	13.9	9.3	7.6	2.6	3.4
BX-03		高程 636 m,上游边墙	5.7	4.0	4.3	3.7	2.3
BX-04	0+86	顶拱中心向上游斜 36°	2.3	1.3	0.8	1.1	1.2
BX-05		拱中心线垂直向上	0.9	−2.4	−1.1	−1.1	−1
BX-06		顶拱中心向下游斜 36°	0.7	1.0	0.4	0.2	−0.1
BX-07		高程 636 m,下游边墙	0.1	13.1	10.9	5.9	4.4
BX-13		高程 610 m,上游边墙	1.3	0.4	0.2	−0.1	−0.3
BX-14		高程 618 m,上游边墙	15.8	9.6	8.8	4.3	0.6
BX-15		高程 636 m,上游边墙	13.3	10.1	5.5	2.3	−0.5
BX-16	0+148	顶拱中心向上游斜 36°	8.0	2.6	2.5	1.7	6.8
BX-17		拱中心线垂直向上	8.0	5.8	5.4	1.6	1.8
BX-18		顶拱中心向下游斜 36°	1.9	0.8	0.4	0	−0.1
BX-19		高程 636 m,下游边墙	42.7	38.2	34.1	24.7	15.0
BX-25		高程 610 m,上游边墙	13.9	3.4	3.2	2.1	1.1
BX-26		高程 618 m,上游边墙	39.2	38.0	34.0	28.3	0
BX-27		高程 636 m,上游边墙	11.2	10.8	10.2	5.0	4.9
BX-28	0+005	顶拱中心向上游斜 36°	1.1	−0.6	−2.0	−2.0	−2.6
BX-29		拱中心线垂直向上	1.0	−0.7	0	−0.1	0
BX-30		顶拱中心向下游斜 36°	1.0	−0.7	0	−0.6	−0.6
BX-31		高程 636 m,下游边墙	0.6	−0.2	−0.2	−0.2	−0.2
BX-40		高程 638.8 m,上游边墙	10.8	6.6	5.0	1.8	0.3
BX-41	0+025	顶拱中心线垂直向上	1.3	0.6	−0.4	−1.9	0.4
BX-42		高程 638.8 m,下游边墙	9.3	2.3	0.8	1.1	1.1
BX-43		高程 639.3 m,上游边墙	5.7	4.2	2.8	0.9	2.8
BX-44	0+142	顶拱中心线垂直向上	4.7	3.5	3.2	2.8	0
BX-45		高程 639.3 m,下游边墙	13.6	10.0	8.0	4.0	0.6

锚杆应力计测值显示,位于桩号 0+148、高程 637.16 m 处上游边墙锚杆应力计 RB1-15 的测值最大达 239.2 MPa,低于设计允许值 835 MPa,其他锚杆应力计测值均在设计规定的安全范围之内,锚杆应力增长稳定。多点位移计和锚杆应力计测值表明,厂房围岩位移一

般从外向里逐渐减小,位移量不大,位移速率较小,总体上锚杆拉应力均较小,锚杆受力正常,地下厂房围岩体稳定。

综上所述,主厂房围岩以微风化—新鲜火山凝灰岩为主,岩石坚硬。厂房内无大规模断层通过,10 条小规模断层发育,受断层影响,厂房第一层开挖时顶拱局部产生小规模掉块现象;产状 150°~185° ∠65°~80° 及 240°~260° ∠65°~85° 两组陡倾角节理较发育,且延伸长,两组结构面的切割组合,在边墙产生小规模掉块,形成超挖,无大的不利组合,厂房岩体较完整—完整,局部完整性差,地应力低,围岩以Ⅲ类、Ⅱ类为主,成洞体型较好,工程地质条件优良。施工过程中对稳定性差的部位在系统喷锚支护的基础上均做了加强支护,经工程处理后,厂房围岩变形已收敛,围岩整体稳定。

7.2.5.2　主变室围岩监测与评价

主变室施工期间,在桩号 0+005、0+086 和 0+148 三个断面的上游边墙、顶拱、拱角和下游边墙共布置了多点位移计 15 套、锚杆应力计 17 套、收敛变形监测断面 3 个、固定测斜仪 3 个,以观测主变室围岩的变形、应力、收敛和外水压力的变化情况。

对主变室多点位移计观测的最大值进行统计,见表 7-8,根据观测成果,主变室边墙的位移以向洞外为主,边墙的最大位移量在 10~13 mm,位移量介于 FLAC3D 模拟成果的Ⅱ类围岩和Ⅲ类围岩计算位移量之间,与 PHASE2 计算成果基本一致。位移量向深部逐渐递减,孔深 30 m 处的位移量在 0~4 mm,整体位移量小,支护后洞室的整体稳定性良好。

表 7-8　主变室多点位移计观测最大值统计成果

编号	桩号	位置	沿孔向各深度累积位移(绝对)			
			边墙	距边墙 2 m	距边墙 5 m	距边墙 10 m
BX-08		高程 643.78 m,上游边墙	5.2	3.1	3.3	0.0
BX-09		高程 653.13 m,上游拱座	1.1	0.1	0.1	0.2
BX-10	0+86	顶拱中心线垂直向上	0.8	−0.1	−0.1	0
BX-11		高程 653.13 m,下游拱座	1	−0.1	−0.1	−0.3
BX-12		高程 643.78 m,下游边墙	11.5	8.7	1.3	0.6
BX-20		高程 643.78 m,上游边墙	10.8	7.9	6.4	4.5
BX-21		高程 653.13 m,上游拱座	2.7	1.0	−0.7	−1.0
BX-22	0+148	顶拱中心线垂直向上	5.3	1.1	0.9	0.7
BX-23		高程 653.13 m,下游拱座	6.6	0.9	0.5	0.7
BX-24		高程 643.78 m,下游边墙	7.9	4.5	0.4	−2.9
BX-32		高程 643.78 m,上游边墙	9.2	7.1	5.3	3.9
BX-33		高程 653.13 m,上游拱座	3.1	2.5	2.5	2.4
BX-34	0+005	顶拱中心线垂直向上	0.7	0.1	0.3	0.2
BX-35		高程 653.13 m,下游拱座	5.9	3.3	3.4	2.6
BX-36		高程 643.78 m,下游边墙	12.7	9.2	6.2	3.2

对主变室布置的17套锚杆应力计观测最大值进行统计,见表7-9,由统计结果可知,主变室锚杆应力最大观测值普遍位于20~23 MPa,仅在桩号0+148处顶拱锚杆应力计RB1-22观测到最大值为106.7 MPa。经分析该处锚杆位于节理密集带中,随着主变室第二层的开挖,锚杆应力突增,开挖完成后对该处进行了加强支护,支护完成后锚杆应力逐渐减小,随着下层开挖略增后逐渐收敛,监测最大值小于设计允许值,锚杆受力正常,围岩稳定。

表7-9　主变室锚杆应力计观测最大值统计成果

编号	桩号	位置	最大计算应力 (MPa)
RB1-08		高程644.78 m,上游边墙,锚杆长度6 m	23.9
RB1-09		高程654.7 m,上游拱座,锚杆长度6 m	24.0
RB1-10	0+086	顶拱中心线锚杆	−3.4
RB1-11		高程654.7 m,下游拱座,锚杆长度6 m	23.6
RB1-12		高程644.78 m,下游边墙,锚杆长度6 m	23.8
RB1-20		高程644.78 m,上游边墙,锚杆长度9 m	22.5
RB1-21		高程654.7 m,上游拱座,锚杆长度8 m	22.3
RB1-22	0+148	顶拱中心线锚杆	106.7
RB1-23		高程654.7 m,下游拱座,锚杆长度8 m	23.8
RB1-24		高程644.78 m,下游边墙,锚杆长度9 m	23.9
RB1-32		高程644.78 m,上游边墙,锚杆长度6 m	23.3
RB1-33		高程654.7 m,上游拱座,锚杆长度9 m	22.7
RB1-34	0+005	顶拱中心线锚杆	23.3
RB1-35		高程654.7 m,下游拱座,锚杆长度9 m	23.3
RB1-36		高程644.78 m,下游边墙,锚杆长度9 m	23.4
RB1-99		高程635 m,上游边墙,锚杆长度9 m	23.1
RB1-100	0+148	高程635 m,上游边墙,锚杆长度9 m	23.4

综上所述,主变室和母线洞岩性以微风化—新鲜火山凝灰岩为主,岩石坚硬。厂房内无大规模断层通过,产状150°~185°∠65°~80°及240°~260°∠65°~85°两组陡倾角节理较发育,受断层和结构面的切割组合,开挖过程中局部产生小规模掉块,形成超挖,无大的不利组合,洞室岩体较完整—完整,局部完整性差,围岩以Ⅲ类、Ⅱ类为主,成洞体型较好,工程地质条件优良。施工过程中对稳定性差的部位在系统喷锚支护的基础上均做了加强支护,经工程处理后,主变室围岩变形已收敛,围岩整体稳定。

7.3　尾水洞及尾水渠

7.3.1　基本地质条件

尾水洞沿线地表自然坡度一般为 30°~40°,植被发育,总体地势西高东低,高程 600~1 350 m,地形起伏较大。尾水洞沿线的岩性主要为灰色、灰绿色和紫色 Misahualli 地层的火山凝灰岩,表层覆盖层(Q^{col} 和 Q^{al})厚度为 3~30 m。主要地层由老到新依次为:

(1)侏罗系—白垩系 Misahualli 地层($J\text{-}K^m$):以火山凝灰岩为主,局部见火山角砾岩,总厚度约 600 m。

(2)第四系全新统地层(Q_4):不同成因形成的松散堆积物,物质主要为崩积、坡积、冲洪积、残积等形成的块石及碎石夹土,多分布于较平缓山坡地带及支沟沟口。

尾水洞共发育 17 条断层,详见表 7-1。断层发育规模普遍较小,断层带物质以角砾岩为主,局部含有少量泥质条带;断层带内以滴水为主,局部呈线状、滴水状;断层带普遍无影响带,局部存在小于 50 cm 的影响带,断层两侧岩体以次块状结构为主。

对尾水洞开挖揭露的节理进行统计,可知尾水洞主要发育以下三组节理(见图 7-26):

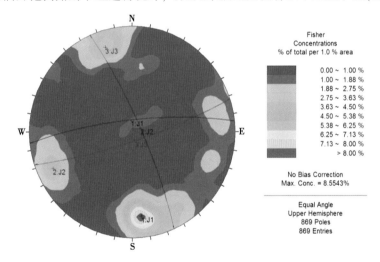

图 7-26　尾水洞节理统计

(1)产状 155°~175°∠65°~80°,整体平直粗糙,充填 1 mm 左右的岩屑、钙膜或闭合无充填,延伸较长,一般大于 10 m,平均 1~2 条/m。

(2)产状 235°~245°∠75°~85°,整体平直粗糙,充填方解石脉或者泥质条带,宽度 1~2 mm,局部 1 cm 左右,少数高岭土化,延伸长度普遍小于 10 m,局部大于 20 m,平均 0.3~0.5 条/m,局部较集中发育。

(3)产状 340°~350°∠75°~85°,整体平直粗糙,充填 1~3 mm 的岩屑、钙膜或闭合无充填,延伸较长,一般大于 10 m,平均 0.2 条/m。

上述结构面延伸较长,局部与断层带相互交切,岩体呈碎裂状,出现掉块现象,且滴水、渗水现象较为普遍,在尾水洞块体稳定性计算和随机支护过程中具有非常重要的意义。

通过对本区含水岩组的划分和水文地质调查,尾水洞所穿越的 Misahualli 地层多为新鲜岩体,所含地下水为基岩裂隙水,主要赋存于地层的节理裂隙中,受岩性和构造的控制。前期钻孔内压水试验成果显示,Misahualli 地层的凝灰岩的渗透系数(k)多在 10^{-5} cm/s 左右,受降水影响小,地下水不丰富。尾水洞开挖过程中未发现大规模的流水或涌水等对洞室稳定不利的水文地质现象,洞内岩体以潮湿和渗水状为主,在断层或节理密集带处出现滴水或线状流水现象。

7.3.2 围岩分类

尾水洞开挖过程中依据挪威地质学家比尼奥斯基的 RMR 分类法,采用现场打分与地质类比相结合的方法,对尾水主洞及 8 条尾水支洞的工程地质条件进行了合理评价,现将各部位围岩工程地质条件分别叙述如下。

7.3.2.1 尾水主洞 0+55—0+770

该洞段开挖揭露岩性以灰色、灰绿色和紫红色 Misahualli 地层火山凝灰岩为主,局部夹有肉红色火山角砾岩条带,岩体微风化—新鲜,岩石坚硬,岩体较完整—完整,共发育 15 条小规模断层,断层延伸较短,规模较小,对洞室的整体稳定影响不大,局部断层出露处,顶拱出现超挖现象。节理主要为 150°~180°∠60°~80°,陡倾角,较发育,延伸长,与尾水主洞轴线方向(315°)小角度相交;另有 70°~80°∠75°~85°和 230°~250°∠60°~75°两组次要节理,三组节理相互切割组合,易产生小规模的块体,但总体倾向墙内,开挖过程中未发现不利的楔形体出露。开挖后岩面渗水状为主,断层发育处或节理密集带处滴水—线状滴水。岩体以次块状结构为主,成洞条件较好,围岩以Ⅲ类为主,局部为Ⅱ类。

7.3.2.2 尾水主洞 0+770—0+837

该洞段开挖揭露岩性为灰色、灰绿色和紫红色 Misahualli 地层火山凝灰岩,隧洞靠近尾水洞出口,上覆岩体厚度小于 25 m,岩体微风化—弱风化,完整性较差。岩体以次块状结构为主,局部呈碎裂状,成洞条件较差,围岩为Ⅳ类。

7.3.2.3 尾水支洞

$1^{\#}$~$8^{\#}$尾水支洞开挖揭露岩性以灰色、灰绿色和紫红色 Misahualli 地层火山凝灰岩为主,局部夹有肉红色火山角砾岩条带,岩体微风化—新鲜,岩石坚硬,岩体较完整—完整,成洞条件较好,围岩以Ⅲ类为主,局部为Ⅱ类。但 $1^{\#}$尾水支洞 0+22.5—0+55 洞段位于尾水主洞转弯处,受 f_{17} 断层影响,岩体较破碎,且超挖情况严重,围岩为Ⅳ类。

综上所述,尾水主洞及支洞围岩以Ⅲ类为主,占比 84% 左右,局部为Ⅱ类,在靠近出口及向 $1^{\#}$尾水支洞转弯处岩体为Ⅳ类,围岩分类统计见图 7-27、图 7-28。

7.3.3 尾水洞稳定性分析

采用 Mohr-Coulomb 模型破坏准则,通过塑性区及计算位移,最终确定锚杆支护类型、直径、长度、间距参数。

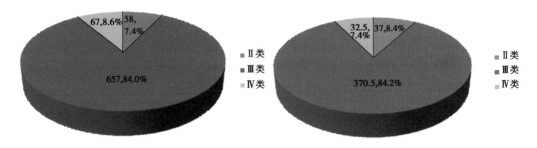

图 7-27　尾水主洞围岩分类统计　　　　图 7-28　尾水支洞围岩分类统计

通过计算分析,得到尾水隧洞系统支护措施如下:

尾水主洞Ⅱ类围岩的初期支护为 φ 25@1 500×1 500,L=4.5 m 和 0.1 m 钢筋网喷混凝土,Ⅲ类围岩的初期支护为 φ 25@1 500×1 500,L=6.0 m,边墙 0.1 m 钢筋网喷混凝土,顶拱 0.2 m 钢筋网喷混凝土。根据计算及工程经验,Ⅳ类围岩的初期支护为 φ 25@1 500×1 500,L=6.0 m 和 0.24 m 钢拱架喷混凝土(I20a),钢拱架间距 0.8 m。

尾水支洞Ⅱ类围岩的初期支护为 φ 25@1 500×1 500,L=3.0 m 和 0.1 m 钢筋网喷混凝土,Ⅲ类围岩的初期支护为 φ 25@1 500×1 500,L=4.5 m 和 0.1 m 钢筋网喷混凝土。尾水主洞和支洞交叉段、尾水支洞和厂房下游边墙交叉段支护方式详见表 7-10、表 7-11。

表 7-10　Ⅱ类围岩支护参数

洞室	部位	塑性区深度（m）	锚杆直径（mm）	锚固长度（m）	锚杆长度（m）	设计长度（m）	设计直径（mm）
主洞	顶拱	2	25	2.18	4.18	4.5	25
	侧墙	2	25	2.18	4.18	4.5	25
支洞	顶拱	0~0.5	25	2.18	2.18~2.68	3	25
	侧墙	0~0.5	25	2.18	2.18~2.68	3	25
支洞与主洞交叉口	全部	2	28	2.18	4.18	6	28
支洞与厂房交叉口	顶拱	贯通	28	2.18	7	7	28

7.3.4　补充支护处理措施

尾水主洞及 1# 尾水支洞 0+070.00—0+042.00 桩号段开挖揭露断层 f_{17},总体产状为 335°~347°∠60°~70°,在尾水主洞左边墙(沿水流方向)底部出露桩号为 0+67,断层宽 10~40 cm,组成物质为青灰色、紫红色碎裂岩夹泥、钙及氧化物,胶结性差,沿断层走向发育宽约 1.5 m 的断层影响带,并伴有局部掉块及滴水现象,见图 7-29。受其影响,1# 尾水支洞右边墙局部(0+042.00—0+050.00)出现超挖。该断层走向与尾水支洞轴向斜交叉,随着 1# 尾水支洞的开挖,断层逐渐在其顶拱及左边墙揭露。

表 7-11 Ⅲ类围岩支护参数

洞室	部位	塑性区深度（m）	锚杆直径（mm）	锚固长度（m）	锚杆长度（m）	设计长度（m）	设计直径（mm）
主洞	顶拱	2	25	2.18	4.18	6	25
	侧墙	2	25	2.18	4.18	6	25
支洞	顶拱	2	25	2.18	4.18	4.5	25
	侧墙	2	25	2.18	4.18	4.5	25
支洞与主洞交叉口	全部	2	32	2.18	4.18	9	32

图 7-29 尾水洞 0+050.00—0+070.00 断层及其影响带导致顶拱局部围岩塌落

根据现场地质情况,尾水主洞及 1#尾水支洞 0+042.00—0+070.00 桩号段在Ⅲ类围岩设计支护形式基础上进行系统加固。0+042.0—0+047.50 段 1#尾水支洞右边墙将 ф 25@1 500,L=4.5 m 锚杆替换为 ф 28@1 500,L=6.0 m。f_{17} 断层临时支护措施采取网喷以及锚杆支护形式。挂单层钢筋网（ф 6@1 500×1 500）,喷混凝土厚度 10 cm,随机锚杆采用交叉锚杆（ф 28@1 500,L=6.0 m）,相间布置。沿尾水洞轴线方向分别布置在断层两侧,两排锚杆均向上倾斜 50°～60°。同时,对断层带塌落形成的空隙采取补强措施,对滴水点采取引排措施。

尾水洞 0+615—0+660 桩号段内发育三组相交节理,具体如下:①产状 146°～156°∠65°～80°,平均 4 条/m,1～8 mm 宽,钙膜、泥质氧化物充填;②产状 230°～240°∠70°～80°,平均 4 条/m,1～6 mm 宽,钙膜、泥质氧化物充填;③产状 330°～340°∠70°～80°,平均 3 条/m,1～5 mm 宽,钙膜、泥质氧化物充填。同时,该洞段揭露小规模断层 f_{52},产状 138°～145°∠67°,宽度 3～7 cm,泥质、钙质及岩屑充填,并伴有宽 0.1～0.75 m 的断层影响带。上述结构面及断层带相互交切,岩体呈碎裂状,局部出现掉块现象,且滴水、渗水现象较为普遍。

为了保证施工安全,0+615—0+660 桩号段在Ⅲ类围岩系统支护的基础上加强支护,具体加强支护形式为:根据现场情况增设 $L=6$ m、ϕ 25 mm 随机锚杆,间距 2.0 m,边墙布设双层 ϕ 6@1 500×1 500 钢筋网,且喷混凝土厚度调整为 20 cm。

尾水洞 0+732—0+770 桩号段内发育三组相交节理,具体如下:①产状 130°～152°∠70°～80°,平均 5 条/m,1～10 mm 宽,钙膜、泥、氧化物充填;②产状 245°～252°∠70°～80°,平均 4 条/m,1～3 mm 宽,钙膜、氧化物充填;③产状 67°∠80°,平均 3 条/m,1～5 mm 宽,钙膜、泥、氧化物充填。同时,0+733—0+750 桩号发育小规模断层 f_{51},产状 150°～165°∠75°～85°,宽度 3～7 cm,泥质、钙质、氧化物及岩屑充填,这两条断层将随着洞身开挖继续延伸。上述结构面及断层带相互交切,岩体呈碎裂状,局部出现掉块现象,且滴水、渗水现象较为普遍。为了保证施工安全,0+732—0+770 桩号段在Ⅲ类围岩系统支护的基础上加强支护,具体加强支护形式为:根据现场情况增设 $L=4$ m、ϕ 25 mm 随机锚杆,间距 2.0 m,边墙布设双层 ϕ 6@1 500×1 500 钢筋网,且喷混凝土厚度调整为 20 cm。

7.3.5　围岩监测及稳定性评价

尾水洞施工期间,在桩号 0+050.6、0+071.5、0+078、0+575、0+615 和 0+752 六个断面的边墙、顶拱中心线共布置多点位移计 12 套(3 点),锚杆应力计 28 支,收敛变形监测断面 2 个,外水压力观测断面渗压计 9 支,考虑到桩号 0+053 和 0+283 处围岩情况较差,在这两个断面处临时增设收敛变形监测断面 2 处,以观测围岩的变形、收敛和外水压力的变化情况。

对尾水洞多点位移计观测的最大成果进行统计,见表 7-12、表 7-13,根据观测成果,围岩的位移以向洞内为主,尾水洞围岩累积变形在 -0.7～6.6 mm,最大位移量为 BX1-52 位移计(0+050.6 桩号),随着开挖支护工作的完成,经长期观测该处变形已收敛(见图 7-30),对洞室的整体稳定影响不大。

表 7-12　尾水洞多点位移计观测最大值统计成果

编号	桩号	位置	沿孔向各深度累积绝对位移(mm)		
			边墙	距离边墙 2 m	距离边墙 5 m
BX1-46		高程 604.7 m,左侧边墙	2.4	1.2	0.8
BX1-47	0+752	高程 611.76 m,顶拱中心线	0.6	-0.1	-0.1
BX1-48		高程 604.7 m,右侧边墙	4.9	1.6	1.3
BX1-52	0+050.6	高程 610.45 m,顶拱中心线	6.6	4.1	-0.4
BX1-53	0+071.5	高程 612.2 m,顶拱中心线	1.3	0	-0.6
BX1-54	0+078	高程 605.05 m,下游边墙	2.1	0	-0.7

锚杆应力计测值显示,尾水主洞累积锚杆应力在 -1.7～74.6 kN,1# 尾支边墙部位锚杆应力无变化,累积锚杆应力在 -21.8～216.0 kN,累积最大应力为 216.0 kN,略微超出锚杆拉拔力 190 kN(28 mm 锚杆),但变形逐渐收敛。总体上锚杆拉应力均较小,锚杆受力正常,尾水洞围岩体稳定。

表 7-13 尾水洞多点位移计观测最大值统计成果

编号	桩号	位置	沿孔向各深度累积绝对位移(mm)		
			边墙	距离边墙 3 m	距离边墙 8 m
BX1-62	0+575	高程 606.19 m,左侧边墙	0.6	0	0
BX1-63		高程 611.19 m,顶拱中心线	0.1	−0.4	−0.2
BX1-64		高程 606.19 m,右侧边墙	0.3	0.2	−0.3
BX1-65	0+615	高程 606.14 m,左侧边墙	1.6	0.5	0
BX1-66		高程 611.14 m,顶拱中心线	0.6	0	−0.1
BX1-67		高程 606.14 m,右侧边墙	1.0	0.5	0.2

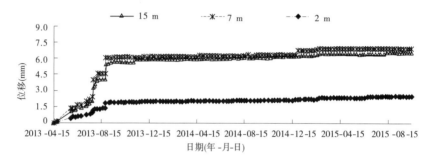

图 7-30 BX1-52 多点位移计变形曲线

根据尾水洞围岩收敛变形监测结果,4 个监测断面围岩收敛变形在开挖完成后,均逐渐趋于稳定。除 1# 尾水支洞 0+053 监测断面外,其他 3 个断面累积收敛变形在 2 mm 以内。受 f_{17} 断层带及邻近 2# 尾水支洞开挖的影响,1# 尾水支洞 0+053 桩号断面围岩初期变形较大,并呈不断上升趋势,在进行补强支护后,围岩收敛变形逐渐稳定(见图 7-31),且在后续混凝土衬砌施工过程中未见异常。

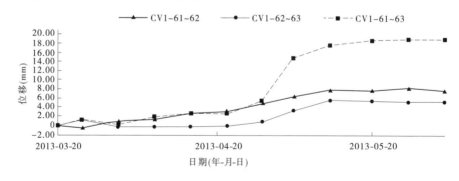

(CV1-62 位于顶拱,CV1-61、CV1-63 分别位于两腰线处)

图 7-31 1# 尾水支洞 0+053 断面收敛监测曲线

7.3.6 尾水渠边坡地质条件

尾水渠区位于尾水洞出口处 Coca 河右岸河流阶地上,具体位置位于 Coca 河右岸山坡前缘与河床之间。场地总体为西高东低,该区地表植被发育。

场地内分布地层主要为:

(1)第四系(Q)松散层,主要由崩积物(Q^{col})和冲积物(Q^{al})组成,厚度 5.0~30.0 m,其中表层物质为崩积、坡积碎石土,主要成分以青灰色、红褐色火山凝灰岩,肉红色、杂色火山角砾岩为主。块度多 10~15 cm,磨圆度差,以棱角—次棱角状。下部为冲积物,由漂石、卵砾石及粗砂组成,主要成分以青灰色、黄褐色火山凝灰岩、火山角砾岩为主,次棱角—混圆状。

(2)侏罗系—白垩系(J-K^{m})火山岩,灰色、灰绿色和紫色火山凝灰岩及火山角砾岩。

尾水渠边坡大部分为第四系松散层覆盖,坡脚局部基岩出露,断层、节理裂隙不发育。由于场区第四系松散堆积物颗粒大小混杂,一般具有弱—中等的透水性。潜水含水层接受大气降水、地表水的补给,以地下径流的方式向邻近沟谷、河流排泄,地下水位随季节变化较大。

7.3.7　尾水渠边坡支护处理及稳定性评价

7.3.7.1　系统支护措施

尾水渠边坡开挖前,根据前期物探及钻孔资料,推测出尾水渠边坡基覆线,实际开挖后,边坡覆盖层较厚,基岩线降低较多,因此 2014 年 3 月在尾水渠边坡范围内增加 11 个勘察孔,总进尺 210.3 m,进一步复核尾水渠边坡地质条件,典型钻孔岩芯见图 7-32。在此基础上,完成尾水渠边坡平面布置及典型断面工程地质剖面,如图 7-33、图 7-34 所示。

图 7-32　补充勘察典型钻孔岩芯

尾水渠边坡典型断面支护方式为:

B 剖面:500 kN、1 000 kN 预应力锚索@ 3 000×3 000,砂浆锚杆φ 28@ 2 000×2 000,L = 12 m;

C 剖面:1 000 kN 预应力锚索@ 3 000×3 000,砂浆锚杆φ 28@ 2 000×2 000,L = 12 m;

D 剖面:1 000 kN 预应力锚索@ 3 000×3 000,砂浆锚杆φ 28@ 2 000×2 000,L = 12 m;

E、F 剖面:砂浆锚杆φ 28@ 2 000×2 000,L = 12 m,抗滑桩,截面尺寸为 2.2 m×3 m、2.2 m×3.2 m,间距 6 m,L = 14.5~22 m 不等,局部增设锚索 1 000 kN。

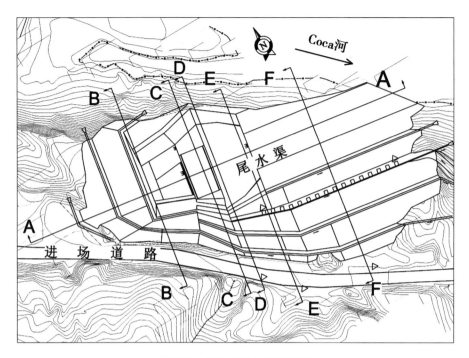

图 7-33 尾水渠边坡平面布置

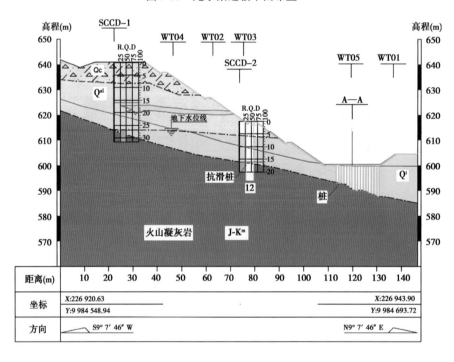

图 7-34 E—E 典型剖面

7.3.7.2 尾水渠边坡安全监测与评价

尾水渠边坡共安装 5 套锚索测力计,6 套多点位移计(3 点)及 6 套测斜管,监测边坡的变形和应力变化情况。各位移计累计变形结果见表 7-14。从监测成果可见，尾水渠边坡累积最大表面变形为 64.8 mm（F 断面 C0+112 桩号，见图 7-35），各监测断面的监测仪器实测变形基本稳定。锚索预应力变化趋势平缓，未发现异常应力变化。根据各测斜仪监测成果，尾水渠边坡各监测断面测斜管变形基本稳定，无异常变化。

表 7-14　尾水渠边坡围岩变形监测结果

编号	安装部位	桩号	高程(m)	监测部位	累积变形(mm)
BX1-56	尾水渠边坡 1-1	C0+8.0	618.0	边坡表面	20.3
				距表面 6 m	2.2
				距表面 14 m	1.5
BX1-57	尾水渠边坡 1-1	C0+8.0	611.5	边坡表面	4.3
				距表面 6 m	3.0
				距表面 14 m	0.8
BX1-58	尾水渠边坡 2-2	C0+69	628.0	边坡表面	3.3
				距表面 6 m	1.4
				距表面 14 m	0
BX1-59	尾水渠边坡 2-2	C0+69	618.0	边坡表面	2.6
				距表面 6 m	-0.7
				距表面 14 m	-1.7
BX1-60	尾水渠边坡 3-3	C0+112	628.0	边坡表面	64.8
				距表面 6 m	23.6
				距表面 14 m	6.7
BX1-61	尾水渠边坡 3-3	C0+112	618.0	边坡表面	9.9
				距表面 6 m	2.7
				距表面 14 m	2.4

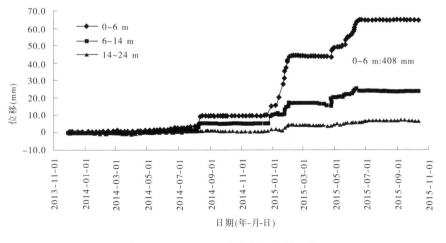

图 7-35　BX1-60 多点位移计变形曲线

7.4 电缆洞及出线场

7.4.1 基本地质条件

电缆洞位于主变室左下侧,连接处高程 630.30 m,出口与场内公路相连,地面高程 636.50 m,总长 482.05 m,纵坡 $i=0.0011$,电缆洞轴线 240°。地表植被发育,地形起伏较大,自然坡度一般为 30°~65°,地面高程 630~900 m。采用城门洞形断面,主要有 4 种开挖断面,尺寸分别为 4.5 m×8.05 m(宽×高)、4.2 m×7.9 m(宽×高)、3.6 m×7.6 m(宽×高)和 3.7 m×7.65 m(宽×高)。

电缆洞及出线场工区出露岩性主要为灰色、灰绿色和紫色 Misahualli 地层的火山凝灰岩,表层覆盖层(Q^{col} 和 Q^{al})厚度为 3~30 m。主要地层由老到新依次为:

(1)侏罗系—白垩系 Misahualli 地层($J-K^m$)。以火山凝灰岩为主,局部见火山角砾岩。

(2)第四系全新统地层(Q_4)。不同成因形成的松散堆积物,物质主要为崩积、坡积、冲洪积、残积等形成的块石及碎石夹土,多分布于较平缓山坡地带及支沟沟口。

电缆洞主要发育 3 条断层,断层发育规模普遍较小,断层带物质以角砾岩为主,局部含有少量泥质条带;断层带内以滴水为主,局部呈线状滴水状;断层带普遍无影响带,局部存在小于 50 cm 的影响带,断层两侧岩体以次块状结构为主。

电缆洞及出线场开挖过程未发现大规模的流水或涌水等对洞室稳定不利的水文地质现象,洞内岩体以潮湿和渗水状为主,在断层或节理密集带处出现滴水或线状流水现象。

7.4.2 电缆洞

7.4.2.1 围岩分类

电缆洞开挖过程中依据挪威地质学家比尼奥斯基的 RMR 分类法,采用现场打分与地质类比相结合的方法,对电缆洞围岩工程地质条件分别叙述如下。

1.电缆洞 0+000—0+030

该洞段开挖揭露岩性为第四系冲积砂卵石(Q^{al}),青灰—灰黑色,尺寸大多为 5~15 cm,岩石成分主要为凝灰岩、火山角砾岩和砂岩,呈次圆—椭圆形,中密—密实,胶结程度较好,围岩稳定性差,岩体为 V 类。

2.电缆洞 0+030—0+060

该洞段开挖揭露岩性为灰色、灰绿色侏罗系 Misahualli 地层火山凝灰岩($J-K^m$)。0+030—0+045 桩号为强风化,0+045—0+060 桩号为弱风化。本洞段发育三组节理:①产状 130°~155°∠70°~80°,轻微粗糙,填充黏土和氧化物,节理延伸长度大于 10 m,约 1 条/m;②产状 310°~320°∠80°~85°,轻微粗糙,宽度 1~3 mm,充填氧化物和黏土,延伸长 6~8 m;③产状 60°~80°(240°~260°)∠70°~80°,轻微粗糙,填充氧化物。岩体为碎屑结构,局部呈次块状,该洞段围岩稳定性较差,岩体为Ⅳ类。

3.电缆洞 0+060—0+490.45

该洞段开挖揭露岩性以灰色、灰绿色和紫红色 Misahualli 地层火山凝灰岩为主,局部夹有肉红色火山角砾岩条带,岩体微风化—新鲜,岩石坚硬,岩体较完整—完整,共发育 3 条小规模断层,断层延伸较短,规模较小,对洞室的整体稳定影响不大,局部断层出露处,顶拱出现超挖现象。隧洞主要发育三组节理,如图 7-36 所示:①产状 220°~245° ∠70°~85°,轻微粗糙,填充黏土和氧化物,节理延伸长度大于 10 m;②产状 150°~160° ∠75°~85°,轻微粗糙,宽度 1~3 mm,充填氧化物和黏土,延伸长 6~8 m;③产状 50°~70° ∠80°~85°,轻微粗糙,填充氧化物或闭合。节理相互切割组合,易产生小规模的块体,但总体倾向洞内,开挖过程中未发现不利的楔形体出露。开挖后岩面渗水状为主,断层发育处或节理密集带处滴水—线状滴水。岩体以次块状结构为主,成洞条件较好,围岩为Ⅲ类。

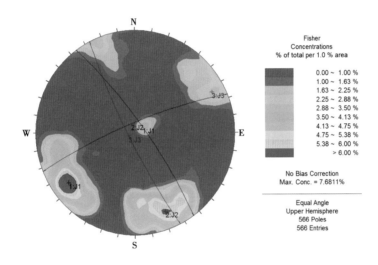

图 7-36　电缆洞节理统计

7.4.2.2　支护处理措施

电缆洞Ⅲ类围岩支护方案为 φ 25@1 500×1 500,L=3.0 m 系统锚杆,边墙及顶拱 10 cm 钢筋网喷混凝土,钢筋网规格为 φ 6@1 500×1 500;Ⅳ类围岩支护方案为 φ 25@1 500×1 500,L=3.0 m 系统锚杆,边墙及顶拱挂钢筋网,并支 16 号 Ⅰ 型钢,喷混凝土厚度 20 cm,钢拱架间距 0.5~1.0 m,钢筋网规格同上;Ⅴ类围岩支护方案为直径 42 mm,间距 1.5 m,L=3.0 m 系统注浆土钉,边墙及顶拱挂钢筋网,并支 16 号 Ⅰ 型钢,喷混凝土厚度 20 cm,钢拱架间距 0.5 m,钢筋网规格同上。

电缆洞 0+125—0+154 桩号洞段结构面较发育,局部出现掉块现象,且滴水、渗水现象较为普遍。为了保证施工安全,该洞段在Ⅲ类围岩系统支护的基础上加强支护,具体支护形式为:隧洞布设 φ 25@1 500×1 500,L=3.0 m 系统锚杆,边墙及顶拱布设双层 φ 6 @1 500×1 500 钢筋网,且喷混凝土厚度调整为 15 cm。

7.4.3 洞口边坡

7.4.3.1 基本地质条件

电缆洞边坡位于电缆洞出口处 Coca 河右岸河流阶地上,具体位置位于 Coca 河右岸山坡前缘与河床之间。

场地内分布地层主要为:

(1)第四系(Q)松散层,主要由崩积物(Q^{col})和冲积物(Q^{al})组成,厚度 5.0~30.0 m,其中表层物质为崩积、坡积碎石土,主要成分以青灰色、红褐色火山凝灰岩,肉红色、杂色火山角砾岩为主。块度多为 10~15 cm,磨圆度差,以棱角—次棱角状为主,较松散、无胶结。下部为冲积物,由漂石、卵砾石及粗砂组成,主要成分以青灰色、黄褐色火山凝灰岩、火山角砾岩为主,次棱角—混圆状,中密—密实,中等胶结。

(2)侏罗系—白垩系(J-K^m)火山岩,灰色、灰绿色和紫色火山凝灰岩及火山角砾岩。

电缆洞边坡大部分为第四系松散层覆盖,坡顶局部基岩出露,断层、节理裂隙不发育。由于场区第四系松散堆积物颗粒大小混杂,一般具有弱—中等的透水性。潜水含水层接受大气降水、地表水的补给,以地下径流的方式向邻近沟谷、河流排泄,地下水位随季节变化较大。

7.4.3.2 支护处理及变形监测评价

根据开挖揭露的地质条件,电缆洞边坡支护采用 ϕ 25 mm 锚杆,长度 $L=6$ m,锚杆间距 2.00 m×2.00 m,同时布置网格梁(间距 3.4 m)及植草。

高压电缆洞出口边坡共安装 3 套多点位移计(3 点),各位移计累计变形结果见表 7-15。从监测成果可见,电缆洞边坡围岩变形较稳定,围岩累积变形为 -0.3~2.6 mm,未发现异常变形。其中,BX1-49 监测断面位于边坡 A—A 断面高程 659.0 m 处,孔深 22 m,处于收敛状态。

表 7-15 电缆洞边坡围岩变形监测成果

编号	安装部位	桩号	高程(m)	监测部位	累积变形(mm)
BX1-49	电缆洞边坡	A—A 监测断面	659.0	边坡表面	2.6
				距表面 4 m	1.4
				距表面 12 m	1.2
BX1-50	电缆洞边坡	B—B 监测断面	659.0	边坡表面	1.3
				距表面 4 m	-0.3
				距表面 12 m	—
BX1-51	电缆洞边坡	B—B 监测断面	649.0	边坡表面	0.9
				距表面 4 m	0.2
				距表面 12 m	0.1

7.4.4 出线场

7.4.4.1 基本地质条件

出线场区布置在厂房东北部高压电缆洞的出口处,地面高程为 640.00 m,长×宽为

175 m×41 m。

出线场区位于 Coca 河右岸阶地上,覆盖层厚度为 25.0~40.0 m,表层为崩积、坡积块碎石土(Q^{col}),下部为冲积物(Q^{al}),如图 7-37 所示,主要分布右边坡靠河床侧前缘,由漂石、卵砾石及少量砂土组成,次圆状—次棱角状,颗粒之间无架空现象,充填较好,密实度中等,变形模量为 35~40 MPa,承载力按 300 kPa 考虑。

(a)崩坡积物　　　　　　　　　　　　(b)冲积物

图 7-37　出线场区出露地层

7.4.4.2　基础处理及稳定性评价

出线场开挖到设计高程后,基础底面地层主要为崩坡积碎石土地层,局部为冲积砂卵石层,经现场原位测试,承载力满足建筑物设计要求,稳定性较好。

7.4.5　边坡落石风险分析

7.4.5.1　计算模型

电缆洞及出线场上部山体较高,且被崩坡积物覆盖,局部基岩裸露,如图 7-38 所示,块石掉落风险较高,需要设置拦挡设施,保障洞口、电缆洞边坡及出线场安全。针对典型地层剖面,采用 Rocscience 系列软件 RocFall 对上部山体进行落石风险分析。

图 7-38　电缆洞及出线场上部边坡山体

RocFall 是一款用来评价边坡落石风险的统计分析程序,可以分析出整个边坡落石的动能、速度和弹跳高度包络线,以及落石滚动终点的位置。沿坡面线的动能、速度和弹跳高度分布也同样可以获得,分布规律可以柱状图显示,并自动计算其统计学规律。

落石计算典型剖面如图 7-39、图 7-40 所示,边坡模型宽度为 708 m,上顶点高程 972.5 m,坡脚高程 625 m,出线场靠山体侧边界位于横坐标 585 m 处。

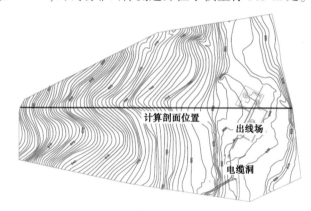

图 7-39 落石分析计算剖面位置

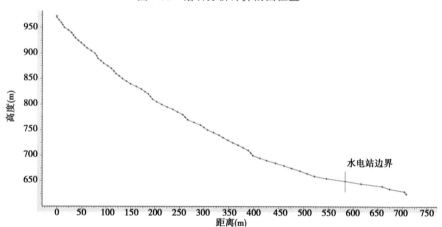

图 7-40 RocFall 边坡计算剖面

RocFall 软件中关于边坡不同地层法向阻尼系数、切向阻尼系数及摩擦角参数见表 7-16。

表 7-16 不同地层计算参数

地层类别	法向阻尼系数(R_n)		切向阻尼系数(R_t)		摩擦角(°)	
	均值	标准差	均值	标准差	均值	标准差
基岩露头	0.35	0.04	0.85	0.04	30	2
坚硬光滑基岩	0.53	0.04	0.99	0.04	30	2
植被覆盖的土体	0.30	0.04	0.80	0.04	30	2
植被覆盖的崩坡积体	0.32	0.04	0.80	0.04	30	2

由于山体边坡表层主要为植被覆盖的土体,因此模型初始计算参数依据土体进行,考虑到山体局部发育有基岩露头,最终以坚硬基岩的地层参数再次进行计算,更偏于安全。山体落石的初始位置不易确定,选择高程680 m以上区域,设置线性落石区域进行计算分析。落石质量假定为1 000 kg,形状近似圆形,初始滚落速度设定为1.0 m/s。

7.4.5.2 计算结果分析

1.植被覆盖土体

通过300次落石计算,得到的落石轨迹见图7-41,落石水平终点位置分布如图7-42所示。

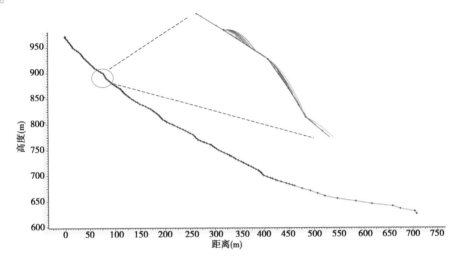

图 7-41 落石轨迹示意图

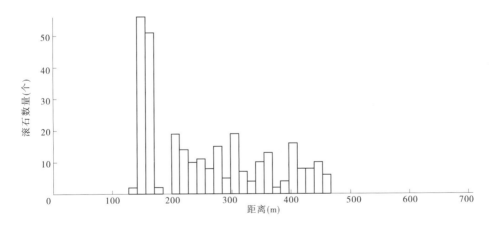

图 7-42 落石水平终点位置分布

计算结果表明,落石在边坡上滚动一段距离后最终停止,未能到达电缆洞和出线场区域。落石运动最大速度为11.2 m/s,如图7-43所示。

2.基岩露头

出于安全考虑,假定边坡表层为基岩露头,通过300次落石计算,得到的落石轨迹见

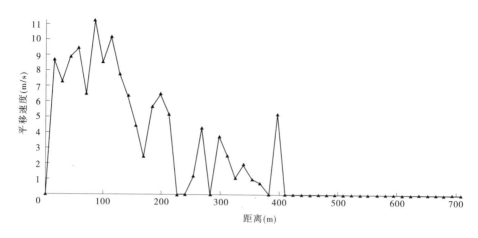

图 7-43　落石速度分布

图 7-44,落石水平终点位置如图 7-45 所示。

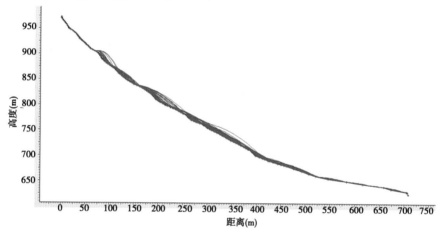

图 7-44　落石轨迹示意图

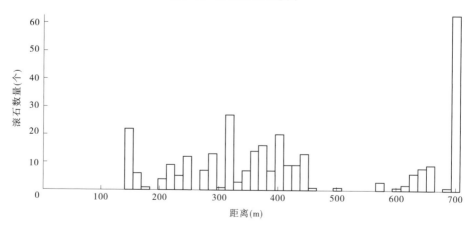

图 7-45　落石水平终点位置分布

　　计算结果表明,约有 30% 的落石从边坡滚落到坡脚,穿过出线场和电缆洞区域,因此需要设置拦挡措施,对场区进行防护。图 7-46 为落石在边坡滚落过程中反弹高度统计,最高处水平坐标约 200 m,反弹高度达 17.1 m,出线场以外最小反弹高度为 1.9 m,位于水平坐标约 521 m 处,在此处设置拦挡措施较为合适。落石下落动能分布如图 7-47 所示,可以看出在该拦截点处落石动能约为 1 606.7 kJ,因此拦挡设施的抗冲击能建议设定为 2 000 kJ。

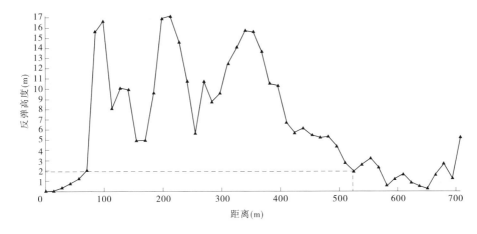

图 7-46　落石反弹高度分布

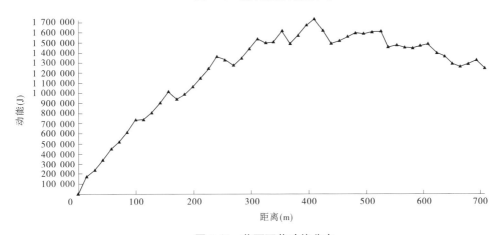

图 7-47　落石下落动能分布

　　在模型水平坐标 521 m 处设置 2 000 kJ 拦挡措施后,再次进行落石模拟,计算结果如图 7-48~图 7-50 所示,落石最终完全被拦挡,下落过程中最大速度约 54 m/s。

7.4.5.3　安全防护措施

　　参考 RocFall 计算结果及山体落石范围,在距离出线场边界约 60 m 处设置了长度约 114 m 的铅丝石笼挡墙,挡墙高度 2.5 m、宽度 2.0 m,并在坡脚局部设置被动防护网,实际防护措施如图 7-51 所示。电缆洞、出线场区域施工和运行期间,未遭受边坡落石的冲击,进一步证明了对落石采取的拦挡措施是合适、有效的。

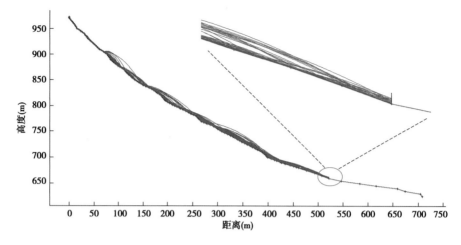

图 7-48　落石轨迹示意

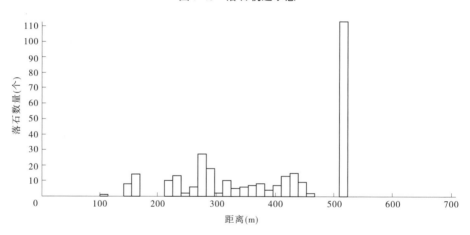

图 7-49　落石水平终点位置分布

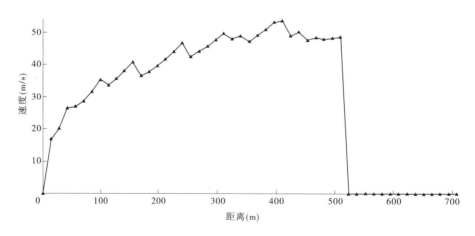

图 7-50　落石速度分布

(a)　　　　　　　　　　　　　　(b)

图 7-51　铅丝石笼及被动防护网拦挡设施

7.5　进场交通洞

进场交通洞全长 487.9 m,进洞方向 284.5°,在桩号 0+414 附近转为 225°,采用城门形断面开挖,断面尺寸为 8.7 m×8.5 m(7.9 m、7.5 m)(宽×高)。

7.5.1　基本地质条件

进场交通洞开挖揭露地层岩性主要为 Misahualli 地层的灰色、灰绿色和紫红色火山凝灰岩。岩体整体微风化—新鲜,岩石坚硬,岩体整体呈块状—次块状结构。

进场交通洞开挖过程中共揭露 14 条小规模断层(详见表 7-1),断层物质以角砾岩为主,基本无影响带,断层走向与洞室基本呈正交,对洞室稳定性影响较小;节理裂隙较发育—不发育,出露节理产状与主厂房和主变室一致,主要为 140°~170°∠70°~85° 及 230°~260°∠65°~85° 两组,陡倾角,延伸长,开挖过程中未见明显的不稳定楔形体出露。开挖面以潮湿—渗水为主,在桩号 0+270—0+290 段和桩号 0+360—0+380 段呈滴水—现状滴水状。

7.5.2　围岩分类

根据地质编录与测绘资料,依据挪威地质学家比尼奥斯基的 RMR 分类法,采用现场打分与地质类比相结合的方法,对进场交通洞进行围岩工程地质分类,分类结果显示进场交通洞围岩以 Ⅱ 类为主,在断层出露段或节理密集带以 Ⅲ 类为主,局部为 Ⅳ 类。

7.5.3　支护处理措施

进场交通洞采用系统喷锚和锚杆支护,桩号 0+000—0+015 进洞段和桩号 0+463.9—0+487.9 与主厂房交叉段以及 Ⅳ 类围岩段采用钢拱架支护,钢拱架为 I16 型 I 型钢,每米 1 榀,拱架间用 φ 22 钢筋连接,挂单层钢筋网(φ 6@ 150×150),喷素混凝土厚度 20 cm。Ⅱ 类围岩系统锚喷锚支护参数为 φ 22@ 2 000×3 000,$L=3.00$ m,入岩 2.90 m,挂单层钢筋网(φ 6@ 150×150),喷素混凝土厚度 10 cm。Ⅲ 类围岩系统锚喷锚支护参数为 φ 22@ 2 000×1 500,$L=3.00$ m,入岩 2.90 m,挂单层钢筋网(φ 6@ 150×150),喷素混凝土厚度 20 cm。洞室采用 φ 50 mm、$L=5.00$ m 的 PVC 管进行系统排水。

7.5.4 变形监测及评价

进场交通洞施工期间,在桩号 0+475 处布置 3 套多点位移计和 3 套锚杆应力计,以观测围岩的变形、锚杆应力的变化情况。经观测,交通洞多点位移计的最大变形量为 8.7 mm,整体位移量小,支护后洞室的整体稳定性良好。627 m 高程左侧边墙布置的锚杆应力计 RB1-37 监测值达到 223.2 MPa,锚杆应力偏大,通过对该处锚杆应力计监测值进行分析可知,在主变室施工过程中应力呈线性增加,交通洞二次衬砌浇筑完成以后,锚杆应力收敛(见图 7-52),应力值在设计允许范围之内,衬砌后洞室稳定性良好。

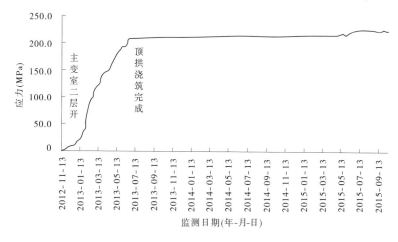

图 7-52　RB1-37 锚杆应力计观测值

7.6　EgoInfo 摄影地质编录系统在地下厂房地质编录中的应用

随着水电事业的飞速发展,一些在建、拟建的大型水利水电枢纽工程规模越来越大,工程边坡的"山高坡陡"成为突出特性。在水利水电工程施工过程中,常常需要在坝基、洞室、边坡等部位开挖后及混凝土浇筑之前进行地质素描编录工作,传统的施工地质素描编录工作采用的是"罗盘+皮尺+肉眼观察+手工记录"的作业模式,这种传统的施工地质素描编录作业模式存在明显限制,例如作业时间受限、人身安全受限、技术成果精度受限等,而且手工素描编录图件与计算机程序计算软件之间缺乏直接联系,大大降低了施工设计变更计算的效率,这些问题一直是困扰专业技术人员的一大难题。

在信息化高速发展的今天,高新技术在工程建设中发挥的作用将越来越大,数据库技术、CAD 技术、GIS 技术和数码影像技术的开发与应用水平已成为衡量工程勘测设计单位信息化建设和现代化管理水平的重要标志。传统的施工地质编录工作强度高、任务重,力求在信息技术运用方面寻找新的突破口,从而降低劳动强度,提高工作质量和生产效率。

同时,纯机械化作业的高速施工过程中,势必要求地质专业对现场做出快速反应,以便协同设计、施工等专业及时处理若干潜在的特殊地质问题,确保工程安全和正常施工。

CCS水电站地下厂房施工过程中地下厂房洞室群多工作面同时开挖,专业技术人员有限,为了快速进行地质素描、精确获取掌子面和围岩的地质信息,施工过程中率先引入了EgoInfo摄影地质编录系统,大大提高了工作效率和质量。

7.6.1 EgoInfo摄影地质编录系统介绍

7.6.1.1 系统简介

河海大学研发的EgoInfo摄影地质编录系统是以摄影测量理论为基础,以数字近景摄影测量、数字图像处理和GIS技术为手段,以地质编录数据的采集、管理、分析处理和图表输出为基本功能,以多技术集成应用为特色,构建的摄影地质编录的技术方法体系。它实现了施工地质编录的手工作业向计算机辅助作业与信息管理的转换,在实际应用中实现了在计算机上完成地质编录的构造线素描、产状量测、岩层产状属性数据和图形图像数据的数据库查询、AutoCAD成图等功能,全面提高了施工地质编录在数据采集、数据处理与管理方面的工作效率。摄影地质编录信息系统开发是为适应现代大中型水电工程建设的需要,以大中型水电工程的施工地质编录应用需求为依托,提高地质内业工作与外业工作的效率,促进可变更设计与信息化施工等新技术的推广和应用,并在水电工程验证、应用的基础上逐步推广,可望为水利水电工程施工地质编录方法带来技术变革,对大中型水电工程运用高新技术、提高施工地质编录的质量与效率、促进工程地质专业信息化建设、提高市场竞争力,具有现实意义和工程应用价值。

EgoInfo数字摄影地质编录系统具有以下特点:①使用普通数码相机拍摄,获取目标影像快速方便;②先进的摄影测量数码像处理技术,使系统具有严格精度控制;③编录的准确性、快捷与成果直观可视;④与空间信息管理系统的结合,具备图像处理、地质编录及成果一体化特点;⑤便于室内资料的查询、统计分析、打印输出、管理等。

该系统包括洞室、边坡、基坑、高山峡谷和钻孔岩芯等5个模块,施工地质工作过程中主要以洞室编录、边坡编录和基坑编录为主,EgoInfo摄影地质编录系统总体结构如图7-53所示。

7.6.1.2 系统组成

硬件:摄影编录仪及脚架、数码相机、洞室摄影照明设备,见图7-54。

软件:摄影地质编录信息系统,系统功能结构见图7-55。

7.6.2 洞室摄影地质编录子系统介绍

洞室摄影地质编录子系统以洞室工程为工作对象,完成从编录源数据输入到成果编辑输出的整个流程,主要包括输入、图像处理、地质编录、成果输出及查询模块。输入模块通过建立参数数据库、图像数据库,完成了系统的初始化,是图像处理、数据分析、计算的前提,包括原始图像入库、系统参数设计;图像处理模块是本系统的核心,其最终目标是得到洞室镶嵌影像展示图;编录模块集成了MapInfo的开发环境,利用正射影像镶嵌图,实现了构造线的绘制、产状量测、地质构造线属性表的生成等功能;输出模块包括桩段轮廓

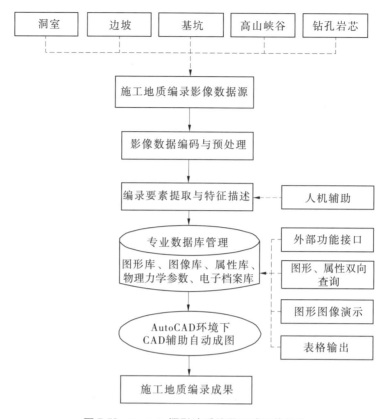

```
┌──────┐  ┌──────┐  ┌──────┐  ┌────────┐  ┌────────┐
│ 洞室 │  │ 边坡 │  │ 基坑 │  │ 高山峡谷 │  │ 钻孔岩芯 │
└──────┘  └──────┘  └──────┘  └────────┘  └────────┘
```

施工地质编录影像数据源

影像数据编码与预处理

编录要素提取与特征描述 ┈┈ 人机辅助

专业数据库管理
图形库、图像库、属性库、
物理力学参数、电子档案库

外部功能接口

图形、属性双向查询

AutoCAD环境下
CAD辅助自动成图

图形图像演示

表格输出

施工地质编录成果

图 7-53　EgoInfo 摄影地质编录系统总体结构

图 7-54　摄影编录仪及数码相机

图绘制、图形及其属性数据表输出、洞室纵切面构造线分布图绘制、洞室横截面构造线分布图绘制四个子模块;查询模块实现了对数据库中的图形数据、图像数据、属性数据等各种编录成果的定制查询、统计查询。

7.6.2.1　洞室编录系统工作流程介绍

洞室摄影地质编录子系统以洞室工程为工作对象,完成从编录源数据输入到成果编辑输出的整个流程。其主要功能设置如下:

图 7-55　摄影地质编录信息系统功能结构

（1）用户权限验证和反馈。根据用户的登录权限设置用户在该子系统下的相应权限。

（2）新建、导入洞室工作区。

（3）系统参数设置。包括对洞型参数、桩段信息、像片参数的设置。

（4）几何纠正。是把像片中的像元投影到目标的展示面上去，得到正射展示影像，并使影像可量测。

（5）影像增强。通过使用亮度调整、对比度调整、规定化增强等技术，使洞室影像的质量得到大大提高，以加强用户对图像的目视判读。

（6）图像镶嵌。是指通过确定图像间的重叠部分，将多幅图像拼成一幅图像，包括洞室条带内影像自动镶嵌、洞室条带间影像自动镶嵌、手工半自动镶嵌。

（7）地质编录。以桩段影像展示图为底图，通过机助方式完成地质编录，获得编录成果图。

（8）图形、属性数据的双向查询与统计。利用 MapInfo 的集成开发环境的优势，实现了图查属性和属性查图的双向查询功能及统计功能。

（9）编录成果输出。包括图形及其属性数据表转出、桩段轮廓图绘制、洞室纵切面构造线分布图绘制、洞室横截面构造线分布图绘制等。

洞室编录系统的工作流程如图 7-56 所示。

7.6.2.2　洞室编录系统工作模块介绍

洞室编录系统共包括五大模块，其功能结构如图 7-57 所示。

1.输入模块

输入模块通过建立参数数据库、图像数据库，完成了系统的初始化，是图像处理、数据分析、计算的前提，包括原始图像入库、系统参数设计。系统参数设计又包括相机参数设置、洞形参数设置、像片参数设置。相机参数设置包括相机内方位元素和畸变参数设置。

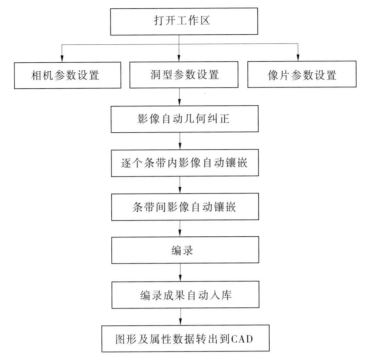

图7-56　洞室编录系统的工作流程

洞形参数是指确定洞室的几何形态的信息。像片参数设置指像片的外方位元素输入,每张像片的外方位元素在施工现场拍摄时确定。

2.图像处理模块

图像处理模块是本系统的核心,其最终目标是得到洞室镶嵌影像展示图。镶嵌影像展示图是正射影像图,将作为地质编录的底图。图像处理包括影像增强、图像纠正、影像镶嵌三大功能模块,另外还有图像压缩的功能。

3.编录模块

编录模块集成了 MapInfo 的开发环境,利用正射影像镶嵌图,实现了构造线的绘制、产状量测、地质构造线属性表的生成等功能。其中,产状量测包括展示图量测和立体相对量测。洞室编录系统功能菜单如图7-58所示。

4.输出模块

输出模块包括桩段轮廓图绘制、图形及其属性数据表输出、洞室纵切面构造线分布图绘制、洞室横截面构造线分布图绘制四个子模块。编录完成后,把一些重要的成果存入数据库进行统一管理,还可以根据用户的需求打印编录成果。另外,还提供了 AutoCAD 自动出图的功能。

5.查询模块

查询模块利用 MapInfo 的集成开发环境的优势,实现了对构造线属性数据和图形数据的双向查询的功能。

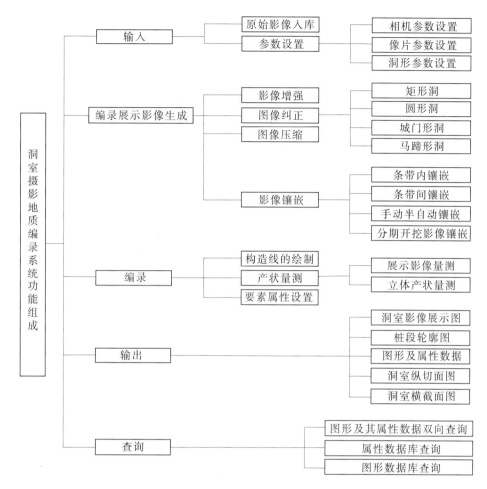

图 7-57　洞室编录系统功能结构

7.6.3　地下洞室编录外业工作

CCS 水电站施工期间,为了快速、精确地获得掌子面和围岩的地质信息,在地下厂房、母线洞、排水廊道等开挖过程中使用地质编录系统,一方面大大提高了工作效率,另一方面更加全面地获取了编录洞段的地质信息。下面以 7# 母线洞为例,介绍 EgoInfo 地质编录系统在地下厂房地质编录过程中的应用。

7.6.3.1　现场作业准备

洞室拍摄时应准备经过技术改造的编录纬仪(捆绑数码相机)、1 000 W 以上的新闻灯及足够长度的防水电缆、插座(专业工配合)、30 m 以上长度的钢卷尺、3~5 m 长的小钢卷尺、原始记录稿和人工辅助测量用地质罗盘等。

7.6.3.2　现场作业说明

1.洞轴线的确定

洞轴线通过用皮尺或钢尺量取洞径中点并将中点连线的方法来确定;确定洞轴线后,将尺子布设在洞轴线上,如图 7-59 所示。

图 7-58　洞室编录系统功能菜单

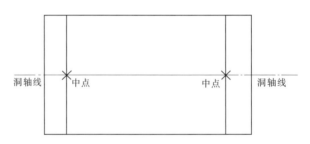

图 7-59　洞轴线确定方案

为了简化计算和编录工作的方便，本系统自定义了一套洞室工程坐标系。其方向如图 7-60 所示：X 与 Y 构成水平面，X 方向与洞室方位角相同，Y 方向垂直于 X 方向，Z 方向垂直向上，且 XYZ 三个方向构成右手坐标系。当进行地质编录时所记录的三个外方位线元素就归化到洞室工程坐标系。当在展示影象图上进行地质编录时，本系统会自动将洞室工程坐标系转化为大地坐标系，从而得到地质体在大地坐标系中的产状属性信息。

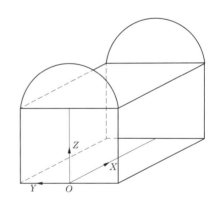

图 7-60　洞室工程坐标系示意图

2.架设编录仪

（1）将摄影编录仪安置在洞轴线上。

（2）整平仪器。

（3）记录站点的 X 坐标或桩号，量取仪器高并记录。

3.编录仪定向

（1）在洞轴线上选取离拍摄站点较远的一个点作为定向点（见图7-61）。

图 7-61　编录仪定向方法

（2）用摄影编录仪的粗瞄器大致瞄准定向点。

（3）锁定仪器水平转动螺旋。

（4）调整摄影编录仪望远镜焦距，使成像最清晰。

（5）调整摄影编录仪目镜，使得望远镜十字丝最清晰。

（6）调整水平微调螺旋，精确瞄准定向点。

（7）转动摄影编录仪水平度盘，将读数配置为0°或180°。

4.拍摄洞室影像

转动摄影编录仪，使相机朝向沿洞轴前进方向的左边洞壁，并使拍摄方向垂直于洞轴线，即通过调整仪器水平微动螺旋，使水平度盘读数为90°或270°。

为了获取更全面的围岩信息，使用过程中先在洞轴中心线向两壁进行试拍，并观察相邻照片中是否存在重复部分，而不至于拍摄成果缺失。根据7#母线洞洞径大小和高度，实际操作过程中，采用相机在竖直面的-30°、0°、30°、60°、90°、60°、30°、0°、-30°等 9 个方位对洞壁和洞顶进行拍摄，每个条带获取 9 张原始拍摄影像。洞室影像拍摄方案如图7-62所示。

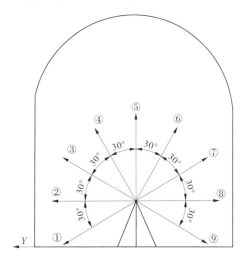

图 7-62　洞室影像拍摄方案

5.搬站

沿洞轴线前进，在与上一拍摄站点相隔约 1.2 倍洞半径的洞轴线上架设编录仪，重复以上步骤 2 ~ 4，完成该站洞室影像的拍摄。7#母线洞洞长 24 m，宽 8 m，操作过程中采用步长 4 m，从 2 m 处开始假设测站 1，洞轴线 310°，测站示意图如图7-63 所示。

7.6.4　7#母线洞地质编录成果

外业工作时，作业人员使用摄影地质编录仪在洞室内沿洞轴线方向设站拍摄洞壁影像，使用系统自带相机 Canon D600 进行拍摄，相机采用 M 模式（参数见表7-17），焦距18 mm，分辨率为 5 184×3 456像素，拍摄之前先采用自动对焦模式让相机镜头朝着远方自动

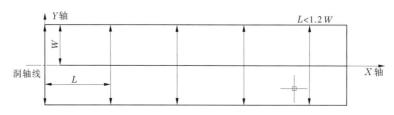

图 7-63　洞室影像设测站方案

对焦,然后调到手动对焦模式,并使相机镜头在整个拍摄过程中保持不变。根据洞型参数,设站步长采用 4 m,拍摄换挡角采用 30°,拍摄曝光采用外置闪光灯和内置闪光灯相结合的方式,根据拍摄效果及时调整曝光参数。

表 7-17　洞室编录相机参数

ID	Canon 600D_18_1920									
X0	0.096 849 167	Xs	26	K1	0	P1	−1.6E−06	Omig	0.334 36	Dy	0.002
Y0	−25.633 979 6	Ys	89.51	K2	7.36E−08	P2	1.32E−06	Kaf	−0.071 6		
Z0	1 606.102 585	Zs	21	K3	−2.6E−14	Fai	0.070 55	Dx	0.002		

　　内业数据处理时,严格按照洞室模块的系统输入、图形处理、洞室编录、成果输出程序进行,系统输入时将相机参数、洞型参数、相片参数和桩段信息等一并输入到编录系统中,并按照系统功能结构图的顺序,对原始图像逐一进行纠正、合并处理。操作过程中在地质编录信息卡中记录各站点仪器高度、各条带拍摄方案以及测站步长等信息,将其输入编录系统中获得洞室编录照片参数表,如表 7-18 所示。各条带图像处理及编录成果见图 7-64~图 7-69。

表 7-18　7# 母线洞编录照片参数

编号	Xs	Ys	Zs	Fai	0mk	Kam	编号	Xs	Ys	Zs	Fai	0mk	Kam
MSDM0101	1.98	0	1.38	0	−30	0	MSDM0401	13.97	0	1.39	0	−30	0
MSDM0102	1.98	0	1.38	0	0	0	MSDM0402	13.97	0	1.39	0	0	0
MSDM0103	1.98	0	1.38	0	30	0	MSDM0403	13.97	0	1.39	0	30	0
MSDM0104	1.98	0	1.38	0	60	0	MSDM0404	13.97	0	1.39	0	60	0
MSDM0105	1.98	0	1.38	0	90	0	MSDM0405	13.97	0	1.39	0	90	0
MSDM0106	1.98	0	1.38	180	60	0	MSDM0406	13.97	0	1.39	180	60	0
MSDM0107	1.98	0	1.38	180	30	0	MSDM0407	13.97	0	1.39	180	30	0
MSDM0108	1.98	0	1.38	180	0	0	MSDM0408	13.97	0	1.39	180	0	0
MSDM0109	1.98	0	1.38	180	−30	0	MSDM0409	13.97	0	1.39	180	−30	0
MSDM0201	5.96	0	1.41	0	−30	0	MSDM0501	17.98	0	1.43	0	−30	0
MSDM0202	5.96	0	1.41	0	0	0	MSDM0502	17.98	0	1.43	0	0	0
MSDM0203	5.96	0	1.41	0	30	0	MSDM0503	17.98	0	1.43	0	30	0

续表 7-18

编号	Xs	Ys	Zs	Fai	0mk	Kam	编号	Xs	Ys	Zs	Fai	0mk	Kam
MSDM0204	5.96	0	1.41	0	60	0	MSDM0504	17.98	0	1.43	0	60	0
MSDM0205	5.96	0	1.41	0	90	0	MSDM0505	17.98	0	1.43	0	90	0
MSDM0206	5.96	0	1.41	180	60	0	MSDM0506	17.98	0	1.43	180	60	0
MSDM0207	5.96	0	1.41	180	30	0	MSDM0507	17.98	0	1.43	180	30	0
MSDM0208	5.96	0	1.41	180	0	0	MSDM0508	17.98	0	1.43	180	0	0
MSDM0209	5.96	0	1.41	180	−30	0	MSDM0509	17.98	0	1.43	180	−30	0
MSDM0301	9.96	0	1.42	0	−30	0	MSDM0601	22.01	0	1.41	0	−30	0
MSDM0302	9.96	0	1.42	0	0	0	MSDM0602	22.01	0	1.41	0	0	0
MSDM0303	9.96	0	1.42	0	30	0	MSDM0603	22.01	0	1.41	0	30	0
MSDM0304	9.96	0	1.42	0	60	0	MSDM0604	22.01	0	1.41	0	60	0
MSDM0305	9.96	0	1.42	0	90	0	MSDM0605	22.01	0	1.41	0	90	0
MSDM0306	9.96	0	1.42	180	60	0	MSDM0606	22.01	0	1.41	180	60	0
MSDM0307	9.96	0	1.42	180	30	0	MSDM0607	22.01	0	1.41	180	30	0
MSDM0308	9.96	0	1.42	180	0	0	MSDM0608	22.01	0	1.41	180	0	0
MSDM0309	9.96	0	1.42	180	−30	0	MSDM0609	22.01	0	1.41	180	−30	0

7.6.5　成果分析研究

通过对工程中采用传统地质编录方法获取的地质素描图(见图 7-68)与 EgoInfo 摄影地质编录技术解译的地质素描图进行对比分析可知:

(1)对编录结果的结构面产状对比分析:洞室编录模块中 EgoInfo 数码摄影编录系统自动量测获取的结构面产状总体与人工测量结果相一致,部分结构面受洞形和操作的人为因素控制,量测结果有所偏差,但差值整体在 10°范围左右,结果可以利用;边坡编录模块中弯曲或边坡表面以面的形式出露的结构面,其产状量测成果与人工测量成果相似,对于顺直发育的结构面,系统无法获取结构面上不在同一条直线的三个点,故产状量测结果失真。

(2)对编录结果结构面的出露位置进行对比分析:EgoInfo 摄影地质编录系统是根据操作者赋予软件的洞型参数或者现场控制点测量坐标及相关参数,对野外采集的影像资料进行外方位计算、图形纠正、拼接镶嵌等处理,在规则洞室和边坡中,其处理成果的结构面出露位置与人工测量位置基本吻合;尤其是在边坡编录工作中,仅仅需要对图像范围内几个控制点的坐标进行量测即可计算出其他各点的坐标,大大节省了外业工作时间,并且避免了一些不必要的安全风险。

(3)对编录结果的结构面发育程度进行分析:EgoInfo 摄影地质编录系统工作过程主要是将野外采集数据进行室内分析的过程,有充分时间对采集到的结构面进行解译,能够

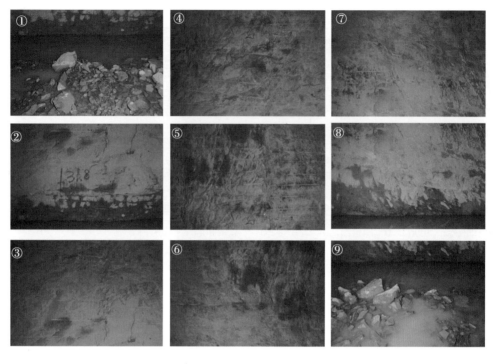

图 7-64　7#母线洞第 2 测站原始影像照片

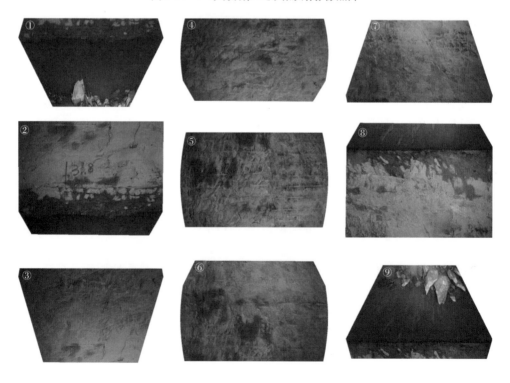

图 7-65　7#母线洞第 2 测站纠正影像照片

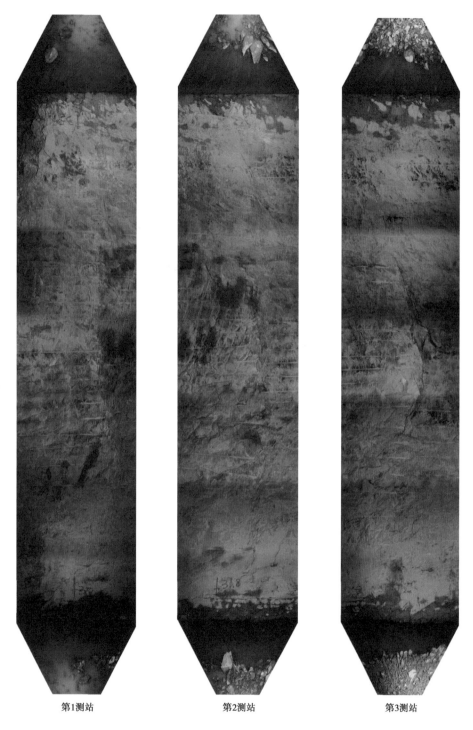

第1测站　　　　　　　　第2测站　　　　　　　　第3测站

图 7-66　7#母线洞第 1~3 测站单条带镶嵌成果

避免传统编录时因野外工作时间仓促所引起的结构面漏掉的现象,所获取的结构面数据更加详细。

图 7-67　7#母线洞多条带镶嵌成果

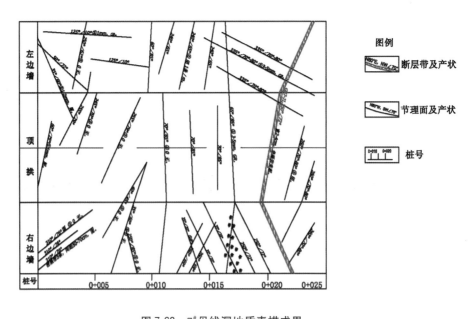

图 7-68　7#母线洞地质素描成果

（4）对编录结果的结构面发育形态进行分析：EgoInfo 摄影地质编录系统野外资料采

图 7-69　7#母线洞三维展示图

集的过程中,由于洞室内光线条件和通风条件限制,给拍照环境和拍照质量带来不利影响,解译过程中有时对结构面的张开度、充填物或起伏粗糙程度无法精确判别,因此对于发育规模较大,对洞室稳定有较大影响的结构面,还需要在外业影像采集的同时对其性状进行描述。

(5)EgoInfo 摄影地质编录系统具有操作简单、适用范围广、节省人力资源等优点,但是受成像、工作环境、局部地质条件的限制,对结构面的空间几何特征量测会产生偏差,局部需人工编录进行校核补充。在地质技术人员对现场地质情况综合把握的前提下,依靠该系统进行地质编录野外作业,将会大大提高对裂隙的编录、素描效率。建议在系统的进一步升级和开发过程中,充分考虑对于不规则洞室影像纠正过程中的失真现象,使得系统能够更加适用于施工地质编录过程的不同工况。

7.7　小　结

(1)地下厂房工程区上覆岩体深厚,揭露岩性以 Misahualli 地层的灰色、灰绿色和紫红色火山凝灰岩为主,局部含有少量肉红色火山角砾岩条带。工程区属 Sinclair 构造带,构造相对简单,构造应力作用不强,地下水主要沿着断层和节理密集带以渗水和滴水的形式排泄。

(2)主厂房、主变室及母线洞揭露断层规模小,物质以角砾岩为主,对洞室整体稳定影响不大,局部小规模掉块现象和破碎段进行加强支护后可满足稳定要求;节理较发育,产状以 140°~190°∠60°~85° 为主,节理相互切割局部产生楔形体,加强支护后满足稳定要求;围岩类别以Ⅲ类为主,局部为Ⅱ类,通过系统支护和局部加强支护后围岩稳定,各个监测断面均达到收敛状态,洞室稳定性良好。

(3)尾水洞岩性主要为 Misahualli 地层的火山凝灰岩,沿线断层发育规模较小,断层带内以滴水为主,局部呈线状、滴水状,围岩类别以Ⅲ类为主,出口段为Ⅳ类。节理与断层带相互交切,局部岩体呈碎裂状,加强支护后满足稳定要求。尾水渠边坡大部分为第四系松散层覆盖,坡脚局部出露火山凝灰岩及角砾岩,断层、节理裂隙不发育。经长期观测,各监测断面均达到收敛状态,洞室及边坡稳定性良好。

(4)电缆洞岩体以次块状结构为主,成洞条件较好,围岩类别以Ⅲ类为主,进口段为Ⅳ~Ⅴ类。电缆洞边坡大部分为第四系松散层覆盖,坡顶局部基岩出露,各监测断面均处于收敛状态,稳定性良好。出线场基础地层主要为崩坡积碎石土地层,局部为冲积砂卵石层,承载力满足建筑物设计要求,稳定性较好。

(5)进场交通洞揭露地层岩性主要为 Misahualli 地层火山凝灰岩,岩体整体呈块状—次块状结构,断层走向与洞室基本呈正交,对洞室稳定性影响较小;节理裂隙较发育—不发育,围岩类别以Ⅱ类为主,在断层出露段或节理密集带,以Ⅲ类为主,局部为Ⅳ类。长期监测结果显示,洞室稳定性良好。

(6)在 CCS 水电站地下厂房洞室群施工地质工作过程中,率先引入了 EgoInfo 摄影地质编录系统,大大提高了对裂隙的编录、素描效率。

第 8 章

天然建筑材料

CCS 水电站水工建筑物所需的天然建筑材料主要为砂砾石料和块石料。其中,砂砾石料、块石料分布在首部枢纽区、2#支洞、调蓄水库区及厂房区,用于混凝土骨料和基础回填料;块石料分布在首部枢纽区和调蓄水库区,用于 CFRD 堆坝料。

施工期根据水工建筑物的设计要求,选用的料场为 Coca 河天然砂砾石料场、首部枢纽开挖料场、厂房砂砾石料场、调蓄水库砂砾石料场及调蓄水库 Mirador 块石料场。各料场的位置分布见图 8-1,各材料产地特征见表 8-1。

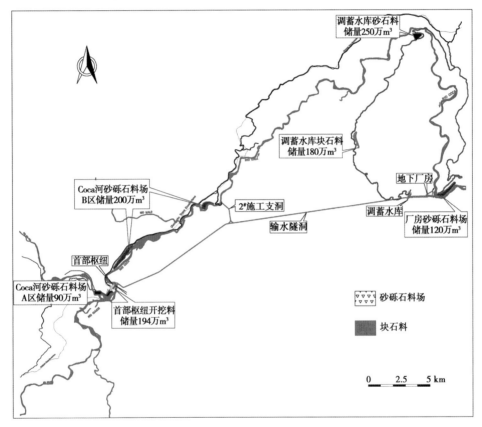

图 8-1 天然建筑材料料场的位置分布示意图

8.1 天然砂砾石料场

8.1.1 Coca 河砂砾石料场

8.1.1.1 料场概况

Coca 河砂砾石料场位于首部枢纽和 2#支洞范围内,施工阶段 Coca 河砂砾石料场作为首部枢纽和 2#施工支洞混凝土骨料料场和回填料,料场分 A 和 B 两个区域。

表 8-1　CCS 水电站工程天然建筑材料产地特征

料源类型	料场名称		料场位置	工程部位	料源岩性	产地面积（×10⁴ m²）	计算厚度（m） 无用层	计算厚度（m） 有用层	无用层体积（×10⁴ m³）	有用层计算储量（×10⁴ m³）
砂砾石料	Coca 河	A 区	Salado 与 Quijos 交汇处	首部枢纽	砂砾石	30	0.2	3	6	90
		B 区	首部枢纽下游 2# 支洞	首部枢纽、2# 支洞	砂砾石	80	0.5	2.5	40	200
	厂房区		厂房区	厂房区	砂砾石	40	0.2	3	8	120
	调蓄水库		调蓄水库进场公路 7+000	调蓄水库	砂砾石	25	0.2	10	5	250
块石料	首部枢纽开挖料场		首部枢纽	首部枢纽	花岗闪长岩	15				194
	Mirador 块石料场		调蓄水库进场公路 18+000	调蓄水库	花岗闪长岩	15	8	12	120	180

A 区位于首部枢纽上游 1~3 km 的河漫滩,Salado 河桥下游,沿河岸呈条带状展布,Salado 河和 Quijos 河交汇处逐渐变宽,漫滩宽 200~350 m,长约 2 000 m。区内地势平坦开阔,地形略向东南缓倾。分布高程为 1 270~1 275 m,料场表层局部有上覆土层,厚度为 20~30 cm,有用层主要为冲洪积砂卵砾石层,厚度为 3~8 m。

B 区位于首部枢纽下游和 2# 支洞的 Coca 河左岸河漫滩,沿河岸呈条带状展布,滩面宽 50~400 m,长约 3 500 m,地面高程为 1 243~1 263 m。表层局部有 30~50 cm 厚的砂壤土、粉细砂,B 区下游砂层逐渐变厚,局部厚达 1 m 左右。有用层冲洪积砂卵砾石层厚度按 2.5 m 考虑。

Coca 河砂砾石料场有用层为砂卵砾石,组成复杂,岩性主要为安山岩、玄武岩、花岗岩、流纹岩、砂岩、灰岩和页岩等,相变较大,局部夹砂层透镜体。料场区地下水埋藏较浅,与 Coca 河水联系密切,料场到坝址有公路相通,运距很近,开采条件较好。

8.1.1.2 质量评价

分别对粗、细骨料进行了物理化学性能及碱活性试验,骨料评定参照《混凝土集料规范》(ASTM C33—08)进行。

1.粗、细骨料的物理及化学性能试验

粗、细骨料的试验成果分别见表 8-2~表 8-5。

首部枢纽 A 区 4 组砂料样品,仅 SL-A3 一组试样的泥块含量不满足规范,其余泥块含量满足规范要求,但含泥量都不满足规范要求,其余砂料所检验的细度模数等各项技术指标均满足《混凝土集料规范》(ASTM C33—08)的要求。4 组砾石样品,粒度模数为 8.07~8.15,各项物理指标均满足《混凝土集料规范》(ASTM C33—08)的要求。

B 区 8 组砂料样品,SL-B1、SL-B2 的细度模数超出规范要求,含量仅 SL-B3、SL-B7 两组样品满足规范,其余均超出规范要求;泥块含量的检验中,其中 SL-B5 超出规范要求,其余物理及化学指标均满足规范要求。8 组砾石样,粒度模数为 7.68~8.09,各项物理性能均满足《混凝土集料规范》(ASTM C33—08)的要求。针对含泥量局部超标问题,施工期采取了清洗处理措施得以解决。

2.碱活性及其抑制试验

碱活性及其抑制试验研究详见 8.3 节。

8.1.1.3 储量计算

Coca 河砂砾石料场的储量计算详见表 8-6,由表 8-6 可知:

A 区除 Salado 河高漫滩有植被及腐殖质土层需剥离外,其他区域均为裸露的砂卵砾石层,河床部分局部区域考虑水下开采,按平均厚度法计算。无用层主要为上覆土层和孤漂石,料场面积为 $30×10^4$ m²,剥离层平均厚度取 0.2 m,其剥离量约为 $6×10^4$ m³,平均有效开采厚度取 3 m,有效储量为 $90×10^4$ m³。

B 区沿 Quito-Lago Agrio 公路下高漫滩有植被及腐殖质土层需剥离,下游局部砂层较厚,邻近河床部分局部区域考虑水下开采,按平均厚度法计算。无用层主要为上覆土层和砂层,料场面积为 $80×10^4$ m²,剥离层平均厚度取 0.5 m,其剥离量约为 $40×10^4$ m³,平均有效开采厚度取 2.5 m,有效储量为 $200×10^4$ m³。

表8-2 首部枢纽A区砂砾石料场天然砂物理及化学性能试验结果（一）

样品编号	不同粒径（mm）累计筛余百分率（%）									细度模数	堆积密度（kg/m³）	紧密堆积密度（kg/m³）	含泥量（%）	泥块含量（%）	干砂表观密度（kg/m³）	饱和面干砂表观密度（kg/m³）	坚固性（%）	轻物质含量（%）	云母含量（%）	有机质含量（色值）
	9.5	4.75	2.36	1.18	0.6	0.3	0.15	0.08	筛底											
SL-A1	0.0	0.0	13.9	30.4	55.2	76.2	90.6	96.9	100.0	2.66	1 680	1 860	7.8	1.7	2 770	2 660	6	0.2	0.3~0.6	1
SL-A2	0.0	0.0	8.2	17.7	35.1	66.2	93.4	98.0	100.0	2.21	1 480	1 710	7.4	2.0	2 740	2 710	7	0.3	1.0~1.9	2
SL-A3	0.0	0.0	11.9	27.8	50.1	68.7	86.3	94.3	100.0	2.45	1 400	1 700	11.8	8.0	2 770	2 680	7	0.3	0.4~0.8	3
SL-A4	0.0	0.0	17.4	38.2	59.4	78.4	93.8	97.9	100.0	2.86	1 660	1 820	6.8	0.7	2 810	2 640	6	0.2	0.2~0.3	1
标准										2.3~3.1	—	—	≤3.0	≤3.0	—	—	≤10	≤1.0	—	≤3

注：标准为《混凝土骨料的标准规范》（ASTM C33/C33M—08）。

表 8-3　首部枢纽 A 区砂砾石料场天然砂物理及化学性能试验结果（二）

样品编号	粒径范围 (mm)	含泥量 (%)	针状含量 (%)	针状总含量 (%)	片状含量 (%)	片状总含量 (%)	针片状含量 (%)	针片状总含量 (%)	泥块含量 (%)	泥块含量平均值 (%)	表观密度 (kg/m³)	饱和面干表观密度 (kg/m³)	以干料为基准的吸水率 (%)	堆积密度 (kg/m³)	紧密密度 (kg/m³)	孔隙率 (%)	坚固性 (%)
SL-A1	混合	0.1	—		—		—		—		2 780	2 730	1.1	1 630	1 840	34	3
	37.5 以上	—	—		3		0		0.3		—	—	—	—	—	—	
	25~37.5	—	3	13	1	8	1	5	0.4	0.5	—	—	—	—	—	—	
	19~25	—	2		3		2		—		—	—	—	—	—	—	
	12.5~19	—	5		1		2		0.5		—	—	—	—	—	—	
	9.5~12.5	—	2		—		—		—		—	—	—	—	—	—	
	4.75~9.5	—	1		0		0		0.9		—	—	—	—	—	—	
SL-A2	混合	0.5	—		—		—		—		2 730	2 690	2.7	1 690	1 890	38	3
	37.5 以上	—	—		—		—		0.4		—	—	—	—	—	—	
	25~37.5	—	2	10	2	10	1	5	0.8	0.7	—	—	—	—	—	—	
	19~25	—	5		5		3		—		—	—	—	—	—	—	
	12.5~19	—	2		2		1		0.7		—	—	—	—	—	—	
	9.5~12.5	—	1		1		0		—		—	—	—	—	—	—	
	4.75~9.5	—	—		1		0		0.7		—	—	—	—	—	—	

续表 8-3

样品编号	粒径范围 (mm)	含泥量 (%)	针状含量 (%)	针状总含量 (%)	片状含量 (%)	片状总含量 (%)	针片状含量 (%)	针片状总含量 (%)	泥块含量 (%)	泥块含量平均值 (%)	表观密度 (kg/m³)	饱和面干表观密度 (kg/m³)	以干料为基准的吸水率 (%)	堆积密度 (kg/m³)	紧密密度 (kg/m³)	孔隙率 (%)	坚固性 (%)
SL-A3	混合	0.6	—	—	—	—	—	—	—	—	2 790	2 740	2.8	1 620	1 830	34	3
	37.5以上	—	—		—		—		0.4	0.6	—	—	—	—	—	—	
	25~37.5	—	4	13	1	8	1	5	0.6		—	—	—	—	—	—	
	19~25	—	3		2		1		—		—	—	—	—	—	—	
	12.5~19	—	3		4		2		0.9		—	—	—	—	—	—	
	9.5~12.5	—	2		1		1		—		—	—	—	—	—	—	
	4.75~9.5	—	1		0		0		1.1		—	—	—	—	—	—	
SL-A4	混合	0.5	—	—	—	—	—	—	—	—	2 790	2 730	1.1	1 550	1 860	44	4
	37.5以上	—	—		—		—		0.3	0.4	—	—	—	—	—	—	
	25~37.5	—	1	5	2	5	0	2	0.4		—	—	—	—	—	—	
	19~25	—	3		2		2		—		—	—	—	—	—	—	
	12.5~19	—	1		1		0		0.4		—	—	—	—	—	—	
	9.5~12.5	—	0		0		0		0.6		—	—	—	—	—	—	
	4.75~9.5	—	—		—		—		—		—	—	—	—	—	—	
标准	—	≤1.0	—	—	—	—	—	—	≤2.0	—	—	—	—	—	—	—	≤12

表 8-4　首部枢纽 B 区砂砾石料场天然砂砂物理及化学性能试验结果（一）

样品编号	不同粒径（mm）累计筛余百分率（%）									细度模数	堆积密度（kg/m³）	紧密堆积密度（kg/m³）	含泥量（%）	泥块含量（%）	干砂表观密度（kg/m³）	饱和面干砂表观密度（kg/m³）	坚固性（%）	轻物质含量（%）	云母含量（%）	有机质含量（色值）
	9.5	4.75	2.36	1.18	0.6	0.3	0.15	0.08	筛底											
SL-B1	0.0	0.0	23.8	48.9	68.9	80.3	91.0	95.9	100.0	3.13	1 700	1 860	4.4	0.7	2 730	2 640	5	0.4	0.7~1.4	2
SL-B2	0.0	0.0	24.2	49.5	69.8	81.5	93.5	98.1	100.0	3.18	1 760	1 890	8.9	1.3	2 730	2 650	5	0.2	1.3~2.1	1
SL-B3	0.0	0.0	19.4	41.6	67.6	81.8	91.8	96.9	100.0	3.02	1 760	1 940	2.8	2.0	2 720	2 630	5	0.3	0.2~0.3	2
SL-B4	0.0	0.0	12.3	38.2	73.1	88.4	95.8	98.2	100.0	3.07	1 550	1 710	3.4	2.3	2 710	2 610	5	0.3	0.5~1.1	1
SL-B5	0.0	0.0	22.2	41.1	58.2	70.5	85.7	94.0	100.0	2.77	1 550	1 780	10.2	7.3	2 710	2 600	5	0.3	0.5~0.8	3
SL-B6	0.0	0.0	16.5	32.5	49.0	66.3	84.5	93.4	100.0	2.49	1 680	1 840	7.9	2.0	2 740	2 650	5	0.3	1.3~1.9	2
SL-B7	0.0	0.0	7.8	29.8	77.0	88.6	96.4	98.2	100.0	2.96	1 530	1 670	2.5	1.0	2 710	2 660	5	0.3	0.2~0.3	1
SL-B8	0.0	0.0	14.6	36.3	68.5	85.4	94.0	97.4	100.0	2.99	1 670	1 810	4.4	1.0	2 730	2 660	5	0.3	0.1~0.2	2
标准										2.3~3.1	—	—	≤3.0	≤3.0	—	—	≤10	≤1.0	—	≤3

注：标准为《混凝土骨料的标准规范》（ASTM C33/C33M—08）。

表8-5　首部枢纽B区砂砾石料场天然砂物理及化学性能试验结果（二）

样品编号	粒径范围 (mm)	含泥量 (%)	针状含量 (%)	针状总含量 (%)	片状含量 (%)	片状总含量 (%)	针片状含量 (%)	针片状总含量 (%)	泥块含量 (%)	泥块含量平均值 (%)	表观密度 (kg/m³)	饱和面干表观密度 (kg/m³)	以干料为基准的吸水率 (%)	堆积密度 (kg/m³)	紧密密度 (kg/m³)	孔隙率 (%)	坚固性 (%)	200转时洛杉矶磨耗试验质量损失率 (%)	1000转时洛杉矶磨耗试验质量损失率 (%)
SL-B1	混合	0.5	—	—	—	—	—	—	—	—	2760	2720	0.9	1670	1770	40	4	5	23
	37.5以上	—	—		—		—		0.3										
	25~37.5		2		5		1		0.5										
	19~25		3	10	2	12	0	3	0.3	0.4									
	12.5~19		3		3		1		0.5										
	9.5~12.5		2		2		1												
	4.75~9.5		0		0		0												
SL-B2	混合	0.5	—	—	—	—	—	—	—	—	2740	2690	1.0	1640	1850	40	5	—	—
	37.5以上	—	—		—		—		0.3										
	25~37.5		4		7		2		0.4										
	19~25		3	12	2	14	1	6	0.3	0.4									
	12.5~19		3		4		2		0.5										
	9.5~12.5		1		1		1												
	4.75~9.5		1		0		0												

续表 8-5

样品编号	粒径范围 (mm)	含泥量 (%)	针状含量 (%)	针状总含量 (%)	片状含量 (%)	片状总含量 (%)	针片状含量 (%)	针片状总含量 (%)	泥块含量 (%)	泥块含量平均值 (%)	表观密度 (kg/m³)	饱和面干表观密度 (kg/m³)	以干料为基准的吸水率 (%)	堆积密度 (kg/m³)	紧密密度 (kg/m³)	孔隙率 (%)	坚固性 (%)	200转的洛杉矶磨耗试验质量损失率 (%)	1000转时洛杉矶磨耗试验质量损失率 (%)
SL-B3	混合	0.6	—	—	—	—	—	—	—	—	2740	2700	0.7	1700	1860	38	4	7	26
	37.5以上	—	—	—	—	—	—	—	0.4	0.4	—	—	—	—	—	—		—	—
	25~37.5	—	—	14	—	10	0	3	0.4		—	—	—	—	—	—		—	—
	19~25	—	5		4		2		0.4		—	—	—	—	—	—		—	—
	12.5~19	—	5		4		1		—		—	—	—	—	—	—		—	—
	9.5~12.5	—	3		2		0		—		—	—	—	—	—	—		—	—
	4.75~9.5	—	1		0		—		0.5		—	—	—	—	—	—		—	—
SL-B4	混合	0.5	—	—	—	—	—	—	—	—	2770	2720	1.1	1670	1820	40	4	—	—
	37.5以上	—	—	—	—	—	—	—	0.5	0.5	—	—	—	—	—	—		—	—
	25~37.5	—	—	10	—	11	2	4	0.4		—	—	—	—	—	—		—	—
	19~25	—	5		7		1		0.4		—	—	—	—	—	—		—	—
	12.5~19	—	3		1		1		—		—	—	—	—	—	—		—	—
	9.5~12.5	—	2		2		0		—		—	—	—	—	—	—		—	—
	4.75~9.5	—	0		1		—		0.8		—	—	—	—	—	—		—	—

续表 8-5

样品编号	粒径范围 (mm)	含泥量 (%)	针状含量 (%)	针状总含量 (%)	片状含量 (%)	片状总含量 (%)	针片状含量 (%)	针片状总含量 (%)	泥块含量 (%)	泥块含量平均值 (%)	表观密度 (kg/m³)	饱和面干表观密度 (kg/m³)	以干料为基准的吸水率 (%)	堆积密度 (kg/m³)	紧密密度 (kg/m³)	孔隙率 (%)	坚固性 (%)	200转时洛杉矶磨耗试验质量损失率 (%)	1000转时洛杉矶磨耗试验质量损失率 (%)
SL-B5	混合	0.5	—	2	—	1	—	0	—	0.4	2 700	2 620	1.9	1 570	1 760	42	5	7	26
	37.5以上	—	—		—		—		0.3		—	—	—	—	—	—		—	—
	25~37.5	—	—		—		—		0.4		—	—	—	—	—	—		—	—
	19~25	—	—		—		—		—		—	—	—	—	—	—		—	—
	12.5~19	—	2		1		0		0.6		—	—	—	—	—	—		—	—
	9.5~12.5	—	0		0		0		1.3		—	—	—	—	—	—		—	—
	4.75~9.5	—	0		0		0		—		—	—	—	—	—	—		—	—
SL-B6	混合	0.5	—	12	—	12	—	5	—	0.4	2 750	2 710	1.0	1 550	1 860	44	4	—	—
	37.5以上	—	—		—		—		0.3		—	—	—	—	—	—		—	—
	25~37.5	—	3		5		1		0.3		—	—	—	—	—	—		—	—
	19~25	—	3		2		1		—		—	—	—	—	—	—		—	—
	12.5~19	—	4		4		3		0.4		—	—	—	—	—	—		—	—
	9.5~12.5	—	1		1		0		—		—	—	—	—	—	—		—	—
	4.75~9.5	—	1		0		0		0.4		—	—	—	—	—	—		—	—

续表 8-5

样品编号	粒径范围(mm)	含泥量(%)	针状含量(%)	针状总含量(%)	片状含量(%)	片状总含量(%)	针片状含量(%)	针片状总含量(%)	泥块含量(%)	泥块含量平均值(%)	表观密度(kg/m³)	饱和面干表观密度(kg/m³)	以干料为基准的吸水率(%)	堆积密度(kg/m³)	紧密密度(kg/m³)	孔隙率(%)	坚固性(%)	200转时洛杉矶磨耗试验质量损失率(%)	1000转时洛杉矶磨耗试验质量损失率(%)
SL-B7	混合	0.5	—		—		—		—		2 720	2 670	1.1	1 590	1 850	42		6	26
	37.5以上		—		—		—		0.3		—	—	—	—	—	—		—	—
	25~37.5		7	15	6	12	1	3	0.4	0.5	—	—	—	—	—	—	5	—	—
	19~25		3		2		1		—		—	—	—	—	—	—		—	—
	12.5~19		4		3		1		0.5		—	—	—	—	—	—		—	—
	9.5~12.5		1		1		0		—		—	—	—	—	—	—		—	—
	4.75~9.5		—		—		—		0.8		—	—	—	—	—	—		—	—
SL-B8	混合	0.5	—		—		—		—		2 730	2 690	1.0	1 590	1 810	42		—	—
	37.5以上		—		—		—		0.3		—	—	—	—	—	—		—	—
	25~37.5		6	14	2	8	2	5	0.3	0.4	—	—	—	—	—	—	4	—	—
	19~25		3		2		1		—		—	—	—	—	—	—		—	—
	12.5~19		3		3		2		0.4		—	—	—	—	—	—		—	—
	9.5~12.5		2		1		0		—		—	—	—	—	—	—		—	—
	4.75~9.5		—		—		—		0.7		—	—	—	—	—	—		—	—
标准		≤1.0	—	—	—	—	—	—	≤2	—	—	—	—	—	—	—	≤12	—	50

表 8-6　Coca 河砂砾石料场的储量计算

区域	面积 （×10⁴ m²）	剥离层厚度 （m）	剥离量 （×10⁴ m³）	平均有效开采 厚度（m）	有效储量 （×10⁴ m³）
A 区	30	0.2	6	3	90
B 区	80	0.5	40	2.5	200
总计	110		46		290

Coca 河砂砾石料场有效储量为 290×10^4 m³，主要供首部枢纽区和输水隧洞 2# 施工支洞区工程使用。施工期首部枢纽、2# 支洞及隧洞（首部—2# 支洞段）的混凝土骨料及回填料均来自该料场，满足工程需求，料场有公路相连，交通较便利。

8.1.2　调蓄水库砂砾石料场

历史桥料场位于调蓄水库进场公路桩号 K7+000 处，平均海拔约 960 m，为砂砾料料场。该料场植被较发育，组成复杂，岩性主要为安山岩、玄武岩、花岗岩、流纹岩、砂岩、灰岩和页岩等，相变较大，局部夹砂层透镜体。

8.1.2.1　砂砾料试验结果分析

砂料试验结果见表 8-7，砾石试验结果见表 8-8、表 8-9。

由表 8-7 可知：样品编号为 GL7-1~CCS-S-04，砂样的细度模数为 3.06~3.28，仅一组满足《混凝土骨料的标准规范》（ASTM C33/C33M—08）要求，其余均大于《混凝土骨料的标准规范》（ASTM C33/C33M—08）为 2.3~3.1 的技术指标要求。砂样的有机质含量的色值范围为 1~4，除 1 组大于《混凝土骨料的标准规范》（ASTM C33/C33M—08）小于或等于 3 的要求外，其余均满足要求。其他各项物理指标均满足《混凝土集料规范》（ASTM C33—08）的要求。

由表 8-8 可知，样品编号为 GL7-1~GL7-3，混合砾石料含泥量为 0.3%~0.5%，满足《混凝土骨料的标准规范》（ASTM C33/C33M—08）小于或等于 1.0% 的要求，但部分样品不满足合同附件 A≤0.5% 的要求。泥块含量为 0.7%~0.8%，均满足《混凝土骨料的标准规范》（ASTM C33/C33M—08）小于或等于 2% 的要求，但均不满足合同附件 A≤0.5% 的要求。样品编号为 GL7-1~GL7-3 的砾石混合料 100 转时洛杉矶磨耗试验质量损失率为 5%~7%，500 转时洛杉矶磨耗试验质量损失率为 16%~68%；除一组超出《混凝土骨料的标准规范》（ASTM C33/C33M—08）小于或等于 50% 的要求外，其余均满足要求。其他各项物理指标均满足《混凝土集料规范》（ASTM C33—08）的要求。

8.1.2.2　碱活性及其抑制试验

碱活性及其抑制试验研究详见 8.3 节。

表 8-7 调蓄水库料场天然砂物理及化学性能试验结果

样品编号	不同粒径(mm)累计筛余百分率(%)								筛底	细度模数	堆积密度(kg/m³)	紧密堆积密度(kg/m³)	孔隙量(%)	泥块含量(%)	含泥量(%)	干砂表观密度(kg/m³)	饱和面干砂表观密度(kg/m³)	坚固性(%)	轻物质含量(%)	有机质含量(色值)
	9.5	4.75	2.36	1.18	0.6	0.3	0.15	0.08												
G17-1	0.0	0.0	25.2	53.0	77.4	88.5	94.3	98.2	100.0	3.28	1 600	1 700	—	1.7	4.9	2 650	2 610	4	0.4	3
G17-2	0.0	0.0	28.9	50.8	70.6	82.4	90.7	95.1	100.0	3.23	1 670	1 850	—	1.7	9.7	2 640	2 570	4	0.4	2
G17-3	0.0	0.0	31.1	50.6	70.6	81.5	88.8	93.6	100.0	3.23	1 650	1 840	—	1.3	7.9	2 660	2 590	4	0.4	4
CCS-S-01	0.0	0.0	23.1	47.3	63.0	80.5	92.1	—	100.0	3.06	1 480	—	43	—	—	2 600	2 660	5	—	1
CCS-S-02	0.0	0.0	27.9	49.1	69.4	77.6	89.2	—	100.0	3.13	1 490	—	43	—	—	2 630	2 680	4	—	2
CCS-S-03	0.0	0.0	29.8	54.4	74.1	81.4	88.3	—	100.0	3.28	1 460	—	44	—	—	2 590	2 650	6	—	2
CCS-S-04	0.0	0.0	26.3	51.0	66.8	81.3	91.4	—	100.0	3.17	1 480	—	43	—	—	2 610	2 670	5	—	1
标准										2.3~3.1	—	—	—	≤3.0	≤3.0	—	—	≤15	≤1.0	≤3

注:标准为《混凝土骨料的标准规范》(ASTM C33/C33M—08)。

表8-8　调蓄水库料场天然砾石物理性能试验结果（一）

样品编号	粒径范围(mm)	含泥量(%)	针状含量(%)	针状总含量(%)	片状含量(%)	片状总含量(%)	针片状状含量(%)	针片状总含量(%)	泥块含量平均值(%)	表观密度(kg/m³)	饱和面干表观密度(kg/m³)	以干料为基准的吸水率(%)	堆积密度(kg/m³)	紧密密度(kg/m³)	孔隙率(%)	坚固性(%)	100转时洛杉矶磨耗试验质量损失率(%)	500转时洛杉矶磨耗试验质量损失率(%)
GL7-1	混合	0.4	—	17	—	20	—	8	0.8	2 580	2 540	1.8	1 510	1 900	43	2	—	—
	37.5以上	—	—	—	—	—	—	—	—	—	—	—	—	—	—	—	—	—
	25~37.5	—	—	—	—	—	—	—	—	—	—	—	—	—	—	—	7	24
	19~25	—	4	—	8	—	1	—	—	—	—	—	—	—	—	—	—	—
	12.5~19	—	6	—	3	—	2	—	—	—	—	—	—	—	—	—	12	68
	9.5~12.5	—	4	—	5	—	3	—	—	—	—	—	—	—	—	—	—	—
	4.75~9.5	—	3	—	4	—	2	—	—	—	—	—	—	—	—	—	—	—
GL7-2	混合	0.3	—	17	—	18	—	8	0.7	2 660	2 630	1.4	1 630	1 980	41	3	—	—
	37.5以上	—	—	—	—	—	—	—	—	—	—	—	—	—	—	—	—	—
	25~37.5	—	—	—	—	—	—	—	—	—	—	—	—	—	—	—	6	17
	19~25	—	4	—	7	—	2	—	—	—	—	—	—	—	—	—	—	—
	12.5~19	—	6	—	2	—	2	—	—	—	—	—	—	—	—	—	5	29
	9.5~12.5	—	4	—	4	—	2	—	—	—	—	—	—	—	—	—	—	—
	4.75~9.5	—	2	—	4	—	2	—	—	—	—	—	—	—	—	—	—	—
GL7-3	混合	0.5	—	17	—	20	—	8	0.8	2 630	2 580	1.7	1 540	1 840	43	2	—	—
	37.5以上	—	—	—	—	—	—	—	—	—	—	—	—	—	—	—	—	—
	25~37.5	—	—	—	—	—	—	—	—	—	—	—	—	—	—	—	5	16
	19~25	—	8	—	8	—	2	—	—	—	—	—	—	—	—	—	—	—
	12.5~19	—	6	—	4	—	2	—	—	—	—	—	—	—	—	—	8	41
	9.5~12.5	—	3	—	4	—	2	—	—	—	—	—	—	—	—	—	—	—
	4.75~9.5	—	3	—	4	—	2	—	—	—	—	—	—	—	—	—	—	—
标准		≤1.0	—	—	—	—	—	—	≤2	—	—	—	—	—	—	—	≤12	—	≤50

注：标准为《混凝土骨料的标准规范》（ASTM C33/C33M—08）。

表 8-9　调蓄水库料场天然砾石物理性能试验结果（二）

样品编号	粒径范围（mm）	表观密度（kg/m³）	饱和面干表观密度（kg/m³）	堆积密度（kg/m³）	吸水率（%）	孔隙率（%）	坚固性（%）	500 转时洛杉矶磨耗试验质量损失率（%）	1 000 转时洛杉矶磨耗试验质量损失率（%）
CCS-G-01	混合	—	—	—	—	—	6	33	
	37.5 以上	2 660	2 690	1 400	1.3	47			11
	25~37.5	2 620	2 660	1 450	1.6	45			25
	19~25								
	12.5~19	2 600	2 650	1 520	1.8	42			
	9.5~12.5								
	4.75~9.5								
CCS-G-02	混合	—	—	—	—	—	7	36	
	37.5 以上	2 640	2 680	1 390	1.4	47			13
	25~37.5	2 620	2 660	1 460	1.7	44			22
	19~25								
	12.5~19	2 590	2 640	1 500	2.0	42			
	9.5~12.5								
	4.75~9.5								

续表 8-9

样品编号	粒径范围 (mm)	表观密度 (kg/m³)	饱和面干表观密度 (kg/m³)	堆积密度 (kg/m³)	吸水率 (%)	孔隙率 (%)	坚固性 (%)	500 转时洛杉矶磨耗试验质量损失率 (%)	1 000 转时洛杉矶磨耗试验质量损失率 (%)
CCS-G-03	混合	—	—	—	—	—	8	35	—
	37.5 以上	2 630	2 670	1 380	1.5	48			11
	25~37.5	2 620	2 660	1 440	1.6	45			27
	19~25	2 590	2 640	1 510	1.9	42			
	12.5~19								
	9.5~12.5								
	4.75~9.5								
CCS-G-04	混合	—	—	—	—	—	6	38	—
	37.5 以上	2 660	2 690	1 410	1.2	47			16
	25~37.5	2 640	2 680	1 480	1.5	44			21
	19~25	2 620	2 660	1 560	1.7	40			
	12.5~19								
	9.5~12.5								
	4.75~9.5								
标准		—	—	—	—	—	≤12	—	≤50

8.1.2.3　储量计算

调蓄水库砂砾石料场多为裸露的砂卵砾石层,按平均厚度法计算,储量计算详见表 8-10。其中,无用层主要为上覆土层和孤漂石,料场面积为 $25×10^4$ m^2,剥离层平均厚度取 0.2 m,剥离量约为 $5×10^4$ m^3,平均有效开采厚度取 10 m,有效储量为 $250×10^4$ m^3,施工期调蓄水库区的混凝土骨料及回填料均来自该料场,满足工程需求。

表 8-10　调蓄水库砂砾石料场储量计算

岩性	面积 ($×10^4$ m^2)	剥离层厚度 (m)	剥离量 ($×10^4$ m^3)	平均有效开采厚度 (m)	有效储量 ($×10^4$ m^3)
砂砾石	25	0.2	5	10	250

8.1.3　厂房区砂砾石料场

8.1.3.1　料场概况

厂房区砂砾石料场主要用于厂房洞室混凝土人工骨料。料场位于厂房对面 Coca 河左岸河漫滩,距厂房约 800 m,沿河岸呈弧形展布,长约 500 m,地面高程为 604～606 m,有用层厚 2～5 m。砂卵砾石层组成较复杂,岩性主要为凝灰岩、角砾岩、砂岩、灰岩和页岩等,料场到厂房有施工道路相通,交通方便,运距很近,开采条件较好。

8.1.3.2　质量评价

分别对粗、细骨料进行了物理化学性能及碱活性试验,骨料评定参照《混凝土集料规范》(ASTM C33—08)进行。

1.粗、细骨料的物理及化学性能试验

对砂砾石进行了物理及化学性能试验,试验成果见表 8-11、表 8-12,骨料评定参照《混凝土集料规范》(ASTM C33—08)进行。

厂房区 4 组砂料样品,SL-CF3 的泥块含量超出规范要求,含泥量均超出规范要求。有机质含量检测中,4 组样品中有 2 组不满足规范要求的不深于标准色的要求,另外两组满足要求,说明该区砂样有机质含量不均匀。其余各项物理及化学指标均满足规范要求。4 组砾石样品,粒度模数为 7.81～8.10,各项物理指标均满足规范要求。针对含泥量局部超标问题,施工期采取了清洗处理措施得以解决。

2.碱活性及其抑制试验

碱活性及其抑制试验研究详见 8.3 节。

8.1.3.3　储量计算

厂房砂砾石料场多为裸露的砂卵砾石层,按平均厚度法计算,储量计算详见表 8-13。其中,无用层主要为上覆土层和孤漂石,料场面积为 $40×10^4$ m^2,剥离层平均厚度取 0.2 m,剥离量约为 $8×10^4$ m^3,平均有效开采厚度取 3 m,有效储量为 $120×10^4$ m^3。施工期厂房区的混凝土骨料及回填料均来自该料场,满足工程需求。

表 8-11 厂房区砂砾石料场天然砂物理及化学性能试验结果

样品编号	不同粒径(mm)累计筛余百分率(%)									细度模数	堆积密度(kg/m³)	紧密堆积密度(kg/m³)	含泥量(%)	泥块含量(%)	干砂表观密度(kg/m³)	饱和面干砂表观密度(kg/m³)	坚固性(%)	轻物质含量(%)	云母含量(%)	有机质含量(色值)
	9.5	4.75	2.36	1.18	0.6	0.3	0.15	0.08	筛底											
SL-CF1	0.0	0.0	19.5	39.3	67.4	83.5	92.6	97.0	100.0	3.02	1 530	1 790	3.0	1.3	2 730	2 680	6	0.2	0.3~0.6	3
SL-CF2	0.0	0.0	11.2	22.2	47.0	72.7	93.0	98.1	100.0	2.43	1 660	1 790	5.4	2.0	2 730	2 680	5	0.3	0.1~0.2	2
SL-CF3	0.0	0.0	12.7	27.4	56.7	79.7	92.4	97.5	100.0	2.69	1 530	1 690	8.8	7.0	2 740	2 620	6	0.2	0.5~1.0	5
SL-CF4	0.0	0.0	15.8	36.5	66.8	88.2	98.1	99.1	100.0	3.04	1 640	1 760	3.1	1.7	2 740	2 640	6	0.3	0.5~1.2	4
标准										2.3~3.1	—	—	≤3.0	≤3.0	—	—	≤10	≤1.0		≤3

注:标准为《混凝土骨料的标准规范》(ASTM C33/C33M—08)。

表 8-12 厂房区砂砾石料场天然砾石物理性能试验结果

样品编号	粒径范围 (mm)	含泥量 (%)	针状含量 (%)	针状总含量 (%)	片状含量 (%)	片状总含量 (%)	针片状含量 (%)	针片状总含量 (%)	泥块含量 (%)	泥块含量平均值 (%)	表观密度 (kg/m³)	饱和面干表观密度 (kg/m³)	以干料为基准的吸水率 (%)	堆积密度 (kg/m³)	紧密密度 (kg/m³)	孔隙率 (%)	坚固性 (%)	200转时洛杉矶磨耗试验耗质量损失率 (%)	1000转时洛杉矶磨耗耗试验质量损失率 (%)
SL-CF1	混合	0.4	—	—	—	—	—	—	—	—	2 730	2 660	1.7	1 640	1 790	40		4	22
	37.5 以上	—	—	—	—	—	—	—	0.7		—	—	—	—	—	—		—	—
	25~37.5	—	—	—	—	—	—	—	0.7		—	—	—	—	—	—		—	—
	19~25	—	0		1		0		—	0.8	—	—	—	—	—	—		—	—
	12.5~19	—	2	2	1	2	0	0	0.8		—	—	—	—	—	—	4	—	—
	9.5~12.5	—	0		0		0		0.8		—	—	—	—	—	—		—	—
	4.75~9.5	—	0		0		0		0.8		—	—	—	—	—	—		—	—
SL-CF2	混合	0.4	—	—	—	—	—	—	—	—	2 650	2 580	1.7	1 680	1 820	37		—	—
	37.5 以上	—	—	—	—	—	—	—	0.8		—	—	—	—	—	—		—	—
	25~37.5	—	—	—	—	—	—	—	0.8		—	—	—	—	—	—		—	—
	19~25	—	1		0		0		—	0.8	—	—	—	—	—	—		—	—
	12.5~19	—	2	4	2	3	0	0	1.3		—	—	—	—	—	—	5	—	—
	9.5~12.5	—	1		1		0		0.4		—	—	—	—	—	—		—	—
	4.75~9.5	—	0		0		0		0.4		—	—	—	—	—	—		—	—

注：标准为《混凝土骨料的标准规范》（ASTM C33/C33M—08）。

续表 8-12

样品编号	粒径范围(mm)	含泥量(%)	针状含量(%)	针状总含量(%)	片状含量(%)	片状总含量(%)	针片状含量(%)	针片状总含量(%)	泥块含量(%)	泥块含量平均值(%)	表观密度(kg/m³)	饱和面干表观密度(kg/m³)	以干料为基准的吸水率(%)	堆积密度(kg/m³)	紧密密度(kg/m³)	孔隙率(%)	坚固性(%)	200转洛杉矶磨耗试验质量损失率(%)	1000转洛杉矶磨耗试验质量损失率(%)
SL-CF3	混合	0.4	—	—	—	—	—	—	—	—	2660	2580	2.1	1590	1850	40		5	23
	37.5以上	—	—		—		—		0.5										
	25~37.5	—	2		1		0		0.7										
	19~25	—	1	5	0	2	0	0	1.0	0.8							4		
	12.5~19	—	2		1		0		0.9										
	9.5~12.5	—	0		0		0												
	4.75~9.5	—	0		0		0												
SL-CF4	混合	0.4	—	—	—	—	—	—	—	—	2690	2610	1.8	1610	1760	40		—	—
	37.5以上	—	0		1		0		0.6										
	25~37.5	—	1		1		0		0.6										
	19~25	—	2	5	4	7	0	0	0.6	0.6							3		
	12.5~19	—	1		1		0		0.6										
	9.5~12.5	—	1		0		0												
	4.75~9.5	—	0		0		0												
标准		≤1.0	—	—	—	—	—	—	≤2.0	—	—	—	—	—	—	—	≤12	—	50

表 8-13 厂房砂砾石料场储量计算

岩性	面积 （×10⁴ m²）	剥离层厚度 （m）	剥离量 （×10⁴ m³）	平均有效开采厚度 （m）	有效储量 （×10⁴ m³）
砂砾石	40	0.2	8	3	120

8.2 块石料

8.2.1 首部枢纽开挖料

首部枢纽面板堆石坝的块石料料源为首部枢纽沉砂池和面板坝等建筑物的开挖料，工程区基岩露头沿 Coca 河两岸出露，植被较发育，表层的覆盖层较厚，为第四系冲洪积砂砾石层、淤泥及湖积层等，有的厚度达 100 余 m。基岩岩性为花岗闪长岩侵入岩体，灰白色—浅灰色，表层风化严重，致密坚硬，厚度不稳定。侵入体多呈金字塔状，被冲积物和湖积物覆盖。首部枢纽面板堆石坝及沉沙池等建筑物在施工时开挖出约 194×10⁴ m³的花岗闪长岩石料。

对开挖料进行原岩试验成果（见表 8-14）表明，岩块的块体密度、单轴抗压强度、硫酸盐及硫化物含量等主要质量技术指标均满足要求。施工期开挖料主要用于挡水坝填筑块石料，储量满足要求。

表 8-14 首部枢纽开挖料原岩试验成果

岩石名称	块体密度(g/cm³)			水率 （%）	磨损 （%）	硫酸盐及硫化物 含量（%）	单轴抗压 强度(MPa)
	自然	干	饱和				
花岗闪长岩	2.80	2.79~2.80	2.81	0.7~1.0	14~17	0.001	120~201

8.2.2 Mirador 块石料场

8.2.2.1 料场概况

Mirador 块石料场位于调蓄水库西北约 4 km，沿调蓄水库施工道路 18+000 有侵入岩露头称为 Mirador，地形起伏不平，长约 1 000 m，宽 450~600 m，地面高程 1 600~1 700 m，为灰绿色的花岗闪长岩，细晶结构，由长石、石英、角闪石、黑云母、辉石组成。该料场距调蓄水库距离较近，交通便利，开采条件相对较好。

8.2.2.2 质量评价

进行了密度、吸水率、磨损、硫酸盐及硫化物含量测试，以及单轴抗压强度测试、碱活性测试，试验结果见表 8-15。洛杉矶磨损试验按照 ASTM C—535 标准，结果为 24.2%~24.4%，表明这些材料可用于工程建设；硫酸盐及硫化物含量测试，按照 ASTM C—88 标准,结果为 0.2%~0.3%,确认样品的质量好;碱活性按照 ASTM C—289 标准进行了测试,表明该材料不与水泥碱反应。测试结果显示岩石材料性质良好,可用来作为堆石坝材料。施工期石料用于 CFRD 填筑块石料。

8.2.2.3 储量计算

该料场无用层为表层覆盖层及全强风化岩石,一般厚 2~15 m,部分大于 15 m,料场区域面积约 25 hm²,开采时可选择无用层相对较薄区域,面积约 15 hm²,有用层按开采厚度 12 m 考虑,采用平均厚度法计算,有用层储量约 180×10⁴ m³(见表 8-16),施工期储量满足调蓄水库 CFRD 的用量要求。

表 8-15 Mirador 料场块石料试验成果

岩石名称	块体密度(g/cm³)			吸水率(%)	磨损(%)	硫酸盐及硫化物含量(%)	单轴抗压强度(MPa)
	自然	干	饱和				
花岗闪长岩	2.45	2.40~2.49	2.50~2.55	3.9~4.1	24.2~24.4	0.2~0.3	61~81

表 8-16 Mirador 块石料场储量计算

面积(×10⁴ m²)	剥离层厚度(m)	剥离量(×10⁴ m³)	平均有效开采厚度(m)	有效储量(×10⁴ m³)
15	8	120	12	180

8.3 碱活性及其抑制试验研究

8.3.1 概述

自 1940 年美国学者 T. E. Stanton 首次发现碱—骨料反应(alkali reactivity of aggregates,AAR)以来,在加拿大、法国、南非、英国等国家和地区先后都发生了碱—骨料反应引起的混凝土裂缝和破坏,因此碱—骨料反应又被称为混凝土的"癌症"。碱—骨料反应是指混凝土孔溶液中由水泥、含碱外加剂和环境等释放的 Na^+、K^+,OH^- 与骨料中的有害矿物发生具有膨胀性的化学反应,导致混凝土膨胀和开裂。由于碱—骨料反应速度慢、潜伏期长、隐蔽性强,混凝土有时需要几十年时间才会出现裂缝,特别是对于一些慢膨胀型的活性骨料,时间将会更长。碱—骨料反应可降低混凝土结构物的强度和安全性;而且碱—骨料反应一旦发生,将难以控制和补救,严重影响结构物的耐久性。水利水电工程较长的使用寿命要求和水工混凝土所处的潮湿环境为碱—骨料反应提供了充分的时间和环境条件,这表明在碱—骨料反应方面,水工混凝土比普通混凝土具有更大的危险性。由于受到环境、工程造价等因素的影响,某些水利工程不得不使用活性骨料作为工程用骨料,由于活性骨料经搅拌后大体上呈均匀分布,所以一旦发生碱—骨料反应,混凝土内各部分均产生膨胀应力,将混凝土自身胀裂,发展严重的只能拆除,无法补救,给工程带来了巨大的风险。已有不少国家出现碱—骨料反应破坏的工程实例,例如巴西的 Moxot'o 坝、法国的 Chambon 坝等,因采用黑云母花岗岩、片麻岩等作为混凝土骨料而出现了明显的碱—骨料反应,使混凝土产生膨胀开裂,不得不投入大量资金对大坝进行修补加固。防止混凝土碱—骨料反应是当今混凝土工程所面临的重要课题之一,其防治措施的研究已引起世界上许多国家的高度重视。大量的试验研究表明,在混凝土中加入掺和料的方法能对骨料的碱活性起到抑制作用,同时对节约资源、保护环境也有重要意义。

不同的活性骨料,其破坏机制也不同,一般按与碱反应的岩石类型,可将碱—骨料反应划分为三种类型,即碱—硅酸反应、碱—碳酸盐反应、碱—硅酸盐反应。

8.3.1.1　碱—硅酸反应(alkali-silica reaction)

碱—硅酸反应是水泥中的碱与骨料中的活性氧化硅成分反应,产生碱硅酸盐凝胶(或称碱硅凝胶):

$$2NaOH+SiO_2+nH_2O \longrightarrow Na_2O \cdot SiO_2 \cdot NH_2O$$

碱硅酸类呈白色凝胶固体,其体积大于反应前的体积,而且有强烈的吸水性,吸水后膨胀引起混凝土内部膨胀应力,而且碱硅凝胶吸水后进一步促进碱—骨料反应的发展,使混凝土内部膨胀应力增大,导致混凝土开裂,发展严重的会使混凝土结构崩溃。

能与碱发生反应的活性氧化硅矿物有蛋白石、玉髓、玛瑙、鳞石英、方英石、火山玻璃及结晶有缺陷的石英以及微晶、隐晶石英等,而这些活性矿物广泛存在于多种岩石中,因而迄今为止世界各国发生的碱—骨科反应事例中,绝大多数为碱—硅酸反应。

8.3.1.2　碱—碳酸盐反应(alkali-carbonate reaction)

一般的碳酸岩、石灰石和白云石是非活性的,只有泥质石灰质白云石才发生碱—碳酸盐反应。

碱—碳酸盐反应主要是脱(去)白云石反应,即某些特定的微晶白云石和氢氧化钠(NaOH)、氢氧化钾(KOH)等碱类反应生成氢氧化镁[Mg(OH)$_2$,即水镁石]和碳酸盐等;这些生成物和水泥水化产物氢氧化钙[Ca(OH)$_2$]又起反应,重新生成碱,使脱白云石反应继续下去,直到白云石被完全作用完,或碱的浓度被继续发生的反应降至足够低。其反应式可归纳为:

$$CaMg(CO_3)_2+2NaOH \longrightarrow Mg(OH)_2+CaCO_3+Na_2CO_3$$

$$Na_2CO_3+ Ca(OH)_2 \longrightarrow 2NaOH+ CaCO_3$$

反应产物不能通过黏土向外扩散,而使骨料膨胀,引起混凝土内部应力,导致混凝土开裂。其特点是反应较快,而且反应物少见凝胶产物,多呈龟裂或开裂。

8.3.1.3　碱—硅酸盐反应(alkali-silicate reaction)

碱—硅酸盐反应是指混凝土中的碱与骨料中某些层状结构的硅酸盐发生反应,使层状硅酸盐层间间距增大,骨料发生膨胀,致使混凝土膨胀开裂。

碱—骨料反应发生所需要具备的三个条件为:①混凝土中要有一定数量的碱;②有一定数量的碱活性骨料;③要有可供碱—骨料反应产物吸收而导致体积膨胀的水分。

掺入矿物掺和料可明显改善混凝土内部空隙结构,有效抑制碱—骨料反应的发生已成共识。但矿物掺和料的掺量大小应综合考虑水泥、骨料和外加剂等因素,通过试验确定它们的最佳掺量。掺量过大,会对混凝土早期强度增长不利,使施工人员难以接受;掺量过小,则会增加碱—骨料反应的破坏作用。

本工程前期骨料碱活性试验结果表明,本工程拟采用骨料为具有潜在危害性反应的活性骨料。因此,在考虑使用低碱水泥的同时,还应考虑掺入适量的掺和料以降低碱—骨料反应引起的混凝土膨胀。当地可用作掺和料的火山灰资源较为丰富,考虑到经济问题以及为工程提供便利,因此选用火山灰作为掺和料之一。由于本工程部分混凝土强度较高,需要掺入既能抑制碱—骨料反应,又能对混凝土强度起到增强作用的掺和料,因此选用硅粉也作为抑制碱—骨料反应的掺和料。

本次试验研究主要有以下几个方面的创新点:

(1)分析比较 ASTM 规程和国内试验规程的差异,采用 ASTM 规程对骨料碱活性及抑制进行试验研究。

(2)由于该工程拟采用骨料岩性及成分的多样性,并采用多种方法检验骨料的碱活性,对碱—骨料反应机制进行了系统分析。

(3)选用火山灰、火山灰+硅粉作为抑制碱—骨料反应的掺和料进行抑制试验研究。

(4)采用以美国标准生产的水泥、火山灰作为掺和料配制混凝土,进行试验研究。

本次试验研究采用火山灰和火山灰+硅粉作为抑制掺和料,成功对碱—骨料反应进行了抑制,并经过混凝土配合比设计试验研究及实际工程应用,混凝土力学性能完全满足设计要求,碱—骨料反应的成功抑制,具有重大的社会经济效应和推广价值。首先使得厄瓜多尔 CCS 水电站项目在施工过程中能够就近采用当地材料作为混凝土骨料,缩短施工工期约 1 年,节约了工程投资;其次厄瓜多尔目前对骨料碱活性抑制试验研究还是空白,本次试验研究对碱活性的成功抑制,为该国以后的工程料场勘察提供了有益的借鉴;再次本次试验研究也是黄河勘测规划设计研究院有限公司首次采用 ASTM 试验规程,为以后公司采用 ASTM 试验规程进行料场勘察试验提供了成功的经验,首次采用火山灰、火山灰+硅粉作为抑制材料对碱—骨料反应进行抑制,为国内承接国际工程过程中的料场勘察和工程施工提供了宝贵的经验和借鉴。

8.3.2　碱活性及抑制试验方案

8.3.2.1　试验方案

本次所有试验项目按照美国 ASTM 规范执行:

岩相法检验骨料碱活性方法按照《混凝土用骨料的岩相检查标准指南》(ASTM C295—08)进行。

化学法检验骨料碱活性方法参照《集料的潜在碱—硅石反应性的测定用标准试验方法(化学法)》(ASTM C289—07)进行。

骨料的碱活性抑制试验参照《水泥骨料混合物潜在碱—硅石反应性的标准试验方法》(ASTM C1567—08)进行。

碱活性的判定规范参照《混凝土集料规范》(ASTM C33—08)附件 XI.3.4 进行判定;碱活性抑制试验的判定规范参照《混凝土集料规范》(ASTM C33—08)附件 XI.3.8 进行判定。

考虑到用于混凝土的骨料为具有潜在危害性反应的活性骨料,需要进行抑制试验研究。抑制材料采用掺和料,本次试验研究选用火山灰作为单掺所用的掺和料,选用火山灰和硅粉为双掺所用的掺和料。依据《混合水硬性水泥标准规范》(ASTM C595—10)限定的火山灰最大掺量,应不超过 40%。骨料碱活性研究及抑制方案见表 8-17。

表 8-17　骨料碱活性研究及抑制方案

料场名称	料源岩性	岩相法检验C295	碱活性检验（化学法）C289	火山灰掺量（%）				火山灰+硅粉掺量（%）	
				IP水泥	HE水泥	IP改良水泥	IC150I型水泥	HE水泥	IC150I型水泥
调蓄水库砂砾料料场	砂	2组	2组	—	0	—	0	—	—
					15		20		
					25		30		
	砾石	2组	2组	—	0	—	0	—	—
					15		20		
					25		30		
Coca 河A 区	砂	—	—	0	—	—	—	—	—
	砾石	—	—	0	—	—	—	—	—
Coca 河B 区	砂	—	3组	0	0	15	10	10+6	10+6
				10	10	25	20	10+8	10+8
				15	15	35	30	10+10	10+10
	砾石	—	3组	0	0	15	10	10+6	10+6
				10	10	25	20	10+8	10+8
				15	15	35	30	10+10	10+10
厂房区	砂	—	—	0	—	—	—	—	—
	砾石	—	—	0	—	—	—	—	—
首部枢纽开挖料	花岗闪长岩	—	2组	0			10		
				10			20		
				15			30		

8.3.2.2　原材料选择

1.骨料

此次碱活性试验研究采用的骨料分为天然料和开挖料两种,天然料选用 Coca 河 A区、Coca 河 B 区、厂房区及调蓄水库砂砾料料场的骨料;开挖料选用首部枢纽开挖料和厂房区开挖料。

Coca 河 A 区、Coca 河 B 区、厂房区及调蓄水库砂砾料料场所取的样品为天然骨料,有用层为砂卵砾石,组成复杂,岩性主要为安山岩、玄武岩、花岗岩、流纹岩、砂岩、灰岩和页岩等,相变较大,局部夹砂层透镜体。以上大多属火山岩,属于硅酸盐岩。开挖料采自首部枢纽及发电厂房。其中,首部枢纽工程区基岩露头沿 Coca 河两岸出露,植被较发育,表层的覆盖层较厚,为第四系的冲洪积砂砾石层、淤泥及湖积层等,有的厚度达到 70 m。基岩岩性为花岗闪长岩。发电厂房地区主要为 Misahualli 地层,由火山角砾岩、火山凝灰岩、流纹岩、安山岩和英安岩组成。GCM1、GCM2 探洞及钻孔资料显示,厂房区洞室主要为火山角砾岩和凝灰岩。表层为第四系的残坡物和冲洪积物,厚度为 5~10 m。以上大多属火山岩,属于硅酸盐岩。本次试验研究选用岩相法、化学法作为碱活性研究,选用快速法进行碱活性抑制研究。

2.水泥

本次研究用水泥有 4 种,分别为 cemento HOLCIM ROCAFUERTE Latacunga 生产的 IP 类型水泥、HOLCIM 生产的 HE 水泥和 IC150I 型水泥、LAFARGE 生产的 IP 改良型水泥。IP 类型水泥的化学及物理性能指标见表 8-18、表 8-19;HE 水泥的化学及物理性能见表 8-20、表 8-21;IC150I 型水泥的化学及物理性能见表 8-22、表 8-23。

表 8-18　IP 类型水泥的化学性能

水泥类型	烧失量(%)	MgO(%)	SO₃(%)	碱含量(%)
IP	2.6	1	2.5	0.593

表 8-19　IP 类型水泥的物理性能

水泥类型	砂浆含气量(%)	45 μm 筛余(%)	初凝时间(min)	终凝时间(min)	抗压强度(MPa)			
					1 d	3 d	7 d	28 d
IP	5.9	5.0	220	330	9.3	16.2	21.9	32.1

表 8-20　HE 水泥的化学性能

水泥类型	烧失量(%)	MgO(%)	SO₃(%)	碱含量(%)	可溶性含量(%)
HE	2.5	1.1	3.2	0.85	<0.3

表 8-21　HE 水泥的物理性能

水泥类型	砂浆棒 14 d 膨胀率(%)	45 μm 筛余(%)	抗压强度(MPa)	
			1 d	3 d
HE	0.020	5.7	9.3	16.2

表 8-22　IC150I 型水泥的化学性能

水泥类型	烧失量(%)	MgO(%)	SO₃(%)	碱含量(%)
IC150I 型	1	1.1	3.1	0.57

表 8-23　IC150I 型水泥的物理性能

水泥类型	砂浆棒 14 d 膨胀率（%）	45 μm 筛余（%）	抗压强度（MPa）		
			1 d	3 d	7 d
IC150I 型	0.020	6.0	15.6	28.0	36.0

3.掺和料

本工程前期骨料碱活性试验结果表明,本工程拟采用骨料为具有潜在危害性反应的活性骨料。因此,在考虑使用低碱水泥的同时,还应考虑掺入适量的掺和料以降低碱—骨料反应引起的混凝土膨胀。抑制碱—骨料反应的方法有:①替换水泥:采用硫酸铝水泥;②掺入外加剂:高效减水剂、引气剂;③掺入磨细材料:粉煤灰、矿渣、硅粉、锂渣粉、偏高岭土、硅藻土、沸石粉、磷矿粉。根据当地可用作掺和料的火山灰资源较为丰富,考虑到经济问题以及为工程提供便利,则选用火山灰作为掺和料。此次研究分别选用火山灰作为单掺料,火山灰和硅粉为双掺料。硅粉的物化性能指标见表 8-24。

表 8-24　硅粉的物化性能指标

品种类型	SiO_2	K_2O	NaO	Fe_2O_3	pH 值	750 ℃的烧失量	H_2O	大于 45 μm 的粗颗粒	密度（kg/m³）	比表面积（m²/g）
硅粉	0.020	6.0	15.6	28.0	36.0	2.1	0.3	2.2	672.0	19.3

8.3.2.3　试验试件的成型及养护

1.试件的成型

首先将试验所需的骨料按照规定的级配比例进行组合,在干燥的搅拌机中依次加入水和水泥,以（140±5）r/min 的速度搅拌 30 s,加入骨料后,再次以低速搅拌 30 s 后停止搅拌机,更改为中速（285±10）r/min 搅拌 30 s。随后停止搅拌机,使砂浆在搅拌锅内静止 90 s,期间在开始的 15 s 内将周围的砂浆刮进锅内,关闭搅拌机外壳或盖上盖子。最后以（285±10）r/min 的速度搅拌 60 s。完成拌和后,试件的成型不应超过 2 min 15 s,分相等的两层填满砂浆,每层都要捣实,角落、测钉周围和试模表面要充分捣实,直到一个试件完成。顶层填好后,刮去试模顶部多余的砂浆并用镘刀将表面整平。

2.试件的养护及测量

每个试模成型后立即将试模放置在养护箱或养护间内,（24±2）h 后拆模,测量拆模长度,精确到 0.002 mm。测量完毕后,将试件放置在充满水的容器中,将容器置于（80.0±2.0）℃的烘箱或者水浴中（24±2）h 后取出,测量试件的初始长度。整个过程应在（15±5）s 内完成。直到所有的砂浆棒测试完毕后,将砂浆棒放置在浓度为 1 mol/L、温度为（80.0±2.0）℃的 NaOH 溶液中,并将容器放回烘箱或水浴中。随后砂浆棒应当在 14 d 的周期内定期测量,至少测量 3 次。

3.试验条件

成型房间的温度及样品放置区的温度维持在 20～27.5 ℃。拌和用水的温度维持在 21～22 ℃,湿度养护设备保持在 21～23 ℃。成型房间的相对湿度保持在 50% 以上,由于实验室条件限制,试件无湿度养护设备。放置样品的烘箱温度应当保持在(80.0±2.0)℃。

8.3.3　碱活性及抑制试验结果分析

此次进行的骨料碱活性试验研究采用岩相法及化学法,碱活性抑制试验采用砂浆棒快速法。

8.3.3.1　Coca 河 A 区砂砾料料场碱活性研究

1.A 区砂砾料料场砂样碱活性抑制试验研究

砂样碱活性成果见表8-25,试件膨胀曲线见图8-2。

表 8-25　SL-A-1 砂样碱活性成果

样品编号	3 d 膨胀率(%)	7 d 膨胀率(%)	10 d 膨胀率(%)	14 d 膨胀率(%)	判定
SL-A-1	0.01	0.02	0.03	0.04	可抑制活性

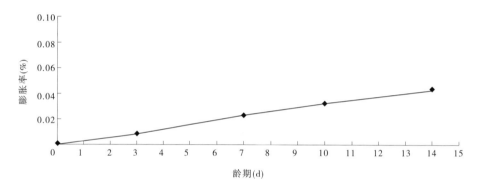

图 8-2　SL-A-1 试件膨胀曲线

砂样碱活性抑制试验研究成果表明,在砂样试件中,砂浆棒试件的 14 d 膨胀率为 0.04%,满足规范 14 d 膨胀率小于 0.1% 的要求。

2.A 区砂砾料料场砾石碱活性抑制试验研究

砾石碱活性成果见表8-26,试件膨胀曲线见图8-3。

表 8-26　SL-A-2 砾石碱活性成果

样品编号	3 d 膨胀率(%)	7 d 膨胀率(%)	10 d 膨胀率(%)	14 d 膨胀率(%)	判定
SL-A-2	0.01	0.02	0.04	0.05	可抑制活性

砾石碱活性抑制试验研究成果表明,在砂样试件中,砂浆棒试件的 14 d 膨胀率为 0.05%,满足规范 14 d 膨胀率小于 0.1% 的要求。

3.小结

采用 cemento HOLCIM ROCAFUERTE Latacunga 生产的 IP 类型水泥对 A 区骨料进行抑制研究,砂浆棒试件的 14 d 膨胀率小于 0.1%,研究结果表明,仅用 IP 类型水泥就可以对骨料的碱活性起到较好的抑制效果。

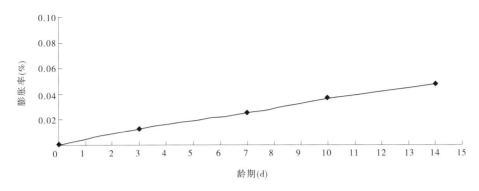

图 8-3　SL-A-2 试件膨胀曲线

8.3.3.2　Coca 河 B 区砂砾料料场碱活性研究

1.B 区砂砾料料场砂样碱活性研究

1）化学法检验骨料碱活性

砂样化学法成果见表 8-27。除 SL-B5-1 砂样具有潜在危害性反应外,其他 2 组样品均无有害反应存在。

表 8-27　砂样化学法成果

样品编号	Rc 含量 （mmol/L）	二氧化硅含量 （mmol/L）	结果
SL-B3-1	340	2 901	非活性骨料
SL-B5-1	352	715	具有潜在危害性反应的活性骨料
SL-B7-1	134	1 299	非活性骨料

2）砂浆棒快速法抑制骨料碱活性（IP 类型水泥）

采用 cemento HOLCIM ROCAFUERTE Latacunga 生产的 IP 类型水泥为成型水泥,砂样碱活性成果见表 8-28~表 8-30,试件膨胀曲线见图 8-4~图 8-6。

表 8-28　SL-B3-1 砂样碱活性成果

样品编号	3 d 膨胀率 （%）	6 d 膨胀率 （%）	7 d 膨胀率 （%）	12 d 膨胀率 （%）	14 d 膨胀率 （%）	判定
SL-B3-1-A	0.01	0.02	0.02	0.05	0.06	
SL-B3-1-B	0.01	0.02	0.02	0.05	0.06	可抑制活性
SL-B3-1-C	0.01	0.02	0.02	0.03	0.04	

表 8-29　SL-B5-1 砂样碱活性成果

样品编号	4 d 膨胀率 （%）	8 d 膨胀率 （%）	11 d 膨胀率 （%）	14 d 膨胀率 （%）	判定
SL-B5-1-A	0.01	0.03	0.05	0.06	
SL-B5-1-B	0.01	0.03	0.04	0.06	可抑制活性
SL-B5-1-C	0.01	0.02	0.04	0.05	

表 8-30　SL-B7-1 砂样碱活性成果

样品编号	5 d 膨胀率（%）	9 d 膨胀率（%）	11 d 膨胀率（%）	14 d 膨胀率（%）	判定
SL-B7-1-A	0.02	0.04	0.05	0.05	
SL-B7-1-B	0.01	0.03	0.04	0.04	可抑制活性
SL-B7-1-C	0.01	0.02	0.03	0.04	

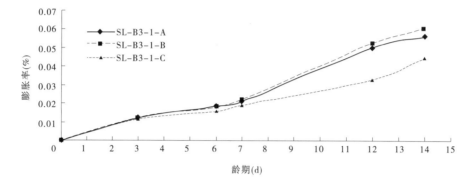

图 8-4　SL-B3-1 试件膨胀曲线

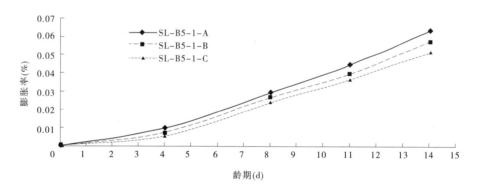

图 8-5　SL-B5-1 碱活性膨胀曲线

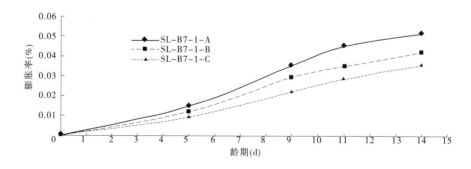

图 8-6　SL-B7-1 碱活性膨胀曲线

砂样碱活性及其抑制试验研究成果表明,在三组砂样试件中,不掺加火山灰的砂浆棒试件的 14 d 膨胀率在 0.05%~0.06%,在掺入 10%火山灰后三组砂浆棒试件的 14 d 膨胀率在 0.04%~0.06%。掺入 15%的火山灰后,三组砂浆棒试件的 14 d 膨胀率在 0.04%~0.05%。均满足 14 d 膨胀率小于 0.1%的要求。

3)砂浆棒快速法抑制骨料碱活性(HE 水泥)

砂样碱活性成果见表 8-31,试件膨胀曲线见图 8-7。

表 8-31　SL-B-1 砂样碱活性成果

样品编号	3 d 膨胀率 (%)	7 d 膨胀率 (%)	10 d 膨胀率 (%)	14 d 膨胀率 (%)	判定
B1-P-HE-A	0.02	0.03	0.04	0.07	可抑制活性
B1-P-HE-B	0.01	0.03	0.04	0.06	
B1-P-HE-C	0.01	0.02	0.03	0.05	

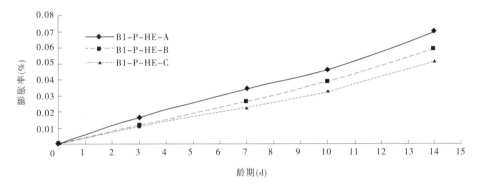

图 8-7　SL-B-1 碱活性膨胀曲线

采用 HOLCIM 生产的 HE 水泥为成型水泥,砂样碱活性及其抑制试验研究成果表明,在三组砂样试件中,不掺加火山灰的砂浆棒试件 14 d 膨胀率为 0.07%;在掺入 10%的火山灰后,砂浆棒试件的 14 d 膨胀率为 0.06%;掺入 15%的火山灰后,砂浆棒试件的 14 d 膨胀率为 0.05%。均满足规范 14 d 膨胀率小于 0.1%的要求。

化学法检验小结:三组样品中,仅 SL-B5-1 具有潜在碱—骨料反应活性。

砂浆棒快速法小结:采用 cemento HOLCIM ROCAFUERTE Latacunga 生产的 IP 类型水泥对 B 区砂料进行抑制研究,火山灰在 0、10%、15%掺量情况下,砂浆棒试件的 14 d 膨胀率均小于 0.1%,仅用火山灰水泥就可以对骨料的碱活性起到较好的抑制效果。采用 HOLCIM 的 HE 水泥为成型水泥,火山灰在 0、10%、15%掺量情况下,砂浆棒试件的 14 d 膨胀率均小于 0.1%。研究结果表明,仅用 HE 水泥可以对骨料的碱活性起到较好的抑制效果。

4)采用 HOLCIM 生产的 HE 水泥抑制细骨料碱活性

此次对 B 区料场细骨料进行抑制碱活性试验选用 HOLCIM 生产的 HE 水泥,根据抑制方案,选用的掺和料为火山灰+硅粉。砂样碱活性抑制试验成果见表 8-32,砂样试件膨胀曲线见图 8-8。

表 8-32　砂样碱活性抑制试验成果

样品编号	掺和料(HE 水泥)		膨胀率(%)				判定
	火山灰(%)	硅粉(%)	3 d	7 d	10 d	14 d	
B1-PS-HE-A	10	6	0.02	0.03	0.04	0.06	可抑制活性
B1-PS-HE-B	10	8	0.01	0.02	0.03	0.06	
B1-PS-HE-C	10	10	0.01	0.02	0.02	0.03	

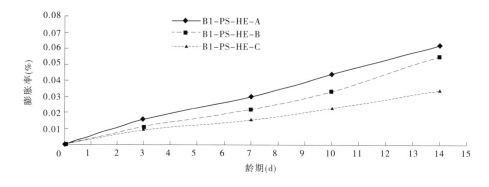

图 8-8　砂样试件膨胀曲线

砂样碱活性抑制试验成果表明,在火山灰掺量为 10%、硅粉掺量为 6%时砂浆棒试件的 14 d 膨胀率为 0.06%;在火山灰掺量为 10%、硅粉掺量为 8%时砂浆棒试件的 14 d 膨胀率为 0.06%;在火山灰掺量为 10%、硅粉掺量为 10%时砂浆棒试件的 14 d 膨胀率为 0.03%,均满足规范 14 d 膨胀率小于 0.1%的要求。

5)采用 LAFARGE 生产的 IP 改良水泥抑制细骨料碱活性

此次对 B 区料场细骨料进行抑制碱活性试验选用 LAFARGE 生产的 IP 改良水泥,水泥中不含火山灰,根据碱活性抑制方案,选用的掺和料为火山灰。砂样碱活性抑制试验成果见表 8-33,砂样试件膨胀曲线见图 8-9。

表 8-33　砂样碱活性抑制试验成果

样品编号	掺和料(IP改良水泥)	膨胀率				判定
	火山灰(%)	3 d	7 d	10 d	14 d	
B1-P-IP-A	15	0.03	0.05	0.08	0.12	不可抑制活性
B1-P-IP-B	25	0.02	0.04	0.06	0.09	可抑制活性
B1-P-IP-C	35	0.01	0.01	0.01	0.02	

砂样碱活性抑制试验研究成果表明,在火山灰掺量为 15%时,砂浆棒试件的 14 d 膨胀率为 0.12%,不满足 14 d 膨胀率小于 0.1%的要求。在火山灰掺量为 25%时,砂浆棒试件的 14 d 膨胀率为 0.09%;在火山灰掺量为 35%时砂浆棒试件的 14 d 膨胀率为0.02%,

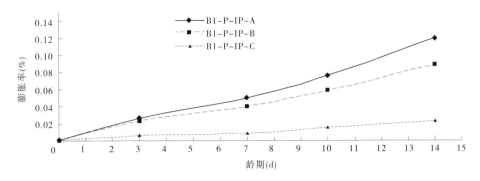

图 8-9 砂样试件膨胀曲线

均满足规范 14 d 膨胀率小于 0.1% 的要求。

6）采用 HOLCIM 生产的 IC150I 型水泥抑制细骨料碱活性

此次对 B 区料场细骨料进行抑制碱活性试验选用 HOLCIM 生产的 IC150I 型水泥,水泥中不含火山灰,根据碱活性抑制方案,选用的掺和料为火山灰。火山灰掺量分别为 10%、20%、30%。掺和料的掺量为 10% 的试件编号为 B1-P-C150-A,掺量为 20% 的试件编号为 B1-P-C150-B,掺量为 30% 的试件编号为 B1-P-C150-C。砂样碱活性抑制试验成果见表 8-34,砂样试件膨胀曲线见图 8-10。

表 8-34 砂样碱活性抑制试验成果

样品编号	掺和料（IC150I 水泥）	膨胀率				判定
	火山灰(%)	3 d	7 d	10 d	14 d	
B1-P-C150-A	10	0.07	0.21	0.38	0.52	不可抑制活性
B1-P-C150-B	20	0.03	0.1	0.2	0.29	
B1-P-C150-C	30	0.02	0.03	0.06	0.11	

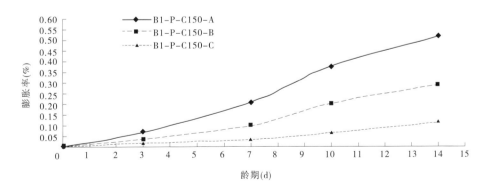

图 8-10 砂样试件膨胀曲线

砂样碱活性抑制试验研究成果表明,在火山灰掺量为 10% 时,砂浆棒试件的 14 d 膨胀率为 0.52%;在火山灰掺量为 20% 时,砂浆棒试件的 14 d 膨胀率为 0.29%;在火山灰掺量为30%时,砂浆棒试件的14 d膨胀率为0.11%。均不满足规范14 d膨胀率小于0.1%的要求。

7)采用HOLCIM生产的IC150I型水泥抑制细骨料碱活性

此次对B区料场细骨料进行抑制碱活性试验选用HOLCIM生产的IC150I型水泥,水泥中不含火山灰,根据碱活性抑制方案,选用的掺和料为火山灰及硅粉。砂样碱活性抑制试验成果见表8-35,砂样试件膨胀曲线见图8-11。

表8-35　砂样碱活性抑制试验成果

样品编号	掺和料(C150I水泥)		膨胀率				判定
	火山灰(%)	硅粉(%)	3 d	7 d	10 d	14 d	
B1-PS-C150-A	10	6	0.02	0.08	0.16	0.24	不可抑制活性
B1-PS-C150-B	10	8	0.02	0.07	0.13	0.19	
B1-PS-C150-C	10	10	0	0.02	0.07	0.11	

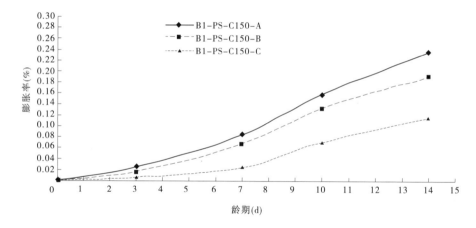

图8-11　砂样试件膨胀曲线

砂样碱活性抑制试验研究成果表明:在火山灰掺量为10%,掺加6%的硅粉时,砂浆棒试件的14 d膨胀率为0.24%;在火山灰掺量为10%,掺加8%的硅粉时,砂浆棒试件的14 d膨胀率为0.19%;在火山灰掺量为10%,掺加10%的硅粉时,砂浆棒试件的14 d膨胀率在0.11%。均不满足规范14 d膨胀率小于0.1%的要求。

8)小结

采用HOLCIM生产的HE水泥,在掺入10%的火山灰不变的情况下,再掺加6%、8%、10%的硅粉对B区砂砾石料场砂样进行研究,其砂浆棒试件14 d膨胀率均小于0.1%。研究结果表明,同时选用火山灰及硅粉两种掺和料可以对骨料的碱活性起到较好的抑制效果。采用LAFARGE生产的IP改良水泥,当火山灰的掺量为15%时,砂浆棒试件14 d膨胀率大于0.1%,不满足规范小于0.1%的要求,表明此掺量不满足抑制骨料碱活性的要求。研究结果表明,分别掺入25%、35%的火山灰均可对骨料的碱活性起到较好的抑制效果。采用HOLCIM生产的IC150I型水泥,用火山灰作为掺和料的砂浆棒试件14 d膨胀率均大于 0.1%,表明在试件中掺入 15%~35%的火山灰均不能对骨料的碱活性起到抑制效果。采用 HOLCIM 生产的 IC150I 型水泥,用火山灰及硅粉作为掺和料的砂浆棒试件 14 d 膨胀率均大于 0.1%,在试件中掺入掺量为 10%+6%、10%+8%、10%+10%的火山灰+硅粉均不能对骨料的碱活性起到抑制效果。B 区砂砾料料场砂样碱活性抑制试验研究结果汇总见表 8-36。

表 8-36　B 区砂砾料料场砂样碱活性抑制试验研究结果汇总

试验编号	水泥种类	掺和料掺量(%)		抑制效果
		火山灰	硅粉	
B1-PS-HE-A		10	6	可抑制活性
B1-PS-HE-B	HE	10	8	可抑制活性
B1-PS-HE-C		10	10	可抑制活性
B1-P-IP-A		15	—	不可抑制活性
B1-P-IP-B	IP 改良水泥	25	—	可抑制活性
B1-P-IP-C		35	—	可抑制活性
B1-P-C150-A		10	—	不可抑制活性
B1-P-C150-B	IC150I	20	—	不可抑制活性
B1-P-C150-C		30	—	不可抑制活性
B1-PS-C150-A		10	6	不可抑制活性
B1-PS-C150-B	IC150I	10	8	不可抑制活性
B1-PS-C150-C		10	10	不可抑制活性

2.B 区砂砾料料场砾石样碱活性研究

1)化学法检验骨料碱活性

砾石样化学法成果见表 8-37,试验结果表明,三组样品均无危害性反应存在。

表 8-37　B3 砾石样化学法成果

样品编号	Rc 含量(mmol/L)	二氧化硅含量(mmol/L)	结果
SL-B3-2	250	2 118	非活性骨料
SL-B5-2	176	1 289	非活性骨料
SL-B7-2	228	1 716	非活性骨料

2)砂浆棒快速法抑制骨料碱活性(IP 类型水泥)

砾石碱活性成果见表 8-38~表 8-40,试件膨胀曲线见图 8-12~图 8-14。

砾石碱活性及其抑制试验研究成果表明,砾石的研究结果与砂样相同,在三组砾石样品中,不掺加火山灰的砂浆棒试件 14 d 膨胀率在 0.05%~0.07%,均满足规范 14 d 膨胀率小于 0.1%的要求。在掺入 10%火山灰后三组砂浆棒试件的 14 d 膨胀率在 0.04%~0.06%。掺入 15%的火山灰后,三组砂浆棒试件的 14 d 膨胀率在 0.03%~0.04%。此项数据表明,在三组砾石样品试件中掺入 10%、15% 的火山灰后,对其活性的抑制起不到明显的作用,但随着火山灰掺量的逐渐增大,试件的膨胀率随之减小。在掺入过多的火山灰后,其抑制效果差异不大,仅用 IP 类型水泥就可以对砾石骨料的碱活性起到较好的抑制效果。

表 8-38　SL-B3-2 砾石碱活性成果

样品编号	4 d 膨胀率(%)	8 d 膨胀率(%)	11 d 膨胀率(%)	14 d 膨胀率(%)	判定
SL-B3-2-A	0.01	0.01	0.03	0.05	可抑制活性
SL-B3-2-B	0.01	0.01	0.02	0.04	
SL-B3-2-C	0.01	0.01	0.02	0.03	

表 8-39　SL-B5-2 砾石碱活性成果

样品编号	4 d 膨胀率(%)	8 d 膨胀率(%)	11 d 膨胀率(%)	14 d 膨胀率(%)	判定
SL-B5-2-A	0.02	0.03	0.05	0.07	可抑制活性
SL-B5-2-B	0.01	0.03	0.05	0.06	
SL-B5-2-C	0.01	0.02	0.03	0.04	

表 8-40　SL-B7-2 砾石碱活性成果

样品编号	4 d 膨胀率(%)	7 d 膨胀率(%)	11 d 膨胀率(%)	14 d 膨胀率(%)	判定
SL-B7-2-A	0.01	0.03	0.05	0.06	可抑制活性
SL-B7-2-B	0.01	0.02	0.04	0.05	
SL-B7-2-C	0.01	0.02	0.04	0.04	

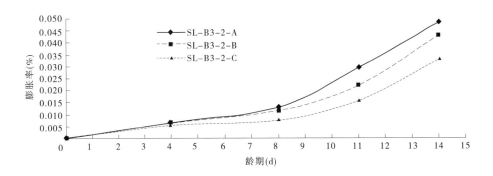

图 8-12　SL-B3-2 碱活性膨胀曲线

3) 砂浆棒快速法抑制骨料碱活性(HE 水泥)

砂样碱活性成果见表 8-41,试件膨胀曲线见图 8-15。

采用 HOLCIM 生产的 HE 水泥为成型水泥,砾石碱活性抑制试验研究成果表明,在三组砾石试件中,不掺加火山灰的砂浆棒试件 14 d 膨胀率为 0.09%;在掺入 10% 火山灰后,14 d 膨胀率为 0.08%;掺入 15% 的火山灰后,14 d 膨胀率为 0.08%,均满足规范 14 d 膨胀

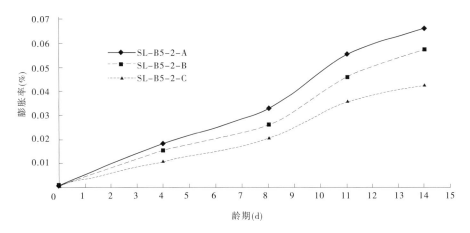

图 8-13　SL-B5-2 碱活性膨胀曲线

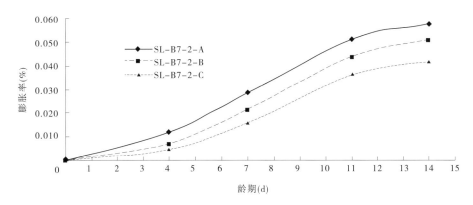

图 8-14　SL-B7-2 碱活性膨胀曲线

率小于 0.1% 的要求。

表 8-41　SL-B-2 砂样碱活性成果

样品编号	3 d 膨胀率（%）	7 d 膨胀率（%）	10 d 膨胀率（%）	14 d 膨胀率（%）	判定
B2-P-HE-A	0.02	0.04	0.06	0.09	
B2-P-HE-B	0.02	0.03	0.05	0.08	可抑制活性
B2-P-HE-C	0.01	0.03	0.05	0.08	

化学法检验小结：三组样品均不具有潜在碱—骨料反应活性。

砂浆棒快速法小结：采用 cemento HOLCIM ROCAFUERTE Latacunga 生产的 IP 类型水泥对 B 区砾石进行抑制研究，火山灰在 0、10%、15% 掺量情况下，砂浆棒试件 14 d 膨胀率均小于 0.1%，结果显示仅用该 IP 类型水泥就可以对骨料的碱活性起到较好的抑制效果。采用 HOLCIM 生产的 HE 水泥为成型水泥，火山灰在 0、10%、15% 掺量情况下，在试件 14 d 膨胀率均小于 0.1%。研究结果表明：仅用该 HE 水泥可以对骨料的碱活性起到抑制的效果。

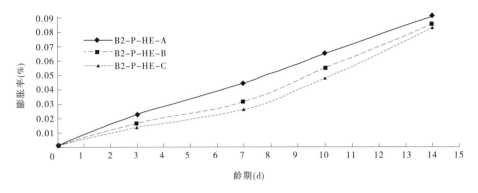

图 8-15　SL-B-2 碱活性膨胀曲线

4）采用 HOLCIM 生产的 HE 水泥抑制粗骨料碱活性

此次对 B 区料场粗骨料进行抑制碱活性试验选用 HOLCIM 生产的 HE 水泥，根据抑制方案，选用的掺和料为火山灰及硅粉。粗骨料碱活性抑制试验成果见表8-42，试件膨胀曲线见图8-16。

表 8-42　粗骨料碱活性抑制试验成果

样品编号	掺和料（HE 水泥）		膨胀率（％）				判定
	火山灰（％）	硅粉（％）	3 d	7 d	10 d	14 d	
B2-PS-HE-A	10	6	0.02	0.04	0.05	0.06	
B2-PS-HE-B	10	8	0.01	0.03	0.04	0.06	可抑制活性
B2-PS-HE-C	10	10	0.01	0.03	0.04	0.06	

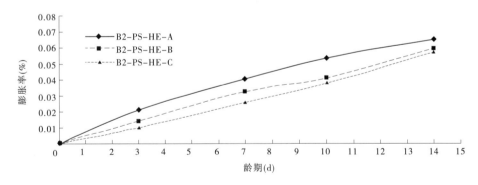

图 8-16　SL-B3-2 碱活性膨胀曲线

粗骨料碱活性抑制试验研究成果表明，在火山灰掺量为 10%、硅粉掺量为 6%时，砂浆棒试件的 14 d 膨胀率为 0.06%；在火山灰掺量为 10%、硅粉掺量为 8%时，砂浆棒试件的 14 d 膨胀率为 0.06%；在火山灰掺量为 10%、硅粉掺量为 10%时，砂浆棒试件的 14 d 膨胀率为 0.06%，均满足规范 14 d 膨胀率小于 0.1%的要求。

5）采用 LAFARGE 生产的 IP 改良水泥抑制粗骨料碱活性

此次对 B 区料场粗骨料进行抑制碱活性试验选用 LAFARGE 生产的 IP 改良水泥，水

泥中不含火山灰,根据碱活性抑制方案,选用的掺和料为火山灰。粗骨料碱活性抑制试验
成果见表 8-43,试件膨胀曲线见图 8-17。

表 8-43　砾石碱活性抑制试验成果

样品编号	掺和料(IP改良水泥)	膨胀率(%)				判定
	火山灰(%)	3 d	7 d	10 d	14 d	
B2-P-IP-A	15	0.04	0.06	0.07	0.09	
B2-P-IP-B	25	0.03	0.04	0.05	0.06	可抑制活性
B2-P-IP-C	35	0.02	0.02	0.02	0.03	

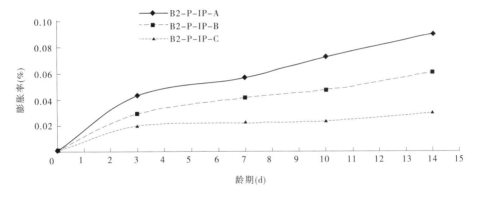

图 8-17　砾石试件膨胀曲线

　　粗骨料碱活性抑制试验研究成果表明,在火山灰掺量为 15% 时,砂浆棒试件的 14 d
膨胀率为 0.09%;在火山灰掺量为 25% 时,砂浆棒试件的 14 d 膨胀率为 0.06%;在火山灰
掺量为 35% 时,砂浆棒试件的 14 d 膨胀率为 0.03%。均满足规范 14 d 膨胀率小于 0.1%
的要求。

　　6)采用 HOLCIM 生产的 IC150I 型水泥抑制粗骨料碱活性

　　此次对 B 区料场粗骨料进行抑制碱活性试验选用 HOLCIM 生产的 IC150I 型水泥,水
泥中不含火山灰,根据碱活性抑制方案,选用的掺和料为火山灰。粗骨料碱活性抑制试验
成果见表 8-44,试件膨胀曲线见图 8-18。

表 8-44　粗骨料碱活性抑制试验成果

样品编号	掺和料(IC150I 水泥)	膨胀率(%)				判定
	火山灰(%)	3 d	7 d	10 d	14 d	
B2-P-C150-A	10	0.03	0.05	0.10	0.16	不可抑制活性
B2-P-C150-B	20	0.02	0.03	0.05	0.08	可抑制活性
B2-P-C150-C	30	0.02	0.02	0.03	0.04	

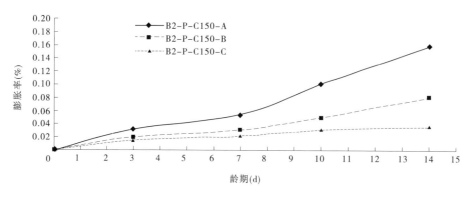

图 8-18　粗骨料试件膨胀曲线

粗骨料碱活性抑制试验研究成果表明,在火山灰掺量为 10% 时,砂浆棒试件的 14 d 膨胀率 0.16%;在火山灰掺量为 20% 时,砂浆棒试件的 14 d 膨胀率为 0.08%;在火山灰掺量为 30% 时,砂浆棒试件的 14 d 膨胀率为 0.04%。其中,使用 10% 掺量的火山灰时,其 14 d 膨胀率不满足规范 14 d 膨胀率小于 0.1% 的要求,属不可抑制活性;其余 20%、30% 两个掺量均满足规范 14 d 膨胀率小于 0.1% 的要求,属可抑制活性。

7) 采用 HOLCIM 生产的 IC150I 型水泥抑制粗骨料碱活性

此次对 B 区料场粗骨料进行抑制碱活性试验选用 HOLCIM 生产的 IC150I 型水泥,水泥中不掺加火山灰,根据碱活性抑制方案,选用的掺和料为火山灰+硅粉。粗骨料碱活性抑制试验成果见表 8-45,试件膨胀曲线见图 8-19。

表 8-45　粗骨料碱活性抑制成果

样品编号	掺和料(C150I 水泥)		膨胀率(%)				判定
	火山灰(%)	硅粉(%)	3 d	7 d	10 d	14 d	
B2-PS-C150-A	10	6	0.02	0.03	0.04	0.07	可抑制活性
B2-PS-C150-B	10	8	0.01	0.02	0.03	0.05	
B2-PS-C150-C	10	10	0.01	0.01	0.01	0.03	

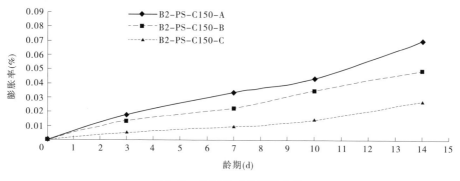

图 8-19　粗骨料试件膨胀曲线

粗骨料碱活性抑制试验成果表明,在火山灰掺量为 10%、掺加 6% 的硅粉时,砂浆棒试件的 14 d 膨胀率为 0.07%；在火山灰掺量为 10%、掺加 8% 的硅粉时，砂浆棒试件的 14 d 膨胀率为 0.05%；在火山灰掺量为 10%、掺加 10% 的硅粉时，砂浆棒试件的 14 d 膨胀率在 0.03%。均满足规范 14 d 膨胀率小于 0.1% 的要求。

8）小结

采用 HOLCIM 生产的 HE 水泥，在掺入 10% 的火山灰不变的情况下，再掺加 6%、8%、10% 的硅粉对 B 区砾石骨料进行研究，砂浆棒试件的 14 d 膨胀率均小于 0.1%。研究结果表明，同时选用火山灰及硅粉作为掺和料可以对骨料的碱活性起到较好的抑制效果。采用 LAFARGE 生产的 IP 改良水泥，三种掺量均满足规范 14 d 膨胀率小于 0.1% 的要求，表明三种掺量均起到了较好的抑制效果。采用 HOLCIM 生产的 IC150I 型水泥，用火山灰作为掺和料的砂浆棒试件中，仅火山灰掺量为 10% 的试件 14 d 膨胀率大于 0.1%，属不可抑制活性。其余 20%、30% 两个掺量均能起到抑制效果。采用 HOLCIM 生产的 IC150I 型水泥，用火山灰及硅粉作为掺和料的砂浆棒试件 14 d 膨胀率均小于 0.1%，研究结果表明，选用的三种掺量均能对骨料的碱活性起到抑制效果。B 区砂砾料料场粗骨料碱活性抑制试验成果汇总见表 8-46。

表 8-46　B 区砂砾料料场粗骨料碱活性抑制试验成果汇总

试验编号	水泥种类	掺和料掺量（%）		抑制效果
		火山灰	硅粉	
B2-PS-HE-A	HE	10	6	可抑制活性
B2-PS-HE-B		10	8	可抑制活性
B2-PS-HE-C		10	10	可抑制活性
B2-P-IP-A	IP 改良水泥	15	—	可抑制活性
B2-P-IP-B		25	—	可抑制活性
B2-P-IP-C		35	—	可抑制活性
B2-P-C150-A	IC150I	10	—	不可抑制活性
B2-P-C150-B		20	—	可抑制活性
B2-P-C150-C		30	—	可抑制活性
B2-PS-C150-A	IC150I	10	6	可抑制活性
B2-PS-C150-B		10	8	可抑制活性
B2-PS-C150-C		10	10	可抑制活性

8.3.3.3 调蓄水库料场砂砾石碱活性研究

1.调蓄水库料场砂碱活性研究

1)岩相法检验细砂料碱活性

砂样岩相法岩矿鉴定结果见表8-47、表8-48,从试验结果可以看出,由于GL7-2砂料综合定名为灰黑色角闪安山质和辉石安山岩质砂,GL7-3砂料综合定名为灰黑色辉石安山岩质和角闪安山质砂,所以两组样品均属具有潜在碱活性的骨料。

表8-47 GL7-2砂料岩矿鉴定结果

标本观察:
骨料颗粒多为0.3~4 mm的砂砾石,为粗砂,少量细砾石。颜色多呈深灰色、灰黑色,斑状结构,致密块状构造,斑晶见有长石,颗粒在0.4~1.1 mm,长石呈浅灰色,长条状和粒状,基质为隐晶质,呈深黑色,硬度大于小刀,滴加稀盐酸无反应,可能为火山岩。

镜下观察:

　　主要为两种类型的砂骨料颗粒:一种是具有玻基交织结构的角闪安山岩,另一种是具有玻基交织结构的辉石安山岩。

　　角闪安山岩(55%):斑状结构,基质具玻基交织结构,块状构造。

　　斑晶(47%):主要为斜长石、角闪石、辉石。斜长石(38%):呈板状和不规则粒状,正低突起,干涉色一级白,聚片双晶发育,部分颗粒略见有环带结构;角闪石(7%):不规则多边形,多色性明显,偶见有棕色角闪石,正中—正高突起,两组解理,裂纹较发育,干涉色二级黄绿,部分颗粒见有暗化边;辉石(2%):浅黄绿色,呈不规则多边形粒状,正高突起,最高干涉色二级黄橙。

　　基质(52%):具有玻基交织结构,主要由细长薄板状斜长石微晶和细小粒状辉石颗粒及褐色玻璃质组成,斜长石微晶局部具有半定向性,辉石颗粒部分已氧化成褐铁矿,形成大小不规则的团块。

　　辉石安山岩(55%):斑状结构,基质具玻基交织结构,块状构造。

　　斑晶(43%):主要为斜长石、辉石、角闪石。斜长石(34%):呈板状、柱状和不规则粒状,正低突起,聚片双晶发育,部分颗粒略见有环带结构,见有绢云母化;辉石(6%):浅黄绿色,呈不规则多边形粒状,正高突起,两组解理,夹角87°,部分颗粒具有环带结构,最高干涉色二级黄橙,较少量的颗粒发生绿泥石化;角闪石(3%):柱状、短柱状,具粉红—淡绿色较明显多色性,正中—正高突起,两组解理,夹角约55°,裂纹较发育,干涉色二级黄绿,可见简单双晶,部分颗粒见有暗化边。

　　基质(56%):具有玻基交织结构,主要由细长薄板状斜长石微晶和细小粒状辉石颗粒及褐色玻璃质组成,斜长石微晶局部具有已绢云母化,其干涉色较鲜艳,辉石颗粒部分已氧化成褐铁矿。

　　砂骨料综合定名为灰黑色角闪安山质和辉石安山岩质砂,属碱活性砂。

　　安山岩质骨料约占99%,其余不足1%。

表 8-48　GL7-3 砂料岩矿鉴定结果

标本观察：

骨料颗粒多为 0.2~3 mm 的砂砾石，多为粗砂，细砾石较少。颜色呈灰黑色，具有斑状结构，致密块状构造，斑晶可见有长石，颗粒在 0.3~1.2 mm，长石呈灰白色，粒状和长条状，基质为隐晶质，深黑色，滴加稀盐酸无反应，多为火山岩。

镜下观察：

骨料见两种类型的颗粒：一种是具有玻基交织结构的辉石安山岩，另一种是具有玻基交织结构的角闪安山岩。

辉石安山岩（58%）：斑状结构，基质具玻基交织结构，块状构造。

斑晶：主要为斜长石、辉石、角闪石。斜长石（40%）：呈板状、柱状和不规则粒状，正低突起，干涉色一级白，聚片双晶发育，部分颗粒略见有环带结构；辉石（7%）：浅黄色，呈不规则多边形粒状，正高突起，最高干涉色二级黄橙；角闪石（2%）：不规则多边形，多色性明显，偶见有棕色角闪石，正中—正高突起，两组解理，裂纹较发育，干涉色二级黄绿，有时呈聚斑产出，颗粒多见有暗化边。

基质：具有玻基交织结构，主要由细长薄板状斜长石微晶（33%）和细小粒状辉石颗粒（3%）及褐色玻璃质（16%）组成，斜长石微晶局部见有半定向性，辉石颗粒部分已氧化成褐铁矿，形成大小不规则的团块。

角闪安山岩（41%）：斑状结构，基质具玻基交织结构，块状构造。

斑晶（47%）：主要为斜长石、角闪石、辉石。斜长石（38%）：呈板状和不规则粒状，正低突起，干涉色一级白，聚片双晶发育，部分颗粒略见有环带结构；角闪石（7%）：不规则多边形，多色性明显，偶见有棕色角闪石，正中—正高突起，两组解理，裂纹较发育，干涉色二级黄绿，部分颗粒见有暗化边；辉石（2%）：浅黄绿色，呈不规则多边形粒状，正高突起，最高干涉色二级黄橙。

基质（52%）：颜色多呈黑褐色，具有玻基交织结构，主要由细长薄板状斜长石微晶和细小粒状辉石颗粒及褐色玻璃质组成，斜长石微晶局部具有半定向性，辉石颗粒少部分被褐铁矿化，形成大小不规则不透明的团块。

细骨料综合定名为灰黑色辉石安山岩质和角闪安山质砂，属碱活性砂。

安山岩类的粗砂级骨料约占 99%，其余约 1%。

2）化学法检验砂料碱活性

砂样化学法成果见表 8-49，从试验结果可以看出，由于两组样品的碱减少量 R_c 均大于 70 mmol/L，而且二氧化硅含量 $S_c>R_c$，所以两组样品均属具有潜在碱活性的骨料。

表 8-49 砂样化学法成果

样品编号	R_C(mmol/L)	S_C(mmol/L)	结果
GL7-2	112.67	232.58	具有潜在危害性反应的活性骨料
GL7-3	115.26	247.64	具有潜在危害性反应的活性骨料

3) 砂浆棒快速法抑制砂料碱活性(IC150I 型水泥)

采用 HOLCIM 生产的 IC150I 型水泥为成型水泥,砂样碱活性成果见表 8-50,试件膨胀曲线见图 8-20、图 8-21。

表 8-50 砂样碱活性成果

样品编号	掺和料(IC150I 型水泥)	膨胀率(%)			
	火山灰(%)	3 d	7 d	10 d	14 d
GL7-2	0	0.02	0.29	0.43	0.55
	20	0.04	0.10	0.15	0.23
	30	0.02	0.04	0.07	0.11
GL7-3	0	0.09	0.31	0.45	0.62
	20	0.04	0.12	0.18	0.26
	30	0.02	0.04	0.07	0.12

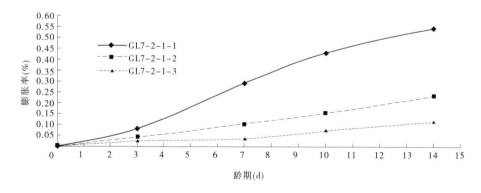

图 8-20 GL7-2-1 砂样碱活性膨胀曲线

砂样碱活性及其抑制试验研究成果表明,在两组砂样试件中,不掺加火山灰的砂浆棒试件的 14 d 膨胀率为 0.55%~0.62%;掺入 20%火山灰后,两组砂浆棒试件的 14 d 膨胀率为 0.23%~0.26%;掺入 30%的火山灰后,两组砂浆棒试件的 14 d 膨胀率为 0.11%~0.12%,均不满足规范 14 d 膨胀率小于 0.1%的要求。

4) 砂浆棒快速法抑制砂料碱活性(HE 水泥)

采用 HOLCIM 生产的 HE 水泥为成型水泥,砂样碱活性成果见表 8-51,试件膨胀曲线见图 8-22。

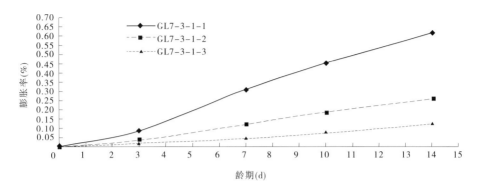

图 8-21　GL7-3-1 砂样碱活性膨胀曲线

表 8-51　砂样碱活性成果

样品编号	掺和料（HE 水泥）	膨胀率（%）		
	火山灰（%）	3 d	7 d	14 d
CCS-J-02	0	0.04	0.05	0.05
	15	0.02	0.02	0.03
	25	0.01	0.01	0.02

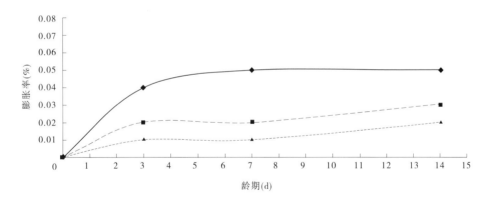

图 8-22　CCS-J-02 砂样碱活性膨胀曲线

砂样碱活性及其抑制试验研究成果表明,在砂样试件中,不掺加火山灰的砂浆棒试件的 14 d 膨胀率为 0.05%;在掺入 15% 火山灰后,砂浆棒试件的 14 d 膨胀率为 0.03%;掺入 25% 的火山灰后,砂浆棒试件的 14 d 膨胀率为 0.02%,均满足规范 14 d 膨胀率小于 0.1% 的要求。

5）小结

岩相法检验小结:2 组细骨料均具有潜在碱—骨料反应活性。

化学法检验小结:2 组细骨料均具有潜在碱—骨料反应活性。

砂浆棒快速法小结:采用 HOLCIM 生产的 IC150I 型水泥为成型水泥,在火山灰的最大掺量为 30% 时,无法对骨料的碱活性进行抑制。采用 HOLCIM 生产的 HE 水泥为成型水泥,在火山灰掺量为0、15%、25%情况下,试件14 d膨胀率均小于0.1%表明仅用该HE水泥就可以对骨料的碱活性起到抑制的效果。

2.调蓄水库料场砾石样碱活性研究

1)岩相法检验骨料碱活性

砾石岩相法岩矿鉴定结果见表8-52、表8-53,从试验结果可以看出,由于两组砂样综合定名均为灰黑色辉石安山岩质砾石,所以两组砾石样品均属具有潜在碱活性的骨料。

表8-52　GL7-2砾石岩相法岩矿鉴定结果

标本观察:

　　骨料颗粒多为4~12 mm的砾石,细砾石为主,粗砾石较少。砾石呈灰黑色,具有斑状结构,致密块状构造,斑晶主要为长石,颗粒为0.5~1 mm,长石呈浅灰色,长条状和粒状,基质为隐晶质,呈深黑色,硬度大,滴加稀盐酸无反应。

镜下观察:

　　将砾石制成薄片,可见颗粒多具斑状结构,基质为玻晶交织结构,其中玻璃质重结晶为霏细状。斑晶主要为不规则粒状和长条板状斜长石,以及少量的辉石,颗粒由于熔蚀多呈不规则状,少量的颗粒具有自形—半自形晶体。

　　砾石中斑晶:见斜长石(45%),多呈粒状、短柱状及不规则粒状,具有一组完全解理,突起较低,斜消光,一级灰干涉色,可见有聚片双晶,以及细条纹长石和韵律状环带构造。

　　普通辉石(5%):无色,粒状及多边形状,正高突起,一组极完全解理,斜消光,干涉色鲜艳,部分扭裂状,见简单双晶。

　　基质(49%):为隐晶质及霏细状微晶。主要由中性斜长石、碱性长石及细小的黑云母组成,铁质矿物(1%~2%)。

　　斜长石:微晶细粒细长条状,稀散分布,粒度在0.02×0.1 mm~0.04×0.2 mm,切片无色,钠双晶聚片也较常见。双晶纹较模糊,无定向。

　　隐晶质与玻璃质基质含量较多,以褐色至浅褐色为主,低突起,大多为均质体状,部分隐约可见灰色干涉色,为局部具轻微重结晶的结果,见绢云母化及零星碳酸盐化。

　　铁质矿物:不透明黑褐色,细粒粗粒大小不一,以细粒为主,不均匀星散状分布于辉石之间及隐晶质基质中。

　　砾石综合定名为灰黑色辉石安山岩质砾石,属碱活性砾石。

　　该类骨料占99%以上,偶见黄褐色砂质黏土砾石,不足1%。

表 8-53　GL7-3 砾石岩矿鉴定结果

标本观察：

　　骨料颗粒多为 4~12 mm 的砾石,细砾石占绝对多数,粗砾石较少。颜色多呈灰色、灰黑色,斑状结构,致密块状构造,斑晶主要为长石、辉石,颗粒为 0.5~1.2 mm,长石呈浅灰色,长条状和粒状,辉石呈绿黑色,多边形状,不等粒,基质为隐晶质,呈深黑色,硬度大于小刀,滴加稀盐酸无反应。

镜下观察：

　　砾石薄片可见颗粒多具斑状结构,基质具有典型的玻晶交织结构。

　　斑晶：主要为斜长石、辉石、角闪石。

　　斜长石(35%)：呈板状、柱状和不规则粒状,正低突起,干涉色一级白—级黄白,聚片双晶发育,部分颗粒略见有环带结构,表面不洁净,局部有绢云母化。

　　辉石(6%)：浅黄绿色,呈不规则多边形粒状,正高突起,$Ng \wedge C = 40°$,两组解理,夹角 87°,部分颗粒具有环带结构,最高干涉色二级黄橙,较少量的颗粒发生绿泥石化。

　　角闪石(3%)：柱状、短柱状,具粉红—淡绿色较明显多色性,正中—正高突起,两组解理,夹角约 55°,裂纹较发育,干涉色二级黄绿,可见简单双晶,$Ng \wedge C = 25°$,有时呈聚斑产出,部分颗粒见有暗化边。

　　基质(58%)：具有玻基交织结构,主要由细长薄板状斜长石微晶和细小粒状辉石颗粒及褐色玻璃质组成,斜长石微晶局部具有已绢云母化,其干涉色较鲜艳,辉石颗粒部分已氧化成褐铁矿,形成大小不规则的团块。

　　砾石综合定名为灰黑色辉石安山岩质砾石,属碱活性砾石。

　　该粗骨料(砾石)基本为辉石安山岩质。

2) 化学法检验骨料碱活性

化学法检验砾石样骨料碱活性成果见表 8-54,由试验结果可以看出,由于两组样品的 R_C 均大于 70 mmol/L,而 $S_C > R_C$,所以两组样品均属具有潜在碱活性的骨料。

表 8-54　化学法检验砾石样骨料碱活性成果

样品编号	R_C(mmol/L)	S_C(mmol/L)	结果
GL7-2	133.39	269.60	具有潜在危害性反应的活性骨料
GL7-3	148.54	310.26	具有潜在危害性反应的活性骨料

3) 砂浆棒快速法抑制骨料碱活性(IC150I 型水泥)

采用 HOLCIM 生产的 IC150I 型水泥为成型水泥,砾石碱活性抑制试验成果见表 8-55,试件膨胀曲线见图 8-23、图 8-24。

表 8-55　砾石碱活性抑制试验成果

样品编号	掺和料(IC150I 型水泥)	膨胀率(%)			
	火山灰(%)	3 d	7 d	10 d	14 d
GL7-2	0	0.09	0.33	0.49	0.63
	20	0.03	0.16	0.29	0.38
	30	0.01	0.05	0.15	0.21
GL7-3	0	0.05	0.27	0.40	0.55
	20	0.02	0.09	0.16	0.26
	30	0.02	0.05	0.07	0.16

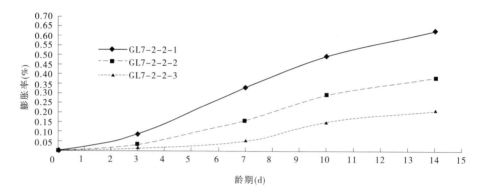

图 8-23　GL7-2-2 碱活性膨胀曲线

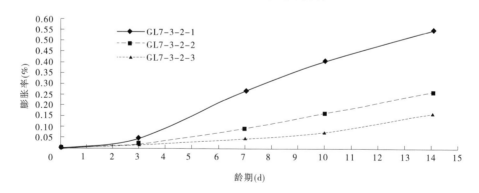

图 8-24　GL7-3-2 碱活性膨胀曲线

砾石碱活性及其抑制试验研究成果表明,在两组砾石试件中,不掺加火山灰的砂浆棒试件的 14 d 膨胀率为 0.55%～0.63%;掺入 20%火山灰后,两组砂浆棒试件的 14 d 膨胀率为 0.26%～0.38%;掺入 30%的火山灰后,两组砂浆棒试件的 14 d 膨胀率为 0.16%～0.21%,均不满足规范 14 d 膨胀率小于 0.1%的要求。

4)砂浆棒快速法抑制骨料碱活性(HE 水泥)

采用 HOLCIM 生产的 HE 水泥为成型水泥,砾石碱活性成果见表 8-56,试件膨胀曲线见图 8-25。

表 8-56　砾石碱活性成果

样品编号	掺和料(HE 水泥)	膨胀率(%)		
	火山灰(%)	3 d	7 d	14 d
CCS-J-01	0	0.03	0.04	0.04
	15	0.01	0.01	0.02
	25	0	0	0.01

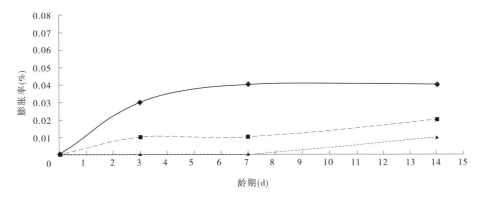

图 8-25　CCS-J-01 碱活性膨胀曲线

砾石碱活性及其抑制试验研究成果表明,在试件中,不掺加火山灰的砂浆棒试件的 14 d 膨胀率为 0.04%;在掺入 15% 火山灰后,砂浆棒试件的 14 d 膨胀率为 0.02%;掺入 25% 的火山灰后,砂浆棒试件的 14 d 膨胀率为 0.01%,均满足规范 14 d 膨胀率小于 0.1% 的要求。

5)小结

岩相法检验小结:2 组粗骨料均具有潜在碱—骨料反应活性。

化学法检验小结:2 组粗骨料均具有潜在碱—骨料反应活性。

砂浆棒快速法小结:采用 HOLCIM 生产的 IC150I 型水泥为成型水泥,在火山灰的最大掺量为 30% 时,无法对骨料的碱活性进行抑制。采用 HOLCIM 生产的 HE 水泥为成型水泥,在火山灰掺量为 0、15%、25% 情况下,试件 14 d 膨胀率均小于 0.1%,表明仅用该 HE 水泥就可以对骨料的碱活性起到抑制的效果。

8.3.3.4　厂房区砂砾料料场碱活性研究

1.厂房区砂样碱活性抑制试验研究

砂样碱活性抑制试验研究成果表明,在砂样试件中,砂浆棒试件的 14 d 膨胀率为 0.04%,满足规范 14 d 膨胀率小于 0.1% 的要求。砂样碱活性成果见表 8-57,试件膨胀曲线见图 8-26。

表 8-57　SL-CF-1 砂样碱活性成果

样品编号	3 d 膨胀率(%)	7 d 膨胀率(%)	10 d 膨胀率(%)	14 d 膨胀率(%)	判定
SL-CF-1	0.01	0.02	0.03	0.04	可抑制活性

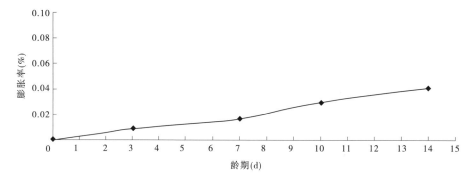

图 8-26　SL-CF-1 试件膨胀曲线

2.厂房区料场砾石碱活性抑制试验研究

砾石碱活性抑制试验研究成果表明,在砂样试件中,砂浆棒试件的 14 d 膨胀率为 0.04%,满足规范 14 d 膨胀率小于 0.1% 的要求。砂样碱活性成果见表 8-58,试件膨胀曲线见图 8-27。

表 8-58　SL-CF-2 砂样碱活性成果

样品编号	3 d 膨胀率(%)	7 d 膨胀率(%)	10 d 膨胀率(%)	14 d 膨胀率(%)	判定
SL-CF-2	0.01	0.01	0.02	0.04	可抑制活性

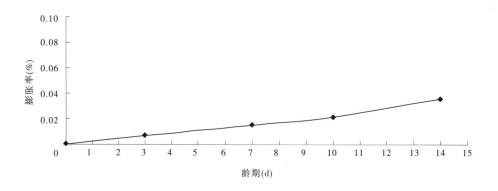

图 8-27　SL-CF-2 试件膨胀曲线

3.小结

采用 cemento HOLCIM ROCAFUERTE Latacunga 生产的 IP 类型水泥对厂房区砂砾料进行抑制研究,砂浆棒试件的 14 d 膨胀率小于 0.1%,表明仅用该 IP 水泥可以对骨料的碱活性起到较好的抑制效果。

8.3.3.5 首部枢纽开挖料碱活性研究

1.化学法检验骨料碱活性

首部枢纽开挖料化学法成果见表8-59,可见2组样品均无有害反应存在。

表 8-59 首部枢纽开挖料化学法成果

样品编号	R_c(mmol/L)	S_c(mmol/L)	结果
KL-SN-1	200	2 713	非活性骨料
KL-SN-2	180	1 638	非活性骨料

2.砂浆棒快速法抑制骨料碱活性(IP 类型水泥)

首部枢纽开挖料碱活性及其抑制试验结果见表 8-60,试件膨胀曲线见图 8-28、图 8-29。

表 8-60 首部枢纽开挖料碱活性成果(IP 类型水泥)

样品编号	4 d 膨胀率(%)	7 d 膨胀率(%)	11 d 膨胀率(%)	14 d 膨胀率(%)	判定
KL-SN1-A	0.01	0.02	0.04	0.06	可抑制活性
KL-SN1-B	0.01	0.02	0.03	0.05	
KL-SN1-C	0.01	0.02	0.03	0.05	
KL-SN2-A	0.01	0.03	0.04	0.06	可抑制活性
KL-SN2-B	0.01	0.02	0.04	0.06	
KL-SN2-C	0.01	0.02	0.03	0.05	

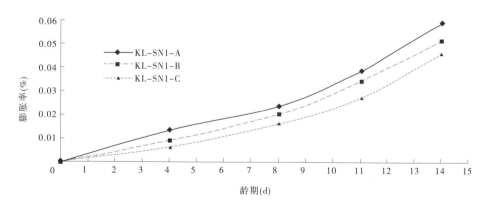

图 8-28 KL-SN1 碱活性膨胀曲线

开挖料碱活性及其抑制试验结果表明:

(1)用 IP 类型水泥作为成型水泥的试件,2 组样品的 14 d 膨胀率为 0.05%~0.06%,均满足规范 14 d 膨胀率小于 0.1%的要求。

(2)在掺入 10%火山灰后,2 组样品的 14 d 膨胀率为 0.05%~0.06%,均满足规范 14 d 膨胀率小于 0.1%的要求。

(3)掺入 15%的火山灰后,2 组样品的 14 d 膨胀率为 0.05%,均满足规范 14 d 膨胀率

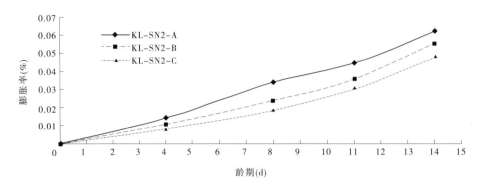

图 8-29 KL-SN2 碱活性膨胀曲线

小于 0.1% 的要求。

此项数据表明,随着火山灰掺量的增加,膨胀率有所减小。但膨胀率减小的幅度并不明显,在已掺有火山灰的硅酸盐水泥中再次掺入火山灰对骨料的碱活性抑制效果起不到明显的作用。建议仅选用 IP 类型水泥就能满足抑制活性的要求。

3.砂浆棒快速法抑制骨料碱活性(HE 水泥)

采用 HOLCIM 生产的 HE 水泥为成型水泥,碱活性抑制试验研究成果(见表 8-61)表明,在试件中,不掺加火山灰的试件 14 d 膨胀率为 0.05%;掺入 10% 火山灰后,14 d 膨胀率为 0.05%;掺入 15% 的火山灰后,14 d 膨胀率为 0.04%,均满足规范 14 d 膨胀率小于 0.1% 的要求。试件膨胀曲线见图 8-30。

表 8-61 首部枢纽开挖料碱活性成果(HE 水泥)

样品编号	3 d 膨胀率(%)	7 d 膨胀率(%)	10 d 膨胀率(%)	14 d 膨胀率(%)	判定
SN-P-HE-A	0.02	0.03	0.04	0.05	可抑制活性
SN-P-HE-B	0.02	0.03	0.04	0.05	
SN-P-HE-C	0.01	0.02	0.03	0.04	

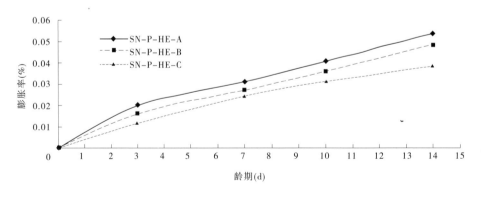

图 8-30 SN-P-HE 碱活性膨胀曲线

4.砂浆棒快速法抑制骨料碱活性(IC150I 型水泥)

此次对首部枢纽料场开挖料进行抑制碱活性试验选用 HOLCIM 生产的 IC150I 型水

泥,该水泥中不含火山灰,根据碱活性抑制方案,选用的掺和料为火山灰。首部枢纽开挖料碱活性抑制试验成果见表 8-62,试件膨胀曲线见图 8-31。

表 8-62　首部枢纽开挖料碱活性抑制试验成果(IC150I 型水泥)

样品编号	掺和料(IC150I 型水泥)	膨胀率				判定
	火山灰(%)	3 d	7 d	10 d	14 d	
SN-P-C150-A	10	0.04	0.06	0.08	0.09	可抑制活性
SN-P-C150-B	20	0.03	0.04	0.06	0.08	
SN-P-C150-C	30	0.01	0.02	0.04	0.04	

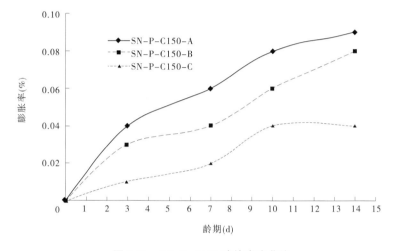

图 8-31　SN-P-C150 试件膨胀曲线

抑制试验研究成果表明,在火山灰掺量为 10% 时,砂浆棒试件的 14 d 膨胀率为 0.09%;在火山灰掺量为 20% 时,砂浆棒试件的 14 d 膨胀率为 0.08%;在火山灰掺量为 30% 时,砂浆棒试件的 14 d 膨胀率为 0.04%,均满足规范 14 d 膨胀率小于 0.1% 的要求,属可抑制活性。

5.小结

化学法检验小结:2 组样品均不具有潜在碱—骨料反应活性。

砂浆棒快速法小结:采用 cemento HOLCIM ROCAFUERTE Latacunga 生产的 IP 类型水泥对首部枢纽开挖料进行抑制研究,在火山灰掺量为 0、10%、15% 情况下,砂浆棒试件 14 d 膨胀率均小于 0.1%,结果显示仅用 IP 类型水泥就可以对骨料的碱活性起到较好的抑制效果。采用 HOLCIM 的 HE 水泥为成型水泥,在火山灰掺量为 0、10%、15% 情况下,试件 14 d 膨胀率均小于 0.1%,表明仅用 HE 水泥可以对骨料的碱活性起到抑制的效果。采用 HOLCIM 生产的 IC150I 型水泥,用火山灰作为掺和料的砂浆棒试件中,在骨料中掺加 10%、20%、30% 三个掺量,砂浆棒试件的 14 d 膨胀率均小于规范 14 d 膨胀率小于 0.1% 的要求,表明采用 HOLCIM 生产的 IC150I 型水泥可以对骨料的碱活性起到抑制的效果。

8.4 小 结

CCS 水电站建筑物所需天然建筑材料主要为块石料、砂砾石料。

(1)块石料主要用于首部枢纽和调蓄水库的面板堆石坝,其中首部枢纽面板堆石坝采用首部枢纽沉砂池、面板堆石坝地基和边坡的花岗闪长岩开挖料,调蓄水库的面板堆石坝来源于调蓄水库进场公路 18+000 的 Mirador 块石料场,储量和质量满足设计及施工要求。

(2)混凝土骨料场分布在首部枢纽区、调蓄水库、厂房区,均为天然砂砾石料,首部枢纽和 2# 支洞区域混凝土骨料采用首部枢纽和 2# 支洞附近的 Coca 河砂砾石料,交通便利,运距较近,其储量和质量基本满足设计要求;调蓄水库区域混凝土骨料为调蓄水库公路 7+000 砂砾石料,交通便利,其储量和质量基本满足要求;厂房区域混凝土骨料为厂房 Coca 河砂砾石料,交通便利,运距较近,其储量和质量基本满足要求。

(3)由岩相法和化学法碱活性试验研究结果可以看出,本次试验研究的天然骨料岩性组成较复杂,砂料主要为灰黑色辉石安山岩质和角闪安山质砂;砾石料主要为黑色辉石安山岩质砾石;砂料和砾石料都属具有潜在危害性反应的活性骨料。

(4)砂浆棒快速法碱活性抑制试验表明,本工程所用的骨料在掺入火山灰或火山灰+硅粉后,采用 cemento HOLCIM ROCAFUERTE Latacunga 生产的 IP 类型水泥或 HOLCIM 生产的 HE 水泥对骨料碱活性有较好的抑制效果。

(5)碱活性抑制研究结果表明:

①掺入火山灰或硅粉后可以使水泥水化生成的 $Ca(OH)_2$ 的含量大大减少,使混凝土空隙溶液中的 OH^- 浓度降低。水化产物的碱度较低,使得自身的酸性氧化物不能满足达到较大碱度的要求,因此它们对 CaO 与 Na_2O 具有更大的亲和力,减小了碱性氧化物与活性骨料化合的推动力,从而减轻对活性骨料的侵蚀。

②火山灰和硅粉的掺入可以有效地改善混凝土结构,火山灰和硅粉与水泥水化反应形成的结晶填充了许多粗大空隙,改善了混凝土的微观结构。混凝土结构的改善可以均匀地分布由碱硅反应所引起的膨胀应力,局部膨胀应力值也降低,从而减轻碱硅反应所引起的膨胀破坏,提高了混凝土结构的安全性。

③针对不同种类的水泥和不同料场的骨料,能达到具有抑制效果的掺和料的掺量是不同的。这是因为当掺和料不足时,只能消耗有限的碱,所以抑制效果也有限;只有当火山灰和硅粉的掺量达到一定量时,才能消耗足够多的碱,使空隙溶液中的碱浓度降低到安全含碱量以下,有效地抑制碱—骨料反应。

第 9 章

结 论

9.1　区域构造稳定性

根据地震危险性分析结果,区内可能发生的地震最大动峰值加速度为 404 cm/s²。根据合同要求,最大动峰值加速度采用 0.4g,相应的地震烈度为Ⅸ度。

9.2　首部库区

(1)基岩岸坡占库岸比例较少,以花岗岩或安山岩为主,常形成 60°~70° 的陡坡,整体稳定较好,未发现基岩滑坡,仅局部岸坡前缘存在可能崩塌的岩块,对水库影响不大。目前,水库已经正常蓄水,岸坡稳定。水库运行过程中,分布在水位波动范围内的岸坡主要为松散堆积物岸坡,在库水作用下可能会造成滑动或小规模坍塌等库岸再造式失稳,但总体库岸基本稳定。虽分析表明总体库岸基本稳定,但库岸稳定是一个长期的、渐进的过程,因此建议在水库运行期,对库岸稳定状况进行长期观察,遇到问题及时采取相应处理措施。在水库运行期间,尤其是暴雨季节,建议加强库区国家公路的巡视和监测。

(2)Coca 河谷是水库影响范围内的最低侵蚀面,周围不存在更低的排泄基准面,故不存在向邻谷渗漏的问题。库区主要节理、裂隙的方向为 NE 向,延伸长度为 10~30 m,但两岸山体雄厚,沿构造裂隙组合向下游渗漏量很小,对水库运行不会产生影响。

(3)水库淤积的来源主要有 Salado 河、Quijos 河及其支沟的冲洪积物和近坝库岸第四系松散堆积体,在暴雨或洪水期向下移运流入库区造成一定的淤积,但规模很小。水库正常蓄水位以下没有农田、草场、房屋、道路,仅有少量林地,林地表土层较薄,其下砂砾层透水性好,不可能产生次生盐渍化,基本不存在淹没和浸没问题。

(4)库区范围内西部边界为 Reventador 断裂带,距库区较远,不与库水直接接触。同时,水库正常蓄水位较自然河水位抬升幅度相对较小,库水积聚应力有限,综合分析认为水库蓄水诱发地震可能性不大。

9.3　首部枢纽区

(1)溢流坝坝基主要坐落在 c 层粉细砂、粉土及粉细砂和 d 层砂砾石上。首部枢纽溢流坝基础防渗采用塑性混凝土防渗墙进行处理,渗透变形和渗漏量满足规范要求。

溢流坝下游消力池地基条件复杂,溢流坝下游消力池及出口闸左侧半重力式高挡墙基础采用了振冲碎石桩处理。消力池底板和出口闸采用整体换填处理,换填厚度为2.0~

4.0 m。

溢流坝左坝肩基础处理方案调整为：上部开挖换填+下部振冲碎石桩处理。2014年5月首部截流后，溢流坝挡水已有1年多时间，从监测成果来看，溢流堰基础累积最大沉降量出现在S0+95.00的下游齿槽(D0+026.00)内，累积最大沉降量为42.2 mm，从累积沉降曲线来看，溢流堰基础沉降已经稳定，实际沉降量远小于规范允许最大沉降量，沉降监测结果也进一步验证了溢流坝的沉降设计满足规范要求。

冲沙闸基础位于砂卵砾石层和强风化花岗闪长岩上，基础以下的覆盖层主要为砂卵砾石，局部夹黏土层和砂层，厚度为0~30 m。存在的主要工程地质问题为闸基渗漏、渗流破坏和闸基沉降等工程地质问题。塑性防渗墙与防渗帷幕灌浆有效地解决了渗透变形及渗漏问题，目前从渗压监测资料来看，防渗效果良好。根据冲沙闸基础地层分布特点，经多方案比选，最终确定采用素混凝土桩复合地基基础处理方案来解决基础沉降变形问题，冲沙闸采用以上基础处理后，按素混凝土桩复合地基计算，弧门冲沙闸下游侧最大沉降量为44.87 mm，满足规范要求。现场监测冲沙闸累积最大沉降量仅3.25 mm，远小于规范允许最大沉降量，沉降监测结果也进一步验证了冲沙闸的沉降满足规范要求。

（2）首部面板坝处河床覆盖层深厚，下覆地层岩性主要有冲积砂砾石层、粉细砂、微塑性黏土、粉质黏土等，夹有大粒径孤石，地层分布不均一。经水工计算，坝前增加盖重区可满足沉降及处理地震液化的要求。监测资料表明，坝基沉降在设计允许值范围内，坝基稳定。

右岸趾板由于发育f_{752}断层，岩体条件较差，采取的主要措施有锚杆加固、加强固结灌浆和加深帷幕灌浆，满足基础建基要求。

两岸趾板防渗帷幕深入基岩内，河床部位以砂砾石层为主，左岸夹有粉细砂及粉质黏土层，以中等透水为主，防渗帷幕深入河床下砂砾石层，至高程1 228 m，满足防渗要求。

左岸边坡开挖过程中对局部形成的不稳定块体进行了加强支护，且边坡高度小，目前边坡稳定性好。

右岸坝轴线上游崩积物较发育，厚2~7 m，堆积体上部植被发育，属于潜在不稳定堆积体。面板堆石坝的盖重设计，盖重高程1 275 m，向上游至上游围堰处，堆积于不稳定堆积体坡脚，并在堆积体上设置了截水沟，近坝部位增加了锚杆、挂网及混凝土喷护，这些措施对松散堆积体边坡稳定有利。施工过程中未发现边坡滑动现象，现状稳定性较好。建议在水库长期运行过程中，尤其是在不良地质灾害情况下，加强该处松散堆积体的巡视和监测，发现问题，及时采取处理措施。

（3）沉沙池基础左侧坐落于花岗闪长岩侵入体上，强风化—弱风化，节理裂隙较发育；右侧位于河床，覆盖层深厚，厚度变化大，且物质颗粒组成的粒组分布范围广。针对覆盖层基础的地震液化和不均匀沉降问题，采用混凝土灌注桩对基础进行处理。从监测结果来看，沉沙池各部位沉降较小，满足设计要求。

9.4 输水隧洞

(1)隧洞穿越的地层主要为花岗闪长岩侵入体(g^d),长度约 780 m;侏罗—白垩系系 Misahualli 地层($J-K^m$),主要岩性包括安山岩、玄武岩、流纹岩、凝灰岩、熔结凝灰岩和角砾岩等,长度约 22 771 m;白垩系下统 Hollin 地层(K^h),岩性主要为页岩、砂岩互层,长度约 22 46 m。

(2)输水隧洞进、出口边坡采用锚杆、挂网、喷混凝土支护后,边坡基本稳定。

(3)输水隧洞主洞以Ⅱ类、Ⅲ类为主,占隧洞总长度的 94.5%,其中Ⅱ类围岩 2 544.25 m,约占 10.26%;Ⅲ类围岩 20 910.91 m,约占 84.29%,采用管片衬砌、豆砾石回填灌浆后,围岩稳定性好;Ⅳ类围岩 1 305.42 m,约占 5.26%;Ⅴ类围岩 46.4 m,约占 0.19%,采用管片衬砌、豆砾石回填灌浆、围岩固结灌浆后,围岩基本稳定。

(4)隧洞施工中遇到的工程地质问题主要有断层破碎带塌方、涌水等,共引起 2 次卡机事件、4 次涌水事件,对 TBM 掘进造成了较大的影响,后经开挖旁洞、增加排水泵等措施后,TBM 通过了不良地质段。输水隧洞通水及运行期间,建议对进口边坡、出口边坡和Ⅳ类、Ⅴ类围岩不良地质洞段进行重点监测,遇到问题及时采取相应处理措施。

9.5 调蓄水库

(1)调蓄水库区属于 Sinclair 构造带,岩层总体倾向 NE,倾角 3°~10°,整体地质构造较简单,没有发现大规模不良地质构造。库区内为单斜构造,通过构造裂隙大规模向库外渗漏的可能性较小。地层由微透水—中等透水的页岩、砂岩组成。水库渗漏主要包括左坝肩产生朝向北支的绕坝渗漏、沿坝基向下游河床渗漏、自坝肩向坝址左岸支沟以及河流下游渗漏、沿近水平地层向 Coca 河方向渗漏。采用基本设计的防渗帷幕方案对这些部位实施防渗,结果满足合同规定的库区最大渗漏量限值要求。

(2)调蓄水库库区岩质岸坡岩性由 Napo 地层和 Hollin 地层的砂岩、页岩组成,该类边坡在自然状态下整体较稳定,但是表层易受风化,局部陡峭岸坡段易发生滑塌、掉块,但规模都较小,对工程影响不大。局部裂隙密集带(Ⅳ类、Ⅴ类岩体部位)采取喷锚支护结合短排水管的处理措施后稳定。

(3)调蓄水库坝址区坝基、趾板地基及溢洪道地基岩体为中厚层状—薄层状结构,弱风化—新鲜岩体,属Ⅲ$_1$~Ⅲ$_2$类岩体,经过灌浆处理后能够满足地基承载力和变形要求。

(4)调蓄水库右岸靠近趾板附近发育有一组裂隙密集带,采用挖除、回填、喷混凝土后稳定;右岸趾板地基在高程 1 190~1 195 m 范围内发育有大面积黑色页岩,其压缩性高、渗透性强,可能会使趾板地基发生不均匀沉降,并产生渗漏,采取加固防渗措施后稳定;左岸趾板地基上部发育有一条卸荷裂隙,采取清表、打混凝土塞等措施后,该裂隙对工程没有造成大的不利影响。

(5)调蓄水库放空洞岩体结构以层状、碎裂结构为主,围岩类别以Ⅲ类为主,局部为Ⅳ类,开挖支护后稳定。

9.6 压力管道

(1)压力管道上平段岩性为白垩系下统 Hollin 地层(K^h)页岩及砂岩,围岩类别多为Ⅲ类,稳定性较好,个别洞段为Ⅳ类,加强支护后稳定;下平段岩性为 Misahualli 地层($J-K^m$)的火山凝灰岩和2条流纹岩条带,围岩多为Ⅲ类,个别洞段为Ⅱ类围岩,没有大的断层,整体稳定性较好,仅在 1# 洞下平段 1+100 处,受 f_{33}、f_{30} 断层影响,出现集中性涌水,该部分属Ⅳ类围岩,加强支护后对工程影响不大。

(2)压力管道竖井段上部岩性为白垩系下统 Hollin 地层(K^h)页岩及砂岩,下部岩性为 Misahualli 地层($J-K^m$)火山岩,岩石组成较复杂,主要有火山角砾岩、凝灰岩和流纹岩等。其中,1# 压力管道竖井段开挖后整体稳定性较好,围岩类别全部为Ⅲ类,局部存在陡倾角节理密集带,加强支护后稳定;2# 竖井段围岩类型以Ⅲ类为主,局部发育有小规模断层及节理密集带,围岩类别为Ⅳ类,并出现渗水,加强支护后稳定。

(3)压力管道的主要工程地质问题包括 2# 压力管道导孔施工涌水塌方、老井塌孔段的处理及竖井位置调整后的渗流场变化。鉴于前次的导井反拉经验教训,在尽量避开地质条件不利地段并满足相关设计标准的原则下,选取了新井口的位置,加强了施工中的地质工作,最终反拉成功。对于老孔塌方造成的空腔,为了保障整个竖井系统的安全,最终采用自闭式混凝土对空腔进行了回填。考虑到新井的位置变化及老井塌方段空腔的存在,为了进一步掌握空腔对压力管道施工完建期、运行期和检修期的影响,进行了渗流场分析,为指导后续施工和运行提供了参考。

9.7 厂房区

(1)地下厂房工程区上覆岩体深厚,揭露岩性以 Misahualli 地层的灰色、灰绿色和紫红色火山凝灰岩为主,局部含有少量肉红色火山角砾岩条带。工程区属 Sinclair 构造带,构造相对简单,构造应力作用不强,地下水主要沿着断层和节理密集带以渗水和滴水的形式排泄。

(2)主厂房、主变室及母线洞揭露断层规模小,物质以角砾岩为主,对洞室整体稳定影响不大,对局部小规模掉块现象和破碎段进行加强支护后可满足稳定要求;节理较发育,产状以 140°~190°∠60°~85° 为主,节理相互切割局部产生楔形体,加强支护后满足稳定要求;围岩类别以Ⅲ类为主,局部为Ⅱ类,通过系统支护和局部加强支护后围岩稳定,各个监测断面均达到收敛状态,洞室稳定性良好。

(3)尾水洞岩性主要为 Misahualli 地层的火山凝灰岩,沿线断层发育规模较小,断层带内以滴水为主,局部呈线状滴水状,围岩类别以Ⅲ类为主,出口段为Ⅳ类。节理与断层带相互交切,局部岩体呈碎裂状,加强支护后满足稳定性要求。尾水渠边坡大部分为第四系松散层覆盖,坡脚局部出露火山凝灰岩及角砾岩,断层、节理裂隙不发育。经长期观测,各监测断面均达到收敛状态,洞室及边坡稳定性良好。

(4)电缆洞岩体以次块状结构为主,成洞条件较好,围岩类别以Ⅲ类为主,进口段为Ⅳ~Ⅴ类。电缆洞边坡大部分为第四系松散层覆盖,坡顶局部基岩出露,各监测断面均处于收敛状态,稳定性良好。出线场基础地层主要为崩坡积碎石土地层,局部为冲积砂卵石层,承载力满足建筑物设计要求,稳定性较好。

(5)进场交通洞揭露地层岩性主要为 Misahualli 地层火山凝灰岩,岩体整体呈块状—次块状结构,断层走向与洞室基本呈正交,对洞室稳定性影响较小;节理裂隙较发育—不发育,围岩类别以Ⅱ类为主,在断层出露段或节理密集带,以Ⅲ类为主,局部为Ⅳ类。长期监测结果显示洞室稳定性良好。

(6)在 CCS 水电站地下厂房洞室群施工地质工作过程中,率先引入了 EgoInfo 摄影地质编录信息系统,大大提高了对裂隙的编录、素描效率。

9.8 天然建筑材料

CCS 水电站建筑物所需天然建筑材料主要为块石料、砂砾石料。

块石料主要用于首部枢纽和调蓄水库的面板堆石坝,其中首部枢纽面板堆石坝采用首部枢纽沉沙池、面板堆石坝地基和边坡的花岗闪长岩开挖料,调蓄水库的面板堆石坝来源于调蓄水库进场公路 18+000 的 Mirador 块石料场,储量和质量满足设计及施工要求。

混凝土骨料场分布在首部枢纽区、调蓄水库、厂房区,均为天然砂砾石料,首部枢纽区域混凝土骨料采用首部枢纽 Coca 河砂砾石料,交通便利,运距较近,其储量和质量基本满足设计要求。2#支洞的混凝土骨料以 Coca 河砂砾石料为主,砂砾石料的碱活性问题采用 cemento HOLCIM ROCAFUERTE Latacunga 生产的 IP 类型水泥得到较好的抑制效果。调蓄水库区域混凝土骨料为调蓄水库公路 7+000 砂砾石料,交通便利,其储量和质量基本满足要求,砂砾石料的碱活性问题采用 HOLCIM 生产的 IE 类型水泥得到较好的抑制效果。厂房区域混凝土骨料为厂房 Coca 砂砾石料,交通便利,运距较近,其储量和质量基本满足要求,砂砾石料的碱活性问题采用 cemento HOLCIM ROCAFUERTE Latacunga 生产的 IP 类型水泥得到较好的抑制效果。

参 考 文 献

［1］ Yellow River Engineering Consulting Co., Ltd. The Basic Design Report of Coca-Codo Sinclair Hydroelectric project［R］.Zhengzhou：Yellow River Engineering Consulting Co., Ltd.,2011.

［2］ 张卓元,王士天,王兰生,等.工程地质分析原理［M］.北京:地质出版社,1994.

［3］ 刘丰收,崔志芳,王学朝,等.实用岩石工程技术［M］.郑州:黄河水利出版社,2002.

［4］ 常士骠,张苏民,等.工程地质手册［M］.4 版.北京:中国建筑工业出版社,2007.

［5］ 彭文斌.FLAC 3D 实用教程［M］.北京:机械工业出版社,2008.

［6］ 陈育民,徐鼎平.FLAC/FLAC 3D 基础与工程实例［M］.北京:中国水利水电出版社,2009.

［7］ 张景秀.坝基防渗与灌浆技术［M］.北京：中国水利水电出版社,2002.

［8］ 中华人民共和国住房和城乡建设部,中华人民共和国国家质量监督检验检疫总局.水利水电工程地质勘察规范:GB 50487—2008［S］.北京:中国计划出版社,2009.

［9］ 国家能源局.水工建筑物水泥灌浆施工技术规范:DL/T 5148—2012［S］.北京:中国电力出版社,2012.

［10］ 中华人民共和国水利部.水利水电工程钻孔压水试验规程:SL 31—2003［S］.北京：中国水利水电出版社, 2003.

［11］ 中华人民共和国住房和城乡建设部,中华人民共和国国家质量监督检验检疫总局.《建筑抗震设计规范(附条文说明)》:GB 5011—2010［S］.北京:中国建筑工业出版社,2010.

［12］ Youd T L,Idriss I M.Liquefaction resistance of soil:summary report from the 1996 NCEER and 1998 NCEER/NSF workshops on evaluation of liquefaction resistance of soils［J］.Journal of Geotechnical and Geoenvironmental Engineering, 2001, 10:817-833.

［13］ 唐小微,佐藤忠信,栾茂田,等.三维无网格数值方法及其在地震液化分析中的应用［C］//第七届全国土动力学学术会议论文集.北京:清华大学出版社,2006:487-492.

［14］ 荚颖,唐小微,栾茂田.砂土液化变形的有限元–无网格耦合方法［J］.岩土力学,2010,31(8):2643-2648.

［15］ 孙民伟,张涛,谢瑛,等.ANSYS 软件在西霞院水库电站厂房地基回弹和沉降分析中的应用［C］//第九届全国水工混凝土建筑物修补与加固技术交流会论文汇编.北京:海洋出版社,2007:378-382.

［16］ 文新伦.多层地基 Terzaghi 一维固结解［C］//中国建筑学会地基基础分会 2010 学术年会论文集.北京:中国水利水电出版社,2010:29-32.

［17］ 李铁良,徐满意,蔡学石.超软土地基振冲碎石桩现场试验研究［C］//第八届港口工程技术交流大会暨第九届工程排水与加固技术研讨会论文集.北京:中国水利水电出版社,2014:334-341.

［18］ 王思敬,杨志法,刘竹华.地下工程岩体稳定分析［M］.北京:科学出版社,1984.

［19］ 张镜剑,傅冰骏.隧道掘进机在我国应用的进展［J］.岩石力学与工程学报,2007(2):226-238.

［20］ 茅承觉.我国全断面岩石掘进机(TBM)发展的回顾与思考［J］.建设机械技术与管理,2008,21(5):81-84.

［21］ 何小松.浅析 TBM 施工技术的优势［J］.地质装备,2010,11(4):35-37.

［22］ 齐三红,杨继华,郭卫新,等.修正 RMR 法在地下洞室围岩分类中的应用研究［J］.地下空间与工程学报,2013,9(S2):1922-1925.

［23］ 苗栋,齐三红,郭卫新,等.COCA CODO SINCLAIR 水电站 TBM1 卡机事故剖析与处理[J].水电能源科学,2018,36(10):161-164.

［24］ 杨继华,苗栋,杨风威,等.CCS 水电站输水隧洞双护盾 TBM 穿越不良地质段的处理技术[J].资源环境与工程,2016,30(3):539-542.

［25］ 尚彦军,王思敬,薛继洪,等.万家寨引黄工程泥灰岩段隧洞岩石掘进机(TBM)卡机事故工程地质分析和事故处理[J].工程地质学报(英文版),2002(3):293-298.

［26］ 杨继华,杨风威,苗栋,等.TBM 施工隧洞常见地质灾害及其预测与防治措施[J].资源环境与工程,2014,28(4):418-422.

［27］ 尚彦军,史永跃,曾庆利,等.昆明上公山隧道复杂地质条件下 TBM 卡机及护盾变形问题分析和对策[J].岩石力学与工程学报,2005(21):3858-3863.

［28］ 杨晓迎,翟建华,谷世发,等.TBM 在深埋超长隧洞断层破碎带卡机后脱困施工技术[J].水利水电技术,2010,41(9):68-71.

［29］ 尚彦军,杨志法,曾庆利,等.TBM 施工遇险工程地质问题分析和失误的反思[J].岩石力学与工程学报,2007,26(12):2404-2411.

［30］ Winter T,Binquet J,Szindroi A,et al.From plate tectonics to the design of the Dul Hasti Hydroelectric Project in Kashmir(India)[J].Engineering Geology,1994,36(3/4):211-241.

［31］ Walli S,邓应祥.台湾坪林隧道施工近况[J].隧道及地下工程,1999(2):5-15.

［32］ Barton N.TBM Tunneling in Jointed and Faulted Rock[M].Rotterdam：A.A.Balkema,2000.

［33］ Geol R K,Jethwa J L,Pathankar A G.Indian experience with Q and RMR system[J].Tunneling and Underground Space Technology,1990,10(1):97-109.

［34］ Kaiser P K,Mccreath D R.Rock mechanics considerations for drilled or bored excavations in hard rock[J].Tunneling and Underground Space Technology,1994(4):425-437.

［35］ Egger P.Design and construction aspect of deep tunnels (with particular emphasis on strain softening rocks)[J].Tunneling and Underground Space Technology,2000,15(4):403-408.

［36］ 张民庆,李建伟.TBM 在软弱围岩中施工技术研究[J].铁道工程学报,2002(2):86-89.

［37］ 马国彦, 林秀山.水利水电灌浆与地下水排水[M].北京：中国水利水电出版社,2001.

［38］ 钱永平,王仕虎.反井钻在惠州抽水蓄能电站长斜井导井施工中的应用[C]//抽水蓄能电站工程建设文集.北京:中国水利水电出版社,2011:331-333.

［39］ 康云彪.锦屏二级水电站竖井开挖技术研究[J].水利水电施工, 2007(2)：19-21.

［40］ 董波.反井钻机在洞松水电站压力管道斜井特殊地质洞段的成功运用[J].四川水力发电.2013,32(12):58-61.

［41］ 杨风威,齐三红,杨继华,等.CCS 水电站引水竖井不良地质段块体稳定性分析[J].资源环境与工程,2015,29(5):543-547.

［42］ 王新.反井钻机钻进孔内事故预防及处理[J].煤炭工程,2008(5):33-34.

［43］ 侯顺利, 杨纯景.糯扎渡水电站 4 号导流洞进水塔竖井开挖支护[J].人民长江, 2008, 39(9): 9-10.

［44］ 李红.溪洛渡水电站泄洪洞补气竖井开挖施工[J].人民长江, 2010, 41(3): 7-9.

［45］ 段汝健, 张德高.周宁水电站高压引水竖井施工技术

［46］ 娄国川,齐三红,杨风威,等.厄瓜多尔 CCS 水电站地下厂房稳定分析[J].黄河水利职业技术学院学报,2014,26(1):1-4.

［47］ 齐三红,杨继华,杨风威,等.CCS 水电站地下厂房施工过程中围岩稳定性分析[J].水电能源科学,2016,34(12):145-149.

［48］ 娄国川,魏斌,等.Egoinfo 摄影地质编录系统在水电站施工地质编录中的应用及研究[J].资源环境

与工程,2017,31(4):506-509.

[49] Egoinfo 摄影地质编录系统用户操作手册 Version 3.0[P],河海大学.

[50] 侯宁,杨彪.影像编录技术在缅甸 DAPEIN(Ⅰ)水电站项目中的应用[J].江西水利科技,2014,40(4):298-301.

[51] 刘新中,李浩.施工地质数码影像编录系统的开发与应用[J].工程地质计算机应用,2004,36(4):1-6.

[52] 娄国川.金沙江白鹤滩水电站引水进口边坡稳定性研究[D].成都:成都理工大学,2010.

[53] 杨继华,郭卫新,娄国川,等.基于 UNWEDGE 程序的地下洞室块体稳定性分析[J].资源环境与工程,2013,27(4):379-381.

[54] 陈孝湘,夏才初,缪圆冰.基于关键块体理论的隧道分部施工时空效应[J].长安大学学报(自然科学版),2011(3):57-62.

[55] 曾宪营,冯宇,黄生文.Unwedge 程序在隧道围岩块体稳定性及敏感性分析中的应用[J].中外公路,2012(4):189-192.

[56] 刘义虎,张志龙,付励,等.Unwedge 程序在雪峰山隧道围岩块体稳定性分析中的应用[J].中南公路工程,2006(2):31-33.

[57] ASTMC 295-03 Standard Guide for Petrographic Examination of Aggregates for Concrete

[58] ASTMC 289-07 Standard Test Method for Potential Alkali-Silica Reactivity(Chemical Method)

[59] ASTMC 1567-08 Standard Test Method for Determining the Potential Alkali-Silica Reactivity of Combinations of Cementitious Materials and Aggregate(Accelerated Mortar-Bar Method)

[60] ASTMC 33(33M-08) Standard Specification for Concrete Aggregates.